工业和信息化部"十二五"规划专著

"十二五"国家重点图书

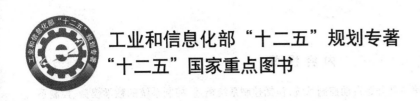

# 材料加工过程控制技术

## Control Technology of Material Machining Process

● 王香　马旭梁　侯彦芬　编著

U0223696

哈尔滨工业大学出版社

HITP

HARBIN INSTITUTE OF TECHNOLOGY PRESS

## 内 容 提 要

本书内容由三部分组成,第一部分是自动控制系统,包括控制系统概述、控制系统的数学模型、控制系统的时域分析;第二部分是过程控制系统和过程控制仪表,过程控制仪表包括检测仪表及变送器、显示仪表、调节器和执行器;第三部分是过程控制在材料加工中的应用,包括铸造过程自动控制、锻造过程自动控制、焊接过程自动控制、热处理过程自动控制。

本书可作为材料科学与工程、机械和自动控制等专业研究生及高年级本科生的教材,也可作为相关专业工程技术人员的参考书。

## 图书在版编目(CIP)数据

材料加工过程控制技术/王香,马旭梁,侯彦芬编著.
—哈尔滨:哈尔滨工业大学出版社,2015.12
ISBN 978 − 7 − 5603 − 5104 − 9

Ⅰ.①材⋯ Ⅱ.①王⋯ ②马⋯ ③侯⋯ Ⅲ.①工程
材料−加工−过程控制−研究 Ⅳ.①TB3

中国版本图书馆 CIP 数据核字(2015)第 268013 号

材料科学与工程
图书工作室

责任编辑　孙连嵩　张秀华
封面设计　卞秉利
出版发行　哈尔滨工业大学出版社
社　　址　哈尔滨市南岗区复华四道街 10 号　邮编150006
传　　真　0451 − 86414749
网　　址　http://hitpress.hit.edu.cn
印　　刷　哈尔滨工业大学印刷厂
开　　本　787mm×1092mm　1/16　印张 20.5　字数 500 千字
版　　次　2015 年 12 月第 1 版　2015 年 12 月第 1 次印刷
书　　号　ISBN 978 − 7 − 5603 − 5104 − 9
定　　价　48.00 元

# 前　言

自动控制是在没有人直接参与的情况下,利用控制装置对机器设备或生产过程进行控制,使之自动地按照给定的程序运行,达到预期的状态或性能要求。

自进入 20 世纪 90 年代以来,自动控制技术发展很快并获得了惊人的成就,已成为高科技的重要分支,在现代的工业、农业、国防和科学技术领域中得到了广泛的应用。将自动控制技术用于生产中,可以提高劳动生产率,改进产品质量,降低生产成本,改善劳动条件和加强企业管理;将自动控制技术用于国防领域,可提高部队的战斗力,促进国防现代化;将自动控制技术用于探索新能源、发展空间技术等领域,对于改善人们生活以及处理经济、社会等各方面问题都将起到重要的作用。

过程控制技术是自动控制技术的重要组成部分。在现代工业生产过程自动化中,过程控制技术正在实现各种最优技术经济指标、提高经济效益和社会效益、提高劳动生产率、节约能源、改善劳动条件、保护环境卫生、提高市场竞争能力等方面起着越来越巨大的作用。

材料加工生产过程繁杂,机械化设备结构也各异,只有通过控制系统把它们联成一个整体才能充分发挥它们的作用。首先要求机械化生产线上的系统控制元件性能可靠、工作稳定,要求控制线路设计合理、维修方便,并能自动报警。生产过程中,对单机或生产线的基本要求是,保证正常运行、保证质量、保证生产率,满足产品的高质量。即材料加工过程实现自动化,一方面要求在生产过程中能够对工艺参数自动进行检测、记录,便于对工艺过程进行分析,出现废品时有据可查;另一方面要求生产过程中的工艺参数能自动调节,保证生产设备按一定的生产规范工作。例如,加热炉的炉温控制、造型时型砂含水量及紧实率控制等。

总之,对材料加工生产过程实现自动控制技术的要求是,实现对生产过程的程序控制和实现对生产过程工艺参数的自动检测和自动调节。

在材料加工过程控制领域,尽管也有相关的文献资料涉及过程自动控制在材料加工领域中的应用实例,但是,目前国内还没有关于这一领域系统而全面的适合于材料科学与工程专业研究生使用的图书。本书的出版弥补了这一不足,并且本书不仅适合材料科学与工程类各专业,而且适合自动控制和机械类研究生和高年级本科生教学使用,也适合相关专业科技人员参考。

本书由三大部分组成,第 1 章到第 3 章介绍了自动控制基本理论,主要阐述自动控制系统基础,包括控制系统基本概念、控制系统数学模型和控制系统分析方法;第 4 章至第 8 章介绍了过程控制系统的组成以及过程控制仪表中的检测仪表、显示仪表、调节器和执行器四大过程控制元件;第 9 章至第 12 章分别介绍了材料加工领域中自动过程控制的应用实例,包括铸造过程自动控制技术、锻压过程自动控制技术、焊接过程自动控制技术和热处理过程自动控制技术。每章附有思考题与习题,可使读者进一步加深对所学知识的理解,提高分析问题和解决问题的能力。

　　本书第1章,第3~6章,第9章由哈尔滨工程大学王香编写;第2,8,10,11章由哈尔滨理工大学马旭梁编写;第7,12章由哈尔滨工程大学侯彦芬编写。李大勇教授为本书的编写提出了许多宝贵意见,在此表示衷心的感谢。

　　本书在编写过程中,哈尔滨工程大学相关科研组的研究生在书稿的资料收集、文字加工、绘图等方面做了大量工作;特别是盖鹏涛硕士、应国兵硕士、徐峰硕士更为此付出了辛勤的劳动。编者对他们无私的帮助与深情厚谊表示衷心的感谢。书中的部分资料和图表选自有关书刊资料,在此谨向原著作者表示谢意。感谢工信部和哈尔滨工程大学的支持。

　　"材料加工过程控制技术"是综合材料加工、过程控制和自动控制等学科而发展起来的,涉及计算机和自动化等领域,给编写工作带来了一定的难度,书中难免有不少缺憾之处,疏漏也在所难免,恳请各位专家、读者批评指正。

编　者

2015年7月

# 目　　录

# 第1章 控制系统概述

随着科学技术的飞速发展,自动过程控制技术在国民经济和国防建设以及工业生产中所起的作用越来越大。在材料领域,自动过程控制技术也得到了广泛的应用。例如,在铸造生产车间,如果没有整套的自动控制系统,现代化的熔炼炉、各种制芯机以及造型设备等就无法正常运转。自动控制技术在材料领域的应用不仅使生产过程实现了自动化,极大地提高了劳动生产率和产品质量,改善了劳动条件,并且在人类征服自然、探索新能源、发展空间技术和改善人类物质生活等方面都起到了极为重要的作用。因此,自动过程控制技术将是实现材料领域过程控制必不可少的一门技术。

## 1.1 自动控制基本概念

自动控制是在没有人直接参与的情况下,利用控制装置使某种设备、工作机械或生产过程的某些物理量或工作状态能自动地按照预定的规律运行或变化。而过程控制则是自动控制最重要的组成部分之一,通常是指连续生产过程的自动控制。其主要任务是对生产过程中的有关参数(温度、压力、流量、物位、成分等)进行控制,使其保持恒定或按一定规律变化,在保证产品质量和生产安全的前提下,使连续型生产过程自动地进行下去。

在自动过程控制中,要求实现自动控制的机器、设备或生产过程称之为被控对象,被控对象内要求实现自动控制的物理量称为被控量或系统的输出量。对被控对象起控制作用的装置称为控制装置或控制器。控制装置和被控对象的总体,称为自动控制系统。在控制系统中,把影响系统输出量的外界输入称为系统的输入量。系统的输入量通常有两种,即给定输入量和扰动量。给定输入决定系统输出量的变化规律或要求值。扰动量是指引起被控量偏离期望值的不利因素,扰动输入影响给定输入对系统输出量的控制。如果干扰产生于系统的内部叫内部干扰,干扰产生于系统的外部叫外部干扰。调节变量是指对被控装置的被控变量具有较强的直接影响且便于调节的变量。给定值也称为设定值或期望值,是指希望控制系统实现的目标,即被控变量的期望值,它可以是恒定值,也可按程序变化。

由于控制对象的特殊性,除了具有一般自动控制技术所具有的共性之外,相对于其他控制系统,过程控制系统还具有以下特点。

### 1. 控制对象复杂、控制要求多样

连续生产过程多种多样,因此过程控制的被控过程(也称被控对象)也多种多样,控制的参数各不相同,或参数相同要求控制的品质也大不相同;同时过程参数变化规律各异,参数之间的关联特性、对生产过程的影响也不一样。要设计能适应各种过程的通用控制系统非常困难。由于被控过程(包括被控参数)的多样性,使过程控制系统明显地区别于自动控制系统。

**2. 控制方案丰富**

生产过程的复杂性和工艺要求的多样性,决定了控制系统的控制方案必然是多样的,为了满足生产过程中越来越高的要求,控制方案也越来越丰富。

**3. 多属慢过程参数控制**

在冶金工业中,常用一些物理量来表征生产过程是否正常,这些物理量多半是以温度、压力、流量、物位等参数表示,被控过程大多具有大惯性、大滞后等特点,因此过程控制具有慢过程参数控制的特点。

**4. 主要控制形式是定值控制**

在大多数过程控制系统中,通常要求其设定值保持恒定或在很小范围内变化,过程控制系统的主要目的就是减小或消除外界扰动对被控参数的影响,使被控参数维持在设定值或其附近,从而达到优质、高产、低耗与生产连续稳定的目标。因此,定值控制是过程控制的一种主要控制形式。

**5. 由规范化的过程检测控制仪表组成**

过程控制系统一般有调节器、执行器、被控过程和测量变送器四个环节,其中调节器、执行器和测量变送器都属于检测控制仪表,因此也可认为过程控制系统由被控过程和过程检测控制仪表两部分组成。

# 1.2　过程控制系统的分类

由于控制过程复杂多样,过程控制方案种类很多,下面介绍几种主要的分类方法。

(1)按被控变量分为,温度、压力、液位、流量和成分等控制系统。

(2)按被控制系统中控制仪表及装置所用的动力和传递信号的介质分为,气动、电动、液动、机械式等控制系统,如机械式液位控制系统。

(3)按被控制对象分为,流体输送设备、传热设备控制系统等。

(4)按调节器的控制规律分为,比例控制、积分控制、微分控制、比例积分控制、比例微分控制、比例积分微分控制系统。

(5)按系统功能与结构分为,单回路简单控制系统、常规复杂控制系统、先进控制系统和程序控制系统等。

(6)按给定值的变化情况分为,定值控制系统、随动控制系统和程序控制系统。

①定值控制系统。定值控制系统是一类给定值保持不变或很少调整的控制系统。这类控制系统的给定值一经确定后就保持不变直至外界再次调整它,系统的输出量也要求保持恒定。多数控制系统均属于此类系统。

②随动控制系统。如果控制系统的给定值不断随机地发生变化,或者跟随该系统之外的某个变量而变化,则称该系统为随动控制系统。此系统要求其输出信号(被控量)以一定精确度跟随输入信号(给定值)而变化,故名随动系统。

③程序控制系统。给定值按事先设定好的程序变化的控制系统称为程序控制系统。

（7）按使用的数学模型分类。

①线性系统和非线性系统。线性系统是系统输入量与输出量之间的关系可用线性微分方程或线性差分方程描述的系统。若方程的系数与时间 $t$ 无关即为定常数，该系统又称为线性定常系统。若方程的系数值随时间 $t$ 的变化而变化，则称该系统为线性时变系统。非线性系统是系统输入量与输出量之间的关系可用非线性微分方程或非线性差分方程描述的系统。

②时变系统与定常系统。特性随时间变化的系统称为时变系统，特性不随时间变化的系统称为定常系统。描述其特性的微分方程或差分方程的系数不随时间变化的系统是一个定常系统。定常系统分为线性定常系统和非线性定常系统。对于线性定常系统，不管输入加入在哪一时刻，只要输入的波形是一样的，则系统输出响应的波形也总是同样的；对于时变系统，其输出响应的波形不仅与输入波形有关，而且还与输入信号加入的时刻有关。

（8）按系统内部的信号特征可分为连续系统和离散系统。

①连续系统。若系统中各元件的输入量和输出量均为时间 $t$ 的连续函数，称该系统为连续系统。连续系统的运动规律可用微分方程描述，系统中各部分信号都是模拟量。

②离散系统。若系统中某一处或几处的信号是以脉冲系列或数码的形式传递，称该系统为离散系统。离散系统的运动规律可用差分方程描述。

（9）按系统的结构特点，控制系统可分为开环控制系统和闭环控制系统。

### 1.2.1　开环控制系统

若系统的控制器与被控对象之间只有顺向作用，没有反向作用，即系统的输出量对控制作用没有影响，该系统称为开环控制系统。在开环控制系统中，输入端与输出端之间，只有信号的前向通道而不存在由输出端到输入端的反向通路。

图 1.1 为一个电加热炉炉温控制系统示意图。该控制系统要求炉温维持在给定值附近的一定范围内。控制过程是根据给定炉温所要求的期望值，调节调压器活动触点在某一位置上，改变加于电阻丝两端的电压，电阻丝两端因所加电压释放热能，产生的热量大小与所加电压高低成正比。当调压器调节在某一位置，且外

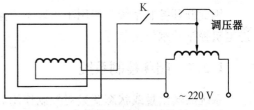

图 1.1　电加热炉炉温开环控制示意图

界条件及元部件参数不变时，炉子对应地处于某一温度。该系统控制对象是加热炉，被控量是炉内温度，控制装置是调压器、电阻丝。当外界条件或元部件参数发生变化时，如由于电源的波动或炉门的开闭会使炉温产生漂移，炉内实际温度与期望的温度会出现偏差，有时偏差可能较大。但炉温变化的信息不回送到输入端，系统不会自动调整调压器滑头的位置，通过改变电阻丝的电流来自动消除温度偏差，也就是说输出量对系统的控制作用没有任何影响。因此，该炉温控制系统是一个开环控制系统，控制原理如图 1.2 所示。

开环控制又可分为按给定值控制和按干扰补偿控制两种形式。

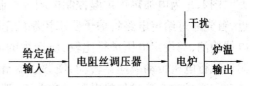

图 1.2　电加热炉开环控制原理图

**1. 按给定值控制**

如图 1.3 所示,该控制形式在干扰时或特性参数变化时,受控量随之发生变化,但无法自动补偿,控制精度难以保证,因此,按给定值控制的开环控制对受控对象和其他控制元件的要求高。

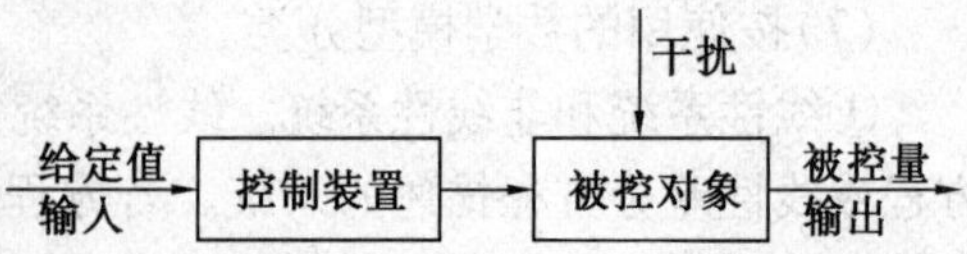

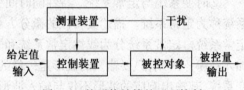

图 1.3　按给定值控制的开环控制

**2. 按干扰补偿控制**

如图 1.4 所示,该控制形式对破坏系统正常运行的干扰进行测量,利用干扰信号产生控制作用,以补偿干扰对控制量的影响。但是,由于只能对可测干扰进行补偿,对不可测干扰及

图 1.4　按干扰补偿的开环控制

受控对象,各功能部件内部参数变化对被控量造成的影响,系统自身仍无法控制,因此,控制精度还是无法保证。

综上所述,开环控制系统具有如下特点:

(1)结构比较简单,成本较低。

(2)作用信号由输入到输出单方向传输,不对输出量进行任何检测,或虽然进行检测,但对系统工作不起控制作用。

(3)外部条件和系统内部参数保持不变时,对于一个确定的输入量,总存在一个与之对应的输出量。

(4)控制精度取决于控制量及被控对象的参数稳定性,容易受干扰影响,缺乏精确性和适应性。

因此开环控制系统一般用于可以不考虑外界影响或精度要求不高的场合,如洗衣机、步进电机控制及水位调节等。

## 1.2.2　闭环控制系统

系统的输出量或状态变量对控制作用有直接影响的系统称为闭环控制系统。在闭环控制系统中,既存在由输入端到输出端的信号前向通路,也存在从输出端到输入端的信号反馈通道,两者组成一个闭合的回路。控制系统要达到预定的目的或具有规定的性能,必须把输出量的信息反馈到输入端进行控制。通过比较输入值与输出值,产生偏差信号,该偏差信号以一定的控制规律产生控制量,作用于执行机构。使偏差逐步减小以至消除,从而实现所要求的控制性能。

图 1.5 为电加热炉炉温控制的闭环控制系统原理图。要求将炉温控制在某一温度值附近,首先通过给定电路将炉子要求控制的温度变换成相应的电压量 $u$,炉子内的温度通过热电偶检测,与设定电压进行比较,所产生的电压差 $\Delta u$ 经前置放大器和功率放大器放大后,驱动执行电机带动减速器转动,使调压器滑动触点(输出电压)向减少电压误差 $\Delta u$ 的方向移动。通过改变流过加热电阻丝的电流,消除温度偏差,使炉内实际温度等于或接近设定的温度值。

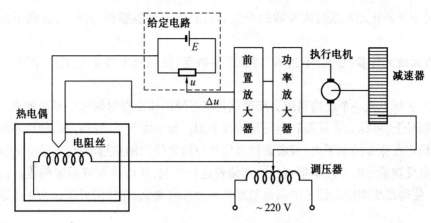

图 1.5　闭环控制的电加热炉原理图

图 1.6 为电加热炉炉温闭环控制系统方框图。在闭环控制系统中,不仅有从输入端到输出端的信号作用路径,还有从输出端到输入端的信号作用路径。前者称为前向通道,后者称为反馈通道。具有反馈通道的控制系统称之为闭环控制系统。

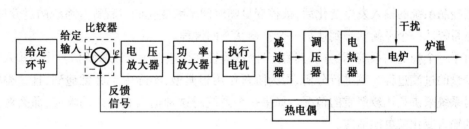

图 1.6　电加热炉炉温闭环控制系统方框图

**1. 闭环控制系统的组成**

(1)给定环节,根据系统输出量的期望值,产生系统的给定输入信号的环节。

(2)反馈环节,该环节的功能是对系统输出量的实际值进行测量,将它转换成反馈信号,并使反馈信号成为与给定输入信号同类型、同数量级的物理量。

(3)比较器,将给定信号和反馈信号进行比较,产生偏差信号的环节。

(4)控制器,根据输入信号的偏差信号,按一定的控制规律产生相应的控制信号的环节。

(5)执行环节,将控制信号进行功率放大,直接推动被控对象,使被控制量发生变化的环节。

(6)被控对象。

**2. 闭环控制系统的特点**

(1)由负反馈构成闭环,利用误差信号进行控制,不论是输入信号的变化,或者干扰的影响,或者系统内部的变化,只要是被控量偏离了规定值,都会产生相应的作用去抑制或消除偏差。

（2）对于外界扰动和系统内参数的变化等引起的误差能够自动纠正，提高了系统的精度。

（3）在系统元件参数配合不当时，容易产生振荡，使系统不能正常工作，因而存在稳定性问题。

图1.6实际上是一个反馈系统。反馈就是把系统的输出信号回送到系统的输入端并叠加到输入信号上，可分为正反馈和负反馈两种类型。如果由于反馈的存在，使得系统的输出信号趋于稳定在原来的水平上，或者是输出信号与给定值的偏差趋于减少，这样的反馈称为负反馈。负反馈系统的原理是根据所检测偏差进行控制，从而抑制或消除偏差。而由于反馈的存在，使得系统的输出信号单调地朝着某一个方向变化，这样的反馈称为正反馈。

# 1.3　控制系统的过渡过程及基本要求

## 1.3.1　控制系统的过渡过程

当控制系统的输入发生变化后，被控变量随时间不断变化的过程称为系统的过渡过程。也就是系统从一个平衡状态到达另一个平衡状态的过程。

对于一个稳定的系统，要分析其稳定性、准确性和快速性。常以阶跃信号作为输入时的被控变量的过渡过程为例进行分析，因为阶跃作用很典型，实际中也经常遇到，且这类输入变化对系统来讲是比较严重的情况。如果一个系统对这种输入有较好的响应，那么对其他形式的输入变化就更能适应。

在阶跃信号输入的扰动作用下，定值控制系统过渡过程有以下几种基本形式。

**1. 发散振荡**

系统受到扰动后，被控参数变化，且波动幅度不断增大，没有最后的稳态值，属于不稳定系统的过渡过程，应尽量避免这样的系统。

**2. 等幅振荡**

系统受到扰动后，被控参数变化，且波动幅度保持不变。属于临界稳定系统的过渡过程，它介于稳定与不稳定之间的临界状态，一般工程上也认为是不稳定的过渡过程，这只有在生产过程允许此种情况出现时才可使用。例如，采用双位控制器组成的控制系统，其过渡过程就是这样。

**3. 单调衰减**

系统受到扰动后，被控参数从设定值向一侧单调的变化，最后稳定在某一数值上，属于稳定系统的过渡过程，在生产上被控量不允许有波动时，这种过程是可以采用的。

**4. 衰减振荡**

系统受到扰动后，被控参数变化，波动幅度逐渐减小，最后稳定在某一数值上，即达到一个新的平衡状态。同单调衰减一样，同属于稳定系统的过渡过程，在过程控制中多数情况都希望能得到这种过渡过程。

### 1.3.2 控制系统的基本要求

对自动控制系统的基本要求体现在以下几个方面。

**1. 稳定性要求**

稳定性是指系统处于平衡状态下,受到扰动作用后,系统恢复原有平衡状态的能力。要求没有扰动时系统处于平衡状态,系统输出量也是确定的。当系统受到扰动后,其输出量必将发生相应变化,经过一段时间,其被控量可以达到某稳定状态,但由于系统含有具有惯性或储能特性的元件,输出量不可能立即达到与输入量相应的值,而要有一个过渡过程,所以在设计时还要留有一定的稳定裕量。

**2. 动态性能要求**

虽然理论上稳定的系统能够到达平衡状态,但还要求它能够快速到达,而且,在调节过程中,要求系统输出超过给定的稳态值的最大偏差,即所谓的超调量不要太大,要求调节的时间比较短,这些性能统称为动态性能。系统的超调量反映了系统的相对稳定性。超调量大的系统不容易稳定,相对稳定性差。而超调量过小的系统的相对稳定性较好。

**3. 稳态性能要求**

稳定的系统在过渡过程结束后所处的状态称为稳态。稳态精度常以稳态误差来衡量,稳态误差是指稳态时系统期望输出量和实际输出量之差。设计时希望稳态误差要小。

## 思考题与习题

1.1　炉温控制系统如图 1.7 所示。要求指出系统的被控对象、被控量、给定量,说明控制装置的各组成部分,画出系统的方框图。

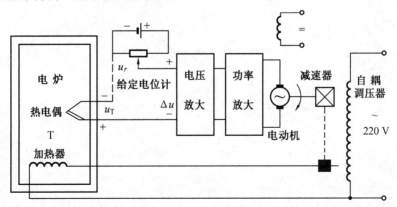

图 1.7　炉温控制系统图

1.2　图 1.8 为调速系统线路原理图,说明其工作原理,并画出系统的方框图。

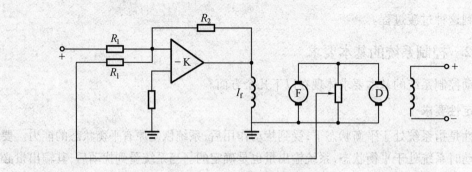

图1.8 调速系统线路原理图

1.3 试比较开环控制系统和闭环控制系统的优缺点。

1.4 什么是反馈、正反馈、负反馈？为什么通常的自动控制系统都是负反馈系统？

# 第 2 章　控制系统的数学模型

在控制系统的分析和设计中,定性了解控制系统的工作原理及运动过程非常重要,但要更深入地定量研究控制系统的动态特性,要做的首要工作就是建立控制系统的数学模型。控制系统的数学模型是描述系统动态特性的数学表达式,它反映了系统输入、输出变量以及内部各变量之间的相互关系,是分析和设计系统的依据。一个控制系统构成的好坏,往往取决于对被控对象动态特性估计的正确程度。在研究一个控制系统的时候,首先要建立该控制系统的数学模型。控制系统的种类很多,但若它们运动过程的数学表达式相同,则分析和计算也就完全一样。因此,利用控制系统的数学模型,可以撇开系统的具体物理属性,研究这些系统运动过程的共同规律,从理论上进行具有普遍意义的分析研究,研究所得的结论也就必然有效地指导各种自动控制系统的分析与设计。例如,在控制一个加热炉时,希望控制的物理量是加热炉的温度,而加热炉温度的变化是由控制加热源来决定的,两者之间运动关系的数学描述就称为该物理系统的数学模型。一旦得到了描述系统运动的数学模型,就可以用数学分析的方法来研究该系统的运动规律了。

控制系统的数学模型可分为抽象模型与具体模型(也称数学模型和物理模型),通常可构造下列几种模型:

(1)理论模型,基于理论分析而构成的模型。

(2)经验模型,基于在实际系统中的实验结果而构成的模型。

(3)静态模型,在静态条件下(即变量的各阶导数为零),描述各变量之间关系的数学方程。静态模型描述各变量之间的关系不随时间变化,在量值上有确定的对应关系。

(4)动态模型,是指各变量在动态过程中的关系用微分方程描述而构成的模型。对于系统性能的全面分析,一般要以动态模型为对象,详细研究各变量的运动特性。

建立控制系统的数学模型(简称系统建模)一般有两种途径,即分析法和实验法。分析法是先对构成系统的各部分环节的运动机理进行分析,在弄清各环节输出量和输入量的关系机理及相关参数后,再根据它们所遵循的物理或化学规律(如牛顿定律、基尔霍夫定律、热力学第二定律等)分别列写相应的运动方程,并将它们合在一起组成描述整个系统的方程。当然和数学模型有关的因素很多,在建立模型时不可能也没必要把一些非主要因素都囊括进去,而使模型过于复杂,但也不能片面地强调简化,简化得太多,会使分析结果与实际情况出入太大。因此应在模型的准确性和简化性之间进行恰当的考虑,根据实际需要建立关于系统某一方面的描述。对无法确切知道关系机理的则需要用实验法,实验法是人为地给系统施加某种测试信号,然后测量并记录系统的输出,并对这些输出数据进行分析和处理,求出一种数学表示方式,这种建模方法又称为系统辨识。

作为线性定常系统,其数学模型可用微分方程、传递函数、动态结构图和信号流图几种形式描述。同一个系统可以用不同的数学模型描述,这些数学模型之间也可以相互转换,采用哪种数学模型,取决于建立数学模型的目的和控制方法。一个合理的数学模型应当既能足够准确地反映系统的动态特性,又具有简单的形式。

# 2.1　微分方程

## 2.1.1　建立微分方程的一般步骤

系统数学模型的建立,一般采用解析法。它是从元件或系统所依据的物理或化学规律出发,建立数学模型并经实验验证。建立系统微分方程的一般步骤如下。

(1)根据系统的实际工作情况,分析系统工作原理,将系统划分为若干环节,确定系统和各元件的输入、输出变量,每个环节可考虑列写一个方程。

(2)从输入端开始,按照信号的传递顺序,依据各变量所遵循的基本定律(物理或化学定律)或通过实验等方法得出的基本规律,列写各环节的原始方程式,并考虑适当简化和线性化。

(3)将各环节方程式联立,消去中间变量,写出只含输入、输出变量及其导数的微分方程。

(4)标准化,将输入变量及其各阶导数项放在等号右侧,输出变量及其各阶导数项放在等号左侧,并按降幂排列,最后将系数归一化为具有一定物理意义的形式,成为 $f($输出$)=f($输入$)$ 形式的标准化微分方程。

下面举例说明建立微分方程的步骤和方法。

**例2.1**　列出如图 2.1 所示的 RC 无源网络的微分方程,给定 $u_i$ 为输入量,$u_o$ 为输出量。

**解**　根据基尔霍夫定律,可写出下列方程组

$$Ri+u_o = u_i$$

$$i = C\frac{\mathrm{d}u_o}{\mathrm{d}t}$$

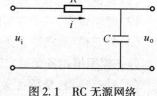

图 2.1　RC 无源网络

式中,$i$ 为流经电阻 $R$ 和电容 $C$ 的电流,为中间变量,消去后整理得到

$$RC\frac{\mathrm{d}u_o}{\mathrm{d}t}+u_o = u_i$$

令 $T=RC$,则可改写为

$$T\frac{\mathrm{d}u_o}{\mathrm{d}t}+u_o = u_i$$

式中,$T$ 为网络的时间常数。

可见,RC 无源网络的动态数学模型是一个一阶常系数线性微分方程。

**例2.2**　设有两级 RC 网络串联组成的滤波电路,如图 2.2 所示,写出以 $u_i$ 为输入、$u_o$ 为输出的微分方程。

**解**　在列写电路的微分方程时,必须考虑到后级电路是

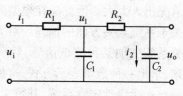

图 2.2　两级 RC 滤波网络

否对前级电路产生影响。只有当后级网络的输入阻抗很大,即对前级网络的影响可以忽略不计时,方可单独列出 $R_1C_1$ 和 $R_2C_2$ 网络的微分方程,否则,如果只是简单地分别列写出 2 个单级网络的微分方程,然后消去中间变量,这样求得的微分方程是错误的。在图示电路中存在负载效应,即后一级电路中的电流 $i_2$ 影响着前一级电路的输出电压,即影响着 $C_1$ 的两端电压 $u_1$。由此,两级不能孤立地分开,必须作为一个整体写出动态方程。设 $i_1,i_2$ 及 $u_1$ 为中间变量。由基尔霍夫定律可写出下列方程

$$u_{R_1}+u_{C_1}=u_i$$
$$u_{C_2}+u_{R_2}-u_{C_1}=0$$

而

$$\begin{cases} u_{R_1} = R_1 \cdot i_1 \\ u_{R_2} = R_2 \cdot i_2 \\ u_{C_1} = \dfrac{1}{C_1}\int (i_1 - i_2)\,dt \\ u_{C_2} = \dfrac{1}{C_2}\int i_2\,dt \end{cases}$$

即

$$\begin{cases} u_i = R_1 i_1 + \dfrac{1}{C_1}\int (i_1 - i_2)\,dt \\ \dfrac{1}{C_1}\int (i_1 - i_2)\,dt = R_2 i_2 + \dfrac{1}{C_2}\int i_2\,dt \\ u_o = \dfrac{1}{C_2}\int i_2\,dt \Rightarrow i_2 = C_2 \dfrac{du_o}{dt} \end{cases}$$

消去中间变量得

$$R_1 C_1 R_2 C_2 \frac{d^2 u_o}{dt^2}+(R_1 C_1+R_2 C_2+R_1 C_2)\frac{du_o}{dt}+u_o=u_i$$

令 $R_1C_1=T_1, R_2C_2=T_2, R_1C_2=T_3$,则

$$T_1 T_2 \frac{d^2 u_o}{dt^2}+(T_1+T_2+T_3)\frac{du_o}{dt}+u_o=u_i$$

可见,该滤波网络的动态数学模型是一个二阶常系数线性微分方程。

**例 2.3**　水槽的液位控制系统如图 2.3 所示。写出以 $Q_i$ 为输入,液面高度 $h$ 为输出的微分方程。

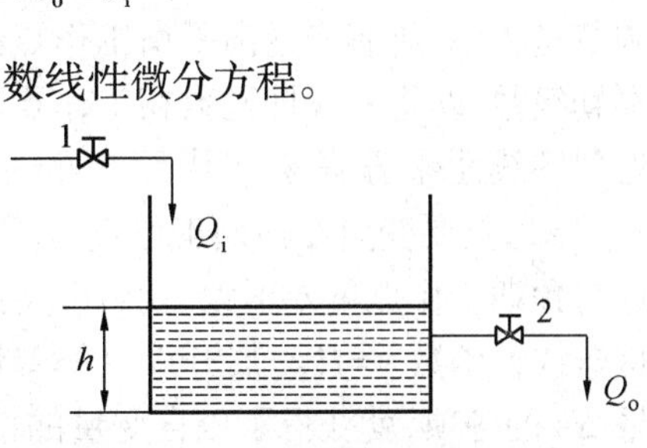

**解**　在这个系统中,$Q_o$ 为中间变量,相当于负载或类似于 RC 电路中的电阻 $R$,称为液阻。可写出下列方程

$$液阻\ R = \frac{液位变化量}{流量变化量} = \frac{dh}{dQ}$$

当流过阀门 2 中的液体状态为层流时,有 $Q_o = Kh$,则

图 2.3　水槽的液位控制系统

$$R = \frac{\mathrm{d}h}{\mathrm{d}Q} = \frac{1}{K} = \frac{h}{Q_o}$$

式中，$R,K$ 为常数。

对水槽还可用液容 $C$ 来表示负载，即

$$C = \frac{被储存液体的变化量}{液位变化量} = 横截面积\ A(A\ 恒定时)$$

在 $\mathrm{d}t$ 时间内，液位变化为 $\mathrm{d}h$ 时，水槽内液体体积变化量为

$$C\mathrm{d}h = (Q_i - Q_o)\mathrm{d}t$$

消去中间变量 $Q_o$，可得

$$RC\frac{\mathrm{d}h}{\mathrm{d}t} + h = RQ_i$$

可见水槽的液位控制系统输出与输入变量之间的动态方程为一阶常系数线性微分方程。

## 2.1.2　非线性数学模型的线性化

上面所列举的元件或系统的运动方程式都是常系数线性微分方程式，这类系统具有一个很重要的性质，就是可以应用叠加原理及应用线性理论对系统进行分析和设计。但是现实系统中的元件往往有间隙、死区、饱和等各类非线性现象，严格来说几乎所有实际物理和化学系统都是非线性的。目前，线性系统的理论已经相当成熟，但非线性系统的理论还不完善。因此，在工程允许范围内，尽量对所研究的系统进行线性化处理，然后用线性理论进行分析是一种行之有效的方法。在大多数情况下，当非线性因素影响较弱时，可直接将系统当作线性系统处理。但是某些元件的非线性程度较为严重，如果简单地将它们视为线性元件，将会使分析结果严重地偏离实际，甚至会得到错误的结论。由于用解析法求解非线性微分方程非常困难，并且没有通用的解法，因此在研究控制系统时，总是力求将非线性元件在合理的条件下简化为线性元件。这种简化方法在工程实际中有很大的实际意义。

对于非线性函数的线性化方法有两种：一种方法是忽略非线性因素。如果非线性因素对系统的影响很小，就可以忽略，将系统当作线性系统处理。另一种方法就是小偏差法，它主要是假定控制系统有一个额定工作状态及与其相对应的平衡工作点，在控制系统的整个调节过程中，所有变量离平衡工作点的偏差量都很小。小偏差法主要是利用数学分析中的泰勒级数，即将非线性函数在工作点附近展开成泰勒级数，忽略高阶无穷小量及余项，得到近似的线性化方程来替代原来的非线性函数。如果函数 $y$ 是自变量 $x$ 的非线性函数 $y = f(x)$，只要变量在预期工作点 $(x_0, y_0)$ 的邻域内有导数（或偏导数）存在，并且变量的工作点与预期工作点偏差不大，就可以将此非线性函数线性化。方法是，首先在预期工作点邻域将非线性函数 $y = f(x)$ 展开成以偏差量 $\Delta x = x - x_0$ 表示的泰勒级数。然后略去高于 1 次偏差量 $\Delta x$ 的各项，就获得了以自变量的偏差量 $\Delta x$ 为自变量的线性方程。上述线性化过程可表示为

$$y = f(x) = f(x_0 + \Delta x) = f(x_0) + \frac{\mathrm{d}f(x)}{\mathrm{d}x}\bigg|_{x_0}\Delta x + \frac{1}{2!}\frac{\mathrm{d}^2 f(x)}{\mathrm{d}x^2}\bigg|_{x_0}(\Delta x)^2 + \cdots \tag{2.1}$$

略去 $(\Delta x)^2$ 及更高次幂的各项，得

$$y=f(x)\approx f(x_0)+\frac{\mathrm{d}f(x)}{\mathrm{d}x}\bigg|_{x_0}(x-x_0) \tag{2.2}$$

即

$$f(x)-f(x_0)=\frac{\mathrm{d}f(x)}{\mathrm{d}x}\bigg|_{x_0}(x-x_0) \tag{2.3}$$

及

$$\Delta y=\frac{\mathrm{d}y}{\mathrm{d}x}\bigg|_{x_0}\Delta x \tag{2.4}$$

式中　　　　　　　　　　　　$\Delta y=y-y_0=f(x)-f(x_0)$

上两式就是对非线性函数 $y=f(x)$ 在 $(x_0,y_0)$ 附近线性化后得到的结果。式(2.4)称为增量形式的方程,而式(2.3)称为变量形式的方程。可见变量形式和增量形式的方程只差一个常数。如果将坐标原点选在预期工作点,即

$$x_0=0,\quad y_0=0$$

则变量形式和增量形式的方程是相同的。

如果非线性函数是多元函数,就采用多元函数的泰勒级数将其线性化。如果非线性函数中含有自变量的导数,则把这些导数也看成自变量,然后应用多元函数的泰勒级数进行线性化。

**例 2.4**　铁芯线圈电路如图2.4(a)所示。其磁通 $\Phi$ 与线圈中电流 $i$ 之间关系如图 2.4(b)所示。试列写以 $u_i$ 为输入量,$i$ 为输出量的电路微分方程。

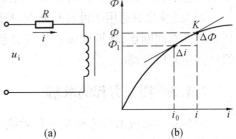

**解**　依电路定律

$$u_i=u_\Phi+Ri$$

$$u_\Phi=K_1\frac{\mathrm{d}\Phi(i)}{\mathrm{d}t}$$

图 2.4　铁芯线圈电路及其特性

式中,$u_\Phi$ 为线圈的感应电势;$\Phi(i)$ 为磁通量。联立两式可得

$$u_i=K_1\frac{\mathrm{d}\Phi(i)}{\mathrm{d}t}+Ri=K_1\frac{\mathrm{d}\Phi(i)}{\mathrm{d}i}\cdot\frac{\mathrm{d}i}{\mathrm{d}t}+Ri$$

式中,$\mathrm{d}\Phi(i)/\mathrm{d}i$ 是铁芯线圈中电流的非线性函数,所以上式是个非线性微分方程。

在工程应用中,如果电路的电压和电流只在某平衡点 $(u_0,i_0)$ 附近作微小变化,则可设 $u_i$ 相对于 $u_0$ 的增量是 $\Delta u_i$,$i$ 相对于 $i_0$ 的增量是 $\Delta i$,并设 $\Phi(i)$ 在 $i_0$ 的邻域内连续可导,则将 $\Phi(i)$ 在 $i_0$ 附近用泰勒级数展开为

$$\Phi(i)=\Phi(i_0)+\left(\frac{\mathrm{d}\Phi(i)}{\mathrm{d}i}\right)_{i_0}\Delta i+\frac{1}{2!}\left(\frac{\mathrm{d}^2\Phi(i)}{\mathrm{d}i^2}\right)_{i_0}(\Delta i)^2+\cdots$$

当 $\Delta i$ 足够小时,略去高阶导数项,可得

$$\Phi(i)-\Phi(i_0)\approx\left(\frac{\mathrm{d}\Phi(i)}{\mathrm{d}i}\right)_{i_0}\Delta i=K\Delta i$$

式中,$K=(\mathrm{d}\Phi(i)/\mathrm{d}i)_{i_0}$,令 $\Delta\Phi=\Phi(i)-\Phi(i_0)$,代入上式,则有 $\Delta\Phi=K\Delta i$,并略去增量符号

Δ,便得到磁通 $\Phi$ 与电流 $i$ 之间的增量线性化方程

$$\Phi(i) = K i$$

所以

$$K_1 K \frac{di}{dt} + R i = u_i$$

此式便是铁芯线圈电路在平衡点 $(u_0, i_0)$ 的增量线性化微分方程。若平衡点变动时,$K$ 值亦相应改变。

通过上面的讨论可知,小偏差法假定输入量和输出量围绕平衡工作点在较小范围内变化,这一前提条件对于大多数控制系统,特别是定值控制系统是符合实际的。系统相对于平衡工作点的变化范围越小,使用小偏差法的准确度就越高。应用小偏差线性化方法时应注意以下几点。

(1)所得的数学模型只有在所取的平衡工作点附近的小范围内才能保证线性化的准确性。线性化往往是相对某一工作点的,工作点不同,则所得到的线性化方程的系数也往往不同,因此,在线性化之前,必须确定元件的工作点。

(2)通过小偏差线性化方法,通常得到的是经过简化、线性化、增量化的微分广泛方程,即使变量前省去了"Δ",也应将变量理解为增量。经过增量化以后,相当于把坐标原点移到平衡工作点,这时各变量的初始条件为零。

(3)线性化只适用于没有间断点、折断点的单值函数。当系统有本质非线性特性时(非线性特性有间断点、转折点和非单值关系),原则上不能采用小偏差线性化方法,应作为非线性问题专门处理。

### 2.1.3　微分方程的求解

所建立的系统微分方程是一种时域描述,它是以时间 $t$ 为自变量的,为进一步研究系统的控制过程,直接的方法就是求微分方程的解,从而得到系统输出量随时间变化的响应。而对于微分方程的求解,有时不十分容易,因此寻求另一种方法,工程上一般用拉氏变换法求解微分方程,拉氏变换是将时域的微分方程变换为复域的代数方程,这样求解代数方程就可以得到系统输出量的拉氏变换,再通过拉氏反变换得到输出量的时域表达式,即为系统微分方程的时间解,从而获得控制系统的运动规律。

**1.拉氏变换**

(1)拉氏变换的定义

已知时域函数 $f(t)$,如果满足相应的收敛条件,可以定义其拉氏变换为

$$F(s) = \int_0^\infty f(t) e^{-st} dt \tag{2.5}$$

式中,$f(t)$ 为变换原函数,$F(s)$ 为变换象函数,变量 $s$ 为复变量,表示为

$$s = \sigma + j\omega \tag{2.6}$$

因为 $F(s)$ 是复自变量 $s$ 的函数,所以 $F(s)$ 是复变函数。有时拉氏变换还写成以下形式

$$L[f(t)] = F(s) = \int_0^\infty f(t) e^{-st} dt \tag{2.7}$$

拉氏变换有其逆运算,称为拉氏反变换,表示为

$$L^{-1}[F(s)] = f(t) = \frac{1}{2\pi j}\int_c F(s)\,e^{st}\,ds \tag{2.8}$$

上式为复变函数积分,积分围线 $c$ 为由 $s=\sigma-j\infty$ 到 $s=\sigma+j\infty$ 的闭曲线。

(2)拉氏变换的基本定理

常用的拉氏变换基本定理如表 2.1 所示。

**表 2.1 常用拉氏变换的基本定理**

| 序号 | 性质名称 | 数 学 描 述 |
|---|---|---|
| 1 | 常数定理 | $L[A\,f(t)] = AF(s)$ |
| 2 | 线性定理 | $L[a\,f_1(t)+b\,f_2(t)] = a\,F_1(s)+bF_2(s)$ |
| 3 | 衰减定理 | $L[e^{-at}f(t)] = F(s+a)$ |
| 4 | 延迟定理 | $L[f(t-\tau)] = e^{-\tau s}F(s)$ |
| 5 | 微分定理 | $L\left[\dfrac{d}{dt}f(t)\right] = sF(s)-f(0)$ <br> $L\left[\dfrac{d^2}{dt^2}f(t)\right] = s^2F(s)-sf(0)-f'(0)$ <br> $\vdots$ <br> $L\left[\dfrac{d^n}{dt^n}f(t)\right] = s^nF(s)-s^{n-1}f(0)-s^{n-2}f'(0)-\cdots-f^{(n-1)}(0)$ <br> $f^{(K-1)}(0) = \dfrac{d^{k-1}}{dt^{k-1}}f(t)\Big|_{t=0}$ |
| 6 | 积分定理 | $L\left[\int f(t)\,dt\right] = \dfrac{1}{s}F(s) + \dfrac{1}{s}f^{-1}(0)$ |
| 7 | 初值定理 | $f(0_+) = \lim\limits_{s\to\infty}sF(s)$ |
| 8 | 终值定理 | $f(\infty) = \lim\limits_{s\to 0}sF(s)$ |
| 9 | 卷积定理 | $L\left[\int_0^t f_1(t-\tau)\cdot f_2(\tau)\,d\tau\right] = F_1(s)\cdot F_2(s)$ |
| 10 | 时间尺度定理 | $L\left[f\left(\dfrac{t}{a}\right)\right] = aF(as)$ |

**例 2.5** 周期锯齿波信号如图 2.5 所示,求其拉氏变换。

**解** 信号第一周期的拉氏变换为 $F_1(s)$,应用延迟定理可得周期信号的拉氏变换为

$$F(s) = L[f(t)+f(t-\tau)+f(t-2\tau)+\cdots] = F_1(s)+e^{-\tau s}F_1(s)+e^{-2\tau s}F_1(s)+\cdots =$$

$$F_1(s)[1+e^{-\tau s}+e^{-2\tau s}+\cdots] = \frac{1}{1-e^{-\tau s}}F_1(s)$$

而对于第一周期

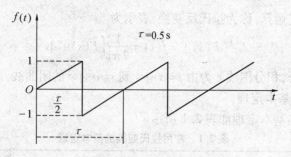

图 2.5　锯齿波信号

$$f(t) = \begin{cases} \dfrac{2}{\tau}t & (0 \leqslant t < \dfrac{\tau}{2}) \\[2mm] \dfrac{2}{\tau}t - 2 & (\dfrac{\tau}{2} \leqslant t < \tau) \end{cases}$$

$$F_1(s) = \int_0^{\frac{\tau}{2}} \frac{2}{\tau}t e^{-st} dt + \int_{\frac{\tau}{2}}^{\tau} \left( \frac{2}{\tau}t - 2 \right) e^{-st} dt = \frac{1}{s^2} - \frac{\tau}{s} e^{-\frac{\tau}{2}s} = \frac{1 - 0.5 s e^{-0.25s}}{s^2}$$

所以锯齿波信号的拉氏变换为

$$F(s) = \frac{1 - 0.5 s e^{-0.25s}}{s^2} \cdot \frac{1}{1 - e^{-0.5s}} = \frac{1 - 0.5 s e^{-0.25s}}{s^2(1 - e^{-0.5s})}$$

**例 2.6**　求时间函数 $f(t) = e^{-at}\sin \omega t$ 的拉氏变换。

**解**　正弦函数的拉氏变换为

$$L[\sin \omega t] = \int e^{-st}\sin \omega t dt = \frac{\omega}{s^2 + \omega^2} = F(s)$$

利用衰减定理可直接写出

$$L[e^{-at}\sin \omega t] = F(s+a) = \frac{\omega}{(s+a)^2 + \omega^2}$$

（3）常用信号的拉氏变换

系统分析中常用的时域信号有脉冲信号、阶跃信号和正弦信号等,在此介绍一些基本时域信号的拉氏变换。

①单位脉冲信号。理想单位脉冲信号时域表达式为

$$\delta(t) = \begin{cases} \infty & (t = 0) \\ 0 & (t \neq 0) \end{cases} \qquad (2.9)$$

因为

$$\int_{0^-}^{0^+} \delta(t) dt = 1 \qquad (2.10)$$

所以该函数的拉氏变换为

$$L[f(t)] = \int_0^{\infty} f(t) e^{-st} dt = \int_{0^-}^{0^+} \delta(t) e^{-st} dt + \int_{0^+}^{\infty} \delta(t) e^{-st} dt =$$

$$\int_{0^-}^{0^+} \delta(t) dt = 1 \qquad (2.11)$$

关于单位脉冲信号,有以下几点说明。

a. 单位脉冲函数的积分。单位脉冲函数的积分可通过极限方法得到。设某个方波脉冲如图 2.6 所示。脉冲的宽度为 $a$，高度为 $\dfrac{1}{a}$，面积为 1，当保持面积不变，方波脉冲的宽度 $a$ 趋于无穷小时，高度 $\dfrac{1}{a}$ 趋于无穷大，单个方波脉冲演变成理想的单位脉冲函数。在坐标上经常将单位脉冲函数 $\delta(t)$ 表示成单位高度的带有箭头线段。

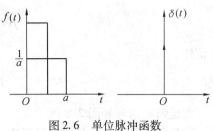

图 2.6　单位脉冲函数

b. 关于拉氏变换的积分下限。通常根据应用的实际情况，拉氏变换的积分下限有 $0^-$，0 和 $0^+$ 三种情况，大多数情况下无关紧要，只是注意不要丢掉信号中位于 $t=0$ 处可能存在的脉冲函数。

②单位阶跃信号。阶跃信号的时域表达式为

$$f(t)=\begin{cases}0 & (t<0)\\ A & (t\geqslant 0)\end{cases} \tag{2.12}$$

则

$$L[f(t)]=F(s)=\int_0^\infty f(t)\mathrm{e}^{-st}\mathrm{d}t=\int_0^\infty A\mathrm{e}^{-st}\mathrm{d}t=$$

$$-\frac{1}{s}A\mathrm{e}^{-st}\Big|_0^\infty=\frac{A}{s} \tag{2.13}$$

当 $A=1$ 时为单位阶跃信号，即

$$f(t)=\begin{cases}0 & (t<0)\\ 1 & (t\geqslant 0)\end{cases} \tag{2.14}$$

亦写作

$$f(t)=1(t)$$

此时

$$L[f(t)]=F(s)=\frac{1}{s}$$

图 2.7 为单位阶跃信号。可见阶跃信号的导数在 $t=0$ 处有脉冲函数存在，所以单位阶跃信号的拉氏变换，其积分下限规定为 $0^-$。

③斜坡信号。斜坡信号的时域表达式为

$$f(t)=\begin{cases}0 & (t<0)\\ At & (t\geqslant 0)\end{cases} \tag{2.15}$$

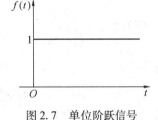

图 2.7　单位阶跃信号

则

$$L[f(t)]=F(s)=\int_0^\infty At\mathrm{e}^{-st}\mathrm{d}t=-\frac{1}{s}\int_0^\infty At\mathrm{d}\mathrm{e}^{-st}=$$

$$-\frac{1}{s}\left[A\mathrm{e}^{-st}\Big|_0^\infty-\int_0^\infty \mathrm{e}^{-st}\mathrm{d}At\right]=\frac{A}{s^2} \tag{2.16}$$

当 $A=1$ 时为单位斜坡信号，即

$$f(t) = \begin{cases} 0 & (t<0) \\ t & (t \geqslant 0) \end{cases} \tag{2.17}$$

亦记作
$$f(t) = t \cdot 1(t)$$

此时
$$L[t \cdot 1(t)] = \frac{1}{s^2}$$

单位斜坡信号如图 2.8 所示。

④指数信号。指数信号的数学表达式为

$$f(t) = \begin{cases} 0 & (t<0) \\ e^{at} & (t \geqslant 0) \end{cases} \tag{2.18}$$

依定义积分求拉氏变换为

$$F(s) = L[f(t)] = \int_0^\infty e^{at} e^{-st} dt = -\frac{1}{s-a} e^{-(s-a)t} \Big|_0^\infty = \frac{1}{s-a} \tag{2.19}$$

指数信号如图 2.9 所示。

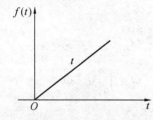
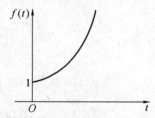

图 2.8　单位斜坡信号　　　　　图 2.9　指数信号

⑤正弦、余弦信号。正弦、余弦信号的拉氏变换可以利用指数信号的拉氏变换求得。由指数函数的拉氏变换,可以直接写出复指数函数的拉氏变换

$$L[e^{j\omega t}] = \frac{1}{s-j\omega} \tag{2.20}$$

因为

$$\frac{1}{s-j\omega} = \frac{s+j\omega}{(s-j\omega)(s+j\omega)} = \frac{s+j\omega}{s^2+\omega^2} = \frac{s}{s^2+\omega^2} + j \frac{\omega}{s^2+\omega^2} \tag{2.21}$$

由尤拉公式

$$e^{j\omega t} = \cos \omega t + j \sin \omega t \tag{2.22}$$

有

$$L[e^{j\omega t}] = L[\cos \omega t + j \sin \omega t] = \frac{s}{s^2+\omega^2} + j \frac{\omega}{s^2+\omega^2} \tag{2.23}$$

分别取复指数函数的实部变换与虚部变换,则正弦、余弦信号的拉氏变换分别为

$$L[\sin \omega t] = \frac{\omega}{s^2+\omega^2} \tag{2.24}$$

$$L[\cos \omega t] = \frac{s}{s^2+\omega^2} \tag{2.25}$$

正弦信号如图 2.10 所示。

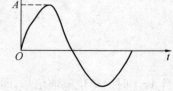

图 2.10　正弦信号

常见时间信号的拉氏变换如表2.2所示。

**表 2.2　常见时间信号的拉氏变换**

| 序号 | 象函数 $F(s)$ | 原函数 $f(t)$ |
|:---:|:---:|:---:|
| 1 | $1$ | $\delta(t)$ |
| 2 | $\dfrac{1}{s}$ | $1(t)$ |
| 3 | $\dfrac{1}{s^2}$ | $t$ |
| 4 | $\dfrac{1}{s+a}$ | $e^{-at}$ |
| 5 | $\dfrac{\omega}{s^2+\omega^2}$ | $\sin \omega t$ |
| 6 | $\dfrac{s}{s^2+\omega^2}$ | $\cos \omega t$ |
| 7 | $\dfrac{\omega}{(s+a)^2+\omega^2}$ | $e^{-at} \sin \omega t$ |
| 8 | $\dfrac{s+a}{(s+a)^2+\omega^2}$ | $e^{-at} \cos \omega t$ |
| 9 | $\dfrac{1}{s^n}$ | $\dfrac{1}{(n-1)!}t^{n-1}$ |
| 10 | $\dfrac{n!}{(s+a)^{n+1}}$ | $t^n \cdot e^{-at}$ |

**2. 拉氏反变换**

拉氏变换是将时域函数变换为复变函数 $F(s)$，即 $f(t) \Rightarrow F(s)$，而拉氏反变换是将复变函数变换回原时域函数 $f(t)$，即 $F(s) \Rightarrow f(t)$。拉氏反变换的计算公式为

$$f(t) = L^{-1}[F(s)] = \frac{1}{2\pi} \int_{c-j\omega}^{c+j\omega} F(s) e^{st} dt \tag{2.26}$$

上式的拉氏反变换是复变函数的积分，计算较复杂，一般很少采用。在已知 $F(s)$ 反求 $f(t)$ 时，通常采用部分分式法。

拉氏变换 $F(s)$ 通常为 $s$ 的有理分式，可以表示为

$$F(s) = \frac{B(s)}{A(s)} = \frac{b_m s^m + b_{m-1} s^{m-1} + \cdots + b_1 s + b_0}{a_n s^n + a_{n-1} s^{n-1} + \cdots + a_1 s + a_0} \tag{2.27}$$

式中，$B(s)$ 为分子多项式，$A(s)$ 为分母多项式，系数 $a_0, a_1, \cdots, a_n$ 和 $b_0, b_1, \cdots, b_m$ 均为实数，$m, n$ 为正整数，且 $n \geq m$。

在复变函数理论中，分母所对应的方程 $A(s) = 0$，其所有的解 $s_i, i = 1, 2, \cdots, n$ 称为 $F(s)$ 的极点，这样 $F(s)$ 可另表示为

$$F(s) = \frac{B(s)}{(s-s_1)(s-s_2)\cdots(s-s_n)} = \frac{c_1}{s-s_1} + \frac{c_2}{s-s_2} + \cdots + \frac{c_n}{s-s_n} =$$

$$F_1(s) + F_2(s) + \cdots + F_n(s) = \sum_{i=1}^{n} F_i(s) \tag{2.28}$$

由复变函数的留数定理，可以确定 $F(s)$ 的各分解式 $F_i(s)$，求得拉氏反变换为

$$f(t) = L^{-1}[F(s)] = \sum_{i=1}^{n} L^{-1}[F_i(s)] \tag{2.29}$$

下面分别讨论各种计算情况。

(1)$A(s)=0$ 全部为单根

$F(s)$ 可以分解为

$$F(s)=\frac{c_1}{s-s_1}+\frac{c_2}{s-s_2}+\cdots+\frac{c_n}{s-s_n} \tag{2.30}$$

其中

$c_i=[F(s)\cdot(s-s_i)]_{s=s_i}$ 为复变函数对于极点 $s=s_i$ 的留数,则拉氏反变换为

$$f(t)=\sum_{i=1}^{n}c_i\mathrm{e}^{s_it} \tag{2.31}$$

(2)$A(s)=0$ 有重根

只考虑一个单根情况,设 $s_1$ 为单根,$s_2$ 为重根,$m$ 重,$m+1=n$,则 $F(s)$ 可以展开为

$$F(s)=\frac{c_1}{s-s_1}+\left[\frac{c_{2m}}{(s-s_2)^m}+\frac{c_{2(m-1)}}{(s-s_2)^{m-1}}+\cdots+\frac{c_{22}}{(s-s_2)^2}+\frac{c_{21}}{s-s_2}\right] \tag{2.32}$$

式中,$c_1$ 求法与前相同,即 $c_1=[F(s)(s-s_1)]_{s=s_1}$,$c_{2i}(i=1,2,\cdots,m)$ 由留数定理可得

$$c_{2m}=[F(s)(s-s_2)^m]_{s=s_2} \tag{2.33}$$

$$c_{2(m-1)}=\frac{\mathrm{d}}{\mathrm{d}s}[F(s)(s-s_2)^m]_{s=s_2} \tag{2.34}$$

$$\cdots$$

$$c_{21}=\frac{1}{(m-1)!}\frac{\mathrm{d}^{(m-1)}}{\mathrm{d}s^{(m-1)}}[F(s)(s-s_2)^m]_{s=s_2} \tag{2.35}$$

因为 $L^{-1}\left[\dfrac{1}{(s-s_2)^m}\right]=\dfrac{1}{(m-1)!}t^{m-1}\mathrm{e}^{s_2t}$,所以拉氏反变换为

$$f(t)=L^{-1}[F(s)]=c_1\mathrm{e}^{s_1t}+\frac{c_{2m}}{(m-1)!}t^{m-1}\mathrm{e}^{s_2t}+\frac{c_{2(m-1)}}{(m-2)!}t^{m-2}\mathrm{e}^{s_2t}+\cdots+$$
$$c_{22}t\mathrm{e}^{s_2t}+c_{21}t\mathrm{e}^{s_2t} \tag{2.36}$$

(3)$A(s)=0$ 有共轭复数根

有共轭复数根时,可以将其作为单根(互不相同)来看待,但在分解时,涉及复数运算,计算繁琐,可用拉氏变换中变换对

$$\begin{cases}L[\sin\omega t]=\dfrac{\omega}{s^2+\omega^2}\\[2mm]L[\cos\omega t]=\dfrac{s}{s^2+\omega^2}\end{cases},\quad\begin{cases}L[\mathrm{e}^{-at}\sin\omega t]=\dfrac{\omega}{(s+a)^2+\omega^2}\\[2mm]L[\mathrm{e}^{-at}\cos\omega t]=\dfrac{s+a}{(s+a)^2+\omega^2}\end{cases} \tag{2.37}$$

进行变换。

**例 2.7**　已知 $F(s)=\dfrac{s+1}{s^2+5s+6}$,求拉氏反变换。

**解**　将 $F(s)$ 分解为部分分式

$$F(s)=\frac{s+1}{s^2+5s+6}=\frac{s+1}{(s+2)(s+3)}=\frac{c_1}{s+2}+\frac{c_2}{s+3}$$

极点为 $s_1=-2$,$s_2=-3$,则对应极点的留数为

$$c_1 = \left[ F(s)(s+2) \right]_{s=-2} = \frac{s+1}{s+3} \bigg|_{s=-2} = -1$$

$$c_2 = \left[ F(s)(s+3) \right]_{s=-3} = \frac{s+1}{s+2} \bigg|_{s=-3} = 2$$

则

$$F(s) = \frac{-1}{s+2} + \frac{2}{s+3}$$

所以

$$f(t) = L^{-1}\left[ F(s) \right] = L^{-1}\left[ \frac{-1}{s+2} + \frac{2}{s+3} \right] = -\mathrm{e}^{-2t} + 2\mathrm{e}^{-3t}$$

**例 2.8**　求 $F(s) = \dfrac{s+2}{s(s+3)(s+1)^2}$ 的拉氏反变换 $f(t)$。

**解**　$F(s)$ 可以分解为

$$F(s) = \frac{c_1}{s} + \frac{c_2}{s+3} + \left[ \frac{c_{32}}{(s+1)^2} + \frac{c_{31}}{s+1} \right]$$

式中，$c_1$，$c_2$ 分别对应单根 $s_1 = 0$，$s_2 = -3$，由前述单根情况计算为

$$c_1 = \left[ F(s)s \right]_{s=0} = \frac{s+2}{(s+3)(s+1)^2} \bigg|_{s=0} = \frac{2}{3}$$

$$c_2 = \left[ F(s)(s+3) \right]_{s=-3} = \frac{s+2}{s(s+1)^2} \bigg|_{s=-3} = \frac{1}{12}$$

系数 $c_{32}$，$c_{31}$ 分别对应二重根 $s_3 = -1$

$$c_{32} = \left[ F(s)(s+1)^2 \right]_{s=-1} = \frac{s+2}{s(s+3)} \bigg|_{s=-1} = -\frac{1}{2}$$

$$c_{31} = \frac{\mathrm{d}}{\mathrm{d}s} \left[ F(s)(s+1)^2 \right]_{s=-1} = \frac{\mathrm{d}}{\mathrm{d}s}\left[ \frac{s+2}{s(s+3)} \right] \bigg|_{s=-1} = -\frac{3}{4}$$

于是有

$$F(s) = \frac{2}{3} \frac{1}{s} + \left( -\frac{1}{12} \right) \frac{1}{s+3} + \left[ \left( -\frac{1}{2} \right) \frac{1}{(s+1)^2} + \left( -\frac{3}{4} \right) \frac{1}{s+1} \right]$$

查表可求得拉氏反变换为

$$f(t) = \frac{2}{3} 1(t) - \frac{1}{12}\mathrm{e}^{-3t} - \frac{1}{2}t\mathrm{e}^{-t} - \frac{3}{4}\mathrm{e}^{-t}$$

**例 2.9**　已知 $F(s) = \dfrac{s^2 + 9s + 33}{s^2 + 6s + 34}$，求 $f(t)$。

**解**　分子多项式的次数与分母多项式的次数相等，必存在常数项，而常数项的拉氏反变换为脉冲函数，所以有

$$F(s) = 1 + \frac{3s-1}{s^2+6s+34} = 1 + \frac{3s-1}{(s^2+6s+3^2)+(34-3^2)} = 1 + \frac{3s-1}{(s+3)^2+5^2} =$$

$$1 + \frac{3(s+3)-10}{(s+3)^2+5^2} = 1 + 3 \times \frac{s+3}{(s+3)^2+5^2} - 2 \times \frac{5}{(s+3)^2+5^2}$$

因为

$$L^{-1}\left[ 1 \right] = \delta(t)$$

$$L^{-1}\left[ \frac{s+3}{(s+3)^2+5^2} \right] = \mathrm{e}^{-3t}\cos 5t$$

$$L^{-1}\left[\frac{5}{(s+3)^2+5^2}\right]=e^{-3t}\sin 5t$$

所以有

$$f(t)=L^{-1}\left[F(s)\right]=\delta(t)+3e^{-3t}\cos 5t-2e^{-3t}\sin 5t$$

**3. 拉氏变换法求解微分方程**

列出控制系统的微分方程之后就可以求解该微分方程,利用微分方程的解来分析系统的运动规律。求解方法可以采用数学分析方法,也可以采用拉氏变换法。采用拉氏变换法求解微分方程是带初值进行运算的,许多情况下应用更为方便,其方法步骤如下:

①方程两边作拉氏变换;

②将给定的初始条件与输入信号代入方程;

③写出输出量的拉氏变换;

④作拉氏反变换,求出系统输出的时间解。

**例2.10** RC滤波电路如图2.11所示,输入电压信号 $u_i(t)=5$ V,电容的初始电压 $u_o(0)$ 为0 V和1 V时,分别求时间解 $u_o(t)$。

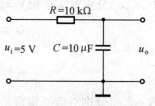

图2.11　RC滤波电路

**解** RC电路的微分方程为

$$RC\frac{du_o(t)}{dt}+u_o(t)=u_i(t)$$

对方程两边作拉氏变换

$$L\left[RC\frac{du_o(t)}{dt}+u_o(t)\right]=L[u_i(t)]$$

应用线性定理

$$RCL\left[\frac{du_o(t)}{dt}\right]+L[u_o(t)]=L[u_i(t)]$$

应用微分定理

$$RC[sU_o(s)-u_o(0)]+U_o(s)=U_i(s)$$

将 $R=10$ kΩ, $C=10$ μF, $U_i(s)=\dfrac{5}{s}$ 代入,整理得

$$(0.1s+1)U_o(s)=\frac{0.1u_o(0)s+5}{s}$$

即输出的拉氏变换为

$$U_o(s)=\frac{0.1u_o(0)s+5}{s(0.1s+1)}$$

(1)当 $u_o(0)=0$ V时,上式为

$$U_o(s)=\frac{5}{s(0.1s+1)}=\frac{50}{s(s+10)}=\frac{A}{s}+\frac{B}{s+10}$$

式中, $A=\dfrac{50}{s+10}\Big|_{s=0}=5$ ; $B=\dfrac{50}{s}\Big|_{s=-10}=-5$ ,所以

$$u_o(t)=L^{-1}[U_o(s)]=5\times1(t)-5e^{-10t}=5[1(t)-e^{-10t}]$$

（2）当 $u_o(0)=1$ V 时

$$U_o(s)=\frac{0.1s+5}{s(0.1s+1)}=\frac{5}{s}-\frac{4}{s+10}$$

$$u_o(t)=L^{-1}[U_o(s)]=5\times1(t)-4\mathrm{e}^{-10t}=5\left[1(t)-\frac{4}{5}\mathrm{e}^{-10t}\right]$$

**例 2.11**　已知微分方程为 $y''(t)+2y'(t)+2y(t)=u$。输入信号 $u=\delta(t)$，初始条件为 $y(0)=0,y'(0)=0$，求系统输出 $y(t)$。

**解**　将方程两边作拉氏变换为

$$[s^2Y(s)-sy(0)-y'(0)]+2[sY(s)-y(0)]+2Y(s)=1$$

代入初始条件得

$$s^2Y(s)+2sY(s)+2Y(s)=1$$

即

$$Y(s)=\frac{1}{s^2+2s+2}=\frac{1}{(s+1)^2+1}$$

$$y(t)=L^{-1}[Y(s)]=\mathrm{e}^{-t}\sin t$$

# 2.2　传递函数

微分方程式是描述线性系统运动的一种基本形式的数学模型。通过对它的求解，就可以得到系统在给定输入信号作用下的响应。然而微分方程式的阶次一高，求解就有难度，且计算的工作量大。还有当控制系统的某个参数改变时，便需要重新列写和求解微分方程，这是十分繁杂和费时的。此外，对于控制系统的分析，不仅要了解它在给定信号作用下的输出响应，更要重视系统的结构、参数与其性能间的关系，对于后者的要求，用微分方程式去描述是难以实现的。因此，用微分方程式表示系统的数学模型在实际应用中会遇到一些困难。在某些情况下，需要采用其他数学模型来描述控制系统的运动规律，了解系统是否稳定及其在动态过程中的主要特征，判别某些参数的改变或校正装置的加入对系统性能的影响。传递函数则是实现上述要求的有力工具。它是在复数域中求描述系统的一种数学模型，是基于拉氏变换而得到的，拉氏变换将时域函数变换为复数域函数，简化了函数；将时域的微分、积分运算简化为代数运算，简化了运算。基于上述两种简化，进而将系统在时域的微分方程描述简化为变换域的传递函数描述。

## 2.2.1　传递函数定义

设描述系统的微分方程为

$$y^{(n)}+a_{n-1}y^{(n-1)}+\cdots+a_1y'+a_0y=b_mx^{(m)}+b_{m-1}x^{(m-1)}+\cdots+b_1x'+b_0x \quad (n\geqslant m) \quad (2.38)$$

式中　$y^{(i)}$，$i=0,1,\cdots,n$ 为输出变量的各阶导数；

$x^{(j)}$，$j=0,1,\cdots,m$ 为输入变量的各阶导数；

$a_i$，$i=0,1,\cdots,n-1$ 为输出变量的各阶导数的常系数；

$b_j$，$j=0,1,\cdots,m$ 为输入变量的各阶导数的常系数。

令所有的初始条件为零,即

$$y^{(i)}(0)=0 \quad (i=0,1,\cdots,n-1) \tag{2.39}$$

$$x^{(j)}=0 \quad (j=0,1,\cdots,m-1) \tag{2.40}$$

对方程两边作拉氏变换,由微分定理得

$$(s^n+a_{n-1}s^{n-1}+\cdots+a_1s+a_0)Y(s)=(b_m s^m+b_{m-1}s^{m-1}+\cdots+b_1s+b_0)X(s) \tag{2.41}$$

得到输出信号的拉氏变换为

$$Y(s)=\frac{b_m s^m+b_{m-1}s^{m-1}+\cdots+b_1s+b_0}{s^n+a_{n-1}s^{n-1}+\cdots+a_1s+a_0}X(s) \tag{2.42}$$

则有输出信号拉氏变换 $Y(s)$ 与输入信号拉氏变换 $X(s)$ 之比

$$\frac{Y(s)}{X(s)}=\frac{b_m s^m+b_{m-1}s^{m-1}+\cdots+b_1s+b_0}{s^n+a_{n-1}s^{n-1}+\cdots+a_1s+a_0} \tag{2.43}$$

因此,定义控制系统的传递函数为在零初始条件下,输出信号的拉氏变换与输入信号的拉氏变换之比,表示为

$$G(s)=\frac{Y(s)}{X(s)}=\frac{b_m s^m+b_{m-1}s^{m-1}+\cdots+b_1s+b_0}{s^n+a_{n-1}s^{n-1}+\cdots+a_1s+a_0} \tag{2.44}$$

式中表示了输入、输出与传递函数三者之间的关系,亦可用图

$$X(s)\rightarrow \boxed{G(s)} \rightarrow Y(s)$$

来形象表示,输入 $X(s)$ 经方框 $G(s)$ 传递到输出 $Y(s)$,对具体系统而言,将传递函数的表达式写入方框,即为该系统的传递函数方框图,又称结构图。

## 2.2.2　传递函数的性质

(1)由于拉氏变换是一种线性积分运算,因此经过拉氏变换得到的传递函数只适用于线性定常系统。

(2)传递函数只描述系统的输入-输出特性,而不能表征系统的物理结构及内部所有状况的特性。不同的物理系统可以有相同的传递函数。同一系统中,不同物理量之间对应的传递函数也不相同。

(3)传递函数分子多项式与分母多项式的阶次应满足 $n \geqslant m$,这是由于实际系统中总是含有惯性元件以及能源的限制造成的。

(4)一个传递函数只能表示一个输入对一个输出的动态关系。如果是多输入、多输出系统,不可能用一个传递函数来表征该系统各变量之间的动态关系,而应用传递函数阵表示。

(5)传递函数是在零初始条件下定义的,它表示了在系统内部没有任何能量储存条件下的系统描述,即 $Y(s)=G(s)X(s)$;若系统内部有能量储存,将会产生系统在非零初始条件下的叠加项,即

$$Y(s)=G(s)X(s)+V(s)$$

(6)传递函数表征了系统对输入信号的传递能力,是系统的固有特性,只取决于系统的结构和参数,与输入量的大小和形式无关。

（7）传递函数 $G(s)$ 亦可表示为

$$G(s) = \frac{Y(s)}{X(s)} = R \frac{(s-z_1)(s-z_2)\cdots(s-z_m)}{(s-p_1)(s-p_2)\cdots(s-p_n)} \qquad (2.45)$$

式中，$R$ 为常数；$z_1, z_2, \cdots, z_m$ 为分子多项式方程的 $m$ 个根，称为传递函数零点；$p_1, p_2, \cdots, p_n$ 为分母多项式方程的 $n$ 个根，称为传递函数极点。

零点与极点由系统的结构参数所决定，零点与极点可为实数，也可为复数，且若为复数，必共轭成对出现。

传递函数是研究线性系统动态特性的重要工具，利用这一工具，可以大大简化系统动态性能的分析过程。例如，对于初始条件为零的系统，可以不必先解微分方程，求出系统的输出响应后，再研究系统在输入信号作用下的动态过程，而是可以直接根据系统传递函数的某些特征，例如根据传递函数的零点和极点来研究系统的性能。另一方面，也可以把对系统性能的要求，转换成对传递函数的要求，从而为系统设计提供了简便的方法。

### 2.2.3　典型环节及其传递函数

控制系统由许多元件组合而成，这些元件的物理结构和作用原理是多种多样的，但抛开具体结构和物理特点，从传递函数的数学模型来看，可以划分成若干基本部件组合构件，这些基本构件又称为典型环节。常用的典型环节有比例环节、积分环节、微分环节、惯性环节、振荡环节、延迟环节等，掌握了典型环节传递函数的求取，就可以方便的组合成复杂的控制系统。

**1. 比例环节**

环节的输出量与输入量成正比，不失真也无时间滞后的元部件称为比例环节。

比例环节的微分方程为

$$u_o(t) = K u_i(t) \qquad (2.46)$$

式中，$K$ 为常数，称为放大系数或增益。

拉氏变换为

$$U_o(s) = K U_i(s) \qquad (2.47)$$

传递函数为

$$G(s) = \frac{U_o(s)}{U_i(s)} = K \qquad (2.48)$$

可见，比例环节的输入量和输出量成比例，二者在时间上没有延迟。常用的比例环节装置还有放大器、减速器、杠杆等。

**2. 积分环节**

符合积分运算关系的环节为积分环节。

积分环节的时域表达式为

$$u_o(t) = \frac{1}{T} \int u_i(t) \, dt \qquad (2.49)$$

其复数域为

$$U_o(s) = \frac{1}{Ts}U_i(s) \tag{2.50}$$

传递函数为

$$G(s) = \frac{U_o(s)}{U_i(s)} = \frac{1}{Ts} \tag{2.51}$$

式中,$T$ 为积分环节的时间常数,它反映了积分的快慢程度。

图 2.12 为积分调节器的电路原理图。其传递函数为

$$G(s) = \frac{U_o(s)}{U_i(s)} = \frac{-1}{RCs} = -\frac{1}{Ts}$$

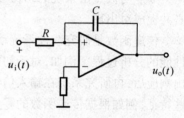

图 2.12　积分调节器

**3. 微分环节**

符合微分运算关系的环节称为微分环节。

微分环节的时域表达式为

$$u_o(t) = T_d \frac{du_i(t)}{dt} \tag{2.52}$$

其复数域为

$$U_o(s) = T_d s U_i(s) \tag{2.53}$$

传递函数为

$$G(s) = \frac{U_o(s)}{U_i(s)} = T_d s \tag{5.54}$$

式中,$T_d$ 为微分环节的时间常数,它表示了微分速率的大小。

**4. 一阶惯性环节**

一阶惯性环节的微分方程是一阶的,且输出响应需要一定的时间才能达到稳定值,因此称为一阶惯性环节。

时域表达式为

$$T\frac{du_o(t)}{dt} + u_o(t) = u_i(t) \tag{2.55}$$

复数域为

$$TsU_o(s) + U_o(s) = U_i(s) \tag{2.56}$$

传递函数为

$$G(s) = \frac{U_o(s)}{U_i(s)} = \frac{1}{Ts+1} \tag{2.57}$$

其中,$T$ 称为惯性环节的时间常数。电路 RC 中滤波电路就是一阶惯性环节。

**5. 二阶振荡环节**

振荡环节是由二阶微分方程所描述的系统。

时域表达式为

$$T^2\frac{d^2 u_o(t)}{dt^2} + 2\xi T\frac{du_o(t)}{dt} + u_o(t) = u_i(t) \tag{2.58}$$

复数域为

$$T^2 s^2 U_o(s) + 2\xi Ts U_o(s) + U_o(s) = U_i(s) \tag{2.59}$$

传递函数为

$$G(s) = \frac{U_o(s)}{U_i(s)} = \frac{1}{T^2 s^2 + 2T\xi s + 1} \tag{2.60}$$

式中，$T$ 和 $\xi$ 是系统特征函数，$T$ 为环节的时间常数，$\xi$ 为阻尼比。

**6. 延迟环节**

具有纯时间延迟传递关系的环节称为延迟环节。它的输出信号与输入信号的波形完全相同，只是输出量相对于输入量滞后一段时间 $\tau$。

时域表达式为

$$u_o(t) = u_i(t - \tau) \tag{2.61}$$

复数域为

$$U_o(s) = \mathrm{e}^{-\tau s} U_i(s) \tag{2.62}$$

传递函数为

$$G(s) = \frac{U_o(s)}{U_i(s)} = \mathrm{e}^{-\tau s} \tag{2.63}$$

一个控制系统，不管结构如何复杂，一般由上述基本环节组合构成。既然可以写出各基本环节的传递函数，那么，在符合信号流通的约束关系之下，将各基本环节的传递函数按照相应的关系组合，再消去中间变量就可以得到控制系统的传递函数。

### 2.2.4　传递函数的解法

可以对标准微分方程在零初始条件下进行拉氏变换，求出输出量的拉氏变换与输入量的拉氏变换之比，即为传递函数。但这需要对微分方程组进行消元（即消去中间变量）化简，先得到标准微分方程，再进行拉氏变换求传递函数，这样比较麻烦。通常可由实际系统求出其原始微分方程组，然后在零初始条件下，对方程组进行拉氏变换，最后进行代数消元化简，求出输出量的拉氏变换与输入量的拉氏变换之比，即为传递函数。

下面举例说明传递函数的求法。

**例 2.12**　RLC 无源网络如图 2.13 所示。①求传递函数 $G_1(s) = \dfrac{U_o(s)}{U_i(s)}$ 和 $G_2(s) = \dfrac{I_o(s)}{U_i(s)}$；②当 $u_o(0) \neq 0$，$u_o{}'(0) \neq 0$ 时，写出输出响应 $U_o(s)$。

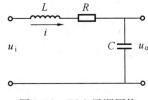

图 2.13　RLC 无源网络

**解**　系统微分方程为

$$LC \frac{\mathrm{d}u_o^2(t)}{\mathrm{d}t^2} + RC \frac{\mathrm{d}u_o(t)}{\mathrm{d}t} + u_o(t) = u_i(t)$$

拉氏变换后得

$$LC[s^2 U_o(s) - s u_o(0) - u'_o(0)] + RC[s U_o(s) - u_o(0)] + U_o(s) = U_i(s)$$

即

$$U_o(s) = \frac{1}{LCs^2 + RCs + 1} U_i(s) + \frac{1}{LCs^2 + RCs + 1}[(LCs + RC)u_o(0) + LC u'_o(0)]$$

因此,①在零初始条件下

$$(LCs+RC)u_o(0)+LCu'_o(0)=0$$

传递函数为

$$G_1(s)=\frac{U_o(s)}{U_i(s)}=\frac{1}{LCs^2+RCs+1}$$

另 $u_o(t)=\frac{1}{C}\int i_o(t)\,\mathrm{d}t$,对其两边作拉氏变换,由积分定理知

$$U_o(s)=\frac{1}{Cs}I_o(s)$$

故

$$G_2(s)=\frac{I_o(s)}{U_i(s)}=\frac{Cs}{LCs^2+RCs+1}$$

②非零初始条件下

$$U_o(s)=G(s)U_i(s)+V(s)$$

式中

$$G(s)=\frac{1}{LCs^2+RCs+1}$$

$$V(s)=\frac{1}{LCs^2+RCs+1}(LCs+RC)u_o(0)+LCu'_o(0)$$

**例 2.13**　试求图 2.14 所示系统电路的传递函数 $G(s)=\frac{U_o(s)}{U_i(s)}$。

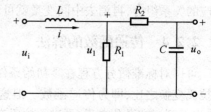

图 2.14　RLC 电路

**解**　设 $R_1,R_2$ 和 $\frac{1}{Cs}$ 三个阻抗串并联后的等效阻抗为 $Z_1$,且

$$Z_1=\frac{R_1(R_2+\frac{1}{Cs})}{R_1+R_2+\frac{1}{Cs}}=\frac{R_1(R_2Cs+1)}{(R_1+R_2)Cs+1}$$

$$U_1(s)=\frac{U_i(s)}{Ls+Z_1}Z_1$$

联立两式可得

$$U_1(s)=\frac{R_1(R_2Cs+1)}{(R_1+R_2)LCs^2+R_1(R_2Cs+1)+Ls}U_i(s)$$

$$U_o(s)=\frac{\frac{1}{Cs}}{R_2+\frac{1}{Cs}}U_1(s)=\frac{1}{R_2Cs+1}U_1(s)$$

利用传递函数的定义可得

$$G(s)=\frac{U_o(s)}{U_i(s)}=\frac{R_1}{(R_1+R_2)LCs^2+(R_1R_2C+L)s+R_1}$$

**例 2.14**　直流电动机调速系统原理如图 2.15,试根据信号传输关系写出系统的传递函数。

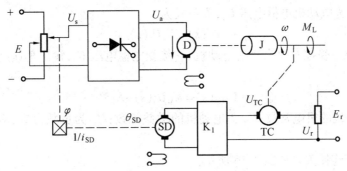

图 2.15　电动机调速系统原理图

**解**　按照输入到输出的顺序依次写出各基本环节的关系式。

①给定单元。由电位器构成,供给电压 $E_r$ 大小对应于电动机最高转速 $\omega_m$ 的计算公式为

$$E_r = K_r\omega_m$$

即

$$K_r = \frac{E_r}{\omega_m}$$

式中,$K_r$ 为灵敏度。

滑动端的输出电压 $U_r$ 正比于给定转速 $\omega_r$,即

$$U_r(s) = K_r\omega_r(s)$$

②测速单元。由测速发电机 TC 来实现,其输出端电压大小正比于电动机的旋转角速度 $\omega$,设灵敏度为 $K_{TC}$,则有

$$U_{TC}(s) = K_{TC}\omega(s)$$

③比较单元。将给定信号与实际信号比较,得出差值信号。该系统是将 $U_r$ 与 $U_{TC}$ 串联反极性相连接来实现的,关系式为

$$E(s) = U_r(s) - U_{TC}(s)$$

④放大单元。将差值信号放大,以驱动伺服电机 SD,放大倍数为 $K_1$,关系式为

$$U_1(s) = K_1 E(s)$$

⑤执行单元。为直流伺服电机 SD,输入电压 $U_1$,输出为转角 $\theta_{SD}$,关系式为

$$s(T_{SD}s+1)\theta_{SD}(s) = K_{SD}U_1(s)$$

式中,$T_{SD}$ 为伺服电机 SD 的时间常数;$K_{SD}$ 为 SD 的增益常数。

⑥减速器。为比例环节,将伺服电机 SD 转角变换为变阻滑动臂转角 $\varphi$。传递关系为变化系数 $\dfrac{1}{i_{SD}}$,即

$$\varphi(s) = \frac{1}{i_{SD}}\theta_{SD}(s)$$

⑦变阻器。为比例环节,变阻器滑动臂的转角 $\varphi$ 转换为可控硅调功器触发角调节电压 $U_s$,传递函数为 $K_s$,则

$$U_s(s) = K_s \varphi(s)$$

⑧可控硅调功器。输出可调电压,以驱动直流电动机旋转。输入信号为触发角调节电压 $U_s$,输出信号为电动机电枢电压 $U_a$,关系式为

$$U_a(s) = K_a U_s(s)$$

⑨受控对象。受控对象为直流电动机,它接受电枢电压 $U_a$,输出角速度 $\omega$,驱动负载转动,关系式为

$$(T_M s + 1)\omega(s) = K_M U_a(s) - K_L M_L(s)$$

式中,$T_M$ 为电动机的机电常数;$K_M$ 为电动机的增益常数;$M_L$ 为负载力矩;$K_L$ 为负载力矩常数。

各基本环节连接关系如图 2.16 所示。

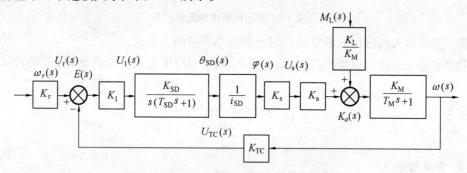

图 2.16　电动机调速系统连接关系图

综合上述方程式,联立方程组,令负载 $M_L$ 为零,得到传递函数

$$G_\omega(s) = \frac{\omega(s)}{\omega_r(s)} = \frac{K_1 K_{SD} K_s K_a K_M \dfrac{1}{i_{SD}} K_r}{s(T_{SD}s+1)(T_M s+1) + K_1 K_{SD} K_s K_a K_M \dfrac{1}{i_{SD}} K_{TC}}$$

同理,给定角速度 $\omega_r$ 为零可得到负载扰动 $M_L$ 作用下的传递函数为

$$G_M(s) = \frac{\omega(s)}{M_L(s)} = -\frac{K_L s(T_{SD}s+1)}{s(T_{SD}s+1)(T_M s+1) + K_1 K_{SD} K_s K_a K_M \dfrac{1}{i_{SD}} K_{TC}}$$

# 2.3　动态结构图

传递函数是由代数方程组通过消去系统中间变量而得到的。如果系统结构复杂,方程组数目就多,消去中间变量就比较麻烦。在消元后,由于仅剩下系统的输入和输出两个变量,因而并且中间变量的传递过程在系统输入与输出关系中得不到反映。考虑到一个控制系统总是由若干元件组合而成,从信息传递的角度去看,可以把一个系统划分为若干环节,每个环节用一个方框表示,按信息传递的关系构成整个系统的方框图,根据这个方框图,可以了解系统中信息的传递过程和各环节的内在联系。同时又能形象直观地表明信号在系统或元件中的传递过程,而且方框图既适用于线性控制系统,也适用于非线性控制系统。因此,动态结构图作为一种数学模型在控制理论中得到了广泛的应用。

### 2.3.1　动态结构图组成

动态结构图又称方块图,控制系统的动态结构图一般由以下四种符号组成。

(1)信号线。由带箭头的直线组成,箭头表示信号传递的方向,在信号线的上(或下)方可以标出信号的时间函数或其拉氏变换,如图 2.17(a)所示。

(2)方框。方框左侧为该方框的输入量,右侧为输出量,方框内写入输入与输出之间的传递函数,如图 2.17(b)所示。它表示该环节接受信号并按方框中的传递函数所表示的关系把输入信号变换为输出信号。方框具有单向性,即输出对输入没有反作用。

(3)分支点。表示把一个信号分成两路(或多路)输出,在信号线上只传送信号,不传送能量,所以信号虽然分成多路引出,但是引出的每一路信号都与原信号相等,如图 2.17(c)所示。

(4)相加点。表示信号在此进行加减的点叫相加点,相加点的输入信号有"+"、"-"之分,"+"表示加,"-"表示减,相加减的量应该具有相同的量纲,如图 2.17(d)所示。

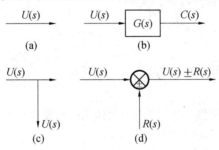

图 2.17　组成框图的基本结构

由微分方程组得到拉氏变换方程组,对每个方程都用上述符号表示,并将各个图正确地连接起来,既为动态结构图或称结构图,也称方框图或方块图。

### 2.3.2　结构图的建立

结构图建立的一般步骤为:

①建立系统中每一个元部件的运动方程,在列出每个部件的运动方程时,必须考虑相邻元部件间的负载效应影响。

②在零初始条件下,对各元件的运动方程进行拉氏变换,写出相应的传递函数,并作出各元件的结构图。

③按照系统中各变量的传递顺序,依次将各元件的结构图连接起来,置系统的输入变量于左端,输出变量于右端,便得到系统的结构图。

**例 2.15**　已知图 2.2 的两级 RC 网络,作出系统结构图。

**解**　设该电路输入电压、输出电压和电容 $C_1$ 上的电压拉氏变换分别为 $U_i(s)$, $U_o(s)$ 和 $U_1(s)$,流过 $R_1$,$R_2$ 和 $C_1$ 的电流分别为 $I_1(s)$,$I_2(s)$ 和 $I(s)$。取每个元件代表一个环节,根据电路定律,各环节输入、输出变量之间的关系式及相应结构图分别为:

（1）电阻 $R_1$ 环节

$$i_1R_1 = u_i - u_1 \Rightarrow I_1(s) = \frac{U_i(s) - U_1(s)}{R_1}$$

（2）电容 $C_1$ 环节

$$u_1 = \frac{1}{C_1}\int i_1 \mathrm{d}t \Rightarrow U_1(s) = \frac{1}{C_1 s}I(s)$$

（3）电阻 $R_2$ 环节

$$i_2R_2 = u_1 - u_o \Rightarrow I_2(s) = \frac{1}{R_2}[U_1(s) - U_o(s)]$$

（4）电容 $C_2$ 环节

$$u_o = \frac{1}{C_2}\int i_2 \mathrm{d}t \Rightarrow U_o(s) = \frac{1}{C_2 s}I_2(s)$$

（5）约束条件

$$i = i_1 - i_2 \Rightarrow I(s) = I_1(s) - I_2(s)$$

将上述各环节结构图连接起来，即构成两级 RC 滤波系统结构图，如图 2.18 所示。

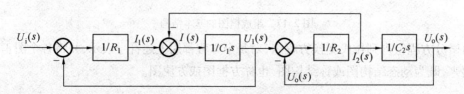

图 2.18　两级 RC 滤波系统结构图

由图 2.18 清楚地看到后一级 $R_2C_2$ 网络作为的负载对前级 $R_1C_1$ 网络的输出电压 $U_1$ 产生了影响，这就是负载效应。如果在这两级 RC 网络之间接入一个输入阻抗很大而输出阻抗很小的隔离放大器，如图 2.19 所示，则此电路的框图就可用图 2.20 来表示，从而消除了两个网络之间的负载效应。

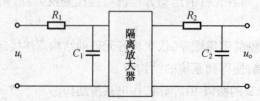

图 2.19　带隔离放大器的两级 RC 网络

$U_i(s)$
+
−
$\frac{1}{R_1}$
$\frac{1}{C_1}$
$K$
+
−
$\frac{1}{R_2}$
$\frac{1}{C_2 s}$
$U_o(s)$

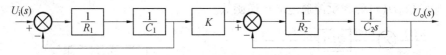

图 2.20　图 2.19 的框图

### 2.3.3　结构图的等效变换

在对系统进行分析时,常常需要对方框图作一定的变换。特别是存在多回路和几个输入信号的情况下,更需要对方框图进行变换、组合与化简,以便求出总的传递函数,并有利于分析各输入信号对系统性能的影响。对方块图进行变换所要遵循的基本原则是等效原则,即对方块图的任一部分进行变换时,变换前后该部分的输入量、输出量及其相互之间的数学关系应保持不变。在控制过程中,任何复杂系统的结构图主要由相应的方框经串联、并联和反馈三种基本形式连接而成。掌握这三种基本连接形式的等效法则,对简化系统的框图和求取闭环传递函数都是十分有益的。下面介绍几种方块图的化简方法。

**1. 串联环节**

在控制系统中,常见几个环节按照信号的流向相互串联连接,其特点是前一环节的输出量就是后一环节的输入量。环节串联的传输等于各种串联环节传输的乘积,这样可将两个方块合并成一个方块,以减少方块个数,串联环节的等效变换如图 2.21 所示。这个结论对任意个传递函数的串联同样适用,串联环节的等效传递函数等于所有相串联环节的传递函数的乘积,即

$$G(s) = \prod_{i=1}^{n} G_i(s) \tag{2.64}$$

式中,$n$ 为相串联的环节数。

$X(s)$
$G_1(s)$
$Y_1(s)$
$G_2(s)$
$Y(s)$
$X(s)$
$G_1(s)\,G_2(s)$
$Y(s)$

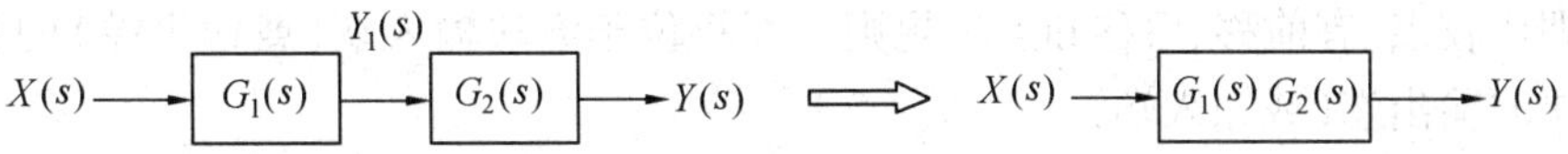

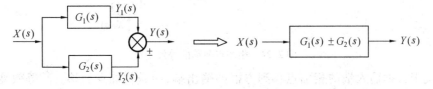

图 2.21　串联环节的等效变换

**2. 并联环节**

环节并联的传输等于各种并联环节传输的代数和,这样可将两条通路合并成一条通路,以减少通路条数。并联环节的等效变换如图 2.22 所示。

$X(s)$
$G_1(s)$
$Y_1(s)$
$Y(s)$
±
$G_2(s)$
$Y_2(s)$
$X(s)$
$G_1(s) \pm G_2(s)$
$Y(s)$

图 2.22　并联环节的等效变换

**3. 反馈回路化简**

图 2.23 中左图为反馈连接的典型结构,输出信号经过一个反馈环节 $H(s)$ 与输入信号 $X(s)$ 相加(或相减)再作用于 $G(s)$ 环节,这种连接方式叫反馈连接。图中 $G(s)$ 称为前馈通

道的传递函数;$H(s)$称为反馈通道的传递函数。

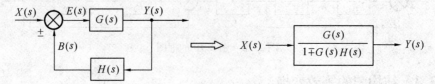

图 2.23　反馈连接的等效变换

其传递关系为

$$Y(s) = \frac{G(s)}{1 \mp G(s)H(s)}X(s) \qquad (2.65)$$

**证明**　设中间变量 $B(s)$，$E(s)$，则有

$$\begin{cases} Y(s) = G(s)E(s) \\ E(s) = X(s) \mp B(s) \\ B(s) = H(s)Y(s) \end{cases}$$

消去 $B(s)$，$E(s)$整理得

$$[1 \mp G(s)H(s)]Y(s) = G(s)X(s)$$

故有

$$\frac{Y(s)}{X(s)} = \frac{G(s)}{1 \mp G(s)H(s)} = G_B(s)$$

若反馈通道的传递函数 $H(s) = 1$，则称为单位反馈系统，此时

$$G_B(s) = \frac{G(s)}{1 \mp G(s)}$$

**4. 相加点移动**

亦即比较点，有前移、后移和互易规则。即将位于方块输入端(或输出端)的相加点移动到方块的输出端(或输入端)。

将位于方框输出端的相加点移到方框的输入端，叫做相加点前移。其等效变换如图2.24 所示。

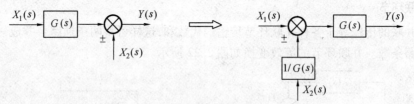

图 2.24　相加点前移的等效变换

将位于方框输入端的相加点移到方框的输出端，叫做相加点后移。其等效变换如图2.25 所示。

相邻的两个相加点的位置可以交换，也可以合并为一个相加点，不会影响总的输出信号关系，其等效变换如图 2.26 所示。

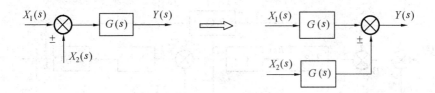

图 2.25  相加点后移的等效变换

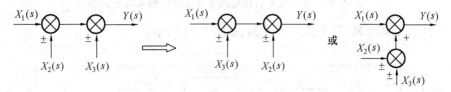

图 2.26  相加点互换位置等效变换

**5. 分支点移动**

将位于方框输出端的分支点移到方框的输入端,叫做分支点前移。其等效变换如图 2.27 所示。

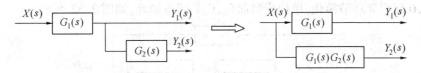

图 2.27  分支点前移的等效变换

将位于方框输入端的分支点移到方框的输出端,叫做分支点后移,其等效变换如图 2.28 所示。

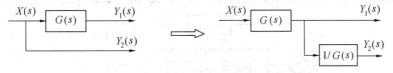

图 2.28  分支点后移的等效变换

**例 2.16**  对图 2.18 所示的二级 RC 网络结构图进行化简,求其传递函数。

**解**  对图 2.18 中各分支点和相加点进行标号,如图 2.29 所示。图中只有一条前向通道,三个反馈支路,即有三个自闭合的回路,但回路中信号并不独立,内有信号的分支点或相加点,所以在分析时,首先要将回路内部的相加点与分支点移出环外,然后再进行化简。

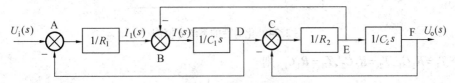

图 2.29  标号后系统方框图

①分支点 E 后移,相加点 B 前移,如图 2.30 所示。

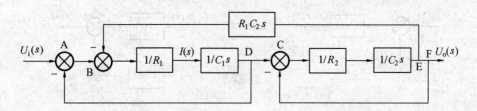

图 2.30　分支点 E 后移相加点 B 前移后的系统方框图

②相加点 A,B 互易,分支点 E,F 互易,如图 2.31 所示。

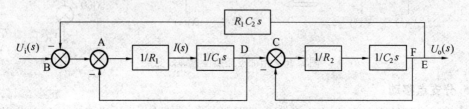

图 2.31　相加点分支点互易后的系统方框图

③A,D 间串联环节简化,单位反馈简化,C,F 间也如此,如图 2.32 所示。

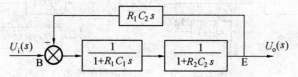

图 2.32　串联环节单位反馈简化后的系统方框图

④B,E 间环节串联简化,负反馈化简得到如图 2.33 和图 2.34 所示的方框图。

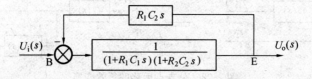

图 2.33　环节串联负反馈简化后的系统方框图

即

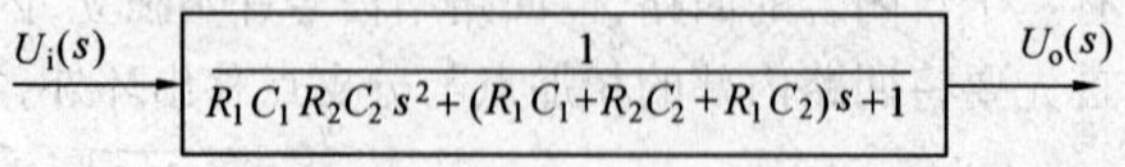

$$\boxed{\frac{1}{R_1 C_1 R_2 C_2 s^2 + (R_1 C_1 + R_2 C_2 + R_1 C_2)s + 1}}$$

$U_i(s)$　　　　　　　　　　　　　　　　　　　　　　$U_o(s)$

图 2.34　化简后的系统方框图

令 $T_1 = R_1 C_1$, $T_2 = R_2 C_2$, $T_3 = R_1 C_2$,则

$$G(s) = \frac{1}{T_1 T_2 s^2 + (T_1 + T_2 + T_3)s + 1}$$

# 思考题与习题

2.1　什么是控制系统的方框图?

2.2　试画出一个典型控制系统的方框图,并说明各个方框的输入信号和输出信号各是什么?

2.3　RC 网络如图 2.35 所示,试建立系统的动态方程,绘出结构图,并求其传递函数。

2.4　系统结构图如图 2.36 所示,试用结构图简化方法求其传递函数 $\dfrac{C(s)}{R(s)}$。

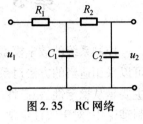

图 2.35　RC 网络

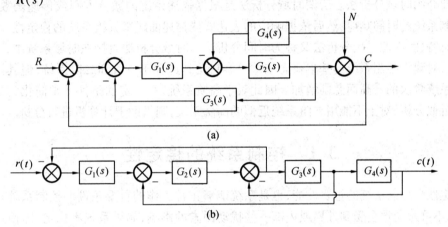

(a)

(b)

图 2.36　系统结构图

2.5　RC 网络如图 2.37 所示。其中 $u_1$, $u_2$ 分别为网络的输入量和输出量。①画出网络相应的结构图;②求传递函数 $U_2(s)/U_1(s)$。

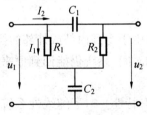

图 2.37　系统结构图

# 第3章　控制系统的时域分析

控制系统的数学模型是从理论上研究控制系统的基础,在确立了合理的数学模型后,就可以采用适当的方法对系统的控制性能进行全面的分析和计算。对控制系统性能的分析,主要是从稳定性、稳态性能、动态性能三个方面着手,即通常所说的"稳、准、快"。在经典控制理论中,对于线性定常系统,常用的分析方法有时域分析法、根轨迹分析法和频域分析法。本章主要介绍时域分析法。所谓时域分析法是根据描述系统的微分方程或传递函数,直接解出控制系统的时间响应,然后依据响应的表达式或描述曲线来分析系统的稳定性、动态特性和稳态特性,因此时域分析法又称为时间分析法。时域分析法直接在时域系统中分析,直观、准确,对建立控制系统的基本概念很重要。它尤其适合于一阶和二阶系统,但其计算量会随着系统阶次的升高而急剧增加。因此对于高阶系统,在一定的条件下常简化为二阶系统进行近似分析,对于不能用二阶系统近似的高阶系统,则借助于计算机进行分析。

## 3.1　控制系统的稳定性

稳定性是控制系统的重要性能,也是系统能够正常工作的首要条件。控制系统在实际工作中,不可避免地会受到外界或内部一些扰动因素的影响,如果系统不稳定,即使这些扰动很微弱,仍会使系统中的各物理量偏离其原平衡工作点,并随着时间的推移而发散,致使系统在扰动消失后,也不可能再恢复到原来的平衡工作状态。显然,不稳定的系统是无法正常工作的。

**1. 定义**

如果系统处于平衡工作状态,由于受到内部或外部的扰动,其输出量偏离原来的工作状态。当扰动消除后,经过足够长的时间,系统仍能回到原来的平衡工作状态,则称系统是稳定的,反之称系统是不稳定的。

稳定性是控制系统自身的固有特性。对于纯线性系统来说,系统稳定与否与初始偏差的大小无关。但纯线性系统实际是不存在的,所谓的线性系统大多是经过"小偏差"线性化处理后得到的线性化系统,所以上述稳定性的概念只是"小偏差"稳定性。

一般说来,系统的稳定性表现为其时域响应的收敛性,如果系统的零输入响应和零状态响应都是收敛的,则此系统就被认为是总体稳定的。零状态响应是指初始条件为零的情况下输入信号加入系统的运动规律。零输入响应是指在输入信号加入之前,系统储存的能量在信号加入之后的释放规律。

**2. 稳定性的充分必要条件**

稳定性是系统自身的一种恢复能力,所以是系统的一种固有特性,对于线性定常系统,它只取决于系统本身的结构和参数,而与初始条件和外作用无关。因此可用系统的齐次微分方程来分析系统的稳定性。

线性系统动态方程式为

$$a_n y^{(n)}(t) + a_{n-1} y^{(n-1)}(t) + \cdots + a_1 y'(t) + a_0 y(t) =$$
$$b_m X^{(m)}(t) + b_{m-1} X^{(m-1)}(t) + \cdots + b_1 X'(t) + b_0 X(t) \tag{3.1}$$

系统特征方程是

$$a_n s^n + a_{n-1} s^{n-1} + \cdots + a_1 s + a_0 = 0 \tag{3.2}$$

则系统稳定的充分必要条件是:

系统特征方程式的所有根全部为负实数或具有负实部的共扼复数,或者说是所有根必须分布在复平面的左半面。

对于系统动态方程的传递函数为

$$G(s) = \frac{Y(s)}{X(s)} = \frac{b_m s^m + b_{m-1} s^{m-1} + \cdots + b_1 s + b_0}{a_n s^n + a_{n-1} s^{n-1} + \cdots + a_1 s + a_0} \tag{3.3}$$

所以特征方程的形式与 $G(s)$ 分母的形式相同。特征方程的根即为 $G(s)$ 的极点。

### 3. 稳定性判据

根据线性定常系统稳定的充要条件就可以确定一个控制系统是否稳定。但是,应用这一条件来确定系统稳定性时,必须知道所有特征根的值,而这对于高阶系统来说是非常困难的,所以要寻求一种不用求解特征方程的根,根据某些已知条件来判别系统是否稳定的方法,这样的方法就是稳定性判据,其中最主要的一个判据就是 1884 年由 E. J. Routh 提出的判据,称之为劳斯判据。1895 年,A. Hurwitz 又提出了根据特征方程系数来判别系统稳定性的另一方法,称为赫尔维茨判据。

（1）初步识别

若系统特征方程为

$$a_n s^n + a_{n-1} s^{n-1} + \cdots + a_1 s + a_0 = 0$$

则由韦达定理知,根与系数有关系

$$\begin{aligned}
\frac{a_{n-1}}{a_n} &= -\sum_{i=1}^{n} s_i \\
\frac{a_{n-2}}{a_n} &= +\sum_{i,j=1(i\neq j)}^{n} s_i s_j \quad (i \neq j) \\
\frac{a_{n-3}}{a_n} &= -\sum_{i,j,K=1(i\neq j)}^{n} s_i s_j s_K \quad (i \neq j \neq K) \\
&\vdots \\
\frac{a_0}{a_n} &= (-1)n \prod_{i=1}^{n} s_i
\end{aligned} \tag{3.4}$$

式中,$s_i(i=1,2,\cdots,n)$ 为方程的根。

若系统稳定,即 $s_i(i=1,2,\cdots,n)$ 具有负实部(位于左半 $S$ 平面),则必满足 $a_0, a_1, \cdots, a_n$ 同号且不为零。

例如，已知系统的特征方程式为

$$s^3 - 2s^2 + s + 2 = 0$$

因为 $u_3 = 1, a_2 = -2, a_1 = 1, a_0 = 2$，系统符号不同，则系统不稳定。同时，其解为 $s_1 = 1, s_2 = -1,$ $s_3 = 2$，其中 $s_1, s_3$ 位于右 $S$ 半面，证实系统不稳定。

（2）劳斯判据

① 列写劳斯表。将系统的特征方程写成标准形式

$$a_n s^n + a_{n-1} s^{n-1} + \cdots + a_1 s + a_0 = 0$$

并将各系数组成排列的劳斯表

$$
\begin{array}{ccccc}
s^n & a_n & a_{n-2} & a_{n-4} & \cdots \\
s^{n-1} & a_{n-1} & a_{n-3} & a_{n-5} & \cdots \\
s^{n-2} & b_1 & b_2 & b_3 & \cdots \\
s^{n-3} & c_1 & c_2 & c_3 & \cdots \\
s^{n-4} & d_1 & d_2 & d_3 & \cdots \\
\vdots & \vdots & \vdots & \vdots & \\
s^2 & e_1 & e_2 & & \\
s^1 & f_1 & & & \\
s^0 & g_1 & & &
\end{array}
$$

表中的有关系数计算式为

$$b_1 = \frac{a_{n-1} a_{n-2} - a_n a_{n-3}}{a_{n-1}}$$

$$b_2 = \frac{a_{n-1} a_{n-4} - a_n a_{n-5}}{a_{n-1}}$$

$$b_3 = \frac{a_{n-1} a_{n-6} - a_n a_{n-7}}{a_{n-1}} \tag{3.5}$$

$$\vdots$$

$$c_1 = \frac{b_1 a_{n-3} - b_2 a_{n-1}}{b_1}$$

$$c_2 = \frac{b_1 a_{n-5} - b_3 a_{n-1}}{b_1}$$

$$\vdots \tag{3.6}$$

$$d_1 = \frac{c_1 b_2 - c_2 b_1}{c_1}$$

$$d_2 = \frac{c_1 b_3 - c_3 b_1}{c_1}$$

系数 $b_i$ 的计算一直进行到其余的 $b$ 值全部等于零为止；系数 $c_i, d_i$ 的计算一直进行到其余的值全部等于零为止。

②判别稳定性。如果行列表左端第一列数均为正数,则系统稳定,反之不稳定。

**例 3.1**　特征方程为 $2s^4+s^3+3s^2+5s+10=0$,判别系统的稳定性。

**解**　劳斯行列式为

$$
\begin{array}{llll}
s^4 & 2 & 3 & 10 \\
s^3 & 1 & 5 & 0 \\
s^2 & -7 & 10 & 0 \\
s^1 & \dfrac{45}{7} & 0 & \\
s^0 & 10 & 0 &
\end{array}
$$

从上表可以看出,第一列各数值的符号改变了两次,由 1 变成-7,又由-7 改变成 $\dfrac{45}{7}$,因此该系统有两个正实部的极点,系统是不稳定的。

劳斯表列出以后,可能出现以下两种特殊情况。

①行列式中某一行的第一列系数为零,其余各项不为零值或没有,在计算劳斯表中各元素的数值时,可以用一有限小的正值来代替零值项,然后按照通常方法计算阵列中其余各项,如果零($\varepsilon$)上面的系数符号与零($\varepsilon$)下面的系数符号相反,表明这里有一个符号变化。例如特征方程

$$s^4+3s^3+s^2+3s+1=0$$

其劳斯表为

$$
\begin{array}{lll}
s^4 & 1 & 1 & 1 \\
s^3 & 3 & 3 & 0 \\
s^2 & \varepsilon(0) & 1 & \\
s^1 & 3-\dfrac{3}{\varepsilon} & 0 & \\
s^0 & 1 & 0 &
\end{array}
$$

可见,当 $\varepsilon$ 趋近于零时,$3-\dfrac{3}{\varepsilon}$ 的值是一很大的负值,由此可以认为第一列中的各项数值的符号改变了两次。按劳斯判据,该系统有两个极点具有正实部,系统是不稳定的。

②若某一行所有数全为零,则可用全为零的上一行各数构造一个辅助多项式,并以这个多项式的导函数的系数代替劳斯表中的全零行,然后计算行列式。例如特征方程

$$s^4+s^3+3s^2+s+2=0$$

劳斯表中的 $s^4 \sim s^1$ 各项为

$$
\begin{array}{lll}
s^4 & 1 & 3 & 2 \\
s^3 & 1 & 1 & 0 \\
s^2 & 2 & 2 & 0 \\
s^1 & 0 & 0 &
\end{array}
$$

由上表看出,$s^1$ 项的各项全为零,为了求出 $s^4 \sim s^0$ 各项,将 $s^2$ 中各项组成辅助多项式

$$A(s)=2s^2+2$$

将辅助多项式 $A(s)$ 对 $s$ 求导数,得

$$\frac{\mathrm{d}A(s)}{\mathrm{d}s} = 4s$$

用上式中的各项系数作为 $s^1$ 行的各项系数,并计算以下各行的各项系数,得劳斯表为

$$
\begin{array}{cccc}
s^4 & 1 & 3 & 2 \\
s^3 & 1 & 1 & 0 \\
s^2 & 2 & 2 & 0 \\
s^1 & 4 & 0 & \\
s^0 & 2 & &
\end{array}
$$

从上表的第一列可以看出,各项符号没有改变,因此可以确定在右半平面没有极点,所以系统是稳定的。

（3）赫尔维茨判据

该判据也是根据特征方程的系数来判别系统的稳定性。设系统的特征方程式为

$$a_n s^n + a_{n-1} s^{n-1} + \cdots + a_1 s + a_0 = 0$$

以特征方程式的各项系数组成行列式

$$
\Delta = \begin{vmatrix}
a_{n-1} & a_n & 0 & 0 & 0 & 0 & \cdots \\
a_{n-3} & a_{n-2} & a_{n-1} & a_n & 0 & 0 & \cdots \\
a_{n-5} & a_{n-4} & a_{n-3} & a_{n-2} & a_{n-1} & a_n & \cdots \\
a_{n-7} & a_{n-6} & a_{n-5} & a_{n-4} & a_{n-3} & a_{n-2} & \cdots \\
 & & & & & & \ddots \\
\vdots & \vdots & \vdots & \vdots & \vdots & \vdots & a_0
\end{vmatrix}
\tag{3.7}
$$

赫尔维茨判据指出,系统稳定的充分必要条件是在 $a_0 > 0$ 的情况下,上述行列式的各阶主子式 $\Delta_i$ 均大于零,即

$$\Delta_1 = a_{n-1} > 0$$

$$\Delta_2 = \begin{vmatrix} a_{n-1} & a_n \\ a_{n-3} & a_{n-2} \end{vmatrix} = a_{n-1} a_{n-2} - a_n a_{n-3} > 0$$

$$\Delta_3 = \begin{vmatrix} a_{n-1} & a_n & 0 \\ a_{n-3} & a_{n-2} & a_{n-1} \\ a_{n-5} & a_{n-4} & a_{n-3} \end{vmatrix} > 0$$

$$\vdots$$

$$\Delta_n = \Delta > 0$$

**例 3.2**　二阶系统的特征方程为 $a_0 s^2 + a_1 s + a_2 = 0$,判断系统的稳定性。

**解**　系统行列式为

$$\Delta = \begin{vmatrix} a_1 & a_0 \\ 0 & a_2 \end{vmatrix}$$

由赫尔维茨判据,系统稳定性的充分必要条件是在 $a_0 > 0$ 的情况下

$$\Delta_1 = a_1 > 0, \quad \Delta_2 = \begin{vmatrix} a_1 & a_0 \\ 0 & a_2 \end{vmatrix} = a_1 a_2 > 0$$

即系统稳定的充分必要条件是

$$a_0 > 0, \quad a_1 > 0, \quad a_2 > 0$$

**例3.3** 系统的特征方程为 $3s^4 + 10s^3 + 5s^2 + s + 2 = 0$，判断系统的稳定性。

**解** 系统行列式为

$$\Delta = \begin{vmatrix} 10 & 3 & 0 & 0 \\ 1 & 5 & 10 & 3 \\ 0 & 2 & 1 & 5 \\ 0 & 0 & 0 & 2 \end{vmatrix}$$

各阶主子式为

$$\Delta_1 = 10 > 0, \quad \Delta_2 = \begin{vmatrix} 10 & 3 \\ 1 & 5 \end{vmatrix} = 47 > 0$$

$$\Delta_3 = \begin{vmatrix} 10 & 3 & 0 \\ 1 & 5 & 10 \\ 0 & 2 & 1 \end{vmatrix} = -153 < 0$$

由赫尔维茨判据得知，该系统不稳定。

（4）稳定性判据的作用

应用代数判据不仅可以判断系统的稳定性，还可以用来分析系统参数对系统稳定性的影响。

**例3.4** 系统结构图如图3.1所示，试确定系统稳定时 $K$ 的取值范围。

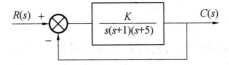

图 3.1 系统结构图

**解** 系统的闭环传递函数为

$$\frac{C(s)}{R(s)} = \frac{K}{s^3 + 6s^2 + 5s + K}$$

其特征方程式为

$$D(s) = s^3 + 6s^2 + 5s + K = 0$$

列劳斯列表为

$$
\begin{array}{ccc}
s^3 & 1 & 5 \\
s^2 & 6 & K \\
s^1 & \dfrac{30-K}{6} & 0 \\
s^0 & K &
\end{array}
$$

按劳斯判据，系统稳定性的充分必要条件是 $30-K > 0$ 和 $K > 0$。即要使系统稳定，$K$ 的取值范围必须满足 $0 < K < 30$。

# 3.2 时域分析的一般方法

控制系统的动态性能可以通过系统在输入信号作用下的过渡过程来评价。控制系统的响应决定于系统本身的参数和结构、系统的初始状态以及输入信号的形式。时域分析就是研究系统在输入信号作用下,系统输出的响应。实际系统的输出信号非常复杂,各种系统在不同信号作用下,其响应也不同。在实际中系统的输入信号往往并非都是确定的。比如,一个恒速电力拖动控制系统要求输入函数是个恒值电压,系统启动时电压从 0 V 上升到给定值的过程可能是突变的,也可能是缓慢波动的,响应特性自然不同。但可以肯定的是,如果系统的结构和参数好,则在不同输入函数作用下的输出响应变化得都很快;如果系统的结构和参数不好,那么随输入变化的输出响应都会有大幅度的振荡或者反应迟钝。由此说明系统的品质是由系统的结构和参数决定的,而与输入函数无关。因此,在分析和研究控制系统时,要有一个对各种控制性能进行比较的基础。这种基础就是预先规定的一些具有特殊形式的实验信号作为系统的输入,然后比较各种系统对这些输入信号的反应,据此对系统的性能做出评述。为了便于分析和设计,常采用一些能够描述输入量的性质并且方便计算的典型输入信号。选取这些试验信号时应注意以下三个方面:

(1)选取的输入信号的典型性应反映系统工作的大部分实际情况。

(2)选取外加输入信号的形式应尽可能简单,以便于分析处理。

(3)应选取那些能使系统工作在最不利情况下的输入信号作为典型的试验信号。

下面介绍几种常采用的基本实验信号。

## 3.2.1 基本实验信号

### 1.单位阶跃信号

阶跃信号 $r(t)$ 如图 3.2(a)所示,它的数学表达式为

$$r(t) = \begin{cases} R_0 & (t \geq 0) \\ 0 & (t < 0) \end{cases} \tag{3.8}$$

式中,常数 $R_0$ 为阶跃值。若 $R_0 = 1$ 则称为单位阶跃信号。

其拉氏变换为

$$L[r(t)] = \frac{1}{s} \tag{3.9}$$

有时将单位阶跃函数表示为

$$r(t) = 1(t) \tag{3.10}$$

则由 $1(t)$ 表示的阶跃函数为

$$r(t) = R_0 \cdot 1(t) \tag{3.11}$$

单位阶跃信号用于考察系统对于恒值信号跟踪能力,是评价系统动态性能时应用较多的一种典型外作用。在实际工作中,最经常采用的实验信号就是阶跃函数,它可以用来表示突变的信号,如指令的突然转变,电源的突然接通,开关、继电器接点突然闭合等。阶跃信号比较容易产生,一般认为阶跃干扰是最严重的扰动形式,因此研究系统在阶跃作用下的过渡过程具有典型意义。

**2. 单位斜坡信号**

斜坡信号是指由零值开始随时间作线性增长的信号,如图 3.2(b)所示。它的数学表达式为

$$r(t) = \begin{cases} \nu t & (t \geqslant 0) \\ 0 & (t < 0) \end{cases} \tag{3.12}$$

由单位阶跃函数表示为

$$r(t) = \nu t \cdot 1(t) \tag{3.13}$$

若 $\nu = 1$,则称为单位斜坡信号。其拉氏变换为

$$L[r(t)] = \frac{1}{s^2} \tag{3.14}$$

单位斜坡信号用于考察系统对等速率信号的跟踪能力,如列车的匀速前进、船闸的匀速升降等都属于斜坡作用信号。

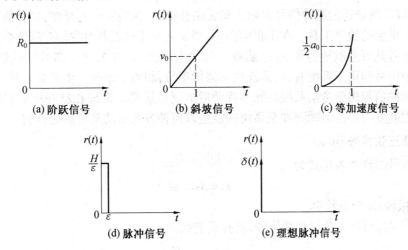

(a) 阶跃信号　　　　(b) 斜坡信号　　　　(c) 等加速度信号

(d) 脉冲信号　　　　(e) 理想脉冲信号

图 3.2　典型实验信号

**3. 等加速度信号**

这种信号是一种抛物线函数,它的数学表达式为

$$r(t) = \begin{cases} \dfrac{1}{2}at^2 & (t \geqslant 0) \\ 0 & (t < 0) \end{cases} \tag{3.15}$$

由单位阶跃函数表示为

$$r(t) = \frac{1}{2}at^2 \cdot 1(t) \tag{3.16}$$

这种信号的特点是函数值随时间以等加速不断增长,如图 3.2(c)所示。当 $a = 1$ 时,则称为单位等加速度信号。

其拉氏变换为

$$L[r(t)] = \frac{1}{s^3} \tag{3.17}$$

#### 4. 单位脉冲信号

脉冲信号可视为一个持续时间极短的信号,它的数学表达式为

$$r(t) = \begin{cases} H/\varepsilon & (0 < t = \varepsilon) \\ 0 & (t \neq 0) \end{cases} \tag{3.18}$$

当 $H = 1$ 时,记为 $\delta_\varepsilon(t)$,如图3.2(d)所示。如果令 $\varepsilon \to 0$,则称其为单位理想脉冲函数,并用 $\delta(t)$ 表示,如图3.2(e)所示,即

$$\delta(t) = \lim_{\varepsilon \to 0} \delta_\varepsilon(t) \tag{3.19}$$

它的面积(又称脉冲强度)为

$$\int_{-\infty}^{+\infty} \delta(t) \, \mathrm{d}t = 1 \tag{3.20}$$

其拉氏变换为

$$L[\delta(t)] = 1 \tag{3.21}$$

显然,$\delta(t)$ 所描述的脉冲信号实际上是无法获得的,在现实中不存在,只有数学意义,但它却是一个重要的数学工具。在工程实践中,当 $\varepsilon$ 远小于被控制对象的时间常数时,这种单位窄脉冲信号就可近似地当作 $\delta(t)$ 函数。脉冲电压信号、冲击力等都可以近似为脉冲信号。当脉冲信号作用于系统时,与系统内部储能等价,相当于系统产生零输入响应。

单位脉冲信号用于考察系统在脉冲扰动后的复位运动。系统在脉冲扰动瞬间之后,对系统的作用就变为零。但瞬间加至系统的能量以何种方式运动是考察的目的。

#### 5. 单位正弦信号 $\sin \omega t$

正弦信号的数学表达式为

$$r(t) = A\sin \omega t \tag{3.22}$$

式中,$A$ 为振幅;$\omega$ 为角频率。

当 $A = 1$ 时,则称为单位正弦信号,其拉氏变换为

$$L[r(t)] = \frac{\omega}{s^2 + \omega^2} \tag{3.23}$$

正弦信号主要用于求取系统的频率响应,据此分析和设计控制系统。在实际过程中,交流电源、电磁波、电源及机械振动的噪声等都属于正弦信号。

从以上时间函数可以看出,它们都具有形式简单的特点,选它们作为系统的典型输入信号,对系统响应的数学分析和实验研究都是很容易的。在分析控制系统时,到底使用哪一种输入信号作为系统的实验信号,应该根据控制系统的实际工作状况来确定。最常用的是阶跃信号,它的跃变特性可用来测试系统对输入突变响应的快速性、振荡程度和稳态误差。而斜坡函数和等加速度函数则可用来测试系统对匀速变化或具有加速度的参考输入信号的跟踪能力。一般来说,控制系统在试验信号的基础上设计出来以后,在实际信号的作用下,系统响应特性都能满足要求。

一个系统的时间响应 $c(t)$ 除了取决于系统本身的结构参数及外部作用,还与系统的初始状态有关。时域分析中一般规定:系统的初始状态均为零,即 $c(0^-) = c'(0) = c''(0) = \cdots = 0$ 为典型的初始状态,这表明在外部作用加于系统瞬间($t = 0^-$)之前,系统是相对静止的,被控制量及其各阶导数相对于平衡工作点的增益为零。

### 3.2.2　系统的一般响应

系统的一般响应就是系统在上述标准实验信号的作用下的响应特性,也就是系统的输出特性。选用的是何种实验信号,则称其为何种响应。如系统的脉冲响应、阶跃响应等。系统的一般响应有如下几种类型。

**1. 单位阶跃响应**

系统在单位阶跃输入作用下的响应,常用 $h(t)$ 表示。其计算公式为

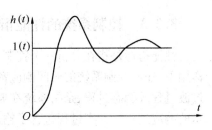

$$H(s) = R(s)G(s) \mid_{R(s)=\frac{1}{s}} = \frac{1}{s}G(s) \quad (3.24)$$

$$h(t) = L^{-1}\left[\frac{1}{s}G(s)\right] \quad (3.25)$$

阶跃响应曲线如图 3.3 所示,从图中可以看出,系统在阶跃扰动作用下研究的是系统的输出能否达到预定值和在跟踪预定值的过程中,超调量的大小和到达稳态值所需时间的快慢。

图 3.3　系统的阶跃响应

**2. 单位斜坡响应**

系统在单位斜坡输入作用下的响应,常用 $c_t(t)$ 表示。其计算公式为

$$C_t(s) = R(s)G(s) \mid_{R(s)=\frac{1}{s^2}} = \frac{1}{s^2}G(s) \quad (3.26)$$

$$c_t(t) = L^{-1}\left[\frac{1}{s^2}G(s)\right] \quad (3.27)$$

斜坡响应曲线如图 3.4 所示,从图中可以看出,系统在斜坡扰动作用下除了研究系统的超调量的大小和响应时间之外,还展示了系统的稳态误差。可以研究系统在什么条件下产生稳态误差、如何去减小或者去克服它,从而满足希望的要求。

**3. 单位脉冲响应**

系统在单位脉冲输入作用下的响应,常用 $k(t)$ 表示。其计算公式为

$$K(s) = R(s)G(s) = G(s) \quad (3.28)$$

$$k(t) = L^{-1}[G(s)] \quad (3.29)$$

脉冲响应曲线如图 3.5 所示,从图中可以看出,系统在脉冲扰动作用下研究的是系统输出脱离原始位置的矢量大小和复位所需要的时间。

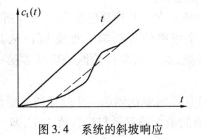

图 3.4　系统的斜坡响应　　　　　　图 3.5　系统的脉冲响应

前面叙述的系统各种响应之间是有一定关系的,利用这种关系求出系统的一种响应之后,就可以得到系统的其他响应。三种响应之间的关系如图 3.6 所示。

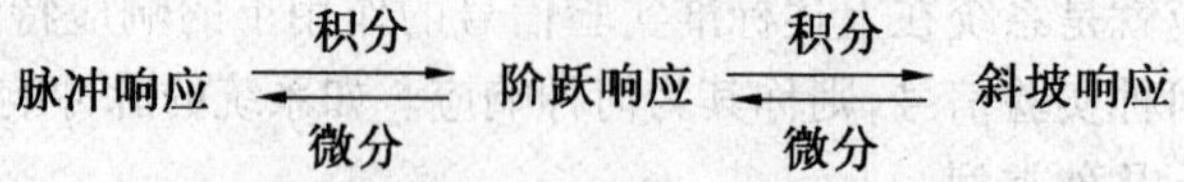

$$脉冲响应 \xrightleftharpoons[微分]{积分} 阶跃响应 \xrightleftharpoons[微分]{积分} 斜坡响应$$

图 3.6　系统的三种响应之间的关系

### 3.2.3　控制系统的性能指标

性能指标是指在分析一个控制系统的时候,评价系统性能的标准。在典型输入信号的作用下,任何控制系统的时间响应都由动态响应和稳态响应两部分组成。动态响应又称为过渡过程或瞬态过程,是指系统在典型输入信号的作用下,系统输出量从初始状态到最终状态的响应过程。动态过程包含了输出响应的各种运动特性,这些特性用动态性能指标描述,主要表现在过渡性能完结之前的响应中。稳态响应又称为稳态过程,是指系统在典型输入信号作用下,当时间趋于无穷大时,系统的输出响应状态。稳态过程反映了系统输出量最终复现输入量的程度,包含了响应的稳态性能,它表现在过渡性能完结之后的响应中。分析控制系统的性能指标,就是要分析在典型输入信号作用下控制系统的动态性能指标和稳态性能指标。一般认为,阶跃信号对系统来说是最严峻的工作状态。如果系统在阶跃信号作用下的性能指标满足要求,那么系统在其他形式的输入信号下,其性能指标一般可满足要求。因此在系统分析中,常以阶跃响应来衡量系统的动态性能和稳态性能,其响应曲线性能指标如图 3.7 所示。

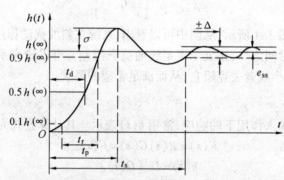

图 3.7　系统阶跃响应的性能指标

根据图中展示的响应特性,定义如下的性能指标。

(1)延迟时间 $t_d$。单位阶跃响应曲线 $h(t)$ 第一次上升到其稳态值的 50% 所需的时间。

(2)上升时间 $t_r$。对于单调变化的系统,是指单位阶跃响应曲线 $h(t)$ 从其稳态值的 10% 上升到 90% 所需要的时间,对有振荡的系统,通常指单位阶跃响应从零第一次上升到稳态值所需要的时间。

(3)峰值时间 $t_p$。单位阶跃响应曲线 $h(t)$ 从零时刻达到第一个峰值所需要的时间。

(4)超调量 $\sigma$。在响应过程中,超出稳态值的最大偏移量与稳态值之比,即

$$\sigma = \frac{h(t_\mathrm{p}) - h(\infty)}{h(\infty)} \times 100\%$$

若系统输出响应单调变化,则无超调量。

(5)调节时间 $t_\mathrm{s}$。在单位阶跃响应曲线的稳态值附近,取±Δ%(一般取±5%或±2%)作为误差带,响应曲线达到并不再超出该误差带的最小时间,称为调节时间(或过渡过程的时间)。

(6)振荡次数。在调整时间 $t_\mathrm{s}$ 内响应曲线振荡的次数。

(7)稳态误差 $e_\mathrm{ss}$。当响应时间大于调整时间时,系统就进入稳态过程。稳态误差是稳态过程的性能指标,其定义为,当时间 $t$ 趋于无穷时,系统输出响应的期望值与实际的输出值之差,即

$$e_\mathrm{ss} = 1 - h(\infty)$$

它是控制系统精度和抗干扰能力的一种度量,反映控制系统复现或跟踪输入信号的能力。

从上述系统阶跃响应的性能指标可以看出,各个时间指标反映了系统的快速性,其中延迟时间 $t_\mathrm{d}$、上升时间 $t_\mathrm{r}$、峰值时间 $t_\mathrm{p}$ 表征系统响应初始阶段的快慢,反映其过渡过程中初始阶段的快速性。调节时间 $t_\mathrm{s}$ 反映系统过程持续的长短,从整体上反映系统的快速性。超调量 $\sigma$ 反应系统响应过程的平稳性,而稳态误差 $e_\mathrm{ss}$ 反应系统复现输入信号的稳态精度。

# 3.3　一阶系统的时域分析

由于高阶微分方程的时间解相当复杂,因此时域分析法通常用于分析一、二阶系统。另外,在工程上,许多高阶系统常常具有一、二阶系统的时间响应,高阶系统也常被简化为一、二阶系统,因此深入研究一、二阶系统有着广泛的实际意义。

## 3.3.1　一阶系统的数学模型

用一阶微分方程描述的系统称为一阶系统。一阶系统在控制工程实际中应用广泛,一些控制元件及简单系统如 RC 网络、液位控制系统都可用一阶系统来描述。

一阶系统动态特征的微分方程一般为

$$T \frac{\mathrm{d}c(t)}{\mathrm{d}t} + c(t) = r(t) \tag{3.30}$$

式中,$c(t)$ 为输出量;$r(t)$ 为输入量;$T$ 为时间常数。

可求得一阶系统的传递函数为

$$G(s) = \frac{C(s)}{R(s)} = \frac{1}{Ts+1} \tag{3.31}$$

其中,$T$ 称为一阶系统的时间常数,它是唯一表征一阶系统特征的参数,所以一阶系统时间响应的性能指标与 $T$ 密切相关。一阶系统如果作为复杂系统中的一个环节时称为惯性环节。下面分别分析一阶系统对单位阶跃信号、单位斜坡信号和单位脉冲信号的响应。分析过程中,设初始条件等于零。

### 3.3.2　一阶系统的单位阶跃响应

当 $r(t)=1(t)$ 时，$R(s)=\dfrac{1}{s}$，系统输出的拉氏变换为

$$C(s)=G(s)R(s)=\frac{1}{Ts+1}\frac{1}{s} \tag{3.32}$$

求 $C(s)$ 的拉氏反变换，可得单位阶跃响应

$$h(t)=L^{-1}[C(s)]=L^{-1}\left[\frac{1}{Ts+1}\frac{1}{s}\right]=L^{-1}\left[\frac{1}{s}-\frac{1}{s+\frac{1}{T}}\right]=1-e^{-\frac{t}{T}}\quad(t\geqslant0) \tag{3.33}$$

或写成

$$h(t)=C_{ss}+C_{tt}$$

式中，$C_{ss}=1$ 称为稳态分量；$C_{tt}=-e^{-\frac{t}{T}}$ 称为瞬态分量，它随时间的增加而无限减小并最终趋于零。

一阶系统的单位阶跃响应曲线如图 3.8 所示，由图可见，其响应是一条由零开始按指数规律单调上升并最终趋于 1 的曲线。在 $t=0$ 处曲线的斜率最大，其值为 $\dfrac{1}{T}$。如果系统保持初始响应的变化速度不变，则当 $t=T$ 时，输出就能达到稳态值。实际经过 $T$ 时间，响应只上升到稳态值的 63.2%。经过 $3T$ 或 $4T$ 时间，响应将分别达到稳态值的 95% 或 98%。一阶系统的单位阶跃响应没有超调，不存在峰值时间，理论上讲，系统的上升时间与调整时间均为无穷大。

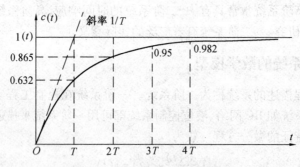

图 3.8　一阶系统的单位阶跃响应

由于 $t=3T(s)$ 时，输出响应可达稳态值的 95%；$t(s)=4T(s)$ 时，输出响应可达稳态值的 98%，故一般取

$$t_s=3T(s)（对应 5\%误差带）$$
$$t_s=4T(s)（对应 2\%误差带）$$

作为一阶系统的调整时间。显然，系统的时间常数 $T$ 的大小反应系统的惯性，$T$ 值越小，惯性越小，调节时间 $t_s$ 越小，响应过程的快速性也越好；$T$ 值大，惯性就大，响应速度慢。这一结论也适用于一阶系统以外的其他系统。此外也可得一阶系统的其他性能指标为

最大超调量　　　　　　　　　　　　$\sigma\%=0$

稳态误差　　　　　　　　　　$e_{ss}=\lim_{t\to\infty}(h(t)-r(t))=0$

**例 3.5**　一阶系统结构如图 3.9 所示。

(1)试求该系统单位阶跃响应的调节时间 $t_s$；

(2)若要求 $t_s \leqslant 0.1(s)$，试求系统的反馈系数应取何值？

**解**　(1)根据系统的结构图写出闭环传递函数

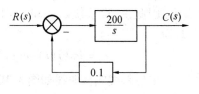

图 3.9　一阶系统结构图

$$G(s) = \frac{C(s)}{R(s)} = \frac{\dfrac{200}{s}}{1 + \dfrac{200}{s} \times 0.1} = \frac{10}{0.05s + 1}$$

由闭环传递函数可得到时间常数 $T = 0.05(s)$。

因此，调节时间为

$$t_s = 3T = 0.15(s) \quad (\text{取 5\% 误差带})$$

$$t_s = 4T = 0.20(s) \quad (\text{取 2\% 误差带})$$

(2)当 $t_s \leqslant 0.1s$ 时，假设反馈系数为 $K_i(K_i > 0)$，将图中反馈回路中的 0.1 换成 $K_i$，则闭环传递函数为

$$G(s) = \frac{\dfrac{200}{s}}{1 + \dfrac{200}{s} \times K_i} = \frac{\dfrac{1}{K_i}}{\dfrac{0.005}{K_i}s + 1}$$

由闭环传递函数可得

$$T = \frac{0.005}{K_i}(s)$$

按要求 $t_s \leqslant 0.1(s)$，则

$$t_s = 3T = \frac{0.015}{K_i} \leqslant 0.1$$

所以反馈系数

$$K_i \geqslant 0.15$$

### 3.3.3　一阶系统的单位斜坡响应

当 $r(t) = t \cdot 1(t)$ 时，$R(s) = \dfrac{1}{s^2}$，则系统输出的拉氏变换为

$$C_t(s) = G(s)R(s) = \frac{1}{Ts + 1}\frac{1}{s^2} \tag{3.34}$$

求拉氏反变换可得到系统的单位斜坡响应

$$c_t(t) = L^{-1}\left[\frac{1}{Ts + 1}\frac{1}{s^2}\right] = L^{-1}\left[\frac{1}{s^2} - \frac{T}{s} + \frac{T}{s + \dfrac{1}{T}}\right] = t - T + Te^{-\frac{t}{T}} \tag{3.35}$$

或写成

$$c_t(t) = C_{ss} + C_{tt}$$

式中，$C_{ss} = t - T$ 称为响应的稳态分量，$C_{tt} = T \cdot e^{-\frac{t}{T}}$ 为响应的瞬态分量，它随时间的增加而无限减小并最终趋于零。

因此,一阶系统跟踪单位斜坡信号的稳态误差为

$$e_{ss} = \lim_{t \to \infty}(r(t) - c(t)) = T \qquad (3.36)$$

单位斜坡响应曲线如图 3.10 所示。

可见,一阶系统在单位斜坡输入作用下,输出与输入的斜率相等,过渡过程结束后,输出与输入信号之间存在一个稳态误差,其值等于时间常数。显然,时间常数 $T$ 值越小,响应越快,稳态误差越

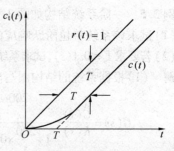

图 3.10　一阶系统的单位斜坡响应曲线

小,输出量对输入信号的滞后时间也越小。这说明减小时间常数 $T$ 不仅可以加快系统瞬时响应速度,而且还能减小系统跟踪斜坡信号的稳态误差。

### 3.3.4　一阶系统的单位脉冲响应

当 $r(t) = \delta(t)$ 时,$R(s) = 1$,则系统输出的拉氏变换为

$$K(s) = C(s) = G(s)R(s) = \frac{1}{Ts+1}R(s) = \frac{1}{Ts+1} \qquad (3.37)$$

求拉氏反变换可得系统的单位脉冲响应

$$k(t) = L^{-1}\left[\frac{1}{Ts+1}\right] = \frac{1}{T}e^{-\frac{t}{T}} \quad (t \geqslant 0) \qquad (3.38)$$

一阶系统的单位脉冲响应曲线如图 3.11 所示,其响应为一条由 $\frac{1}{T}$ 开始,单调下降并最终趋于零的指数曲线。

当 $t = 0$ 时,输出量的初始值为 $\frac{1}{T}$,$t \to \infty$ 时,输出

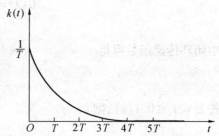

图 3.11　一阶系统的单位脉冲响应

量趋于零,故不存在稳态分量。通常定义指数曲线衰减到其初始值的 2% 时,对应的时间为调节时间 $t_s$,此时 $t_s = 4T$。可见时间常数 $T$ 也反映响应过程的快速性,$T$ 越小,过渡过程的持续时间就越少,则系统响应输入信号的快速性越好。

## 3.4　二阶系统的时域分析

以二阶微分方程描述的系统称为二阶系统。在控制工程中,二阶系统比较常见,此外,许多高阶系统常可降为二阶系统来研究,因此很有必要深入研究二阶系统的时间响应及其性能指标与参数的关系。

### 3.4.1　二阶系统的数学模型

典型二阶系统结构如图 3.12 所示。
系统闭环传递函数为

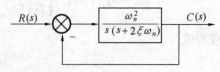

图 3.12　典型二阶系统结构图

$$G(s) = \frac{C(s)}{R(s)} = \frac{\omega_n^2}{s^2 + 2\xi\omega_n s + \omega_n^2} \tag{3.39}$$

式中，$\omega_n$ 为无阻尼自然频率；$\xi$ 为阻尼比。二者为二阶系统的两个特征参数。

其特征根（闭环极点）为

$$s_{1,2} = \begin{cases} \pm j\omega_n & (\xi = 0) \\ -\xi\omega_n \pm j\omega_n\sqrt{1-\xi^2} & (0 < \xi < 1) \\ -\xi\omega_n \pm \omega_n\sqrt{\xi^2-1} & (\xi \geqslant 1) \end{cases} \tag{3.40}$$

当阻尼比 $\xi$ 取不同值时，二阶系统的特征根在 $s$ 平面上分布位置不同，其响应也不同，以下分别进行介绍。

### 3.4.2　二阶系统的单位阶跃响应

（1）$0 < \xi < 1$ 时，系统在左半平面上有一对共轭复数极点，其单位阶跃响应为

$$h(t) = 1 - \frac{e^{-\xi\omega_n t}}{\sqrt{1-\xi^2}}\sin(\omega_d t + \arccos\xi) \quad (t \geqslant 0) \tag{3.41}$$

式中，$\omega_d = \sqrt{1-\xi^2}\,\omega_n$，称为阻尼振荡频率。

由上式可见，二阶系统的单位阶跃响应曲线是衰减振荡型的，系统欠阻尼。而且当时间 $t$ 趋于无穷时，系统的稳态值为 1，故稳态误差为零。

（2）$\xi = 0$ 时，系统有两个共轭纯虚根，其单位阶跃响应为

$$h(t) = 1 - \cos\omega_n t \quad (t \geqslant 0) \tag{3.42}$$

可见，二阶系统的单位阶跃响应曲线是围绕 1 的等幅振荡曲线，系统无阻尼。其振荡频率为 $\omega_n$，系统不能稳定工作。

（3）$\xi = 1$ 时，系统有两个相等的负实根，其单位阶跃响应为

$$h(t) = 1 - (1 + \omega_n t)e^{-\omega_n t} \quad (t \geqslant 0) \tag{3.43}$$

可见，二阶系统的单位阶跃响应曲线为单调非周期、无超调的曲线，系统临界阻尼。

（4）$\xi > 1$ 时，系统有两个不相等的实根，其单位阶跃响应为

$$h(t) = 1 - \frac{\xi + \sqrt{\xi^2-1}}{2\sqrt{\xi^2-1}}e^{-(\xi-\sqrt{\xi^2-1})\omega_n t} + \frac{\xi - \sqrt{\xi^2-1}}{2\sqrt{\xi^2-1}}e^{-(\xi+\sqrt{\xi^2-1})\omega_n t} \quad (t \geqslant 0) \tag{3.44}$$

可见，系统的单位阶跃响应曲线单调上升但不会超过稳态值，响应是非振荡、非超调的，系统过阻尼。当阻尼比 $\xi \gg 1$ 时，式（3.44）右边最后一项可以忽略，二阶系统可以用靠近原点的那个极点所表示的一阶系统来近似分析。

图 3.13 为阻尼比取不同值时系统的单位阶跃响应曲线。可以看出：

①阻尼比 $\xi$ 决定系统响应的模式，随着阻尼比 $\xi$ 的不同，系统的阶跃响应都有较大的差异，但它们响应的稳态分量都为 1。这表明在阶跃输入信号作用下系统的稳态误差都为零，即在稳态时，它的输出总等于其阶跃输入。

②当 $0 < \xi < 1$（欠阻尼）时，上升时间比较快，调节时间也比较短，但有超调量，并且 $\xi$ 越小，响应振荡越剧烈，这时如果选择合理的 $\xi$ 值，有可能使超调量比较小，调节时间也比较短；当 $\xi = 0.707$ 时，系统超调量小于 5%，调整时间 $t_s$ 最短，即平稳性和快速性均最佳，故称

$\xi=0.707$ 为最佳阻尼比。工程实际中,二阶系统多数设计成 $0<\xi<1$ 的欠阻尼情况,且常取 $\xi$ 在 $0.4\sim0.8$ 之间。

③当 $\xi>1$(过阻尼)时,其时间响应的调节时间 $t_s$ 最长,进入稳态很慢,但无超调量,并且 $\xi$ 越大,响应越显呆滞。

④当 $\xi=1$(临界阻尼)时,其时间响应也没有超调量,且响应速度比过阻尼要快。

⑤当 $\xi=0$(无阻尼)时,其时间响应是等幅振荡,没有稳态。

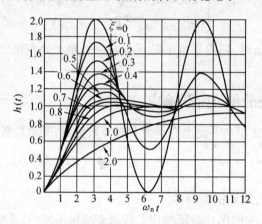

图 3.13　不同阻尼比时二阶系统的单位阶跃响应

### 3.4.3　二阶系统的单位斜坡响应

(1)$0<\xi<1$ 时,单位斜坡响应为

$$c(t)=\left(t-\frac{2\xi}{\omega_n}\right)+\frac{1}{\omega_d}e^{-\xi\omega_n t}\sin\left(\omega_d t+2\arccos\xi\right)\quad(t\geqslant0)\tag{3.45}$$

(2)$\xi=1$ 时,单位斜坡响应为

$$c(t)=t-\frac{2}{\omega_n}+\frac{1}{\omega_n}(\omega_n t+2)e^{-\omega_n t}\quad(t\geqslant0)\tag{3.46}$$

(3)$\xi>1$ 时,单位斜坡响应为

$$c(t)=t-\frac{2\xi}{\omega_n}-\frac{2\xi^2-1-2\xi\sqrt{\xi^2-1}}{2\omega_n\sqrt{\xi^2-1}}\left[e^{-(\xi-\sqrt{\xi^2-1})\omega_n t}+e^{-(\xi+\sqrt{\xi^2-1})\omega_n t}\right]$$

$$(t\geqslant0)\tag{3.47}$$

在三种阻尼状态中,其稳态误差均相同,为 $e_{ss}=\dfrac{2\xi}{\omega_n}$,可见,稳态误差与 $\xi$ 成正比,而与 $\omega_n$ 成反比,要想得到较小的误差,则应尽可能减小 $\xi$ 和增大 $\omega_n$。

### 3.4.4　二阶系统的单位脉冲响应

(1)$\xi=0$ 时,单位脉冲响应为

$$k(t)=\omega_n\sin\omega_n t\quad(t\geqslant0)\tag{3.48}$$

(2)$0<\xi<1$ 时,单位脉冲响应为

$$k(t) = \frac{\omega_n}{\sqrt{1-\xi^2}} e^{-\xi \omega_n t} \sin \omega_d t \quad (t \geqslant 0) \tag{3.49}$$

（3）$\xi = 1$ 时，单位脉冲响应为

$$k(t) = \omega_n^2 t e^{-\omega_n t} \quad (t \geqslant 0) \tag{3.50}$$

（4）$\xi > 1$ 时，单位脉冲响应为

$$k(t) = \frac{\omega_n}{2\sqrt{\xi^2-1}} \left[ e^{-(\xi - \sqrt{\xi^2-1})\omega_n t} + e^{-(\xi + \sqrt{\xi^2-1})\omega_n t} \right] \quad (t \geqslant 0) \tag{3.51}$$

### 3.4.5　典型二阶系统的动态性能指标

从前面分析可以看出，只有二阶欠阻尼系统的阶跃响应，有可能兼顾快速性与平稳性，表现出较好的性能。因此，下面主要讨论欠阻尼情况下的性能指标。

（1）峰值时间 $t_p$。将式（3.41）对时间求导，并令 $\frac{dh(t)}{dt} = 0$，可得到响应达到第一个峰值的时间

$$t_p = \frac{\pi}{\omega_d} = \frac{\pi}{\omega_n \sqrt{1-\xi^2}} \tag{3.52}$$

（2）超调量 $\sigma$。超调量是描述系统相对稳定性的一个动态指标。因为超调量发生在 $t_p$ 时刻，因此将 $t_p$ 值代入（3.41）式，得到

$$h(t_p) = 1 + e^{\frac{\xi \pi}{\sqrt{1-\xi^2}}} \tag{3.53}$$

所以

$$\sigma = \frac{h(t_p) - h(\infty)}{h(\infty)} = e^{-\frac{\xi \pi}{\sqrt{1-\xi^2}}} \tag{3.54}$$

可见，超调量仅是阻尼比的函数，阻尼比越小，超调量越大，反之亦然。

（3）调节时间 $t_s$。根据调节时间的定义，有

$$|h(t) - h(\infty)| \leqslant \Delta \cdot h(\infty) \tag{3.55}$$

将（3.41）式代入上式得

$$\left| \frac{e^{-\xi \omega_n t_s}}{\sqrt{1-\xi^2}} \sin(\omega_d t_s + \arccos \xi) \right| \leqslant \Delta \tag{3.56}$$

上式左端是衰减正弦振荡，其包络线衰减到 $\Delta$ 所需的时间就是调节时间。于是有

$$\frac{1}{\sqrt{1-\xi^2}} e^{-\xi \omega_n t_s} = \Delta \tag{3.57}$$

最后可得到调节时间 $t_s$ 为

$$t_s = \frac{-\ln(\Delta \sqrt{1-\xi^2})}{\xi \omega_n} \tag{3.58}$$

或近似为

$$t_s \approx \frac{3}{\xi \omega_n} \quad (\Delta = 0.05) \tag{3.59}$$

$$t_s \approx \frac{4}{\xi \omega_n} \quad (\Delta = 0.02) \tag{3.60}$$

可见,调节时间也和系统的阻尼比有密切的关系。

(4)上升时间 $t_r$。$t_r$ 定义为响应从 $0.1h(\infty)$ 第一次上升到 $0.9h(\infty)$ 所需的时间,$t_r$ 可采用下面近似公式计算:

一阶近似

$$t_r \approx \frac{0.8 + 2.5\xi}{\omega_n} \tag{3.61}$$

二阶近似

$$t_r = \frac{1 - 0.416\,7\xi + 2.917\xi^2}{\omega_n} \tag{3.62}$$

(5)延迟时间 $t_d$。$t_d$ 定义为响应从零达到稳态值的 50% 所需的时间,可采用下面的近似公式计算:

一阶近似

$$t_d \approx \frac{1 + 0.7\xi}{\omega_n} \tag{3.63}$$

二阶近似

$$t_d \approx \frac{1.1 + 0.125\xi + 0.469\xi^2}{\omega_n} \tag{3.64}$$

可见,增大阻尼会使上升时间和延迟时间延长。

**例 3.6**　控制系统如图 3.14 所示,要使 $\xi = 0.6$,试确定参数 $K$ 值,并计算动态性能指标调节时间 $t_s$、峰值时间 $t_p$、超调量 $\sigma\%$。

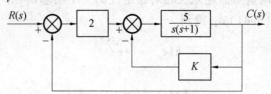

图 3.14　控制系统结构图

**解**　系统的闭环传递函数为

$$G(s) = \frac{10}{s^2 + (1 + 5K)s + 10}$$

与二阶系统的标准数学模型对照,可得

$$\omega_n^2 = 10, \quad 2\xi\omega_n = 1 + 5K$$

$$\omega_n = \sqrt{10}, \quad \xi = \frac{1 = 5K}{2\sqrt{10}}$$

要使 $\xi = 0.6$,由上式得 $K = 0.56$。

由此控制系统的性能指标为

调节时间　$t_s = \dfrac{3}{\xi\omega_n} = 1.59(s)$　(取 $\pm 5\%$ 误差带)

峰值时间　$t_p = \dfrac{\pi}{\omega_n \sqrt{1 - \xi^2}} = 1.24(s)$

超调量　$\sigma\% = e^{-\pi\xi/\sqrt{1-\xi^2}} \times 100\% = 9.84\%$

# 3.5　高阶系统的近似分析

实际控制系统的阶次一般都比较高,要得到它们的时域响应相当困难。如果忽略那些幅值相对很小、持续时间相对很短的模态,只保留在暂态响应中起主导作用的模态,原来的高阶系统就可以近似成为低阶系统。

## 3.5.1　高阶系统的主导极点

高阶系统的微分方程为

$$a_n \frac{\mathrm{d}^n c(t)}{\mathrm{d}t^n} + a_{n-1} \frac{\mathrm{d}^{n-1} c(t)}{\mathrm{d}t^{n-1}} + \cdots + a_1 \frac{\mathrm{d}c(t)}{\mathrm{d}t} + a_0 c(t) =$$
$$b_m \frac{\mathrm{d}^m r(t)}{\mathrm{d}t^m} + b_{m-1} \frac{\mathrm{d}^{m-1} r(t)}{\mathrm{d}t^{m-1}} + \cdots + b_1 \frac{\mathrm{d}r(t)}{\mathrm{d}t} + b_0 r(t) \tag{3.65}$$

式中, $n \geq 3$ , $n \geq m$ ;系统参数 $a_i (i = 0,1,2,\cdots,n)$ , $b_j = (j = 0,1,2,\cdots,m)$ 为定常值。

令初始值为零,对上式两边作拉氏变换,可得出系统的闭环传递函数为

$$G(s) = \frac{C(s)}{R(s)} = \frac{b_m s^m + b_{m-1} s^{m-1} + \cdots + b_1 s + b_0}{a_n s^n + a_{n-1} s^{n-1} + \cdots + a_1 s + a_0} =$$
$$\frac{K(s+z_1)(s+z_2)\cdots(s+z_m)}{(s+p_1)(s+p_2)\cdots(s+p_n)} \tag{3.66}$$

式中, $K = b_m/a_n$ ; $-z_1, -z_2, \cdots, -z_n$ 为闭环系统零点; $-p_1, -p_2, \cdots, -p_n$ 为闭环系统极点。

为便于讨论,假设所有零点和极点都是单重的,式(3.66)所示系统的单位阶跃响应为

$$C(s) = \frac{K(s+z_1)(s+z_2)\cdots(s+z_m)}{(s+p_1)(s+p_2)\cdots(s+p_n)} \frac{1}{s} = \frac{A_0}{s} + \sum_{i=1}^{n} \frac{A_i}{s+p_i} \tag{3.67}$$

所以

$$c(t) = A_0 + \sum_{i=1}^{n} A_i \mathrm{e}^{-p_i t} \tag{3.68}$$

其中

$$A_0 = sY(s)|_{s=0}, \quad A_i = (s+p_i)Y(s)|_{s=p_i} \tag{3.69}$$

实际上,当 $G(s)$ 中包含左半平面的共轭复数极点时, $c(t)$ 中则应包含相应的衰减项。下面讨论可以对高阶系统进行简化的两种情况。

**1. 如果极点 $-p_k$ 与零点 $-z_r$ 距离很近**

当某零点和极点之间的距离比之它们与其他零、极点的距离起码小 5 倍以上,意即 $|-p_k + z_r|$ 很小时,根据式(3.69)可得

$$A_k = [(s+p_k)C(s)]|_{s=p_k} = \frac{K \prod_{\substack{j=1 \\ j \neq r}}^{m}(-p_k + z_j)}{p_k \prod_{\substack{i=1 \\ i \neq k}}^{n}(-p_k + p_i)} = \frac{K \prod_{\substack{j=1 \\ j \neq r}}^{m}(-p_k + z_j)}{p_k \prod_{\substack{i=1 \\ i \neq k}}^{n}(-p_k + p_i)}(-p_k + z_r)$$

$$\tag{3.70}$$

由于分子中包含因子$(-p_k+z_r)$,而$|-p_k+z_r|$又很小,因而$A_k$也必然很小,从而$-p_k$所对应的输出分量也必然很小,该项可以忽略。在进行简化时,应将靠近的这一对零、极点同时取消,并同时保持系统的稳态放大倍数不变,则系统的传递函数近似为

$$G_1(s) = \frac{Kz_r \prod\limits_{\substack{j=1 \\ j \neq r}}^{m} (s + z_j)}{p_k \prod\limits_{\substack{i=1 \\ i \neq k}}^{n} (s + p_i)} \tag{3.71}$$

### 2. 如果极点$-p_k$距离虚轴很远

当某极点到虚轴的距离是其他零、极点到虚轴距离的 5 倍以上,意即

$$|\mathrm{Re}(-p_k)| \gg |\mathrm{Re}(-p_i)| \quad (i=1,2,\cdots,n;i \neq k)$$
$$|\mathrm{Re}(-p_k)| \gg |\mathrm{Re}(-z_j)| \quad (j=1,2,\cdots,m)$$

则

$$A_k = \frac{K \prod\limits_{j=1}^{m} (-p_k + z_j)}{-p_k \prod\limits_{\substack{i=1 \\ i \neq k}}^{n} (-p_k + p_i)} \tag{3.72}$$

由于$|\mathrm{Re}(-p_k)|$很大,所以分子和分母的每一个因子的模都很大,而一般分母的阶次高于分子的阶次,所以最终$A_k$将很小,加之极点$-p_k$具有很大的负实部,它所对应的输出分量迅速衰减,因此该极点可以忽略,系统降阶时应保持稳态放大倍数不变,则系统的传递函数近似为

$$G_2(s) = \frac{K \prod\limits_{j=1}^{m} (s + z_j)}{-p_k \prod\limits_{\substack{i=1 \\ i \neq k}}^{n} (s + p_i)} \tag{3.73}$$

按上述方法处理后,系统阶次下降,剩下的极点称为主导极点。高阶系统的主导极点常常是一对共轭复数极点,若能找到一对共扼复数极点,那么高阶系统就可以近似当作二阶系统来分析。相应的性能指标就可以按二阶系统来近似估算。

### 3.5.2　附加零极点的影响

如果一个高阶系统不能用上述两个条件简化到典型的一阶或二阶系统,则可以在典型的低阶系统的基础上,考虑附加零极点的影响来定性分析高阶系统的性能。

#### 1. 附加零点的影响

设二阶系统的闭环传递函数为

$$G(s) = \frac{\omega_n^2 (\tau s + 1)}{s^2 + 2\xi \omega_n s + \omega_n^2} \tag{3.74}$$

它是在典型二阶系统的基础上增加一个零点$z = -1/\tau$而形成的。其阶跃响应为

$$c(t) = c_1(t) + \tau \frac{\mathrm{d}}{\mathrm{d}t} c_1(t) \tag{3.75}$$

式中,$c_1(t)$ 是典型二阶系统的阶跃响应。

图 3.15 为具有附加零点的阶跃响应曲线。

由图可以看出,给典型二阶系统增加一个零点,将使系统超调量增大,上升时间、峰值时间减小。并且随着附加零点沿实轴向原点靠近,上述影响越来越显著。但如果附加零点与原点距离很大,则它的影响可以忽略。

**2. 附加极点的影响**

设二阶系统的闭环传递函数为

$$G(s) = \frac{\omega_n^2}{(s^2 + 2\xi\omega_n s + \omega_n^2)(Ts + 1)} \tag{3.76}$$

它是在典型二阶系统的基础上增加了一个极点,也可以看成是典型二阶环节与一阶惯性环节串联,其阶跃响应曲线如图 3.16 所示。其中 $c_1(t)$ 是典型二阶系统的阶跃响应,$c(t)$ 则是 $c_1(t)$ 经过一阶惯性环节后的输出。

可见,系统响应变慢,上升时间增加,振荡减弱,超调量变小。

从前面的分析可以看出,只有一些特殊情况可以将高阶系统简化,一般情况需要在低阶系统的基础上考虑附加零极点的影响,但也只能得到一些定性的结果。

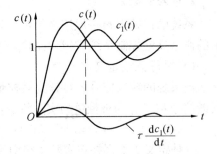

图 3.15　具有附加零点的单位
阶跃响应曲线

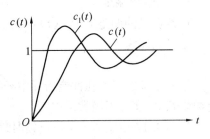

图 3.16　具有附加极点的单位
阶跃响应曲线

# 3.6　控制系统的稳态误差

稳态误差是指控制系统稳定运行时输出响应期望的理论值与实际值之差。它是对系统控制精度的一种度量,通常称为稳态性能,是控制系统一项重要的性能指标,表示系统跟踪输入信号或抑制干扰信号的能力。造成闭环控制系统稳态误差的原因很多,比如,检测元件检测到的被测量值不够精确,不能正确反映被测量,反馈通道将此测量值反馈到输入端与给定信号进行比较后,其结果经前向通道的稳态传输就使被控量偏离了期望的理论值,也称此类误差为测量误差。另一类误差来源于系统内外的扰动量,比如,由于外部参数的扰动,如电网电压的波动使系统内电子元件发生了零点漂移,负载的状态发生了变化等,从而使系统稳态时的输出值偏离期望的理论值,这类误差称为扰动误差。还有一类误差是由系统本身结构和参数引起的,称为结构性误差。结构性误差和扰动误差统称为原理性误差。原理性误差可以通过改进系统设计加以抑制和消除,测量误差则只有通过提高测量精度加以限制。通过稳态误差分析可以检验设计的控制系统是否满足稳态性能指标,以及不满足时如何减小稳态误差。

### 3.6.1　误差及稳态误差的定义

**1. 误差的概念**

系统的误差 $e(t)$ 一般定义为被控量的期望值与实际值之差。一般来说,对于图 3.17 所示的典型反馈控制系统,误差有两种不同的定义方法。

（1）从输入端定义

把系统的输入信号 $r(t)$ 作为被控量的期望值,把主反馈信号 $b(t)$ 作为被控量的实际值,定义误差为

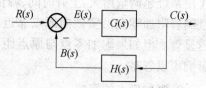

$$e(t) = r(t) - b(t) \qquad (3.77)$$

这种定义下的误差在实际系统中是可以测量的,且具有一定的物理含义,通常该误差信号也称为控制系统的偏差信号。

图 3.17　非单位反馈控制系统

（2）从输出端定义

设被控量的期望值为 $c_r(t)$（与给定信号 $r(t)$ 具有一定的关系）,被控量的实际值为 $c(t)$,定义误差为

$$e'(t) = c_r(t) - c(t) \qquad (3.78)$$

这种定义的误差在性能指标中经常使用,但在实际系统中有时无法测量,因而一般只具有数学意义,实际不经常采用。

当图 3.17 中反馈为单位反馈时,即 $H(s) = 1$ 时,上述两种定义可统一为

$$e(t) = e'(t) = r(t) - b(t) \qquad (3.79)$$

对于非单位反馈系统,可等效变换为如图 3.18 所示的单位反馈控制系统。其中 $r'(t)$ 表示等效单位反馈系统的输入信号,也就是输出量的期望值 $c_r(t)$,从输出端定义的误差为

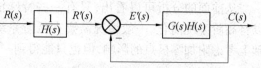

图 3.18　等效单位反馈控制系统

$$e'(t) = r'(t) - b(t) \qquad (3.80)$$

而从输入端定义的误差为

$$e(t) = r(t) - b(t) \qquad (3.81)$$

误差的拉氏变换表示为

$$E(s) = R(s) - B(s) = R(s) - H(s)C(s)$$

则

$$\frac{E(s)}{H(s)} = \frac{R(s)}{H(s)} - C(s) = R'(s) - C(s) = E'(s) \qquad (3.82)$$

即两种误差之间的关系为

$$E'(s) = \frac{E(s)}{H(s)} \qquad (3.83)$$

由此可见,对于非单位反馈控制系统,一旦求出输入端定义的误差 $e(t)$,即可确定输出端定义的误差 $e'(t)$,在本书中,均采用从系统输入端定义的误差 $E(s)$ 来进行分析和计算。

**2. 稳态误差的概念**

误差响应 $e(t)$ 与系统输出响应 $c(t)$ 一样,也包含暂态分量和稳态分量两部分,对于一个稳定系统,误差信号的稳态分量为稳态误差,其公式为

$$e(t) = e_t(t) + e_s(t) \tag{3.84}$$

式中,$e_t(t)$ 为误差的暂态分量,对于稳定系统,有 $\lim\limits_{t \to \infty} e_t(t) = 0$;$e_s(t)$ 为误差的稳态分量,为稳态误差,且 $\lim\limits_{t \to \infty} e(t) = e_s(t)$。当 $e_s(t)$ 不随时间 $t$ 变化,即常量时,通常用 $e_{ss}$ 来表示。

**3. 稳态误差的计算**

对于一般系统,典型方框图如图 3.19 所示。

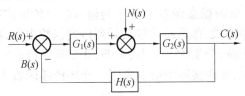

图 3.19　控制系统结构图

(1)给定输入信号 $r(t)$ 单独作用下,系统对输入信号的误差传递函数为

$$\frac{E(s)}{R(s)} = \frac{1}{1 + G_1(s) G_2(s) H(s)} \tag{3.85}$$

则由终值定理计算给定输入信号单独作用时引起的稳态误差 $e_{ssr}$ 为

$$e_{ssr} = \lim_{s \to 0} sE(s) = \lim_{s \to 0} s \frac{1}{1 + G_1(s) G_2(s) H(s)} R(s) \tag{3.86}$$

(2)扰动信号 $n(t)$ 单独作用时,误差 $e_n(t) = -b(t)$,系统对扰动的误差传递函数为

$$\frac{E(s)}{N(s)} = -\frac{G_2(s) H(s)}{1 + G_1(s) G_2(s) H(s)} \tag{3.87}$$

同样由终值定理可计算在扰动作用下引起的稳态误差 $e_{ssn}$ 为

$$e_{ssn} = \lim_{s \to 0} sE(s) = \lim_{s \to 0} s \frac{-G_2(s) H(s)}{1 + G_1(s) G_2(s) H(s)} N(s) \tag{3.88}$$

对于线性系统,响应具有叠加性,不同输入信号作用于系统产生的误差等于每一个输入信号单独作用时产生的误差的叠加。因此控制系统在给定信号 $r(t)$ 和扰动信号 $n(t)$ 同时作用下的稳态误差 $e_{ss}$ 为

$$e_{ss} = e_{ssr} + e_{ssn} = \lim_{s \to 0} sE_r(s) + \lim_{s \to 0} sE_n(s) = \lim_{s \to 0} s \left( \frac{1}{1 + G_1(s) G_2(s) H(s)} R(s) - \right.$$

$$\left. \frac{G_2(s) H(s)}{1 + G_1(s) G_2(s) H(s)} N(s) \right) \tag{3.89}$$

## 3.6.2　给定输入作用下的稳态误差

从稳态误差的表达式可知,系统的稳态误差不仅与输入信号和干扰信号的形式有关,而且与系统开环传递函数 $G(s)H(s)$ 有关,当只有给定输入作用时,系统的结构如图 3.17 所示,其表达式为

$$E(s) = \frac{1}{1 + G(s)H(s)} R(s) \tag{3.90}$$

其中,系统的开环传递函数 $G(s)H(s)$ 可写成典型环节串联形式,即

$$G(s)H(s) = \frac{K(\tau_1 s + 1)(\tau_2 s + 1) \cdots (\tau_m s + 1)}{s^\nu (T_1 s + 1)(T_2 s + 1) \cdots (T_n s + 1)} \tag{3.91}$$

式中, $K$ 为开环增益(放大倍数); $\nu$ 为积分环节个数。

利用终值定理,则有

$$e_{ss} = \lim_{s \to 0} sE(s) = \lim_{s \to 0} s \frac{1}{1 + G(s)H(s)} R(s) = \lim_{s \to 0} s \frac{1}{1 + \dfrac{K}{s\nu}} R(s) = \lim_{s \to 0} \frac{s^{\nu+1}}{s^\nu + K} R(s) \tag{3.92}$$

由式(3.92)表明,系统的稳态误差 $e_{ss}$ 除了与输入信号的形式有关外,还与系统开环增益 $K$ 和积分环节 $\nu$ 的个数有关,故系统常按其开环传递函数中所含有的积分环节个数 $\nu$ 来分类。把 $\nu = 0, 1, 2 \cdots$ 的系统,分别称为 0 型、Ⅰ 型、Ⅱ 型等系统。但 $\nu \geqslant 2$ 时系统很难稳定,可能成为结构不稳定系统,故在实际中很少应用。开环传递函数中的其他零、极点,对系统的型别没有影响。

**1. 静态位置误差系数 $K_p$**

当系统的输入信号为单位阶跃信号 $r(t) = 1(t)$ ,即 $R(s) = \dfrac{1}{s}$ 时,则有

$$e_{ss} = \lim_{s \to 0} s \frac{1}{1 + G(s)H(s)} \frac{1}{s} = \frac{1}{1 + \lim_{s \to 0} G(s)H(s)} = \frac{1}{1 + K_p} \tag{3.93}$$

式中, $K_p = \lim_{s \to 0} G(s)H(s)$ ,定义为系统静态位置误差系数。应该指出,所谓位置不仅限于字面上的含义,输出量可以是位置,也可以是温度、压力、流量等。因为这些输出量的物理名称对于分析问题并不重要,故把它们统称为位置。

不同类型系统的位置误差系数和阶跃输入作用下的稳态误差分别为:

0 型系统

$$K_p = \lim_{s \to 0} \frac{K(\tau_1 s + 1)(\tau_2 s + 1) \cdots (\tau_m s + 1)}{(T_1 s + 1)(T_2 s + 1) \cdots (T_n s + 1)} = K \tag{3.94}$$

$$e_{ss} = \frac{1}{1 + K_p} = \frac{1}{1 + K} \tag{3.95}$$

Ⅰ 型或高于 Ⅰ 型以上的系统

$$K_p = \lim_{s \to 0} \frac{K(\tau_1 s + 1)(\tau_2 s + 1) \cdots (\tau_m s + 1)}{s^\nu (T_1 s + 1)(T_2 s + 1) \cdots (T_n s + 1)} = \infty \tag{3.96}$$

$$e_{ss} = 0 \tag{3.97}$$

可见,0 型系统对由阶跃输入引起的稳态误差为一个常值,其大小与 $K$ 有关, $K$ 越大, $e_{ss}$ 越小,但总有误差,除非 $K$ 为无穷大。所以 0 型系统又常称为有差系统。如果要求系统在阶跃输入信号作用下,系统稳态误差为零,则系统必须是 Ⅰ 型或高于 Ⅰ 型以上的系统。

**2. 静态速度误差系数 $K_\nu$**

当系统的输入信号为单位斜坡信号时, $r(t) = t \cdot 1(t)$ ,即 $R(s) = \dfrac{1}{s^2}$ 时,则系统稳态误差

为

$$e_{ss} = \lim_{s \to 0} s \frac{1}{1+G(s)H(s)} \frac{1}{s^2} = \frac{1}{\lim_{s \to 0} sG(s)H(s)} = \frac{1}{K_v} \qquad (3.98)$$

式中，$K_v = \lim_{s \to 0} sG(s)H(s)$，定义为静态速度误差系数。

应该指出，这里所指的速度也是一种统称，所谓速度是指输出量的变化率。另外，$K_v$ 虽然称为速度误差系数，但它并不是指速度上的误差，而是指系统在跟踪速度信号（即斜坡信号）时，造成在位置上的误差。

不同类型系统的速度误差系数和斜坡输入作用下的稳态误差分别为：

对于 0 型系统

$$K_v = \lim_{s \to 0} s \frac{K(\tau_1 s+1)(\tau_2 s+1)\cdots(\tau_m s+1)}{(T_1 s+1)(T_2 s+1)\cdots(T_n s+1)} = 0 \qquad (3.99)$$

$$e_{ss} = \frac{1}{K_v} = \infty \qquad (3.100)$$

对于 Ⅰ 型系统

$$K_v = \lim_{s \to 0} s \frac{K(\tau_1 s+1)(\tau_2 s+1)\cdots(\tau_m s+1)}{s(T_1 s+1)(T_2 s+1)\cdots(T_n s+1)} = K \qquad (3.101)$$

$$e_{ss} = \frac{1}{K_v} \qquad (3.102)$$

对于 Ⅱ 型或高于 Ⅱ 型以上的系统

$$K_v = \lim_{s \to 0} s \frac{K(\tau_1 s+1)(\tau_2 s+1)\cdots(\tau_m s+1)}{s^v(T_1 s+1)(T_2 s+1)\cdots(T_n s+1)} = \infty \qquad (3.103)$$

$$e_{ss} = 0$$

上述分析表明，0 型系统在稳态时不能跟踪斜坡信号，其稳态误差为无穷。Ⅰ 型系统在稳态时输出与输入在速度上恰好相等，其输出能跟踪斜坡信号，但有一个常值位置误差，其大小与开环增益 $K$ 成反比。对于 Ⅱ 型或高于 Ⅱ 型以上的系统在稳态时，可完全跟踪斜坡信号，其稳态误差为零。

### 3. 静态加速度误差系数

当系统的输入信号为单位加速度信号时，即 $r(t) = \frac{1}{2}t^2 \cdot 1(t)$，即 $R(s) = \frac{1}{s^3}$，则有

$$e_{ss} = \lim_{s \to 0} s \frac{1}{1+G(s)H(s)} \frac{1}{s^3} = \frac{1}{\lim_{s \to 0} s^2 G(s)H(s)} = \frac{1}{K_a} \qquad (3.104)$$

其中，$K_a = \lim_{s \to 0} s^2 G(s)H(s)$，定义为静态加速度误差系数。这里加速度误差系数 $K_a$ 也是表示在加速度输入信号时，输出在位置上的误差。

不同类型系统的加速度误差系数和加速度输入作用下的稳态误差分别为：

0 型和 Ⅰ 型系统　$K_a = 0, e_{ss} = \infty$

Ⅱ 型系统　$K_a = K, e_{ss} = \frac{1}{K}$

Ⅲ 型及 Ⅲ 型以上的系统　$K_a = \infty, e_{ss} = 0$

上述分析表明,Ⅱ型以下的系统输出不能跟踪加速度输入信号,在跟踪过程中误差越来越大,稳态时达到无限大。Ⅱ型系统能跟踪加速度输入,但有一个常值位置误差,其大小与开环增益 $K$ 成反比。要想系统能准确跟踪加速度输入,系统应为Ⅲ型或高于Ⅲ型的系统。

表 3.1 是在给定输入作用下,系统型别、静态误差系数和稳态误差之间的关系。利用表3.1 可直接得出给定输入作用下系统的稳态误差,而无需利用终值定理逐步计算。

表 3.1　系统型别、静态误差系数和稳态误差之间的关系

| 输入形式 | 静态误差系数 | | | 稳态误差 | | |
|---|---|---|---|---|---|---|
| | 0 型系统 | Ⅰ 型系统 | Ⅱ 型系统 | 0 型系统 | Ⅰ 型系统 | Ⅱ 型系统 |
| 单位阶跃 | $K_p = K$ | $K_p = \infty$ | $K_p = \infty$ | $\dfrac{1}{1+K}$ | 0 | 0 |
| 单位斜坡 | $K_v = 0$ | $K_v = K$ | $K_v = \infty$ | $\infty$ | $\dfrac{1}{K}$ | 0 |
| 单位加速度 | $K_a = 0$ | $K_a = 0$ | $K_a = K$ | $\infty$ | $\infty$ | $\dfrac{1}{K}$ |

应注意,稳态误差系数法仅适用于稳定系统的误差计算,且稳态误差中的 $K$ 必须是系统的开环增益(或开环放大倍数)。

如果系统的输入是几种典型输入信号的组合,例如

$$r(t) = \left(a + bt + \frac{1}{2}ct^2\right) \cdot (1(t)) \tag{3.105}$$

则根据线性系统的叠加原理,系统总的稳态误差为

$$e_{ss} = \frac{1}{1+K_p} + \frac{1}{K_v} + \frac{1}{K_a} \tag{3.106}$$

**例 3.7**　系统结构如图 3.20 所示,求当输入信号 $r(t) = 2t + t^2$ 时系统的稳态误差 $e_{ss}$。

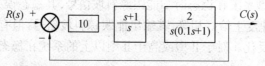

图 3.20　系统结构图

**解**　系统的开环传递函数为

$$G(s)H(s) = \frac{20(s+1)}{s^2(0.1s+1)}$$

则闭环特征方程为

$$D(s) = 0.1s^3 + s^2 + 20s + 20 = 0$$

根据劳斯判据可知系统是稳定的。

另由于系统为Ⅱ型系统,输入信号可看作是 $r_1(t) = 2t$ 和 $r_2(t) = t^2$ 信号的叠加,单独作用时其稳态误差如下:

当 $r_1(t) = 2t$ 时,即Ⅱ型系统输入信号为斜坡信号

$$K_v = \infty, \quad e_{ss1} = 0$$

当 $r_1(t) = t^2$ 时,即Ⅱ型系统输入信号为加速度信号

$$K_a = 20, \quad e_{ss2} = \frac{2}{K_a} = 0.1$$

根据线性系统的齐次性和叠加性,可得到系统的稳态误差为

$$e_{ss} = e_{ss1} + e_{ss2} = 0.1$$

### 3.6.3　扰动信号作用下的稳态误差

控制系统除承受给定输入信号作用外,还经常处于各种扰动信号作用下,如电源电压和频率的波动、负载力矩的变动、环境温度的变化等。干扰信号破坏了系统输出和给定输入的对应有关系,控制系统一方面要使输出保持和给定输入一致,另一方面要使干扰对输出的影响应尽可能小。因此,干扰引起的稳态误差反映了系统的抗干扰能力。

计算系统在干扰输入作用下的稳态误差常用终值定理。此时应注意以下两点:

(1)干扰加于系统的作用点和给定输入的作用点不同,因此同一形式的给定输入所引起的稳态误差和干扰输入所引起的稳态误差也不同;

(2)干扰引起的全部输出就是误差。

图 3.21 是扰动信号 $n(t)$ 作用下的系统结构图,由图可计算出扰动信号作用下的误差函数为

$$E_n(s) = \frac{-G_2(s)H(s)}{1 + G_1(s)G_2(s)H(s)} N(s) \tag{3.107}$$

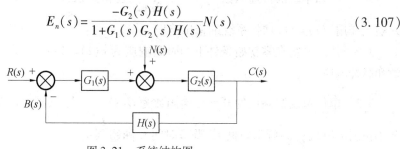

图 3.21　系统结构图

稳态误差为

$$e_{ssn} = \lim_{s \to 0} sE_n(s) = \lim_{s \to 0} s \frac{-G_2(s)H(s)}{1 + G_1(s)G_2(s)H(s)} N(s) \tag{3.108}$$

若 $\lim_{s \to 0} G_1(s)G_2(s)H(s) \geq 1$,则上式可以近似为

$$e_{ssn} = \lim_{s \to 0} s \frac{-1}{G_1(s)} N(s) \tag{3.109}$$

由以上可得,扰动信号作用下产生的稳态误差 $e_{ssn}$ 除了与扰动信号的形式有关外,还与扰动作用点之前(扰动点与误差点之间)的传递函数的结构及参数有关,但与扰动作用点之后的传递函数无关。要想消除稳态误差,应在误差信号到扰动点之间的前向通道中增加积分环节。当系统在给定信号和扰动信号同时作用下,可用叠加原理计算系统总的稳态误差。

### 3.6.4　改善系统稳态精度的途径

通过对控制系统稳态误差的分析和计算可知,采用以下途径来改善系统的稳态精度。

(1)提高系统的型号或增大系统的开环增益,可以保证系统对给定信号的跟踪能力。

但同时会带来系统稳定性变差,动态性能恶化,甚至导致系统不稳定。

(2)增大误差信号与扰动作用点之间前向通道的开环积分环节的个数,可以降低扰动信号引起的稳态误差。但同样也存在系统稳定性问题。

(3)当以上两个措施都不能进一步提高系统的精度时,通常采用复合控制来对误差进行补偿,常用的补偿方法有两种,即按给定输入补偿或按扰动输入补偿,如图 3.22 和 3.23 所示。

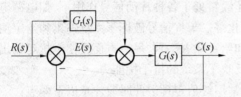 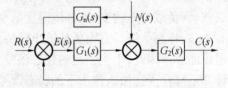

图 3.22　按给定输入补偿的复合控制系统　　　图 3.23　按扰动补偿的复合控制系统

# 思考题与习题

3.1　已知系统的传递函数 $\dfrac{C(s)}{R(s)} = \dfrac{2}{s^2+3s+2}$,且初始条件为 $c(0) = -1, \dot{c}(0) = 0$。试求阶跃输入作用 $r(t) = 1(t)$ 时,系统的输出响应 $c(t)$。

3.2　若某系统在零初始条件下的阶跃响应为 $c(t) = 1 - e^{-2t} + e^{-t}$,试求该系统的传递函数和脉冲响应。

3.3　单位负反馈系统的开环传递函数为 $G(s) = \dfrac{4}{s(s+2)}$,试求(1)系统的单位阶跃响应和单位斜坡响应;(2)峰值时间 $t_p$,调节时间 $t_s$ 和超调量 $\sigma$。

3.4　设一单位反馈控制系统的开环传递函数 $G(s) = \dfrac{K}{s(0.1s+1)}$,试分别求当 $K = 10 \ \text{s}^{-1}$ 和 $K = 20 \ \text{s}^{-1}$,系统的阻尼比 $\xi$、无阻尼自然频率 $\omega_n$、单位阶跃响应的超调量 $\sigma$ 及峰值时间 $t_p$,并讨论 $K$ 的大小对过渡过程性能指标的影响。

3.5　设二阶控制系统的单位阶跃响应曲线如图 3.24 所示,如果该系统属单位反馈控制系统,试确定其开环传递函数。

3.6　设控制系统如图 3.25 所示,试求使系统稳定的 $K_i$ 值范围。

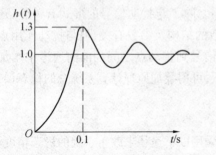 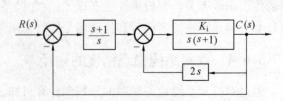

图 3.24　二阶系统的单位阶跃响应　　　　　　图 3.25　控制系统

3.7　设系统的闭环传递函数为 $G(s)=\dfrac{C(s)}{R(s)}=\dfrac{\omega_n^2}{s^2+2\xi\,\omega_n\,s+\omega_n^2}$，为使系统阶跃响应有 5% 的超调量和 2 s 的过渡过程时间，试求 $\xi$ 和 $\omega_n$。

3.8　系统特征方程式为 $s^6+3s^5+2s^4+4s^2+12s+8=0$，试用劳斯判据判断该系统的稳定性。

3.9　已知系统特征方程式为 $3s^4+10s^3+6s^2+40s+9=0$，试用劳斯判据判断该系统的稳定性，若不稳定指出右半平面的根数。

# 第4章　过程控制系统

工业生产过程在运行中会受到各种干扰因素的影响,使得工艺参数经常偏离所希望的数值。为了保证生产安全、优质、高产地平稳运行,必须对生产过程实施有效地控制。尽管人工操作也能控制生产,但由于受到生理上的限制,人工控制满足不了大型现代化生产的需要。在人工控制基础上发展起来的自动控制系统,通过在生产设备、装置或管道上配置的自动化装置,可以部分或全部地替代现场工作人员的手动操作,使生产过程能在不同程度上自动地进行。这种用自动化装置来管理连续或间歇生产过程的综合性技术就称为生产过程自动化,简称为过程控制。我们把以温度、压力、流量、液位和成分等工艺参数作为被控变量的自动控制系统称为过程控制系统。

## 4.1　过程控制系统的组成

过程控制系统一般由被控过程(或对象),用于生产过程参数检测的检测与变送仪表、控制器、执行机构、保护装置(报警、保护和连锁等其他部件)等几部分组成。图4.1为过程控制系统的基本结构。控制器(或称调节器)根据系统输出量检测值与设定值的偏差,按照一定的控制算法输出控制量,对被控过程进行控制。执行机构(如调节阀)接受控制器送来的控制信息调节被控量,从而达到预期的控制目标。过程的输出信号通过过程检测与变送仪表,反馈到控制器(或称调节器)的输入端,构成闭环控制系统。

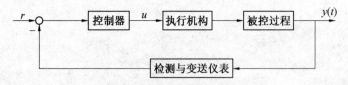

图4.1　过程控制系统基本结构图

图4.2为储槽液位控制系统示意图。在生产中液体储槽常用做进料罐、成品罐或者中间缓冲容器。从上一道工序来的物料连续不断地流入槽中,而槽中的液体又被连续不断地送至下一道工序进行处理。为了保证生产过程的物料平衡,工艺上要求将储槽内的液位控制在一个合理的范围。图中槽内的液体高度由液位变送器检测并将其变换成统一的标准信号后送到控制器;控制器将接收到的变送器信号与事先置入的液位期望值进行比较,并根据两者的偏差按某种规律运算,然后将结果发送给执行器;执行器将控制器送来的指令信号转换成相应的位移信号,去驱动阀门动作,从而改变液体流出量,实现液位的自动控制。

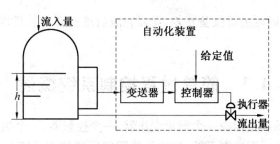

图 4.2　储槽液位控制原理图

# 4.2　过程控制系统设计步骤

过程控制系统的设计是工程设计的一个重要环节,设计的正确与否直接影响到工程能否投入正常运行。因此要求过程控制专业人员必须根据生产过程的特点、工艺对象的特性和生产操作的规律,正确运用控制理论合理选用自动化技术工具,才能设计出技术先进、经济合理、符合生产要求的控制系统。过程控制系统具体步骤为:

**1. 根据工艺要求和控制目标确定系统变量**

控制系统的设计是为工艺生产服务的,设计人员必须首先熟悉生产工艺流程、操作条件、设备性能、产品质量指标等,然后根据这些要求,确定保证产品质量和生产安全的关键参数即系统变量,主要是被控变量和输入变量的确定。

**2. 建立数学模型**

在了解控制系统的基础上,通过必要的简化,按照控制系统数学模型建立的方法及步骤,建立起生产过程控制的数学模型。

**3. 确定控制方案**

工业过程的控制目标以及输入输出变量确定以后,就需要确定控制方案,控制方案的确定主要包括控制结构和控制算法的确定。最常用的控制结构为反馈控制和前馈控制两种,而控制算法则涉及控制器输入量及输出量的关系,有了控制算法即可进行控制器的设计。

**4. 选择硬件设备**

根据过程控制的输入输出变量以及控制要求选定系统硬件,如控制装置、测量仪表、传感器、执行机构和报警、保护、连锁等部件。

**5. 控制器设计**

控制器是常规仪表控制系统中的核心环节,担负着整个控制系统的"指挥"工作,正确地选用控制器可以大大改善和提高整个过程控制系统的控制品质。目前在单回路常规控制系统中,主要采用具有比例、积分和微分作用的控制器。至于控制器究竟采用哪种控制规律最为合理,主要由工艺生产的要求和控制规律本身的特点所决定。

**6. 软件设计**

设计控制系统相关程序包括数据采集、处理及显示、生产过程的程序控制等。

系统设计完成后,即可进行设备安装,安装完成后进行硬件软件联调,合格后即可投入运行。

## 4.3　简单过程控制系统概述

所谓的简单控制系统是指由一个测量变送器、一个控制器、一个执行器和一个控制对象所构成的单回路闭环负反馈控制系统,也称为单回路反馈控制系统。它是连续生产过程中最基本而且应用最广泛的一种控制系统,其他各种控制系统都是在简单控制系统的基础上发展起来。图4.3为典型液位控制系统实例示意图,其中图4.3(a)为简单控制系统组成框图,图4.3(b)为简单控制系统组成控制符号图。在该系统中,被控对象是汽包,被控变量是汽包内的液位高度,操纵变量是通过给水阀的给水量。控制系统的任务就是克服各种干扰影响,使汽包内液体稳定一定的高度范围内。当系统处于平衡状态时,进入系统的水量与出口蒸汽量相等,从而使汽包内液体保持一定高度;一旦干扰出现平衡状态便遭到破坏,液位高度会发生变化,并偏离给定值。此时,测量元件检测到液位高度的变化,并将检测到的液位高度反馈给控制器;控制器将接收到的液位高度与给定值进行比较,根据偏差的变化情况按某种控制规律进行运算后,向执行器发出新的控制信号;执行器根据所接收的控制信号,相应地去改变给水阀的开度,以克服干扰对液位高度的影响。这一调节过程重复进行,直至建立起新的热量平衡,使液位高度重新回到给定值为止。

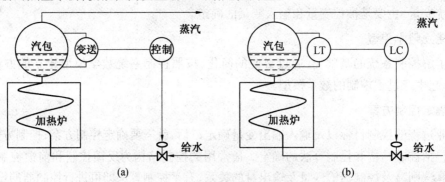

图4.3　液位控制系统示意图

由以上分析可知,简单控制系统是按负反馈的原理根据偏差进行工作的,组成自动化装置各环节的设备数量均为一个,它们与被控对象有机地构成一个闭环系统。简单控制系统具有结构简单、工作可靠、所需的仪表数量很少,投资也很少,操作维护比较方便,且在一般情况下,都能满足生产过程中工艺控制质量的要求。目前研究最多也是最为成熟的过程控制系统,适用于纯滞后和惯性较小,负荷和干扰变化都不太频繁和剧烈,控制品质要求不是很高的场合。

## 4.4　先进过程控制系统概述

先进过程控制技术简称"先控"技术,已逐步被工业生产过程控制界所熟悉,并且正在迅速地推广应用,成为自动控制理论研究的热点。

传统的 PID 控制在工业生产过程中起到了很好的作用,但是随着现代工业生产过程的大型化、复杂化,对生产过程的产品质量、产率、安全以及对环境影响的控制要求越来越严格,许多复杂、多变量、时变的且又是生产过程关键变量的控制,常规 PID 控制已不能胜任,因此先进过程控制技术受到了控制界的广泛关注。

先进过程控制是指那些不同于常规单回路 PID 控制,并具有比常规 PID 控制更好控制效果的控制策略的统称,而非专指某种计算机控制算法。这些控制策略目前在工业生产过程中尚很少使用。由于先进控制的内涵丰富,同时带有较强的时代特征,因此至今对先进控制还没有严格的、统一的定义。尽管如此,先进控制的任务是明确的,是对那些采用常规控制效果不理想甚至无法控制的复杂工业过程进行控制。

先进过程控制的主要特点如下:

(1)与传统的 PID 控制不同,先进控制是一种基于模型的控制策略,如模型预测控制和推断控制等。目前,基于知识的控制,如智能控制和模糊控制,正成为先进控制的一个重要发展方向。

(2)先进控制通常用于处理复杂的多变量过程控制问题,如大时滞、多变量耦合、被控变量与控制变量存在着各种约束等。先进控制是建立在常规单回路控制之上的动态协调约束控制,可使控制系统适应实际工业生产过程动态特性和操作要求。

(3)先进控制的实现需要足够的计算能力作为支持平台。由于受控制算法的复杂性和计算机硬件两方面因素的影响,早期的先进控制算法通常是在上位机上实施的。随着 DCS 功能的不断增强,更多的先进控制策略可以与基本控制回路一起在 DCS 上实现。后一种方式可有效地增强先进控制的可靠性、可操作性和可维护性。

目前,应用得比较成功的先进控制方法有模糊控制、预测控制、自适应控制、鲁棒控制、智能控制、神经控制和专家控制等。以下介绍较流行的几种先进控制技术。

### 4.4.1　模糊控制

模糊控制是以模糊集合论、模糊语言以及模糊逻辑推理为基础的计算机数字控制,也是一种非线性控制,属于智能控制的范畴。近年来,模糊控制成为工业过程控制研究与应用最活跃的一个分支。与一般工业控制方法相比,模糊控制不需要建立控制过程精确的数学模型,而是完全凭人的经验知识"直观"地进行控制。对于非线性、大滞后和带有随机干扰的系统,用 PID 控制是失效的,而采用模糊控制器去控制却较容易实现,且对于控制对象的参数变化适应性强。模糊控制具有实时性好,超调量小,抗干扰能力强,稳态误差小等优点。

**1. 模糊控制的特点**

与各种精确控制方法相比较,模糊控制有如下特点:

(1)模糊控制是一种基于规则的控制,完全是在模仿操作人员控制经验的基础上设计的控制系统。在设计中不需要建立被控对象的精确的数学模型,使一些难以建模的复杂生产过程的自动控制成为可能。只要这些过程能在人工控制下正常运行,而人工控制的操作经验又可归纳为模糊控制规则,就可设计出模糊控制器。而且其控制机理和策略易于接受与理解,便于应用。

（2）模糊控制具有较强的鲁棒性,被控过程特性对控制性能影响较小,干扰和参数变化对控制效果的影响被大大减弱,这是由于模糊控制规则体现了人的思维过程,对过程特性有很强的适应能力,尤其适合于非线性、时变及纯滞后系统的控制。

（3）模糊控制是基于启发性的知识及语言决策规则设计的,推理过程基于模糊控制规则、运算过程简单,控制实时性好。

（4）模糊控制机理符合人们对过程控制的直观描述和思维逻辑,有利于模拟人工控制的过程和方法,为人工智能和专家系统在过程控制中的应用奠定了基础。模糊控制所采用的模糊控制规则是人类知识的应用,是一类简单的专家系统。

**2. 模糊控制的结构**

图 4.4 为模糊控制系统框图。从系统结构上来说,模糊控制系统和一般数字控制系统类似,过程的输出（被控变量）反馈到输入端与设定值进行比较后得到偏差和偏差变化率,然后将之输入到模糊控制器,由模糊控制器推断出控制量的大小来控制过程。

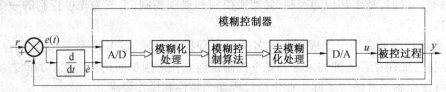

图 4.4　模糊控制系统框图

对工业生产过程来说,输入和输出都是精确的数值,而模糊控制中则采用模糊语言变量,用模糊逻辑进行推理,因此必须将输入数据变换成模糊语言变量,这个过程称为精确量的模糊化;同时也必须将模糊控制过程形成的控制策略（变量）转换成一个精确的控制变量值,即去模糊化（亦称清晰化）,从而输出控制变量来控制实际被控过程。

模糊控制器主要由模糊化、知识库、模糊推理以及清晰化组成,其基本结构如图 4.5 所示。

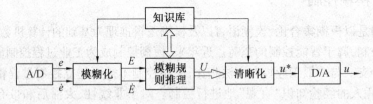

图 4.5　模糊控制基本结构图

（1）模糊化

在模糊控制中,输入或检测到的数据常常是精确量。由于模糊控制器对数据进行处理是基于模糊集合的方法,因此对输入数据进行模糊化是必不可少的一步。模糊化是将偏差及其变化率的精确量转换为模糊语言变量,即根据输入变量模糊子集的隶属函数找出相应的隶属度,将偏差及其变化率变换成模糊语言变量。在进行模糊化运算前,首先需要对输入量进行尺度变换,使其变换到相应的论域范围。在实际控制过程中,将一个实际物理量划分为 PB（正大）,PM（正中）,PS（正小）,ZE（零）,NS（负小）,NM（负中）,NB（负大）7 级,每一个语言变量值都对应一个模糊子集,其个数决定了模糊控制精细化的程度。

　　隶属度函数一般选择三角形或梯形分布,形状简单,计算工作量小,使用性能作用是一样的。而且当输入值变化时,三角形隶属度函数比正态分布函数具有更大的灵敏性。当三角形隶属度函数曲线斜率越大时,图 4.6(a)所示,模糊分割数越多,控制规则数也越多,其控制器精度高、响应灵敏。但也不能分割太细,否则需要确定太多的控制规则,增加系统的复杂程度。反之,隶属度函数曲线变化平缓些,甚至呈水平线形状时,图 4.6(b)所示,模糊分割数将变少,规则数也变少,将导致控制太粗略,难以对控制性能进行精心的调整。

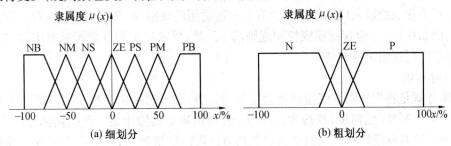

图 4.6　数值变量分割及语言描述

　　一个模糊控制器的非线性性能与隶属度函数总体的位置及分布有密切关系,每个隶属度函数的宽度与位置又确定了每个规则的影响范围,它们必须重叠。在设定一个语言变量的隶属度函数时,要考虑隶属度函数的个数、形状、位置分布和相互重叠程度等。要特别注意,语言变量的级数设置一定要合适,如果级数过多,则运算量大,控制不及时;如果级数过少,则控制精度低。

　　(2)知识库

　　知识库包含了有关控制系统及其具体应用领域的知识和要求达到的控制目标等,它通常由数据库和模糊控制规则库两部分组成。

　　数据库主要包括各语言变量的隶属度函数、尺度变换因子以及模糊空间的分级数等;规则库包括用模糊语言变量表示的一系列控制规则,反映了控制专家的经验和知识。

　　(3)模糊规则推理

　　依据语言规则进行模糊推理是模糊控制器的核心,具有模拟人的基于模糊概念的推理能力。该推理过程是基于模糊逻辑中的蕴含关系及推理规则来进行的。在控制器设计时,首先要确定模糊语言变量的控制规则。语言控制规则来自于操作者和专家的经验知识,并通过实验和实际使用效果不断进行修正和完善。规则的形式为

　　IF…THEN…

　　一般描述为

　　IF X is A and Y is B,THEN Z is C

　　这是表示系统控制规律的推理式,称为规则。其中 IF 部分的"X is A and Y is B"称为前提,它是具体应用领域中的条件。THEN 部分的"Z is C"称为结论,即为实际应用中要采取的控制行为。在 IF-THEN 规则中前提和结论均是模糊的概念。在模糊推理中,X、Y、Z都是模糊变量,而现实系统中的输入、输出量都是确定量,所以在实际模糊控制实现中,输入变量 X、Y 要进行模糊化,Z 要进行清晰化。A、B、C 是模糊集,在实际系统中用隶属度函数表示,一个模糊控制器是由若干条规则组成的,输入、输出变量可以有多个。

　　IF-THEN 的模糊控制规则为控制领域的专家知识和操作人员的经验知识提供了方便的工具。规则多少、规则重叠程度、隶属度函数形状等都可以根据输入、输出变量个数及控制精度的要求灵活确定。

　　推理规则对于控制系统的品质起着关键作用,为了保证系统品质必须对规则进行优化,确定合适的规则数量和正确的规则形式;同时给每条规则赋予适当的权值或置信因子,置信因子可根据经验或模拟实验确定,并根据使用效果不断修正。同时也要保证模糊控制的完备性,即对于任意的输入应确保它至少有一个可适用的规则,而且规则的适应程度应大于一定的数,例如0.5。也应保证模糊控制规则的一致性,要求按不同性能指标要求确定的模糊控制,不能出现互相矛盾的情况。

　　(4)清晰化

　　清晰化就是将模糊语言变量转换为精确的数值,即根据输出模糊子集的隶属度将模糊推理得到的控制量(模糊量)变换为实际用于控制的确定的输出量。包括两部分内容,首先是将模糊的控制量经清晰化变换成表示在论域范围内的清晰量;然后将表示在论域范围的清晰量经尺度变换变成实际的控制量。清晰化有各种方法,如最大隶属度法、中位数法和加权平均法等。选择清晰化方法时,应考虑隶属度函数的形状、所选择的推理方法等因素。其中最简单的一种是最大隶属度方法。在控制技术中最常用的清晰化方法则是加权平均法,它类似于重心的计算,所以也称重心法,其计算式为

$$u = \frac{\sum u(x_i) x_i}{\sum u(x_i)} \tag{4.1}$$

式中,$u(x_i)$ 为各规则结论 $x_i$ 的隶属度。如果是连续变量,则要用积分形式表示,即

$$u = \frac{\int_a^b x u(x) \, \mathrm{d}x}{\int_a^b u(x) \, \mathrm{d}x} \tag{4.2}$$

　　将上面四个方面综合起来,就能实现图4.4所示的模糊控制器的功能。

## 4.4.2　神经网络控制

　　由于人工神经网络是从微观结构与功能上对人脑神经系统的模拟而建立起来的一类模型,因而具有模拟人的部分智能的特性,主要是具有非线性特性、学习能力和自适应性,从而使神经控制能对变化的环境具有自适应性。基于神经网络的控制已成为一种基本上不依赖于模型的控制方法,适用于难以建模或具有高度非线性的被控过程,已成为"智能控制"的一个新分支,以其独特的结构和处理信息的方法,在许多领域得到应用并取得显著成效。

### 1.神经元模型

　　(1)生物神经元模型

　　人的大脑由大量的神经细胞组合而成,它们之间互相连接,每个脑神经细胞(也称神经元)具有如图4.7所示的结构。脑神经元由细胞体、树突和轴突构成。细胞体是神经元的中心,它又由细胞核、细胞膜等组成。树突是神经元的主要接收器,用来接收信息。轴突的作用是传导信息,从轴突起点传到轴突末梢,轴突末梢与另一个神经元的树突或细胞体构成

一种突触的机构,通过突触实现神经元之间的信息传递。

(2)人工神经元模型

神经网络模仿了人脑神经系统的信息处理、存储和检索机制,是一种以简单计算处理单元(即人工神经元)为节点,采用某种网络拓扑结构构成的活性网络,可以用来描述几乎任意的非线性系统;不仅如此,神经网络还具有学习能力、记忆能力、计算能力以及各种智能处理能力。

在神经网络中,每个神经元都是一个能接收信息并加以处理的节点,对于第 $i$ 个神经元,其模型结构如图4.8所示。

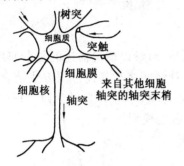
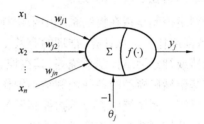

图4.7　神经元模型　　　　　　　图4.8　人工神经元模型

神经元模型输入输出的数学关系式为

$$I_j = \sum_{i=1}^{n} w_{ji}x_i - \theta_j \tag{4.3}$$

$$y_i = f(I_j) \tag{4.4}$$

式中, $x_1, x_2, \cdots, x_n$ 为神经元接收的 $N$ 个信息; $I_j, y_i$ 分别为节点与神经元输出; $\theta_j$ 为阈值; $w_{ji}$ 为各条输入信息的连接权值; $f(I_j)$ 为激活函数或变换函数。

当各输入信号的加权和大于阈值时,该神经元被激活。激活后神经元的响应由某种激活函数 $f(\cdot)$ 决定,常见的激活函数通常为取1或0的双值函数,或取S型函数、高斯函数等。

**2.人工神经网络**

人工神经网络是以技术手段来模拟人脑神经元网络特征的系统,如学习、识别和控制功能等,是生物神经网络的模拟和近似。将多个人工神经元模型按某种网络结构进行连接就形成了各种不同的人工神经网络,如前向神经网络结构(图4.9(a))和反馈型神经网络结构(如图4.9(b))等。神经网络中每个节点(一个人工神经元模型)都有一个输出状态变量 $x_j$ ;节点 $i$ 到节点 $j$ 之间有一个连接权系数 $w_{ji}$ ;每个节点都有一个阈值 $\theta_j$ 和一个非线性激发函数 $f(I_j)$ 。

最常用的一种人工神经网络是如图4.9(a)所示的BP(Back Propagation)网络,BP网络由输入层、隐含层(可以有多个隐含层)和输出层构成,通过BP神经网络学习算法,网络的连接权值可以根据需要进行修整,从而实现从输入到输出的任意非线性映射,使神经网络具有强大的非线性逼近能力。神经网络具有并行性、冗余性、容错性、本质非线性及自组织、自学习、自适应能力,已经成功地应用到许多领域。

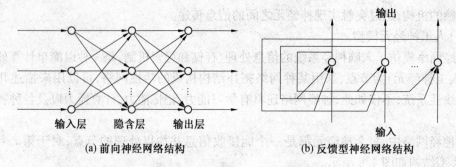

(a) 前向神经网络结构　　　　　　　(b) 反馈型神经网络结构

图 4.9　典型人工神经网络结构

**3. 神经网络在控制中的应用**

神经网络控制是指在控制系统中采用神经网络,对难以精确描述的复杂非线性对象进行建模、特征或作为优化计算、推理的有效工具。神经网络与其他控制方法结合,构成神经网络控制器或神经网络控制系统等,其在控制领域的应用可简单归纳为以下几方面:

①在基于精确模型的各种控制结构中作为对象的模型。

②在反馈控制系统中直接承担控制器的作用。

③在传统控制系统中实现优化计算。

④在与其他智能控制方法如模糊控制、专家控制等相整合,为其提供非参数化对象模型、优化参数、推理模型和故障诊断等。

例如,将神经网络与 PID 控制相结合,将 PID 控制算法用神经网络的结构来表达,就可以利用神经网络的学习机制对 PID 控制参数进行调整,从而使 PID 控制能适应生产过程的变化,保证甚至优化控制性能,图 4.10 所示的单神经元自适应 PID 控制即体现了这一思想。

基于传统控制理论的神经网络控制有很多种,如神经逆动控制、神经自适应控制、神经自校正控制、神经内膜控制、神经预测控制、神经最优决策控制和神经自适应线性控制等。基于神经网络的智能控制有神经网络直接反馈控制,神经网络专家系统控制,神经网络模糊逻辑控制和神经网络滑模控制等。

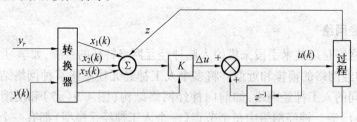

图 4.10　单神经元自适 PID 控制系统结构

## 4.4.3　专家系统控制

专家控制是指将专家系统的理论和技术同控制理论方法与技术相结合,在未知环境下,仿效专家的智能实现对系统的控制。按专家控制的原理所设计的系统或控制器,分别称为专家控制系统或专家控制器。专家控制系统不同于一般的专家系统,它具有长期运行的连续性、在线控制的实时性及运行的高度可知性等特点。

图 4.11 为典型专家控制系统的结构图。这种专家控制系统一般由以下部分组成。

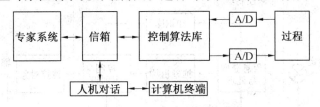

图 4.11  典型专家控制系统的结构图

(1) 数据库

数据库主要存储事实、证据、假设和目标等。对过程控制而言,事实包括传感器测量误差、操作阈值、报警水平阈值等静态数据;证据包括传感器及仪表的动态测试数据等;目标包括静态目标和动态目标,静态目标是一个大的性能目标阵列,动态目标包括在线建立的来自外界命令或程序本身的目标。

(2) 规则库

专家控制系统中的规则库相当于一般专家系统中的知识库。规则库中规则的典型描述为"如果(条件),那么(结果)"。其中,"条件"表示来源于数据库的事实、证据、假设;"结果"表示控制器的作用或一个估计算法。这种描述被控对象特征的规则,称为产生式规则。

(3) 算法库

算法库包括控制、识别和监控三组算法,通过信箱与专家系统连接。信箱中有读或写信息的队列。

(4) 推理机构

利用推理机构重复寻找所有匹配的规则,它选择其中的一个并执行动作。当没有寻找到规则时,系统等待输入信息。

(5) 规划环节

当控制过程出现在线错误时,规划环节能给出指令改变目标,并产生一些不干涉动作的调整作用,以保证控制系统能够随着所需要的操作条件去在线改变控制过程。

(6) 人机接口

除了一般专家系统具备的支撑工具环境(如跟踪、添加、清除或在线编辑规则)外,主要是传播两类命令,一类是面向算法库的命令,如改变参数、改变操作方式等;另一类是指挥专家系统控制系统工作的命令。产生式专家控制系统的人机接口包括两部分,一部分是更新知识库规则,对其编辑和修改;另一部分是运行时的用户接口,包含一些解释工具,可以帮助用户询问等,用户接口还可以跟踪规则的执行。

在工业生产中,并不是所有被控对象都要建造专家控制系统,在对性能指标、可靠性、实时性及对性价比进行分析后,往往可以将专家控制系统简化。例如,可以不设人机自然语言对话;减小知识库规模;压缩规则集;使推理机变得相当简单。这样专家控制系统实际上变为一个专家控制器。

专家控制器通常由知识库、控制规则集、推理机构、信息获取与处理四个部分组成,如图4.12 所示。

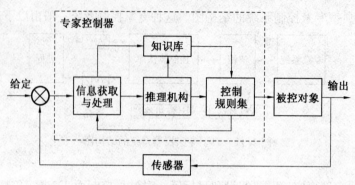

图 4.12　专家控制器

（1）知识库

知识库存放求解问题所需要的领域知识，它与专家控制系统具体的应用领域有密切的关系，一般要根据具体的应用要求设计知识库，知识库一般由事实集和经验数据库、经验公式等构成。

（2）控制规则集

专家根据被控对象的特点及其操作、控制的经验，可以采用产生式规则、解析形式等多种方法来描述被控对象的特征。这样可以处理各种定性的、模糊的、定量的、精确的信息，从而总结出若干条行之有效的控制规则，即控制规则集。它集中地反映了专家及熟练的操作某领域控制过程中的专门知识及经验。

（3）推理机构

专家控制系统的工作模式可理解为：通过特征提取识别出系统当前处于什么特征运动状态，并立即采取相应的控制模态进行控制。由于专家控制器的推理机制变得简单，因此一般采用前向推理机制，按照控制规则由前向后逐条匹配，直到搜索到目标。

（4）信息获取与处理

信息获取与处理包括获取信息和提取特征信息。信息主要是通过闭环控制系统的反馈和系统的输入获取，包括过程信息、运行信息和环境信息等。对信息的处理可以得到控制系统的误差及误差变化率等信息，提供控制输出，信息处理也包括滤波、抗干扰措施等。

# 思考题与习题

4.1　简述几种先进控制技术的特点。

4.2　简述过程控制系统的组成及设计步骤。

# 第 5 章　检测仪表及变送器

控制系统一般由被控制对象,检测仪表及变送器、调节器和执行器等四大部分组成。其中除了被控对象之外,都是过程控制仪表。因此,学好控制仪表是实现生产过程自动化的必要条件之一。过程控制仪表包括调节器(含可编程调节器)、执行器、操作器等各种新型控制仪表及装置。

过程变量检测与变送是实现过程变量显示和过程控制的前提,是过程控制工程的主要组成部分。通过过程变量的准确测量,可以及时了解工艺设备的运行工况,为操作人员提供操作依据;为自动化装置提供测量信号。这对于确保生产安全,提高产品的产量与质量,对于节约能源、保护环境卫生,提高经济效益等都是十分重要的,也是实现工业生产过程自动化的必要条件。

由于被测对象复杂多样,检测仪表的结构也不尽相同,一般检测仪表是由检测环节、变换环节以及显示或输出环节三部分组成的,如图 5.1 所示。

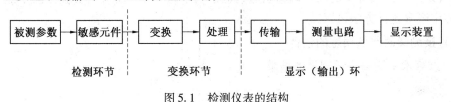

图 5.1　检测仪表的结构

过程控制检测仪表有以下三条基本要求:

①稳定性。检测值要能正确地反映被测变量的大小,误差不超过规定的范围。

②快速性。测量值必须快速反映被测变量的变化,即动态响应比较迅速。

③可靠性。检测仪表的工作环境,应能使检测仪表处于长期正常工作状态,以保证测量值的可靠性。

## 5.1　测量仪表的基本概念

### 5.1.1　测量误差

所谓测量误差是指测量结果与被测变量的真值(实际值)之差,测量误差反映了测量结果的可靠程度。其表达式为

$$\Delta x = x - x_0 \tag{5.1}$$

式中,$x$ 为待测量的测量值;$x_0$ 为真实值。

误差存在于一切测量之中,而且贯穿测量过程的始终。

**1. 误差的性质和来源**

根据误差本身的性质可分为系统误差和偶然误差。

（1）系统误差

系统误差是指测量仪表本身或其他原因（如零点未调整好等）引起的有规律的误差。

在相同条件下，多次测量一个量，其误差的绝对值和大小保持不变，或按一定的规律变化。

系统误差的来源：

①由仪表引入。如仪表的示值不准，零值误差，仪表的结构误差。

②理论误差。理论公式本身的近似性或实验条件不能满足理论公式的要求或测量方法本身所带来的误差。

③个人误差。实验者本人使实验结果产生偏向一定、大小一定的误差。

系统误差总是使测量结果偏向一边，或偏大或偏小，因此多次测量求平均值并不能消掉。通常是要先找出产生系统误差的原因，然后尽量消除或加以修正。

（2）偶然误差（随机误差）

随机误差是指在测量中出现的没有一定规律的误差。

测量值与真值之间的差异的绝对值与符号是不确定的。

随机误差是由实验中的偶然因素引起的（或周围环境的干扰），用实验方法不能完全消除，但使用概率统计方法可以减小。

**2. 直接测量时偶然误差的估计**

（1）以算术平均值表示测量的结果

$$x_0 = \bar{x} = \frac{\sum\limits_{i=1}^{n} x_i}{n} = \frac{1}{n}(x_1 + x_2 + \cdots + x_n) \tag{5.2}$$

式中，$x_1, x_2, \cdots, x_n$，为 $n$ 次测量结果。

（2）平均绝对误差

$$\overline{\Delta x} = \frac{|x_1 - \bar{x}| + |x_2 - \bar{x}| + \cdots + |x_n - \bar{x}|}{n} = \frac{1}{n}\sum_{i=1}^{n} |\Delta x_i| \tag{5.3}$$

$\Delta x_i = x_i - \bar{x}$，第 $i$ 次测量的绝对误差。

标准误差

$$\sigma = \sqrt{\frac{\sum\limits_{i=1}^{n}(x_i - \bar{x})^2}{n-1}} = \sqrt{\frac{\sum\limits_{i=1}^{n}(\Delta x_i)^2}{n-1}} \tag{5.4}$$

均方根误差

$$\sigma_{\bar{x}} = \frac{\sigma}{\sqrt{n}} = \sqrt{\frac{\sum\limits_{i=1}^{n}(x_i - \bar{x})^2}{n(n-1)}} \tag{5.5}$$

相对误差 $E$

$$E = \frac{\overline{\Delta x}}{\bar{x}} \times 100\% \tag{5.6}$$

式中,$\Delta x$ 为绝对误差;$x$ 为标准值。

相对误差可用比较测量对象不同时测量的好坏程度。

### 5.1.2　测量仪表的性能指标

仪表的性能指标是评价仪表性能和质量的主要依据,也是正确选择和使用仪表所必须具备的条件。它与仪表的设计、制造质量有关,影响测量的准确度。评定检测仪表的技术性能有很多质量指标,下面介绍常用的几种。

**1. 测量范围、上下限和量程**

测量范围是指在正常工作条件下,检测系统或仪表能够测量的被测量值的总范围。测量范围的最小值和最大值分别称为测量下限和测量上限,简称下限和上限。测量范围用下限值至上限值表示,测量上限和测量下限的代数差称为仪表的量程。仪表的量程是检测仪表中一个非常重要的概念,它除了表示测量范围以外,还与准确度、精度有关,与仪表的选用有关。由定义可知使用下限与上限就可以表示仪表的测量范围,也可确定其量程。反之只给出仪表的量程,却无法确定上下限及测量范围。

**2. 零点迁移和量程迁移**

仪表的下限有时也称为零点,这样,只要知道仪表的零点及仪表的量程,就可知道仪表的测量范围。根据实际测量要求及测量条件的变化,有时需要改变仪表的零点或量程。通常将零点的变化称为零点迁移,而量程的变化则称为量程迁移。图 5.2 为零点迁移和量程迁移示意图。图中线段2,3,4 分别是线段 1 进行零点迁移或量程迁移后的情况,由图中可知,线段 2 只是线段 1 的平移,理论上零点迁移到了原输入值的-25%,终点迁移到

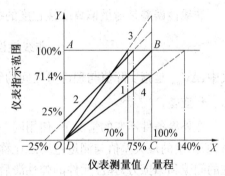

图 5.2　零点迁移和量程迁移示意图

了原输入值的 75%,而量程仍为 100%。实际使用过程中,仪表的特性曲线只限于正方形 $ABCD$ 内,即用实线表示部分;虚线部分只是理论的结果。因此线段 2 的实际效果是仪表指示范围迁移到原来的 25%~100%,测量范围迁移到原来的 0~75%;线段 3 的实际效果是仪表指示范围保持不变,测量范围迁移到了原来的 0~70%;线段 4 的实际效果是仪表指示范围只保持了原来的 0~71.4%,测量范围则保持不变(仍为 0~100%)。

**3. 仪表的精度**

任何仪表都有一定的误差。因此使用仪表时必须先知道该仪表的精度,以便估计测量结果与真实值的差距,即估计测量值的误差大小。

测量仪表在其标尺范围内的绝对误差为

$$\Delta x = x_i - x_0 \tag{5.7}$$

式中,$x_i$ 为被测量参数的测量值;$x_0$ 为被测量参数的标准值。

仪表的允许误差

$$\delta_允 = \frac{\text{绝对误差的最大值}}{\text{仪表的量程}} \times 100\% = \pm \frac{\Delta x_{max}}{N} \times 100\% \tag{5.8}$$

式中,$\delta_允$ 为仪表的允许误差,允许误差是指在国家规定标准条件下使用时,仪表的示值或性能不允许超过某个误差范围。这是一个许可的误差界限。$\Delta x_{max}$ 为允许的最大误差,$N$ 为仪表量程。$\delta_允$ 为在正常使用条件下允许的最大误差。

仪表精度按国家统一规定的允许误差分成若干等级,根据仪表的允许误差,去掉±号及百分比符号后的数值,可确定仪表的精度等级。例如,某台仪表的允许误差为±1.5%,则该仪表的精度等级为1.5级。自动化仪表的精度等级常以一定符号形式标在仪表的面板上。我国过程控制检测仪表的精度等级为:0.005,0.02,0.05,0.1,0.2,0.4,0.5,1.0,1.5,2.5,4.0等。级数越小,则精度越高。一般工业用表为0.5~4级精度。在选用自动化仪表的精度等级时,应根据实际需要来定,不能盲目追求高精度等级。因为仪表精度越高,其误差越小,但是仪表的使用维护要求亦越高,价格亦越贵,所以不能片面追求其高精度。一般情况下在满足上述要求的前提下,同时考虑经济性原则来合理选取。

**4. 非线性误差**

非线性误差是衡量偏离线性程度的指标

$$\text{非线性误差} = \frac{\Delta x'_{max}}{N} \times 100\% \tag{5.9}$$

式中,$\Delta x'_{max}$ 是指实际值与理论值之间的绝对误差最大值。

**5. 变差**

在外界条件不变的情况下,使用同一仪表对被测参量进行反复测量(正行程和反行程)时,所产生的最大差值与测量范围之比称为变差。造成变差的原因很多,例如传动机构间存在的间隙和摩擦力,弹性元件的弹性滞后等。变差是反映仪表精密度的一个指标。在设计和制造仪表时,必须尽量减小变差的数值。一个仪表的变差越小,其输出的重复性和稳定性越好。合格的仪表要求变差不得大于仪表的允许误差。变差计算公式为

$$\text{变差} = \frac{\Delta x''_{max}}{N} \times 100\% \tag{5.10}$$

式中,$\Delta x''$是指同一被测量值下正反行程间仪表指示值的绝对误差的最大值。

变差是由于仪表中弹性元件、磁化元件;机械结构中的间隙、摩擦等因素所致,仪表的变差不能超出仪表的允许误差,否则应及时修理。

**6. 灵敏度(指针式仪表)**

灵敏度是测量仪表对被测参数变化的敏感程度,其表达式为

$$\text{灵敏度} = \frac{\Delta \alpha}{\Delta x} \tag{5.11}$$

式中,$\Delta \alpha$ 为指针的直线位移或角位移;$\Delta x$ 为引起此位移的被测参数变化量。

仪表的灵敏度可用增加放大系统的放大倍数来提高。但是,需要指出单纯提高仪表的灵敏度并不一定能提高仪表的精度。例如把一个电流表的指针接得很长,虽然可把直线位移的灵敏度提高,但其读数的精度并不一定提高。相反,可能由于平衡状况变坏而精度反而

下降。为了防止这种虚假灵敏度,常规定仪表读数标尺的分格值,不能小于仪表允许误差的绝对值。

仪表的灵敏限是指仪表能感受并发生动作的输入量的最小值。通常其值应不大于仪表允许误差的一半。

灵敏度仅适于指针式仪表,在数字式仪表中用分辨率来表示灵敏度的大小。

### 7. 死区

死区是指检测仪表输入量的变化不致引起输出量可察觉的变化的有限区间,在这个区间内,仪表的灵敏度为零。引起死区的原因主要有电路的偏置不当,机械传动中的摩擦和间隙等,其特性曲线如图 5.3 所示。因此,死区的仪表要求输入值大于某一限度才能引起输出的变化,死区也称不灵敏区。由于不灵敏区的存在,导致被测参数的有限变化不易被测到。但是,有时却故意将仪表的死区适当调大,以防止仪表的输出随输入量的变化过大或过快。

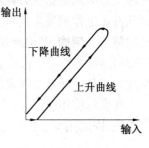

图 5.3　死区效应分析

### 8. 分辨率(数字式仪表)

分辨率是指引起该仪表的最末一位改变一个数值的被测参数的变化量。

同一仪表不同量程的分辨率不同,量程越小,分辨率越高。

相应于最低量程的分辨力称为该表的最高分辨力,即灵敏度。

如某数字万用电表最低量程是 100 mV,五位数字显示,最小显示的电压为 0.01 mV,即为该表的灵敏度。

### 9. 稳定性

仪表的稳定性包括两个方面,一是时间稳定性,它表示在工作条件保持恒定时,仪表输出值在一段时间内随机变动量的大小;二是使用条件变化的稳定性,它表示仪表在规定的使用条件内某个条件的变化对仪表输出的影响。例如,规定某仪表的使用电源电压为(220±20) V,则实际电压在 220～240 V 内,可用电源每变化 1 V 时仪表输出值的变化量来表示仪表对电源电压的稳定性。

### 10. 重复性

同一工作条件下,按同一方向输入信号,并在全量程范围内多次变化信号时,对应于同一输入值,仪表输出值的一致性称为重复性。重复性是以全量程上最大的不一致值相对于量程范围的百分数来表示的。同一工作条件包括相同的测量程序、相同的观察者、相同的测量设备、在相同的地点以及在短时间内重复。它是衡量仪表不受随机因素影响的能力。

### 11. 再现性

同一工作条件下,在规定的相对较长的时间内,对同一被测量从两个方向(由小到大以及由大到小)上重复测量时,检测仪表的各输出值之间一致的程度。与重复性一样,它也用全量程上最大不一致值相对于量程范围的百分数来表示,数值越小,说明仪表的质量越高。它是仪表性能稳定的一种标志。高精度的优质仪表一定要有很好的重复性和再现性。

**12. 可靠性**

表征仪表可靠性的尺度有多种,定量描述检测仪表可靠性的度量指标有可靠度、故障率、平均无故障时间、平均故障修复时间等。可靠度是衡量仪表在规定时间内能够正常工作并发挥其功能的程度;故障率是指仪表工作到某时刻时单位时间内发生故障的概率;平均无故障工作时间是指仪表在相邻两次故障间隔内有效工作时的平均时间;若故障不可修复,则以从开始工作到发生故障前的平均工作时间表示,两者可统称为"平均寿命"。它的倒数就是故障率。例如,某检测仪表的故障率为 0.2%/kh,就是说 1 000 台这样的检测仪表在工作 1 000 h 后,可能有 2 台仪表发生故障。或者说,这种仪表的平均无故障时间是 5 000 h。平均故障修复时间是指仪表出现故障到恢复工作时的平均时间。

在实际使用中,要求平均无故障工作时间尽可能长的同时,又要求平均故障修复时间尽可能短,因此用综合性指标有效度来综合评价仪表的可靠性,即

$$有效度 = \frac{平均无故障工作时间}{平均无故障工作时间 + 平均故障修复时间}$$

**13. 响应时间**

测量仪表能不能尽快反映参数变化的品质指标,在被测量变化后,仪表指示值准确显示出来所经历的一段时间。响应时间的长短反映了仪表动态性能的好坏。对于用来测量变化频繁的参数,要求其响应时间越短越好。

### 5.1.3　测量仪表的分类

在实际生产中,生产流程复杂和被测对象多样性决定了检测方法与检测仪表的多样性,按照技术特点和使用范围的不同有各种不同的分类方法,常见的分类有如下几种。

**1. 按被测参数性质分类**

被测参数包括过程参数、电气参数与机械参数。电气参数包括电能、电流、电压、频率等。机械参数包括位移、速度与加速度、重量、振动、缺陷检查等。过程参数主要指热工参数,包括温度、压力、流量、物位及成分分析等。所以这类仪表根据测试参数不同可称为电压检测仪表、温度检测仪表、流量检测仪表等。

**2. 按仪表使用能源的类型分类**

检测仪表可分为机械式仪表、电动式仪表、气动式仪表和光电式仪表。

机械式仪表一般不需要使用外部电源,通常利用敏感元件的位移带动仪表的传动机构,使指针产生偏转,通过仪表盘上的刻度显示被测参数的大小。这种仪表一般安装在现场,属于就地显示式仪表。

电动式仪表又称电动仪表,这类仪表用电源作为能源,其输出信号也是电信号。现在绝大部分使用的仪表为电动式仪表,这类仪表所需电源容易取得,输出信号也易于传输和显示;信号的远传采用导线,成本较低。

气动式仪表多用压缩空气作为仪表的能源和信号的传递。这类仪表由于没有使用电源,可在周围环境有易燃和易爆气体或粉尘的场所使用。但是这类仪表用压缩空气传递信号,滞后比较大,传递信号的管路上任何的泄露或者堵塞都会导致信号的衰减或消失,传输

距离也受到限制。

光电式仪表是近年发展起来的一种新型检测仪表,其信号传递速度非常快,不仅具有良好的抗干扰和绝缘隔离能力,且易于实现仪表的信号处理、信号隔离、信号传输和信号显示。

**3. 按是否具有远传功能分类**

检测仪表可分为就地显示仪表和远传式仪表。有些检测仪表的敏感元件和显示盘为一个整体,敏感元件将被测参数转换成位移量后带动指针或机械计数装置直接指示被测参数的大小,称这类仪表为就地显示仪表。其特点是显示装置与敏感元件不能分离,仪表不具有其他形式的输出功能。而远传式仪表的显示装置可以远离敏感元件,敏感元件在信息转换后,进行信号的放大和转换,使之成为可以远传的信号。这类检测仪表不仅能将信号远传,在远距离显示被测参数值,而且在就地也有相应的显示装置。

**4. 按仪表的输出 ( 显示 ) 形式分类**

检测仪表可分为模拟式仪表和数字式仪表。模拟式仪表是指仪表的输出或显示是一个模拟量,通常带指针显示的仪表,如电压表、电流表等,均为模拟式仪表。

数字式仪表是指仪表的显示直接以数字 ( 或数码 ) 的形式给出,或是以二进制等编码形式输出和传输。

实际应用中,为了满足不同使用者的需要,有些仪表既有数字功能,同时又有模拟式仪表的功能,称这类仪表为数字 - 模拟式混合型仪表。

**5. 按使用性质分类**

按使用可将仪表分为实用型、范型和标准型三种。实用型仪表用于实际测量,包括工业用仪表与实验用表。范型仪表用于复现和保持计量单位,或对实用仪表进行校准和刻度。标准型仪表用以保持和传递国家计量标准,并用于对范型仪表的定期检定,它是具有更高准确度的范型仪表。

**6. 其他分类方式**

按仪表功能的不同,可分为指示仪、记录仪、积算仪等;按仪表系统的组成方式的不同,分为基地式仪表和单元组合式仪表;按仪表结构的不同,分为开环式仪表与闭环式 ( 反馈式 ) 仪表。

# 5.2  温度检测仪表

温度是工业生产中最常见和最基本的工艺参数之一,任何化学反应或物理变化的进程都与温度密切相关,因此对温度的精确测量与可靠控制是生产过程自动化的重要任务之一,在工业生产和科学研究中均具有重要意义。

## 5.2.1  温度测量的基本方法

测量温度的方法很多,从测量体与被测介质接触与否来分,有接触式测温和非接触式测温两类。接触式测温是通过测量体与被测介质的接触来测量物体温度的。在测量温度时,测量体与被测介质接触,被测介质与测量体之间进行热交换。最后达到热平衡,此时测量体的温度就是被测介质的温度。

接触式测温的主要特点是：方法简单、可靠，测量精度高。但是由于测温元件要与被测介质接触进行热交换才能达到热平衡，因而会产生滞后现象。同时测量体可能与被测介质产生化学反应；此外测量体还受到耐高温材料的限制，不能应用于很高温度的测量。

非接触式测温是通过接收被测介质发出的辐射热来判断温度的。非接触式测温的主要特点是：测温上限原则上不受限制；测温速度较快，可以对运动体进行测量。但是它受到物体的辐射率、距离、烟尘和水气等因素影响，测温误差较大。

主要温度检测方法的分类如表 5.1 所示，下面就几种常用的温度测量方法进行介绍。

**表 5.1　温度检测方法的分类**

| 测温方式 | 类别 | 原　　理 | 典型仪表 | 测温范围/℃ |
|---|---|---|---|---|
| 接触式测温 | 膨胀类 | 利用液体气体的热膨胀及物质的蒸气压变化 | 玻璃液体温度计 | -100 ~ 600 |
| | | | 压力式温度计 | -100 ~ 500 |
| | | 利用两种金属的热膨胀差 | 双金属温度计 | -80 ~ 600 |
| | 热电类 | 利用热电效应 | 热电偶 | -200 ~ 1 800 |
| | 电阻类 | 固体材料的电阻随温度而变化 | 铂热电阻 | -260 ~ 850 |
| | | | 铜热电阻 | -50 ~ 150 |
| | | | 热敏电阻 | -50 ~ 300 |
| | 其他电学类 | 半导体器件的温度效应 | 集成温度传感器 | -50 ~ 150 |
| | | 晶体的固有频率随温度而变化 | 石英晶体温度计 | -50 ~ 120 |
| | 光纤类 | 利用光纤的温度特性或作为传光介质 | 光纤温度传感器 | -50 ~ 400 |
| 非接触式测温 | | | 光纤辐射温度计 | 200 ~ 4 000 |
| | 辐射类 | 利用普朗克定律 | 光电高温计 | 800 ~ 3 200 |
| | | | 辐射传感器 | 400 ~ 2 000 |
| | | | 比色温度计 | 500 ~ 3 200 |

**其一接触式测温方式的内容如下：**

**1. 膨胀式温度计**

利用固体或液体热胀冷缩的特性测量温度，例如，常见的体温表便是液体膨胀式温度计。利用固体膨胀的有根据热胀冷缩而使长度变化做成的杆式温度计和利用双金属片受热产生弯曲变形的双金属温度计。

图 5.4 为将线膨胀系数不同的金属片叠焊在一起，由于两片金属受热后膨胀不同，产生弯曲角度。且随着温度的升高，弯曲角度增大。图 5.5 为螺旋管状双金属片温度计。用双金属感温片制成螺旋形感温元件，放入金属保护套管内。温度变化时，元件的自由端围绕中心轴转动，带动指针在刻度盘上指示出相应的温度值。这种温度计结构简单，价格便宜，适用于就地测量，传送距离比较小。目前国产双金属温度计的使用范围为 -80 ℃ ~ +500 ℃，

精度为 1.0 级、1.5 级和 2.5 级,型号为 WSS。

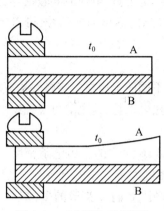

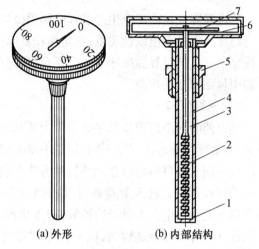

图 5.4　双金属片受热膨胀

图 5.5　双金属温度计

1—固定端;2—双金属螺旋;3—芯轴;4—外套;
5—固定螺帽;6—刻度盘;7—指针

(a) 外形　　　　　(b) 内部结构

### 2. 压力式温度计

根据密封在固定容器内的液体或气体,当温度变化时压力发生变化的特性,将温度的测量转化为压力的测量。它主要由两部分组成,一是温包,由盛液体或气体的感温固定容器构成,另一是反映压力变化的弹性元件。

图 5.6 为压力式温度计。在温包、毛细管和弹簧管组成的封闭系统中充以液、气或低沸点的液体的饱和蒸汽。温包直接与被测物质接触,使得封闭系统内物质受热后体积或压力变化带动指针在刻度盘上指示出相应的温度。压力的大小由弹簧管测出。

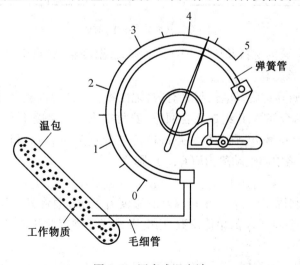

图 5.6　压力式温度计

### 3. 热电偶温度计

热电偶温度计在工业生产过程中使用极为广泛,它具有测温精度高,在小范围内热电动势与温度基本呈单值线性关系,稳定性和复现性较好,测温范围宽,响应时间较快等特点,能够满足工业生产过程温度测量的需要;结构简单,动态响应好;输出为电信号,可以远传,便于集中检测和自动控制。

（1）测温原理

热电偶的测温原理是以热电效应为基础的。将两种不同的金属材料接触并构成闭合回路时,只要两个接触点温度不同,回路中便出现毫伏级的热电动势,这电势可准确反映温度。这两种不同金属材料的组合元件就称为热电偶。

当两种不同金属 A,B 接触时,如图 5.7 所示。由于 A,B 两边的自由电子密度的不同,在交界面上会发生自由电子的扩散,若 A 中的自由电子密度大于 B 中的自由电子密度($n_A > n_B$),那么在开始接触的瞬间,从 A 向 B 扩散的电子数目将比 B 向 A 扩散的多,结果使 A 失去较多的电子带正电,B 得到电子带负电,致使在 A,B 接触处产生电场,当电子迁移达到动力平衡时,静电场的接触电势差为

$$U_{AB} = \frac{KT}{e} \ln \frac{n_A}{n_B} \tag{5.12}$$

式中,$k$ 为玻耳兹曼常数;$e$ 为电子电荷的绝对值;$T$ 为接触点的热力学温度。

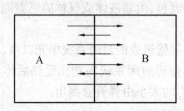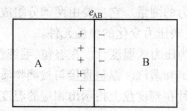

图 5.7　接触电势差的形成

可见,$U_{AB}$ 与两金属的材料及接触点的温度有关,温度越高,自由电子越活跃,迁移数目越多,因而接触电势差越高。

当 A,B 金属材质确定后,$U_{AB}$ 仅与 $T$ 有关,记作 $e_{AB}(t)$,$t$ 为接触点温度。热电偶测温原理如图 5.8 所示。由金属 A,B 组成闭合回路,若两接触点的温度不同,高温接触点和低温接触点的温度分别为 $t_1$ 和 $t_2$,则两接触点的电势差分别为:$e_{AB}(t_1)$ 和 $e_{AB}(t_2)$,二者方向相反,大小不等。此回路中的电动势为$E(t_1,t_2)$,则

$$E(t_1,t_2) = e_{AB}(t_1) - e_{AB}(t_2) = e_{AB}(t_1) + e_{BA}(t_2) \tag{5.13}$$

当 A,B 两种材料固定后,若一个接触点的温度 $t_1$ 已知,而将另一端插在需要测温的地方,则热电势为测温端温度 $t_2$ 的单值函数,用电表或仪器测定此热电势的数值,便可测定被测温度 $t_2$。

在实际使用热电偶测温时,总要在热电偶回路中插入测量仪表和使用各种导线进行连接,也就是说总要在热电偶回路中插入其他种类的导体。热电偶测温示意图如图 5.9 所示。由两种不同材料的导体或半导体焊接而成的热电偶,焊接的一端称为热端（工作端）,与导

线连接的一端称为冷端(自由端)。热端与被测介质接触,冷端置于设备之外。下面讨论一下插入另一种导体是否影响热电势的数值。

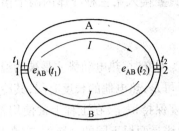 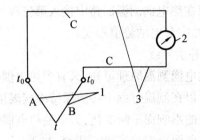

图 5.8　热电偶测温原理图　　　　图 5.9　热电偶测温示意图
1—热电偶;2—测量仪表;3—连接导线

将连接热电偶与显示仪表的金属导线 C,加入到 A,B 两种金属所组成的热电偶回路中,构成新的接点,如图 5.10 所示。

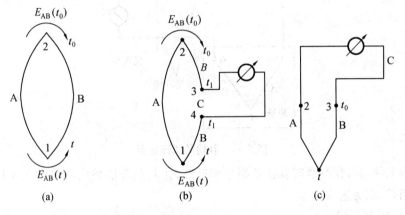

图 5.10　热电偶回路中接入另一种导体

先分析图 5.10(b)

3,4 两接点温度同为 $t_1$,故总的热电势 $E_{AB}(t, t_0)$ 为

$$E_{AB}(t, t_0) = E_{AB}(t) + E_{BC}(t_1) + E_{CB}(t_1) + E_{BA}(t_0)$$

$$E_{BC}(t_1) = -E_{CB}(t_1), E_{AB}(t_0) = -E_{BA}(t_0)$$

所以

$$E_{AB}(t, t_0) = E_{AB}(t) - E_{AB}(t_0) \tag{5.14}$$

可见,总的热电动势与没有引入第三种导线一致。

再分析图 5.10(c)

2,3 接点温度同为 $t_0$,则电路中的总电势 $E_{AB}(t, t_0)$ 为

$$E_{AB}(t, t_0) = E_{AB}(t) + E_{BC}(t_0) + E_{CA}(t_0) \tag{5.15}$$

若将 A,B,C 三种金属组成一闭合回路,各接点温度都为 $t_0$,则回路总电动势为零,即

$$E_{AB}(t_0) + E_{BC}(t_0) + E_{CA}(t_0) = 0 \tag{5.16}$$

即

$$-E_{AB}(t_0) = E_{BC}(t_0) + E_{CA}(t_0)$$
$$E_{AB}(t,t_0) = E_{AB}(t) - E_{AB}(t_0)$$

所以在热电偶测温回路中接入第三种导体时,只要接入第三种导体的两个接点的温度相同,回路中总电动势值不变。

(2)补偿导线

由热电偶测温原理可知,只有当热电偶冷端温度不变时,热电动势才是被测温度的单值函数。所以在测温过程中必须保持冷端温度恒定。可是,热电偶的长度有限,其冷端会受到环境温度的影响而不断变化,为了使热电偶冷端温度保持恒定,在工程上常使用补偿导线,使之与热电偶冷端相连接,如图 5.11 所示。补偿导线是两根不同的金属丝,它在 0～100 ℃温度范围和所连接的热电偶具有相同的热电性能,却又是廉价金属,用它将热电偶的冷端延伸出来。

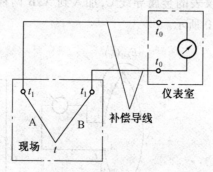

图 5.11 补偿导线连接图

在工程上使用补偿导线时要注意型号和极性,尤其是补偿导线与热电偶连接的两个接点温度应相等,以免造成误差。

(3)冷端温度补偿

热电偶的热电动势 $E(t,t_0)$ 大小不仅与热端温度 $t$ 有关,而且还与冷端温度 $t_0$ 有关。只有 $t_0$ 恒定,热电动势才是 $t$ 的单值函数,才能正确反映 $t$ 的数值。在工程应用时,热电偶冷端暴露在大气中,受环境温度波动的影响较大,使用补偿导线只是将其冷端延伸到温度比较稳定的地方。由国家标准规定的分度表(热电动势与温度 $t$ 的关系)是规定冷端温度 $t_{0=0\ ℃}$时制定的。因此,若 $t_0 \neq 0$ ℃,则仍将产生测量误差。为了消除冷端温度变化对测量精度的影响,可采用冷端温度补偿,其补偿方法很多,下面仅介绍补偿电桥法和计算校正法。

①补偿电桥法。如图 5.12 所示,在热电偶测量回路中串接一个不平衡电桥,其中 $R_1$,$R_2$,$R_3$ 为锰铜电阻,其值为 1 Ω,$R_{Cu}$ 为铜电阻,$R$ 为限流电阻,$E(=4\ V)$ 是桥路的直流电源。电桥(桥臂电阻 $R_1$,$R_2$,$R_3$,$R_{Cu}$)与热电偶冷端感受相同的环境温度。通过选择 $R_{Cu}$ 的阻值可使电桥在 0 ℃时处于平衡状态,即 $R_{Cu0} = 1$ Ω,此时桥路输出 $u_{AC} = 0$。当冷端温度升高时,$R_{Cu}$ 随之增大,$u_{AC}$ 也增大,热电偶的热电动势随冷端温度增大而减小,若 $u_{AC}$ 的增加量等于 $E_x$ 的减少量时,则显示仪表便正确指示被测温度值 $t$。

在工程上,各类热电偶的热电特性不同,因此需选用不同型号的补偿电桥,才可实现冷端温度的自动补偿。

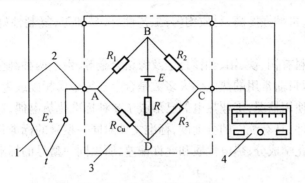

图 5.12 补偿电桥法原理图

1—热电偶;2—补偿导线;3—补偿电桥;4—显示仪表

②计算校正法。在热电偶的分度表中,国家标准规定了冷端温度 $t_0 = 0$ ℃时热电动势 $E_{AB}(t,0)$ 与被测温度 $t$ 的关系。如果 $t_0 \neq 0$ ℃,则不能根据热电动势从分度表中查得被测温度。

由前面公式可知

$$E_{AB}(t,t_0) = E_{AB}(t) - E_{AB}(t_0)$$

则

$$E_{AB}(t,t_n) = E_{AB}(t) - E_{AB}(t_n)$$

上两式相减得

$$E_{AB}(t,t_0) - E_{AB}(t,t_n) = E_{AB}(t_n) - E_{AB}(t_0) = E_{AB}(t_n,t_0)$$

或者

$$E_{AB}(t,t_0) = E_{AB}(t,t_n) + E_{AB}(t_n,t_0)$$

由于 $t_0 = 0$ ℃,则

$$E_{AB}(t,0) = E_{AB}(t,t_n) + E_{AB}(t_n,0) \tag{5.17}$$

式中,$E_{AB}(t,t_n)$ 是测得的热电动势,$E_{AB}(t_n,0)$ 可由相应分度表查得,所以 $E_{AB}(t,0)$ 即可通过计算式求得,再由分度表查得被测温度 $t$ 值。在使用电脑测温时,多用此法进行热电偶冷端温度补偿。为了提高热电偶的使用寿命,通常在热电偶丝外面套上保护套管,使热电偶与被测介质隔离,以防止有害物体对热电偶的浸蚀损坏或机械损伤。

**例** 用分度号为 K 的热电偶测炉温,工作时热电偶冷端温度为25 ℃,测得的热电势为 27.022 mV,求炉温。

已知 $E(t,t_0) = E(t,25) = 27.022$    $E(25,0) = 1.000$

故 $E(t,0) = E(t,t_0) + E(t_0,0) = 28.022$

所以 $t = 674$ ℃

(4)常用的热电偶材料

在实际应用中需选择合适的热电极材料,对热电极材料一般有以下要求:

①在测温范围内热电性能稳定,不随时间和被测对象而变化;

②在测温范围内物理化学性能稳定,不易氧化和腐蚀,耐辐射;

③所组成的热电偶要有足够的灵敏度,热电势随温度的变化率要足够大;

④热电特性接近单位线性或近似线性;

⑤电导率高,电阻温度系数小;

⑥机械性能好,机械强度高,材质均匀;工艺性好,易加工,复制性好;制造工艺简单;价格便宜。

常用热电偶材料有铜、铁、铂、铂铑合金及镍铬合金等,由于两种纯金属组成的热电偶的热电势率很小,所以目前常用的热电偶大多数是合金与纯金属相配或者与合金相配。

根据不同场合使用情况,工业热电偶已形成了8种标准化热电偶,这些标准化热电偶已列入工业化标准文件,具有统一的分度度,标准文件对同一型号的标准化热电偶规定了统一的热电极材料及其化学成分、热电性质和允许偏差,所以同一型号的标准化热电偶具有良好的互换性。

几种常用的工业热电偶的主要性能和特点如下。

①铂铑$_{10}$-铂热电偶。由纯铂丝和铂铑合金(铂90%,铑10%)制成,其中铂丝为负极,铂铑合金丝为正极,分度号为S的热电偶。长期使用温度为0~1 300 ℃,短期使用温度为1 600 ℃。这种热电偶在氧化性或中性介质中具有较高的物理化学稳定性,但不适宜在金属蒸气、金属氧化物和其他还原性介质中工作,因此要对热电偶进行保护。此外,热电偶的热电势较弱,需要配用灵敏度较高的测量仪表。

②镍铬-镍硅热电偶。这是一种镍铬为正极,镍硅为负极,分度号为K的热电偶。其化学稳定性较高,可在氧化性或中性介质中长期测量900 ℃以下的温度,短时可测温度为1 200 ℃。在还原性介质中会很快受到腐蚀,此时只能测量500 ℃以下的温度。这类热电偶具有复制性好、热电势大、线性好、价格便宜等优点。虽然测量精度偏低,但完全能满足工业测量要求,是生产中最常用的一种热电偶。

③铂铑$_{30}$-铂铑$_6$热电偶。以铂铑$_{30}$(铂70%,铑30%)为正极,铂铑$_6$(铂94%,铑6%)为负极,分度号为B的热电偶。长期可测温度为0~1 600 ℃,短期可测1 800 ℃。此类热电偶性能稳定,精度高,适宜在氧化性和中性介质中使用。缺点是热电势小,但较昂贵。

④镍铬-考铜热电偶。这是以镍铬为正极,考铜(镍铜合金)为负极,分度号为EA-2,适合用于还原性或中性介质中的热电偶。长期使用温度不能超过600 ℃,短期可测800 ℃。其特点是热电灵敏度高,价格便宜,但测温范围较窄。

(5)工业热电偶的构造

工业热电偶的典型结构有普通型和铠装型两种,为保证在使用时能够正常工作,一般需用耐高温、耐腐蚀和耐冲击的外保护套管将热电偶与被测介质相隔离,因此热电偶的两电极之间以及保护套之间都需要良好的电绝缘。常用的热电偶是由热电极(热偶丝)、绝缘材料(绝缘管)和保护套管等部分构成的。

①普通型热电偶。图5.13所示为普通型热电偶的结构,为装配式结构,一般由热电极、绝缘管、保护套管和接线盒等部分组成。贵金属热电极直径不大于0.5 mm,廉金属热电极直径一般为0.5~3.2 mm;绝缘管一般为单孔或双孔瓷管,套在热电极上;保护套管要求气密性好、有足够的机械强度、导热性好、物理化学特性稳定,最常用的材料是铜及铜合金、钢和不锈钢以及陶瓷材料等。整支热电偶长度由安装条件和插入深度决定。一般为350~2 000 mm。这种结构的热电偶热容量大,因而热惯性大,对温度变化的响应慢。

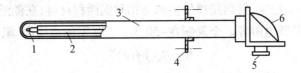

图 5.13　热电偶典型结构

1—热电偶接点;2—瓷绝缘套管;3—不锈钢套管;

4—安装固定件;5—引线口;6—接线盒

②铠装型热电偶。铠装型热电偶的测温元件是将热电偶丝、绝缘材料(氧化镁粉等)和金属保护套管(材料多为不锈钢)三者组合装配后,经拉伸加工而成的一种坚实的组合体。它的外径一般为 0.5 ~ 8 mm,长度可以根据需要截取,最长可达 100 m。铠装热电偶的测量端热容量小,因而热惯性小,对温度变化响应快;挠性好,可弯曲,可以安装在狭窄或结构复杂的场合,而且耐压、耐振、耐冲击,因此在多种领域得到了广泛的使用。

常见的铠装热电偶工作端的结构形式多样,如图 5.14 所示。

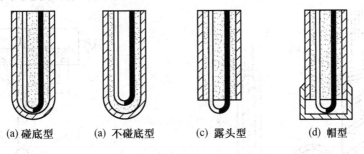

(a) 碰底型　　　(a) 不碰底型　　　(c) 露头型　　　(d) 帽型

图 5.14　铠装热电偶工作端的结构

碰底型。如图 5.14(a)所示,热电偶的工作端与金属套管接触并焊在一起,它适用于温度较高、环境较差的场合。

不碰底型。如图 5.14(b)所示,热电偶的工作端单独焊接后填以绝缘材料,再将套管端部焊牢,工作端与套管绝缘。它适用于电磁干扰较大和要求热电极与套管绝缘的仪表等上,这种型式应用最多。

露头型。如图 5.14(c)所示,热电偶的工作端暴露于金属套管外面,测量时热电极直接与被测介质接触,绝缘材料暴露。它只适用于测量温度不太高、干燥的介质,其动态响应最快。

帽型。如图 5.14(d)所示,把露头型的工作端套上一个用套管材料做成的保护套,用银焊密封起来。

**4.热电阻测温原理**

当测量低于 150 ℃ 的温度时,由于热电偶输出的热电动势很小,故常用热电阻温度计测量温度。热电阻温度计的最大特点是性能稳定、测量精度高、测温范围宽,同时还不需要冷端温度补偿、一般可在-270 ℃ ~ 900 ℃ 范围内使用。

热电阻测温仪表是根据金属导体或半导体的电阻值随温度变化的特性进行测温的。适合作电阻感温元件的材料应满足如下要求,电阻温度系数大,电阻与温度的关系线性。在测温范围内物理化学性能稳定,目前用得最多的是铂和铜两种材料,在低温及超低温测量中则使用铟电阻、锰电阻及碳电阻等。金属铜在 $-50\ ℃\sim150\ ℃$ 的范围内,阻值与温度的关系为

$$R_t = R_0(1+\alpha t) \tag{5.18}$$

式中　　　　　　　　　　　　　　　$\alpha = 4.25\times10^{-3}/\ ℃$

铂在 $0\sim630\ ℃$ 范围内为

$$R_t = R_0(1+At+Bt^2+Ct^3) \tag{5.19}$$

式中,$R_t$,$R_0$ 为温度 $t\ ℃$,$0\ ℃$ 时的电阻;$A$,$B$,$C$ 为常数。

电阻感温元件根据用途不同,可做成各种形状和尺寸。其基本结构都是把很细的电阻丝绕在棒形或平板形的骨架上,骨架由陶瓷或云母等制成,图 5.15 为铂电阻结构示意图。温度变化时电阻丝在骨架上要求不受应力的影响,以保持特性的稳定。在电阻丝外面一般都有保护层或保护套管。为了减小测温的时间滞后,电阻内部导热性良好,并尽量减小热容量,热电阻测量系统由热电阻、连接导线和测量电阻值的显示仪表组成,如图 5.16 所示。

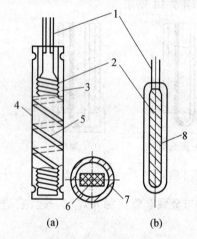
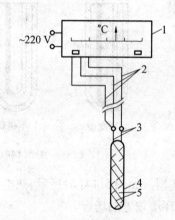

图 5.15　铂电阻结构　　　　　　　　图 5.16　热电阻测温系统

1—银引出线;2—铂丝;3—锯齿形云母骨架;　　1—显示仪表;2—连接导线;3—引出线;

4—保护用云母片;5—银绑带;6—铜电阻横　　4—云母支架;5—电阻丝

截面;7—保护套管;8—石英骨架

一般金属的电阻随着 $T$ 升高而增大,而半导体的电阻值随 $T$ 升高而减小。

这种温度计准确度高,能远传,适用于低、中温测量。

**其二非接触式测温方式的内容如下:**

非接触式测温仪表是目前高温测量中应用广泛的一种仪表,主要应用于冶金、化工、铸造以及玻璃、陶瓷和耐火材料等工业生产过程中。非接触式测温仪表是利用物体的辐射能随其温度而变化的原理制成的。在测量时,只需把温度计光学接收系统对准被测物体,而不必与物体接触,因此可以测量运动物体的温度且不会破坏物体的温度场。辐射测温方法广泛应用于 $900\ ℃$ 以上的高温区测量中,近年来随着红外技术的发展,测温的下限已下移到常温区,大大扩展了非接触式测温的使用范围。

**1. 辐射式高温计**

辐射温度计包括高温、低温和光电温度计三种,它们的基本原理都是一样的,即任何物体都存在着热辐射,而且其辐射能量与物体的温度有对应关系。在理论分析方面均围绕着"黑体"展开讨论。根据物体的热辐射特性,利用透射镜或反射镜将物体的辐射能聚集起来,再由热敏元件转换成电信号。常用的热敏元件有热电堆、热敏或光敏电阻、光电池或热释电元件等。透射镜对光谱有一定的选择性、热敏元件(尤其是光敏电阻)也有此特性。不同材质的透镜具有不同的光通波段,于是相应波长的热辐射能就会集聚于热敏元件实现对温度的传感。下面是以上三种辐射温度传感器的特性。

①高温辐射温度计。该温度计由光学玻璃透镜与硅光电池组合而成。光通带波长为 $0.7 \sim 1.1~\mu m$,测温范围为 $700 \sim 2\,000~℃$ 的高温。硅光电池接收辐射能可直接产生 $0 \sim 20~mV$ 的电压信号,其基本误差 $1\,500~℃$ 以下时为 $\pm 0.7\%$,在 $1\,500~℃$ 以上时为 $1\%$,$99\%$ 稳态值响应时间小于 $1~ms$。

②低温辐射温度计。用锗滤光片或锗透镜与半导体热敏电阻相结合,接受 $2 \sim 15~\mu m$(红外波段)的辐射能,测温范围为 $0 \sim 200~℃$。基本误差为 $1\%$,但不小于 $\pm 5~℃$,响应时间为 $2~s$。其输出信号须经过放大以后才能使用。

③光电温度计。用光学玻璃和硫化铅光敏电阻配合制成的。光通波段为 $0.6 \sim 2.7~\mu m$,测温范围为 $400 \sim 800~℃$;基本误差为 $\pm 1\%$,但不小于 $\pm 1~℃$;响应时间为 $1.5~s$。这种仪表也需要放大电路,而且是利用参考灯泡辐射能与被测体辐射能交替照射光敏电阻得到调制后再予以放大。

**2. 比色温度计**

比色温度计是利用被测对象的两个不同波长(或波段)光谱辐射亮度之比实现辐射测温。由维思位移定律可知,当温度升高时全辐射体的最大光谱辐射出射度向波长减小的方向移动,使两个固定波长 $\lambda_1$ 和 $\lambda_2$ 的亮度比随温度而变化。因此,测量其亮度比值可知其相应温度。

比色温度计分单通道型、双通道型和色敏型。图 5.17 为单通道型比色温度计原理示意图,由电机带动的调制盘以固定频率旋转,盘上交替镶嵌着两种不同的滤光片,使被测对象的辐射变成两束不同波长的辐射,交替地投射到同一检测元件上,再转换为电信号实现比值,求得被测温度。

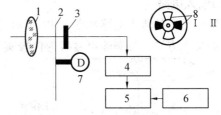

图 5.17　单通道型比色温度计原理
1—物镜;2—调制盘;3—检测元件;4—放大器;
5—计算电路;6—显示仪表;7—马达;8—滤光片

双通道型采用分光的方法由两个检测元件接受信号。色敏型则采用色敏元件在一个探测器中,有两个响应不同波长的单元。

典型比色温度计的工作波长为 $1.0~\mu m$ 附近的两个窄波段,测量范围 $550 \sim 3\,200~℃$。

### 5.2.2　温度变送器

在单元组合式仪表中,热电偶、热电阻等敏感元件输出的信号,需经一定的变换装置转变为标准信号,以便与调节器等单元配合工作。这种信号变换装置称为变送单元或变送器。温度变送器是过程控制自动化仪表中的重要单元设备,可以与热电偶或热电阻温度传感器相配接,而输出信号则是标推化的毫安级电流,称作电动温度变送器。

**第一以输出 0 ~ 10 mA·DC 的温度变送器(DDZ Ⅱ 型)为例介绍。**

**1. 基本组成**

DDZⅡ型温度变送器采用电气信号和供电相隔离的"四线制",其基本组成如图 5.18 所示。

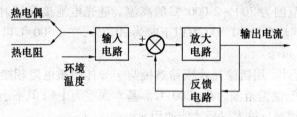

图 5.18　温度变送器基本组成框图

包括输入电路、放大电路和反馈电路。输入电路可以接热电偶,也可接热电阻,同时还受环境温度的影响。因此,输入电路至少具有与两种不同的温度敏感元件的配接功能和消除环境温度影响以及仪表工作特性所需要的其他功能。图中的放大电路是基于分立元件和自激振荡调制放大原理的放大系统,其输出经滤波后产生标准化电流信号,与此同时,调制电压的交流成分经变压器耦合后,再经整流和滤波送往反馈电路,而且这一电压信号与仪表输出电流信号成比例关系。反馈电路功能在于通过手动操作可以改变反馈系数,实现仪表量程的调整。

**2. 工作原理及工作特性**

**(1)输入电路**

温度变送器的输入电路如图 5.19 所示,其中图(a)与图(b)分别为热电偶与热电阻敏感元件的接入方法。带圆圈符号者为仪表实际的接线端子排的序号。

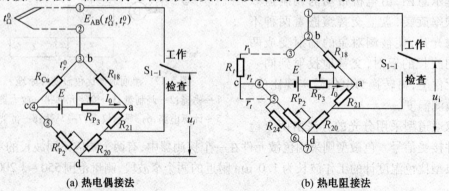

(a) 热电偶接法　　　　　　　　　　(b) 热电阻接法

图 5.19　温度变送器输入电路

从图 5.19(a)可以看出,热电偶与电桥串接共同产生电桥–热电偶输出端电压 $u$,当开关 $S_{1-1}$ 切向"检查"端时,输出电压 $u_i$ 仅是电阻 $R_{20}$ 上的电压降 $u_{ab}$,作为标准输入校验信号,检查变送器输出是否达到预定的输出值。当满足检查要求时,开关 S 可切向"工作"端,此时输出电压信号 $u_i$ 等于热电偶原始热电势 $E_{AB}(t_\Omega^0, t_r^0)$,电桥"冷端补偿电压"信号 $u_{bd}(t_r^0)$ 以及电桥的"零点迁移电压"信号 $u_q(R_P)$ 之和。即

$$u_i = E_{AB}(t_\Omega^0, t_r^0) + u_{bd}(t_r^0) + u_q(R_{P_2}') \tag{5.20}$$

输入电桥承担热电偶"冷端补偿"和"零点迁移"的重要任务。式中 $t_r^0$ 为仪表环境温度。

电位器 $R_{P_3}$ 用来调整供电总电流 $I_0$,电桥四臂为 $R_{18}$,$R_{20}+R_{21}$,$R_{Cu}$ 和 $R_{P_2}$,四个顶点分别为供电端 $a,c$ 和输出端 $b,d$。由于 $R_{18}$ 和 $R_{21}$ 远远大于其他电阻 $R_{Cu}$,$R_{20}$ 和 $R_{P_2}$ 值,所以 $R_{18}+R_{Cu}$ 和 $R_{20}+R_{21}+R_{P_2}$ 两路电流均为 $\frac{1}{2}I_0$。由此可知电压为

$$U_{bd} = \frac{1}{2}I_0(R_{Cu} - R_{P_2}) \tag{5.21}$$

式中,$R_{Cu}$ 为专门用于冷端补偿的铜质(线材)电阻。在低温(低于 150 ℃)范围内,其阻值与温度的关系式为

$$R_{Cu}(t_r) = R_0(1 + \alpha t_r) \tag{5.22}$$

而 $R_0$ 是 0 ℃时的 $R_{Cu}$ 电阻值,$R_{P_2}'$ 可以写成初始值 $R_{P_{20}}'$ 和偏移量 $\Delta R_{P_2}'$(可正可负)相加的形式,即

$$R_{P_2}' = R_{P_{20}}' + \Delta R_{P_2}' \tag{5.23}$$

由此电桥输出电压 $u_{cd}$ 可以写成

$$u_{cd} = \frac{1}{2}I_0 R_0 \alpha t_r^0 + \frac{1}{2}I_0(R_0 - R_{P_{20}} - \Delta R_{P_2}') \tag{5.24}$$

调整 $R_{P_2}'$ 使

$$R_0 = R_{P_{20}}$$

成立,则有

$$u_{cd} = \frac{1}{2}I_0 R_0 \alpha t_r^0 - \frac{1}{2}I_0 \Delta R_{P_2}' \tag{5.25}$$

该式右边第一项为"环境测温电压",用 $u_{bd}(t_r^0)$ 表示,右边第二项为零点迁移电压,用 $u_q(\Delta R_{P_2}')$ 表示,由此上式可以写成

$$\left. \begin{array}{l} u_{bd} = u_{bd}(t_r^0) + u_q(\Delta R_{P_2}') \\[2mm] u_{bd}(t_r^0) = \frac{1}{2}I_0 R_0 \alpha t_r^0 \\[2mm] u_q(\Delta R_{P_2}') = -\frac{1}{2}I_0 \Delta R_{P_2}' \end{array} \right\} \tag{5.26}$$

冷端补偿要求下式成立

$$u_{bd}(t_r^0) \equiv E_{AB}(t_r^0, 0^0) \tag{5.27}$$

即环境测温电压在环境温度变化范围内与所用热电偶在同样条件下的热电势相一致。为此,有必要建立在相应条件下指定型号热电偶的数学模型。设最低环境温度 $t_{r,\min}^0 = 0$ ℃,

最高环境温度 $t^0_{r,\max}=100$ ℃。在这一温度范围内,对大多数高温型热电偶来说,完全处于低温段,相应的热电势 $E_{AB}(t^0_{r,\max},0^0)$ 是个确定的电压值。假定热电偶当 $t^0_r=0$ ℃时,热电势 $E_{AB}(0^0,0^0)=0$(例如铂铑$_{10}$-铂热电偶)。于是低温段热电势与温度呈近似线性关系,即

$$E_{AB}(t^0_r,0^0)=\frac{E_{AB}(t^0_{r,\max},0^0)}{t^0_{r,\max}}t^0_r=k_r t^0_r \tag{5.28}$$

由式(5.27)有

$$\frac{1}{2}I_0\alpha R_0 t^0_r=k_r t^0_r \tag{5.29}$$

所以

$$R_0=\frac{2k_r}{\alpha I_0} \tag{5.30}$$

这便是达成冷端补偿的必要和充分条件,其结果是

$$E_{AB}(t^0_\Omega,t^0_r)+u_{bd}(t^0_r)=E_{AB}(t^0_\Omega,0^0) \tag{5.31}$$

所以输入电路的输出电压可以写成

$$u_i=E_{AB}(t^0_\Omega,0^0)-\frac{1}{2}I_0\Delta R'_{P_2}=E_{AB}(t^0_\Omega,0^0)+u_q(\Delta R'_{P_2}) \tag{5.32}$$

上式右边第二项是零点迁移电压,此电压与热电偶的电势信号以直接可运算的方式出现在输入电路的输出电压信号 $u_i$ 中,因此,它相当于一个人为制造的某一个"热电势信号",从而可实现对相应温度 $t^0_q$ 的迁移操作。在式(5.32)中 $\Delta R'_{P_2}$ 是迁移电位器 $R_{P_2}$ 有效阻值 $R'_{P_2}$ 中对"平衡"位置(阻值 $R_{20}$)的偏离阻值。对电桥电路中 $R_{P_2}$ 电位器的手动操作可实现对零点迁移的控制。而且 $\Delta R'_{P_2}$ 由操作决定其大小和符号。当 $R_{P'}>0$ 时称为"正迁移"(迁移电压 $u_q(\Delta R'_{P_2})$ 为负电压);当 $R_{P'}<0$ 时称作"负迁移"(迁移电压 $u_q(\Delta R'_{P_2})$ 为正电压);当 $R_{P'}=0$ 时为"无迁移"或"迁移为零"。

图5.19(b)为热电阻接法的输入电路,它与图5.19(a)的区别在于热电阻 $R_1$ 按"三线制"接法与电桥电路相连。图中虚线表示连线电阻($r_t$),三条连线电阻分别接入电桥的供电轴两侧邻臂和供电支路。因此,连线电阻不会影响电桥的正常传感工作。电桥的其他参数与图(a)所示基本相同,其中零点迁移电位器 $R'_{P_2}$ 与 $R_{24}$ 电阻并联,这样可以降低零点迁移操作灵敏度,使迁移操作平稳并调整迁移范围。从图(b)可知

$$u_i=u_{bd}=\frac{1}{2}I_0(R_t+r_t)-\frac{1}{2}I_0\left[(R'_{P_2}\parallel R_{24})+r_t\right]=\frac{1}{2}I_0 R_t-\frac{1}{2}I_0(R'_{P_2}\parallel R_{24}) \tag{5.33}$$

其中"$\parallel$"为并联符号,可以看出连线电阻 $r_1$ 尽管会随环境温度有所变化,但只要各连线电阻阻值和特性相同,则不会影响电桥正常工作。该式中 $R'_{P_2}$ 为迁移电位器 $W_2$ 的当前(或有效)电阻值,但是在电桥电路中却以与 $R_{24}$ 相并联的形式出现,因此有必要加以说明。为此设

$$\left.\begin{array}{l}R_{P_q}=R'_{P_2}\parallel R_{24}\\R_{P_{q0}}=R'_{P_{20}}\parallel R_{24}\end{array}\right\} \tag{5.34}$$

当 $\Delta R'_{P_2}=R'_{P_2}-R'_{P_{20}}\ll R'_{P_{20}}+R_{24}$ 时,有

$$\Delta R_{P_q} = R_{P_q} - R_{P_q0} = \left(\frac{R_{24}}{R'_{P_{20}} + R_{24}}\right)^2 \Delta R'_{P_2} \tag{5.35}$$

其中，$R_t = R_0(1 + \alpha t^0)$ 是热电阻表达式；$R_0$ 是温度为 0 ℃时的热电阻值。一般当温度 $t^0$ 不超过 150 ℃时，该式适用。于是有

$$u_i = \frac{1}{2} I_0 (R_0 - R_{P_q0}) + \frac{1}{2} I_0 R_0 \alpha t^0 - \frac{1}{2} I_0 \Delta R_{P_q} \tag{5.36}$$

调整 $R'_{P_2}$ 使 $R_{P_q0} = R_0$，则有

$$u_i = \frac{1}{2} I_0 R_0 \alpha t^0 - \frac{1}{2} I_0 \left(\frac{R_{24}}{R'_{P_{20}} + R_{24}}\right)^2 \Delta R'_{P_2} \tag{5.37}$$

式(5.37)右边第一项是温度传感信号 $u(t^0)$，即

$$u(t^0) = \frac{1}{2} I_0 R_0 \alpha t^0 \tag{5.38}$$

右边第二项是零点迁移电压 $u_q(\Delta R'_{P_2})$，即

$$u_q(\Delta R'_{P_2}) = -\frac{1}{2} I_0 \left(\frac{R_{24}}{R'_{P_{20}} + R_{24}}\right)^2 \Delta R'_{P_2} \tag{5.39}$$

可以看出，由于 $R_{24}$ 与 $R'_{P_2}$ 的关联而降低了迁移灵敏度。若将迁移操作量 $\Delta R'_{P_2}$ 与"迁移温度" $t^0_q$ 相对应，即令

$$0 = \frac{1}{2} I_0 R_0 \alpha t^0_q - \frac{1}{2} I_0 \left(\frac{R_{24}}{R'_{P_{20}} + R_{24}}\right)^2 \Delta R'_{P_2} \tag{5.40}$$

则有

$$t^0_q = \frac{1}{R_0 \alpha} \left(\frac{R_{24}}{R'_{P_{20}} + R_{24}}\right)^2 \Delta R'_{P_2} \tag{5.41}$$

（2）自激振荡调制放大器

放大器的作用是将小的电压信号（为输入电路信号电压 $u_i$ 与反馈电路信号电压 $u_f$ 之差，即 $u_i - u_f = u_e$）$u_e$ 放大并输出电流信号 $I_0$。因此这种放大器是一种功率型转换，特性参数可以写成 $K_\upsilon$。例如，可以设计成 10 mV·DC 对 10 mA·DC 的转换，则放大器转换特性参数为 $K_\upsilon = 1\ \Omega^{-1}$。在这一类型的温度变送器中，放大器是采用分立元件实现的。考虑到高增益和低（零点）漂移要求，采用自激振荡与放大于一体的调制方式实现放大，以求线路尽可能紧凑。放大后的交流信号再经放大检波和滤波产生直流输出信号 $I_0$，同时将检波放大后信号中的交流成分经变压器送往反馈电路。放大器电路如图 5.20 所示。

图 5.20 中，输入电压信号 $u_e$ 与晶体管 $VT_2$ 之间有电容器 $C_2$ 和并接场效应晶体管 $VT_1$，$VT_1$ 起调制作用。来自晶体管 $VT_4$ 集电极交流电压经电容器 $C_6$ 作用 $VT_1$ 的栅极。于是，当交流电压为正半周时，场效应晶体管 $VT_1$ 将处于导通状态，输入信号电压 $u_e$ 将被 $VT_1$ 所短路而无法通往晶体管 $VT_2$ 的基极；而交流电压负半周时，$VT_1$ 处于夹断状态，$u_e$ 则作用于电容器 $C_2$ 处。于是信号 $u_e$ 将随交流电压并按其频率被调制成非正弦交流信号，并经电容器 $C_2$ 送往 $VT_2$-$C_3$-$Tr_1$ 选频放大器。交流放大共分三级，放大倍数约为 $5 \times 10^4$。第 1 级选频放大，频率由 $C_3$ 和 $L_1$ 决定，约为 $(3 \sim 4) \times 10^3$ Hz。此后经变压器 $Tr_1$ 耦合进行第 2 级（$VT_3$）与

第3级（$VT_4$）的两级直接耦合放大。电位器 $R_{P_4}$用于调整放大倍数。

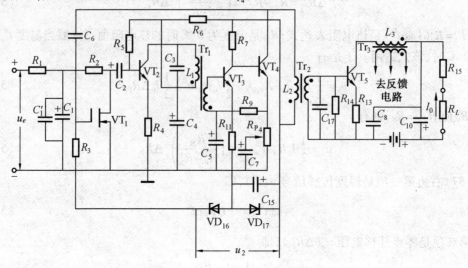

图 5.20　自激振荡调制放大器电路

设场效应管 $VT_1$ 处于完全导通与完全夹断之间的某个状态（即使有电路中微小的噪声作用，但经选频放大后，总会在 $VT_1$ 的栅极出现正弦型的控制作用，因此设置 $VT_1$ 的中间状态不失一般性），而且此时 $u_e$ 作用为上正下负，则经 $C_2$ 后将使晶体管 $VT_2$ 的集电极电流 $i_{C_2}$ 有所增加，此时将在选频回路中的电感 $L_1$ 产生感应电势，经变压器 $Tr_1$ 将耦合到变压器 $Tr_1$ 的二次侧。从图示的绕组同名端可知晶体管 $VT_3$ 的集电极电流 $i_{C_3}$ 有所下降，即集电极电压 $u_{C_3}$ 有所上升。由此，晶体管 $VT_4$ 集电极电压 $u_{C_4}$ 将下降，经电容器 $C_6$ 后使场效应晶体管 $VT_1$ 的栅极进一步下降，从而使 $VT_1$ 进一步趋向夹断状态，造成输入信号电压 $u_e$ 更进一步强化对晶体管 $VT_2$ 的输入控制，这是正反馈过程。但这一自激过程仅由相位来保证正反馈使振荡幅度与输入信号电压 $u_e$ 大小相对应的水平。所以这一自激振荡幅度将由 $u_e$ 的大小来控制，这是对自激振荡调制放大电路自激振荡放大过程的定性解释。也就是说，晶体管 $VT_4$ 集电极回路在变压器 $Tr_2$ 一次侧上的交流电压 $u_{L_2}$ 与输入电压 $u_e$ 成比例。此电压（$u_{L_2}$）经变压器 $Tr_2$ 耦合到二次侧直接输入到晶体管 $VT_5$ 的基极回路。但该晶体管（$VT_5$）处于无偏置状态，因此起到（单向导通）检波作用，同时也起放大作用。即 $VT_5$ 的集电极回路电流 $i_{C_5}$ 为单向波动电流。其中交流成分经 $C_{10}$ 和 $C_8$ 和变压器 $Tr_3$ 一次侧 $L_3$ 构成回路，经 $Tr_3$ 二次侧送往反馈回路，而直流分量 $I_0$ 可输出到负载电阻 $R_L$，成为变送器的输出电流。

（3）负反馈电路

负反馈电路与自激振荡调制放大器构成负反馈系统。调整反馈电路的反馈强度可以改变系统的整体放大倍数，从而改变量程。图 5.21 所示为温度变送器负反馈电路。

放大器输出电路的电流（交流成分）经变压器 $Tr_3$ 耦合于二次侧，再经二极管 $VD_{13}$、$VD_{14}$ 整流产生反馈电流，最后由电容器 $C_9$ 滤波后生成负反馈电路的直流反馈电流 $I_f$。可以看出，变压器 $Tr_3$ 一次侧由晶体管 $VT_5$ 决定供电形式，所以近似于恒流源，而二次侧电感阻抗远远大于负载阻抗（$R_{16}+R_{P_1}$）阻值，所以一次侧电流 $I_0$ 与反馈电流呈比例关系。但这一关系具有阻抗（Ω）量纲。例如，设计电路参数可以实现一次侧电流 $I_0$ 的 $0\sim10$ mA·DC 生成反馈电路电压(即 $R_{P_2}$ 两端电压 $u'_f$)0~10 V·DC 相对应。变换系数是 1 000,一般地可以写成 $K'_f$。所以反馈放大系统的开环增益就是 1 000。而电位器 $R_{P_1}$ 则按分压方式再次调整实际反馈操作电压 $u_f$ 的大小,从而体现可操作的反馈强度无量纲系数 $K_f$。

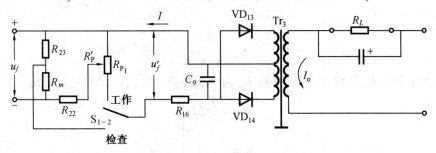

图 5.21　温度变送器负反馈电路

根据以上温度变送器各组成部分的原理分析,将其结果联成整体,其结构框图如图 5.22 所示。从图中可以看出,从被测温度 $t^0_\Omega$ 到输入电路的输出电压 $u_i$,在电路上称作输入电路,而在功能划分上应归属于传感器范畴。其中包括热电偶和热电阻两种接入形式,分别用 $u_{AB,i}$ 和 $u_{1,i}$ 表示

$$u_{AB,i} = E_{AB}(t_0,t^0_r) + E_{AB}(t^0_r,0^0) - \frac{1}{2}I_0\Delta R'_{P_2} = E_{AB}(t_0,0^0) + u_q(\Delta R'_{P_2}) \tag{5.42}$$

$$u_{1,i} = \frac{1}{2}I_0\alpha R_0' - \frac{1}{2}I_0\left(\frac{R_{24}}{\Delta R'_{P_{20}} + R_{24}}\right)^2 \Delta R'_{P_2} = u_1 + u_q(\Delta R'_{P_2}) \tag{5.43}$$

这是关于热电偶冷端补偿和热端传感、热电阻测温输入以及两者形式有所区别的零点迁移作用的概括。

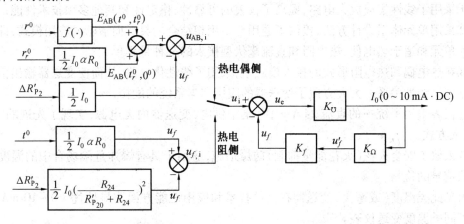

图 5.22　DDZ-Ⅱ型温度变送器方框图

在图 5.22 中,从 $u_i$ 到输出电流 $I_0$ 部分,包括自激振荡调制放大与反馈电路,而在功能划分上应归属于变送器范畴。从图可知

$$I_0 = \frac{K_\upsilon}{1+K_f K}u_i \tag{5.44}$$

其中

$$K = K_\upsilon \, K_\Omega \tag{5.45}$$

若写成

$$I_0 = K_m \, u_i \tag{5.46}$$

则

$$K_m = \frac{K_\upsilon}{1 + K_f \, K} \tag{5.47}$$

其中 $K_f$ 为电位器 $R_{P_1}$ 的降压系数,并称 $K_m$ 为变送系数。由式(5.40)可以得出

$$\left. \begin{array}{l} \Delta \bar{u}_i = \dfrac{1}{K_m} \Delta \bar{I}_0 \\[2mm] u_i = \dfrac{1}{K_m} \cdot I_0 \end{array} \right\} \tag{5.48}$$

同时可以看出,当电流 $I_0$ 从最小变化到最大时,变化范围称作电流 $I_0$ 的值域。以 $\Delta \bar{I}_0$ 形式表示,即

$$\Delta \bar{I}_0 = I_{0 \cdot max} - I_{0 \cdot min} \tag{5.49}$$

与此相对应的输入电路信号电压也将从最小值变化到最大值,但这一最大值却与 $K_m$ 有关,所以写成 $u_{i,max}(K_m)$。于是又称作"量程"的信号 $u_i$ 变化区间 $BD$

$$U_{BD} = \frac{1}{K_m} \Delta \bar{I}_0 = \Delta \bar{u}_i = u_{i,max} - u_{i,min} = u_{i,max} \tag{5.50}$$

**第二以输出 4～20 mA · DC 的温度变送器(DDZ Ⅲ 型)为例介绍。**

与 0～10 mA · DC 变送器相比,除了输出电流的体系标准不同之外,4～20 mA · DC 温度变送器还有自身的特点。

①采用了线性集成放大电路,提高了仪表的可靠性、稳定性和其他多项技术性能;

②采用单元体系设计方法,提供了通用与专用相结合的灵活而清晰的应用模式,即通用的放大单元和适于热电偶、热电阻和直流毫伏型接入的三种量程单元;

③在热电偶和热电阻形式的接入模式中,采用了线性化电路,从而使变送器输出信号与被测温度呈线性关系。大大方便了变送器的应用和与系统的配接;

④仪表采用了统一的直流 24 V · DC 集中供电,变送器内无电源,实现了先进的"二线制"接入方式;

⑤采取了安全火花(火花能量抑制)防爆措施,适用于具有爆炸危险场合中的温度或直流毫伏信号的检测。

可见此类温度(或毫伏)变送器在器件技术和应用性能方面明显地优于 0～10 mA · DC 输出型同类温度变送仪表。

**1. 基本组成**

DDZ–Ⅲ 型温度变送器具有热电偶冷端温度补偿、零点调整、零点迁移、量程调节以及线性化等重要功能,图 5.23 所示为 DDZ–Ⅲ 型温度变送器结构组成框图。

变送器由量程单元和放大单元两部分构成。量程单元包括输入回路和反馈回路。这一部分相当于 0～10 mA · DC 型温度变送器中的输入电路和反馈电路两部分的功能集于一个单元之中。有热电偶、热电阻及毫伏输入三种形式的针对性量程单元,电路功能为实现热电

偶冷端补偿、热电阻三线接入、零点迁移以及量程调整等工作特性,另外还包括一个热电偶和热电阻非线性校正的线性化电路。热电偶的热电动势 $E_i$ 与调零调量程回路的信号 $U_z$ 和非线性反馈回路的信号 $U_f$ 进行综合后,输入放大单元进行电压和功率放大、整流输出电流信号或电压信号。

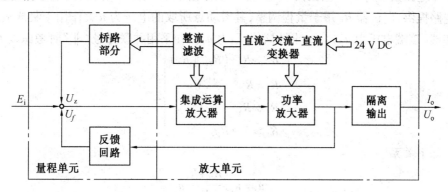

图 5.23　DDZ-Ⅲ型温度变送器结构组成框图

放大单元包括的变送系统主要电路有集成运放、功率放大和隔离输出。这一部分电路的主要功能是放大,器件技术采用了高性能集成运算放大器件。隔离输出有利于防爆性能的实现。放大单元的另一个特点是直接接受 24 V·DC 外部电源供电,并经"直-交-直"变换和整流、滤波,分别向输入回路、集成运放和功率放大供电。

**2. 工作原理和工作特性**

(1)量程单元

量程单元包括"直流毫伏量程单元"、"热电偶电势量程单元"和"热电阻量程单元"。下面分别予以介绍。

①直流毫伏量程单元。该量程单元电路如图 5.24 所示,图中表明直流毫伏量程单元电路由输入电路、零点迁移电路和反馈电路组成。

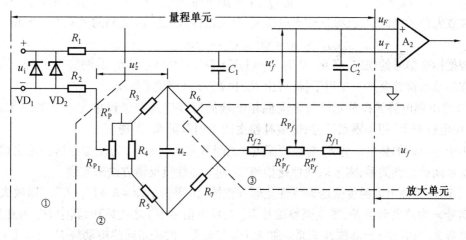

图 5.24　直流毫伏变送器量程单元

直流毫伏信号 $u_i$ 可以由任何传感器或敏感元件提供,图中的电阻 $R_1$,$R_2$ 和稳压二极管

$VD_1$ 和 $VD_2$ 起限流作用,使进入生产现场的能量初值限制在安全限额以下,$R_1$,$R_2$ 和 $C_1$ 也起滤波作用以减少交流干扰。图中 $u_z$ 为电桥电路的供电电压,电桥四臂电阻为 $R_3 \sim R_7$,电位器 $R_{P_1}$(与 $R_4$ 并联)用于零点迁移,$u'_z$ 为 $R_{P_1}$ 滑动点所取的电压。

反馈电路由 $R_{f1}$,$R_{f2}$ 和电位器 $R_{P_f}$ 组成。反馈电路输入电压 $u_f$ 由放大单元的输出经隔离输出电路提供;电位器 $R_{P_f}$ 用于量程调整,其滑动点所取的电压为 $u'_f$,作用于集成放大器 $A_2$ 的反相端(该端电压为 $u_F$)。$A_2$ 同相端电压为 $u_T$。在采用并联符号“∥”时考虑以下条件

$$\left. \begin{array}{l} R_5 \gg R_3+(R_{P_1} \parallel R_4) \\ R_5 = R_7 \\ R_7 \gg R_6 \\ R_1 \gg R_2+R_{P_f} \end{array} \right\} \tag{5.51}$$

有如下关系

$$u_T = u_i + \frac{R'_{P_1}+R_3}{R_5} u_z \tag{5.52}$$

$$u_F = \frac{R_6+R_{f2}+R'_{P_f}}{R_6+R_{f2}+R'_{P_f}+R_{f1}} u_f + \frac{R_6}{R_5} u_z \tag{5.53}$$

令

$$\left. \begin{array}{l} \dfrac{R'_{P_1}+R_3}{R_5} = \mu \\[2mm] \dfrac{R_6+R_{f2}+R'_{P_f}}{R_6+R_{f2}+R'_{P_f}+R_{f1}} = \beta \\[2mm] \dfrac{R_6}{R_5} = \gamma \end{array} \right\} \tag{5.54}$$

并且认为运算放大器是 $A_2$(近似)理想的,即 $u_T = u_f$,则由式(5.52)和式(5.53)得

$$u_f = \beta[u_i+(\mu-\gamma)u_z] \tag{5.55}$$

在放大单元设计中,已保证输出电压 $u_o$ 与反馈输入电压 $u_f$ 之间的关系为 $u_o = 5u_f$,则有

$$u_o = 5\beta[u_i+(\mu-\gamma)u_z] \tag{5.56}$$

根据标准信号的规定,当 $u_i = 0$ 时,$u_o = 1$ V · DC,可由 $R_{P_1}$ 与 $R_{P_f}$ 的调整来实现。另外零点迁移和量程调整会产生互相干扰,可由 $R_{P_1}$ 和 $R_{P_f}$ 配合调试来解决。

② 热电偶电势量程单元。与热电偶相配接的温度变送器量程单元电路如图 5.25 所示,其中电位器 $R_{P_1}$ 用于零点迁移,冷端补偿由图中铜电阻 $R_{Cu}$ 实现。

由于热电偶的热电动势 $E_t$ 与被测温度 $t$ 之间呈非线性关系,为使变送器的输出信号与被测温度间成线性关系,需采取线性化措施,运用非线性负反馈方法来实现。

图 5.26 为热电偶温度变送器线性化原理框图,由图所示,$\varepsilon = E_t+U'_z+U'_f$。即放大器的输入信号 $\varepsilon$ 为热电动势 $E_t$、零点调整信号 $U'_z$ 与反馈信号 $U'_f$ 之代数和,其中 $U'_z$ 为常数,而热电动势 $E_t$ 与温度 $t$ 成非线性关系。如果 $U'_f$ 与温度 $t$ 的关系同热电动势 $E_t$ 与温度 $t$ 的非线性关系相一致,则 $\varepsilon$ 与 $t$ 的关系即成线性关系,从而变送器的输出 $I_o$ 或 $U_o$ 与 $t$ 就成线性关系。

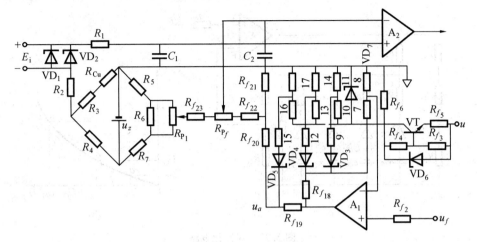

图 5.25 热电偶温度变送器量程单元

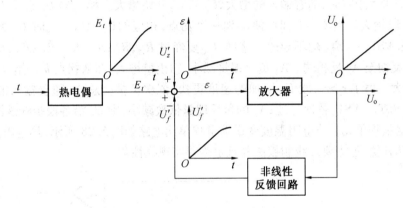

图 5.26 热电偶温度变送器线性化原理图

要使线性化电路特性与热电偶的热电特性完全一致是相当困难的,一般可把线性电路的特性曲线分成几段折线(一般用四段折线即可满足线性化要求)来近似热电偶的特性曲线。从理论上讲,折线越多近似的精度越高,但电子线路也越复杂。

图 5.27 为线性化电路图,来自功率放大器的反馈电压 $U_f$ 作为 $A_2$ 同相输入端的输入电压,$U_f$ 的大小与变送器的输入信号 $t$ 成比例。$A_3$ 输出电压 $U_o$ 一方面经 $R_{12}$,$R_{13}$,$R_{14}$ 组成的分压器取 $U'_o$ 送至调零调量程电路;另一方面经非线性运算电路反馈至 $A_2$ 的反相端。适当选择电路的结构和参数。可以得到如图 5.27(b)所示的 $U_f$ 与 $U_o$ 的特性曲线,并用四段折线来近似。$r_1$,$r_2$,$r_3$,$r_4$ 分别表示四段直线的斜率。从而使变送器的输出 $I_o$ 或 $U_o$ 与 $t$ 成线性。

图 5.27(a)为线性化电路(非线性反馈电路),由运算放大器 $A_2$、稳压管 $VST_3 \sim VST_6$ 及电阻等组成。

如图 5.27(b)所示,当热电偶的输入信号为零时,变送器的输出为 DC 4 mA 或 DC 1 V,这对应于特性曲线的 $a$ 点,$U_1 = U_{f1}$,$U_o = U_{o1}$。这时所有稳压管 $VST_1 \sim VST_6$ 均不导通。由图(a)可见,$U_{o1}$ 经过 $R_{15}$,$R_{20}$,$R_{23}$ 及 $R_{21}$ 两条支路反馈至 $A_2$ 反相端 $F$。

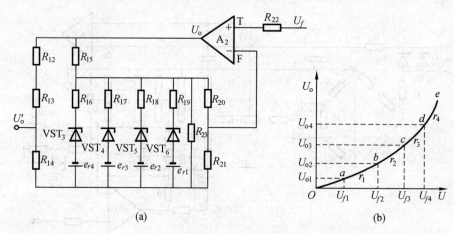

(a)　　　　　　　　　　　　　　　　(b)

图 5.27　线性化电路

当输入信号大于零时,随着输入的增大,$U_f$ 从 $U_{f1}$ 开始增大。相应的 $U_o$ 也从 $U_{o1}$ 以斜率 $r_1$ 沿直线 $ab$ 段增大。当 $U_f = U_{f2}$ 时,便出现一个拐点,相应的 $U_o = U_{o2}$。此时 $U_{o2} \geqslant U_{\mathrm{VST}_6 - er_1}$,VST$_6$ 导通,而 VST$_3$ ~ VST$_5$ 均不导通。这样,$U_{o2}$ 要经过 $R_{15}$,$R_{20}$;$R_{15}$,$R_{23}$,$R_{21}$;$R_{15}$,$R_{19}$,VST$_6$,$R_{21}$ 三条支路反馈至 $A_2$ 反相端。$A_2$ 负反馈量减小,输出量增大,即从拐点 $b$ 开始,$U_{o2}$ 以斜率 $r_2$ 沿 $bc$ 线增大。由于 $r_2 > r_1$,故 $U_{o2}$ 增加的速度更快,依次类推。总之,随着输入的增大,$U_f$ 也随之增大,VST$_3$ ~ VST$_5$ 依次导通,$A_2$ 的负反馈量依次减小,则 $U_o$ 沿各段折线逐渐增大。

③热电阻量程单元。热电阻温度变送器量程单元电路如图 5.28 所示,热电阻接入式传感器无需冷端补偿,但需要二线制接法并且也需要实现线性化。

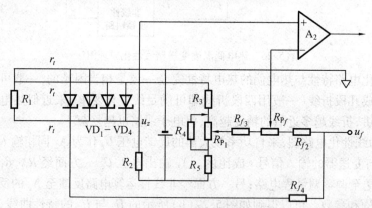

图 5.28　热电阻温度变送器量程单元

图中 $R_{f4}$ 将电压 $u_f$ 引入热电阻 $R_1$ 而且二者构成分压器,在 $R_t$ 上所取的电压输入集成放大器 $A_2$ 的同相端,从而形成正反馈。它的作用是,虽然 $R_t$ 随 $t^0$ 的增加而增加趋势减少,但正反馈保证了随 $R_t$ 的增加而输出将按增长趋势增加,所以形成了上翘趋势(即凹形函数曲线),实现了线性化。

图中的稳压二极管 VD$_1$ ~ VD$_4$ 用于限制输入电压幅度以确保符合安全防爆要求。电桥中热电阻与零点迁移操作产生不平衡电压,经过与量程调整($R_{\mathrm{P}f}$)操作电压相比较后送入集成运算放大器的反相端按负反馈方式工作。

（2）放大单元

温度变送器的放大单元是对前述三种量程单元统一适配的单元电路，如图 5.29 所示。放大单元由五部分组成。即，直流-交流-直流变换电路、集成运放、功率放大、输出回路和反馈电路。

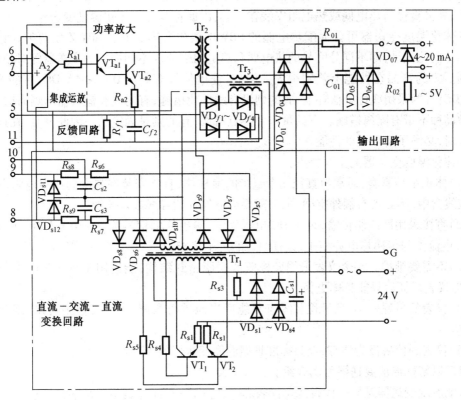

图 5.29　温度变送器的放大单元

晶体管 $VT_1$，$VT_2$ 和变压器 $Tr_1$ 构成多谐振荡器而将外部引入的 24 V·DC 电源电压转换成方波型交流电压；再由 $Tr_1$ 二次侧经整流、滤波和稳压后由端子 8,9 送往图 5.25 中的集成放大器 $A_1$；由端子 5,10 送往各量程单元的集成稳压器，为电桥电路提供电源电压 $u_z$，并为放大器 $A_2$ 和功率放大管 $VT_{a1}$ 和 $VT_{a2}$ 提供电源。

功率放大器包括以达林顿方式连接的晶体管 $VT_{a1}$ 和 $VT_{a2}$。该电路接在变压器 $Tr_2$ 的一次侧和 $Tr_1$ 二次侧的中心抽头，并由二极管 $VD_{s9}$，$VD_{s10}$ 整流。所以，当受 $A_2$ 的控制使 $VT_{a1}$，$VT_{a2}$ 集电极电流增大时，$Tr_2$ 二次侧的交流电流必将增大，这表明了 $Tr_2$ 二次侧电流的交流形式体现了对 $A_2$ 输出直流信号的放大，这就是调制放大器的作用。其输出电流流经变压器 $Tr_3$ 的一次侧，$Tr_3$ 的二次侧输出经二极管 $VD_{f1}$ ~ $VD_{f4}$ 整流，再经 $R_{f1}$，$C_{f2}$ 滤波，产生于端子 5,11 之间直流电压，这就是前述各量程单元电路中的反馈输入电压 $u_f$。与此同时，$Tr_2$ 二次侧电流经 $VD_{01}$ ~ $VD_{04}$ 的桥式全波整流，$R_{01}$，$C_{01}$ 滤波产生 4 ~ 20 mA·DC 直流输出（电流）信号并在电阻 $R_{02}$ 上产生 1 ~ 5 V·DC 电压输出信号。

另外，在温度变送器的工作特性中，对直流毫伏输入时，量程调整范围为 3 ~ 100 mV·DC，零点迁移范围为 -5 ~ +50 mV·DC，在与热电偶相配接时，量程范围为 3 ~

60 mV·DC,而与铂热电阻配接时,测量范围是−100~500 ℃。它们的精度等级均为 0.5级。

**第三以一体化温度变送器为例介绍。**

近几年来,在测量仪表市场上出现了一种小型化的温度变送器。由于它采用了固态封装工艺,并且直接与热电偶或热电阻安装在一起,因此称其为一体化温度变送器。

一体化温度变送器可分为配热电偶的 SBWR 型和配热电阻的 SBWZ 型两类。它们大都采用专门化设计,即不同分度号的热电偶和热电阻需要与不同型号的变送器配对使用,而且不同厂家的产品在性能上差别很大。例如,输出信号有的为 0~10mA DC,有的为 4~20mA DC;有的采用线性补偿环节,有的则没有线性化措施;有的具有输入输出隔离措施;但大多数品种不带有隔离措施。有的量程和零点可调,有的则是固定的。因此,用户在选择这类仪表时,必须了解仪表的性能。

一体化温度变送器的主要特点:

(1)体积小巧紧凑,通常为直径几十毫米的扁柱体,直接安装在热电偶或热电阻的保护盒的接线盒中,不必占有额外空间,也不需要热电偶补偿导线或延长线。

(2)直接采用两线制传输,24 V DC 电源供电,输出传输信号为 0~10 mA DC 或 4~20 mA DC 电流。与传递热电势相比,具有明显的抗干扰能力。

(3)不需要维护。整个仪表采用硅橡胶或树脂密封结构,能适用于较恶劣的工业现场环境,但仪表损坏后只能整体更换。

(4)仪表的量程较小,且量程和零点只能适当地进行微调,有的甚至不可调,因此通用性较差。

(5)仪表的价格极为便宜,仅为标准Ⅲ型温度变送器的 1/3 左右。

**第四以智能温度变送器为例介绍。**

智能温度变送器是新一代智能化仪表之一,它的核心部件是微处理芯片。由温度传感器检测到的微弱电信号,经模拟/数字转换器变成数字量后读入微处理器中。温度变送器各种功能(如零点迁移、量程调整、冷端温度补偿及线性化补偿等)都由微处理器以数字计算的方式来实现。

智能温度变送器仍以 24 V DC 电源供电,输出信号依旧是模拟量的 4~20 mA DC 信号。但是,在直流信号上叠加了脉冲信号,以便实现数字信息的远程传递和交换,通信距离可达 1 500 m。

智能温度变送器一般配有便携式手持终端及小型键盘和液晶显示器,通过该设备可在控制室里直接对任何一台现场智能温度变送器进行查询,显示其测量结果的工程单位数字量和设定各种仪表的工作参数,也可修改仪表参数,改变检测元件的分度号,改变零点和量程,改变线性化规律等。

智能温度变送器的最大优点是一表多用,灵活方便。所有功能都是由数字编程方式实现的,一台智能温度变送器可以与任一种毫伏信号、热电偶信号或热电阻测温元件配套使用,而无需顾及仪表的分度号及测量范围。这些工作都可以通过便携式手持终端对变送器"编程"加以解决。智能温度变送器具有广泛的通用性,并且仪表精度可达 0.1 甚至 0.05级。随着工厂自动化水平的不断提高,智能温度变送器将会得到越来越多的应用。

### 5.2.3 温度检测仪表的选用原则

从工程应用角度来说,温度检测仪表的合理选择和正确使用是十分重要的。

**1.温度检测仪表的选择原则**

(1)仪表精度等级应符合工艺参数的误差要求。

(2)仪表选型应力求操作方便、运行可靠、经济、合理,并在同一工程中尽量减少仪表的品种和规格。

(3)必须满足生产工艺要求,正确选择仪表的量程和精度,正常使用温度范围一般为量程的 30% ~90%。对于一些重要的测温点,可选用自动记录式仪表;对于一般场合只要选择指示式仪表;如果要实现温度自动控制,则需要配用温度变送器。

(4)热电偶是性能优良的测温元件,造价低廉而且宜于与计算机等设备相配接。所以热电偶应是测温仪表的首选测温元件,只有在测温上限低于 150 ℃时(以及某些其他条件允许)才选用热电阻元件。另外,还应注意热电偶的补偿导线应与热电偶以及显示仪表的分度号相一致。

(5)测温元件的保护套管耐压等级应不低于所在管线或设备的耐压等级,材料应根据最高使用温度及被测介质的特性来选择。

(6)必须注意使用现场的工作环境,为了确保仪表工作的可靠性和提高仪表的使用寿命,必须注意生产现场的使用环境,诸如工艺现场的气体性质(氧化性、还原性、腐蚀性等)、环境温度等,并需采取相应的技术措施。

图 5.30 为一般工业用测温仪表的选型原则。

**2.仪表的安装原则**

(1)合理选择测温点位置。一定要使测温点具有代表性,诸如保证测温仪表与被测介质应充分接触。要求仪表与介质成逆流状态,至少是正交,切勿与介质成顺流安装。测温点应处于管道中流速最大处,其保护管的末端超过流速中心线的长度,热电偶为 5 ~10 mm;铂电阻为 50 ~70 mm;铜电阻为 25 ~30 mm。测量炉温一定要避免仪表(热电偶或热电阻)与火焰直接接触,测量负压管道(如烟道)中的温度时,应保证安装孔处必须密封,以防冷空气渗入影响测量示值等等。

(2)防止干扰信号引入。在工程上安装热电偶或热电阻时,其接线盒的出线孔应朝下,以免积水及灰尘等造成接触不良;在有强烈电磁场干扰源的场合,仪表应从绝缘孔中插入至被测介质。

(3)保证仪表正常工作。仪表在安装和使用中要避免机械损伤、化学腐蚀及高温变形。在有强烈振动的环境中工作时,必须有防振措施等,以保证仪表能正常工作。

**3.正确使用仪表**

当选用热电偶测温时,必须注意正确使用补偿导线的类型及其与热电偶的配套连接和极性。同时一定要进行冷端温度补偿。若选用热电阻测温时,则必须注意三线制接法。

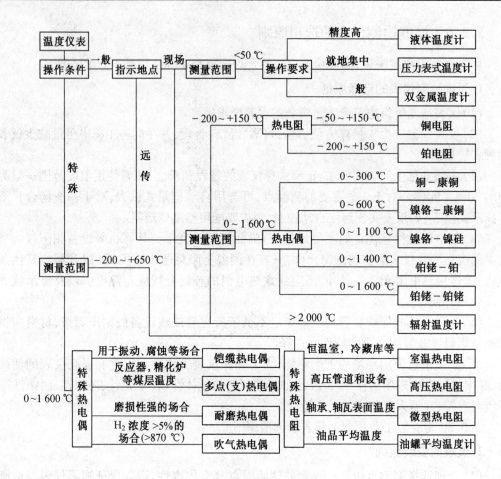

图 5.30　工业测温仪表选型框图

# 5.3　压力检测仪表

　　压力也是工业生产中的重要工艺参数,尤其是那些在高压条件下进行的生产过程,一旦压力失控,超过了工艺设备允许的压力承受能力,轻则发生跑冒滴漏,联锁停车,重则发生爆炸,毁坏设备,甚至危及人身安全。此外,压力测量的意义还不局限于它自身,有些物理量,如温度、流量、液位等往往通过压力来间接测量。因此压力的测量在生产过程自动化中,具有特殊的地位。

　　工程技术中所称的"压力",实质上就是物理学中的"压强",是指介质垂直均匀地作用于单位面积上的力。生产上压力的测量一般有以下三种情况:

　　①测量某一点压力与大气压力之差,当这点压力高于大气压力时,此差值称为表压,这种压力计的读数为零时,该点压力即为大气压力;当该点压力低于大气压时,此差值称为负压或真空度。

　　②测定某一点的绝对压力。

　　③测量两点间的压力差,这种测量仪表称为差压计。

工程实际中所说的压力通常是指表压,即压力表上的读数,负压(或真空度)则是指真空表上的读数。绝对压力($p_{ab}$)、表压($p_e$)、负压(或真空度 $p_v$)、环境大气压力($p_{atm}$)及任意两个压力之差($\Delta p$)的相互关系,如图 5.31 所示。

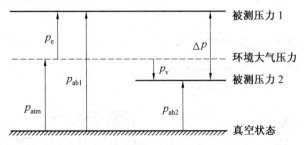

图 5.31　各种压力表示法之间的关系

压力检测仪表的种类很多,按其转换原理不同,可分为以下四类:

(1)弹性式压力表

弹性式压力表是根据弹性元件受力变形的原理,将被测压力转换成位移来测量的。例如弹簧管式压力表、膜片(或膜盒式)压力表、波纹管式压力表等。这类测压仪表结构简单,牢固耐用,价格便宜,工作可靠,测量范围宽,适用于低压、中压、高压多种场合,是工业生产中应用最广泛的一类测压仪表。不过其测量精度不高,主要用于生产现场的就地指示。

(2)液柱式压力表

液柱式压力表是根据流体静力学原理,把被测压力转换成液柱高度来测量的。如单管压力计、U 型管压力计及斜管压力计等。一般用于测量低压和真空度,多在实验室使用。

(3)电气式压力表

电气式压力表是将被测压力转换成电势、电容、电阻等电量的变化来间接测量压力。如应变片式压力计、霍耳片式压力计、热电式真空计等。这类测压仪表的特点是输出信号易于远传,可以方便地与各种显示、记录和调节仪表配套使用,从而为压力集中监测和控制创造条件。在生产过程自动化系统中被大量采用。

(4)活塞式压力表

活塞式压力表是根据液压机传递压力的原理,将被测压力转换成活塞上所加平衡砝码的重量进行测量。通常作为标准仪器对弹性压力表进行校验与刻度。

下面仅介绍常用的弹性式压力表、电气式压力表和真空计。

## 5.3.1　弹性压力仪表

弹性压力仪表是利用各种弹性元件,在被测介质压力作用下产生弹性变形的原理来测量压力的。根据弹性元件的尺寸和种类不同,可做成不同量程和不同用途的压力仪表。它测压范围大,结构简单,制造工艺成熟,因而获得了广泛的应用。

### 1.基本组成

弹性压力仪表中常用的弹性元件有弹簧管(分为单圈和多圈两种)、膜片(包括膜盒子)和波纹管等,有的可以配合各式弹簧以改变元件的特性和量程。

（1）弹簧管

弹簧管又称为波登管，是一根弯曲成圆弧形、螺旋形或 S 形等形状的管子。其横截面为非圆断面，通常为扁圆形或椭圆形。曲面的短轴方向与管子弯曲的径向方向一致，如图5.32 所示。

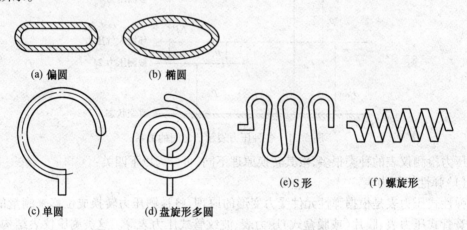

(a) 偏圆　　　　　　(b) 椭圆

(c) 单圆　　　　　　(d) 盘旋形多圆

(e) S 形　　　　(f) 螺旋形

图 5.32　弹簧管的弯曲形式和横截面

弹簧管的一端封闭，另一端开口。封闭端为自由端，可自由运动，其位移作为输出信号。开口端固定在仪表外壳上，被测压力由此通入弹簧管内。

当通入弹簧管内的压力较管外的压力高时，如图 5.33 所示，由于短轴方向的内表面积比长轴方向的大，受力也就大，使管子截面有变圆的趋势。即短轴要增长，长轴要缩短，产生弹性变形。这时自由端必然要向管子伸直的方向移动。当变形引起的弹性力和被测压力产生的作用力相平衡时，变形停止。

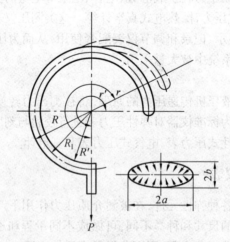

图 5.33　弹簧管变形和自由端位移

用弹簧管弹性元件制成的压力测量仪表，其测量范围很宽，低压可测到 0.1 Pa，高压可测到 $10^3$ MPa。

（2）膜片

膜片的形状分为平膜片和波纹膜片，按刚度分为弹性膜片和挠性膜片，如图 5.34 所示。

使用时周边夹紧,输出是膜片中心的位移。通入压力后,膜片受力大小应按有效面积计算。

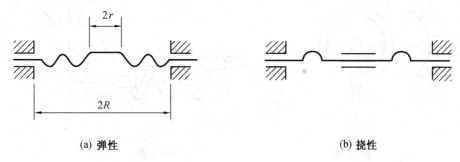

(a) 弹性　　　　　　　　　　　　　　　　　(b) 挠性

图 5.34　膜片示意图

挠性膜片几乎没有弹性,因此只做隔离介质之用,而由固定在膜片上的弹簧起平衡的作用。波纹膜片是测量小压力的主要弹性元件。测量范围从 0 ~ 160 Pa 至 0 ~ 1.4 MPa,也有测压力高达 6 MPa 的膜片。

（3）波纹管

波纹管的结构形式如图 5.35 所示,一般开口端固定,封闭端的位移作为输出。位移与压力、有效面积和波纹数成正比。一般波纹管的工作行程是 5 ~ 10 mm。为了改善波纹管的线性关系和便于改变量程范围,可在波纹管内加一个弹簧,加弹簧后,波纹管弹性元件的特性主要由弹簧的特性决定。而弹簧的线性范围相当大,滞后环很小,在这种组合结构中,波纹管主要起隔离和把介质压力转换成作用力的作用。

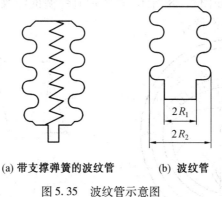

(a) 带支撑弹簧的波纹管　　　(b) 波纹管

图 5.35　波纹管示意图

测量负压和低压的弹性元件,多用黄铜、磷青铜、锡青铜和铍青铜等铜合金来制造。高压弹性元件用钢和不锈钢制造。

**2. 工作原理和工作特性**

（1）弹簧管压力计

图 5.36 为弹簧管压力计,一般有单圈弹簧管压力计和多圈弹簧管压力计两种,它的测量范围很大,可用于测量真空或 1 ~ 980.665 MPa 的压力。弹簧管压力计的结构如图 5.37 所示。其工作过程为,被测压力从接头 1 引入,迫使弹簧管 4 的自由端伸长变形,这个位移牵动拉杆 7,带动曲臂杠杆 6,使指针 5 作顺时针方向转动。在面板上的刻度标尺上指示出

被测压力(表压力)的数值。

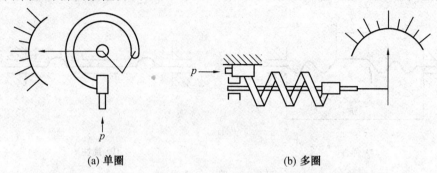

(a) 单圈　　　　　　　　　　　　　　　　(b) 多圈

图 5.36　弹簧管压力计示意图

　　弹簧管的材料,随被测介质的性质、被测压力的高低而不同,一般是 $p<19.62$ MPa时,采用磷青铜或黄铜;$p>19.62$ MPa时,则采用不锈钢或合金钢。在选用压力表时,还必须注意被测介质的化学性质。例如,测氨气压力必须采用不锈钢弹簧管,而不能采用铜质材料;测量氧气压力时,则严禁有沾油脂,以确保生产安全。

　　单圈弹簧管压力计通常作为指示式仪表,因为其自由端位移量小,不能适应自动记录机构传动的需要。如果采用多圈弹簧管,增大自由端的位移量,可以作为自动记录式仪表。单圈弹簧管压力计也可以作为真空计,测量粗真空。

　　(2)波纹管压力计

　　波纹管压力计结构如图 5.38 所示,采用带有弹簧的波纹管作为压力-位移的转换元件,常用于低压或负压的测量。

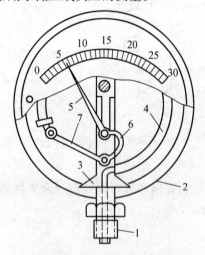

图 5.37　弹簧管压力计结构图
1—接头;2—表壳;3—基座;4—弹簧管;
5—指针;6—曲臂杠杆;7—拉杆

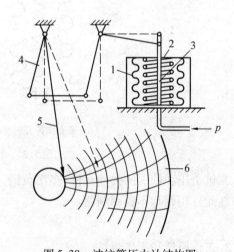

图 5.38　波纹管压力计结构图
1—波纹管;2—弹簧;3—推杆;4—连杆机构;
5—记录笔;6—记录纸

　　压力 $p$ 对波纹管 1 底部的作用力,被弹簧 2 受压缩所产生的弹性力平衡。弹簧的压缩形变位移由推杆 3 输出后,经连杆机构 4 传动和放大,推动记录笔 5 在记录纸上移动,记下被测压力的数值。记录纸由同步电动机及减速机构带动。

（3）膜式微压计

膜式微压计的压力-位移转换元件是金属膜盒,其结构原理如图 5.39 所示。被测压力 $p$ 经管道引入膜盒 1 内,使膜盒产生弹性变形位移,此位移传至连杆 2,使铰链块 3 顺时针转动,经拉杆 4 和曲柄 5 拖动转轴 6 及指针 7 作反时针偏转,在刻度标尺上显示出被测压力 $p$ 的数值。游丝 10 用以消除传动间隙的影响。由于膜盒弹性变形的位移与被测压力成正比,因此仪表具有线性刻度。

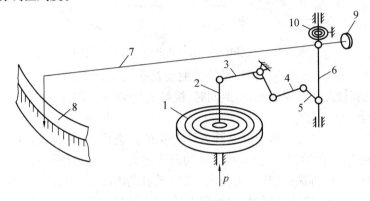

图 5.39  膜式微压计

1—膜盒;2—连杆;3—铰链块;4—拉杆;5—曲柄;6—转轴;7—指针;8—面板;

9—金属片;10—游丝

（4）电接点压力表

电接点式压力表常用在生产过程中上下限压力报警或自动控制的两位调节仪表使用。电接点压力表与弹簧管压力表的区别是多了一个电触点装置。它的结构由测压部分和电触点装置组成。测压部分即为弹簧管压力表,电触点装置由上下限两根给定控制指针、静触点及动触点、接线端子等组成。上下限给定控制指针根据生产工艺要求的压力,可以自由变动设定。当测量压力等于上限控制值或低于下限控制值时,动触点分别接通上下给定控制指针的静触点电路使信号灯或电铃发出光信号或声信号,如图 5.40 所示。

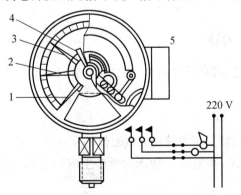

图 5.40  电接点压力表的结构和工作原理

1—指示指针;2—下限给定指针;3—上限给定指针;4—调节杆;5—触点装置

用于压力控制时,可将被测压力控制在一定的范围(如 $p_1 \sim p_2$ 范围)内,其工作过程参照图 5.41 所示线路图。

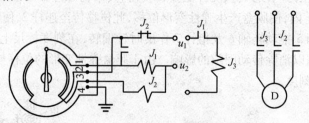

图 5.41　利用电接点压力表控制压力的线路图

①当被测压力在 $0 \sim p_1$ 区域内时,指针上的动触头与 $p_1$ 给定指针的静触头相接触,使继电器 $J_1$ 通电,其接点作自保状态,与此同时,接触 $J_3$ 上的接点闭合,电动机 D 因通电而工作,带动加压设备,压力上升。

②当压力上升到 $p_2$ 之前,由于继电器 $J_1$ 上触点的自锁状态,故电动机 D 继续工作。

③当压力到达 $p_1$ 的给定点,指示指针的动触头与给定指针的静触头相接触,使继电器 $J_2$ 通电,则常闭接点 $J_3$ 即断开,接点 $J_1$ 复原,使电动机断电而停止工作,压力慢慢下降。

④当压力下降至 $p_2$ 之前区域时,由于继电器 $J_1$ 上的接点处于断开状态,而压力表中的触头亦处于断开状态,故电动机因断电仍不工作。

⑤当压力下降至 $p_1$ 的给定点时,由于指针上的动触头又与其静触头相接触,致使继电器 $J_1$ 和接触器 $J_3$ 上的接点分别回复到起始状态,电机又将重新工作。

如此反复动作就将被测压力保持在 $p_1$ 至 $p_2$ 范围内,达到了自动控制的目的。为了进行报警,可在线路中接上信号灯或电铃。

图 5.41 中所示的电压 $U_1$,$U_2$,$U_3$,应按继电器 $J_1$,$J_2$,接触器 $J_3$ 和电动机 D 的工作电压来选取。

电接点压力表接点装置的供电电压:如是交流不得超过 380 V,如是直流不得超过 220 V。触头的最大容量为 10 VA,通过的最大电流为 1 A。使用中不得超过上述功率,以免将触头烧坏。

## 5.3.2　电气式压力计

在某些压力变化迅速、超高压和高真空的场合,弹性式压力计很难适应,这时可考虑采用电气式压力计。

### 1.应变片式压力计

应变片式压力计是把被测压力转换成电阻值的变化进行测量的。应变片是由金属导体(或半导体)制成的电阻体,其电阻 R 随压力所产生的应变而变化,对于金属导体的电阻变化率 $\dfrac{\mathrm{d}R}{R}$ 表示为

$$\frac{\mathrm{d}R}{R} \approx (1+2\mu)\varepsilon \tag{5.57}$$

式中,$\mu$ 为材料的泊松系数;$\varepsilon$ 为应变量。

BPR-2 型应变式压力传感器的原理示于图 5.42 中,应变筒 1 的上端与外壳 2 固定在一起,下端与不锈钢密封膜片 3 紧密接触,两片康铜丝应变片 $R_1$ 和 $R_2$ 用特殊胶合剂(缩醛胶等)贴紧在应变筒的外壁。$R_1$ 沿应变筒轴向贴放,作为测量片,$R_2$ 则沿径向贴放,作为温度补偿片。应变片与筒体之间不会发生相对滑动,并且保持电气绝缘。当被测压力 $p$ 作用于膜片而使应变筒作轴向受压变形时,沿轴向贴放的应变片 $R_1$ 也将产生轴向压缩应变 $\varepsilon_2$,于是 $R_2$ 值变大。但是,由于 $\varepsilon_2$ 比 $\varepsilon_1$ 要小,故实际上 $R_1$ 的减少量将比 $R_2$ 的增大量大。

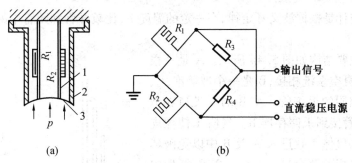

(a)　　　　　　　　　　　　(b)

图 5.42　应变片式压力传感器的原理图
1—传感筒;2—检测电桥;3—应变筒;4—外壳;5—密封膜片

应变片 $R_1$ 和 $R_2$ 与另外两个固定电阻 $R_3$ 和 $R_4$ 组成桥式电路如图 5.42(b)。由于 $R_1$ 和 $R_2$ 的阻值变化而使桥路失去平衡,从而获得不平衡电压 $\Delta U$ 作为传感器的输出信号,在桥路供给直流稳压电压最大为 10 V 时,可得最大 $\Delta U$ 为 5 mV 的输出。传感器测压范围有 $0\sim10,0\sim15$ 直到 $0\sim25$ MPa;传感器的固有频率在 25 kHz 以上,故有较好的动态性能,适用于快速变化的压力测量。传感器的非线性及滞后误差小于额定压力的 1%。

### 2. 压电式压力计

图 5.43 所示为具有两片石英的压电变换器,被测压力 $p$ 作用于受压板 1,石英片夹在金属垫片 3 之间,居中的垫片与引线 4 相接,并通过绝缘套管 5 引出至测量电路。顶盖 6 与变换器外壳连接,传到石英片的被测压力,由于球 7 的作用,能较均匀地分布于石英片的表面。在压力作用下石英端面产生如图 5.43 所示的电荷。

压电量的测量电路采用高阻抗输入的直流放大器,石英片负电

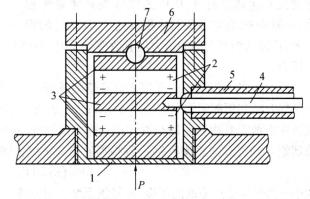

图 5.43　石英压电变换器
1—受压板;2—石英;3—金属垫片;4—引线;
5—绝缘套管;6—顶盖;7—球

荷一端由引线引出接到放大器的入端;正电荷的一端经变换器的外壳接地,两端间的电位差经放大器放大并变换后,送至真空管电压表或示波器等仪表上显示压力的数值。

### 5.3.3　真空计

真空计是检测真空度的仪表。弹性式压力计也有做成真空计或者压力-真空计的,但它们只能检测粗真空(0.101 3 MPa ~ 1.333×10⁻³ MPa)。本节介绍几种检测较高真空度的仪表。

**1. 压缩式真空计**

压缩式真空计是根据波义耳定律,在一定的温度下,比较开管和闭管中的压力差来测量真空度的。

真空计的主要结构如图 5.44 所示。A 是一根开口管,与被测真空系统相接,B 是一个玻璃泡,C、D 是两根内径相同的毛细管。A、B 的交叉口在 N 点,其下用橡皮管接到汞储存器 R。气阱 T 使橡皮管中可能存在的气体不致进入 A 及 B 中以免破坏所测的真空。提高汞储存器 R,则 A,B,C 和 D 中的水银面将上升。在水银面复没交叉口 N 以前,如图(a),A,D 和 B,C 内的气体压强相同,其数值就是被测空间的真空度。继续提高 R 至水银面复没交叉口 N 后,A,B 和 C,D 被分为两个空间,如图(b)。随着 R 的进一步上升,B,C 内的气体将被压缩,体积减小,压力增加,体积和压力之间的关系遵守波义耳定律。而 A,D 内的气体与真空系统相接,一般说来,真空系统的体积远比 A,D 两管的容

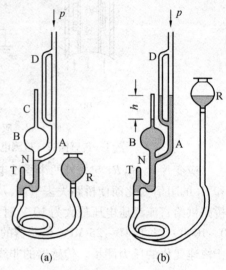

图 5.44　压缩式真空计

积大,可以认为其内部的压力没有改变。于是,左侧 C,B 管内的压力将高于右侧 A,D 管内的压力。

设 D 管的水银面已经升到了与 C 管的顶端平齐,而 C 管内的水银面由于气体压力大,不可能升到其顶部而停在距顶端 $h$ mm 的地方,如图(b)所示,这个高度也就是被压缩后的气体在毛细管 C 内占有的长度。设这时 C 管的体积为 $V_C$,管内气体的压强为 $(p+h)$;又令玻璃泡 B 和管 C 的总体积为 $V$,则根据波义耳定律,气体压缩前后压力与体积有以下的关系

$$pV = (p+h)V_C \tag{5.58}$$

式中 $p$ 为气体受压缩前的压强,即被测系统的真空度。

由于 $V \gg V_C$,并且 $V_C = \dfrac{\pi}{4}d^2 h$($d$ 为毛细管 C 的内径),则(5.58)式变为

$$p = \frac{\pi d^2}{4V} \cdot h^2 \tag{5.59}$$

对于某一确定的真空计,上式中的 $V$ 和 $d$ 是一定值,故 $p$ 与 $h$ 的平方成正比,即被测系统的真空度可用水银面的高度差来表示。如果 $d$ 越小 $V$ 越大,对于同样的水银面高度差 $h$ 所对应的 $p$ 就越小,则仪表可能测量的真空度越高。

压缩式真空计的优点是简单可靠,广泛地用于实验室和工业上进行真空度检测,并可作

为其他类型的工业用真空计的校验仪器。但是它不能测量蒸汽的压力,因为大部分蒸汽不服从波义耳定律,另一缺点是反应慢,不能连续指示和自动测量。

### 2. 热电偶式真空计

热电偶式真空计是利用发热丝周围气体的导热率与气体的稀薄程度(真空度)之间存在一定关系而构成,其结构如图 5.45 所示。在玻璃壳内封入两组金属丝。一组是发热丝,一般用铂丝或钨丝,通入恒定的加热电流。另一组是金属热电偶,其工作端焊在发热丝上,用以测量发热丝上的温度变化,一般用镍铬-考铜热电偶。

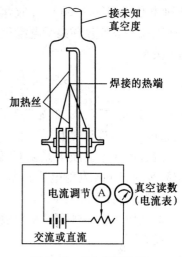

图 5.45　热电偶真空计

将规管接到被测真空系统后,随着系统中气压降低(真空度升高),发热丝附近气体逐渐稀薄,分子自由程加大,导热率变小。由于加热电流是恒定的,发热丝得到的热量不变,而散失的热量即气体热传导损失却减少了,于是其温度必然升高。发热丝温度变化由热电偶转换成热电势送至显示仪表指示或记录下来,在与压缩式真空计比较校准后,热电势的大小可标定成被测真空度的数值。

热电偶真空计的测量极限通常为 $1.33×10^{-2}$ Pa。当真空度再高时,气体更加稀薄,使得由于气体分子碰撞发热丝而带走的热量,比较由于辐射及发热丝本身热传导所带走的热量要小得多,故在发热丝的总热损失中,气体热传导损失的热量所占比例大大地降低,这时仪表就不能准确反映真空度的变化。

热电偶真空计的优点是可以测量气体和蒸汽的压强,弥补了压缩式真空计的不足,此外,它们实现了真空度到电信号之间的变换,便于实现自动检测和控制。缺点是能够检测的真空度不太高,而且怕振动。

### 3. 电离式真空计

电离式真空计在 $0.133 \sim 1.33×10^{-6}$ Pa 范围内都能准确测量,补充了热电偶式真空计的不足,使得对真空度的检测可以向更高的范围延伸。

当带电粒子(如电子)通过稀薄气体时,将使气体分子电离。在其他条件不变时,电子在单位距离上所形成的离子数,正比于气体的压强,测量出离子的数量(即离子电流),就可以推知被测空间的真空度。这就是电离式真空计的基本原理。

气体的电离可以由运动着的电子碰撞气体分子而产生。依发射电子的方式不同,电离真空计的敏感元件——规管,可分为热阴极式和冷阴极式两种。前者由加热的金属丝发射电子,称热规,后者发射电子的阴极不用加热,称为冷规。

(1)热阴极电离真空计

热阴极电离真空计如图 5.46 所示,由密封于玻璃管内的三个电极组成。灯丝通电加热阴极,发射使气体分子电离的电子,栅极是一个电位比阴极高的金属网,使发射到空间的电子被加速,增加其动能而加强电离效果,又称为加速极。收集极的电位比阴极低,可以收集规管内部空间形成的正离子而形成离子电流 $i_+$。阴极发射出的电子以及气体电离后产生的电子到达带正电位的加速极上,形成发射电流 $i_s$。
规管的三个电极之间电位关系是:对阴极而言,加速
极的电位为 100 ~ 300 V,收集极电位为 – 10 ~
– 40 V。被测真空度与离子电流和发射电流之间存在
如下关系

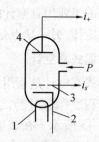

图 5.46　热阴极电离真空计
1—灯丝;2—阴极;3—加速极;4—收集极

$$P = \frac{1}{S} \cdot \frac{i_+}{i_s} \qquad (5.60)$$

式中,$P$ 为真空度,Pa;$i_s$ 为发射电流,mA;$i_+$ 为离子
电流,μA;$S$ 为规管常数。

规管常数 $S$ 实质上是衡量规管灵敏度的一个参数。其物理意义是,当真空度 $P$ 为
1.33 Pa 时,1 mA 发射电流 $i_s$ 所产生的离子电流 $i_+$ 的数值。这个电流越大,规管灵敏度越
高,能测量的真空度也越高。

对结构一定的规管,$S$ 是常数,且发射电流保持不变时,真空度与离子电流之间存在以
下的关系

$$P = K i_+ \qquad (5.61)$$

式中,$K$ 为比例常数,$K = 1/(S i_s)$。

上式表明,如能测出离子电流 $i_+$ 的数值,那么该空间的真空度就知道了。因此,在热阴
极电离真空计的测量线路中都设置有离子电流放大及稳定发射电流的线路。

热阴极电离真空计的优点是可以测量高真空,而且其测量范围宽,一般的振动不影响测
试结果。被测空间压力变化时,仪表的指示装置立即反应,测量滞后小。其缺点是,气体的
电离与气体的种类有关,由于有灼热的灯丝,在气压较高时会吸收气体,还会把周围的元件
灼热也吸收气体,从而影响被测真空度。特别是系统漏气时,灯丝立即被烧毁。

(2)冷阴极电离真空计

冷阴极真空计中,使气体电离的电子是由在高压电场作用下阴极的场致发射产生,其工
作原理如图 5.47 所示。

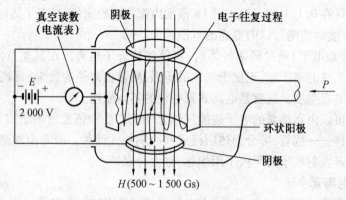

图 5.47　冷阴极电离真空计

玻璃管内装入两块金属平板作为阴极,中间放一个金属圆环作为阳极。在阴阳极之间
加一个2 000 V的电压。假定这时还没有加磁场 $H$。串接在电路里的微安表(真空度指示

计)的指针将指在零位,不论管内真空度如何变化,仪表均无反应。这是由于阴极场致发射产生的电子很少,所形成的电流十分微弱,灵敏的微安表也无法检测出来。

如果在垂直于平板阴极的方向加一个如图 5.47 所示的磁场 $H(500 \sim 1\ 500\ Gs)$,微安表上将观察到有电流通过。这是因为阴极发射出来的电子的运动,不仅受电场的支配,还受磁场的影响,在两者共同作用下,电子只能迂回地走向阳极,而阳极本身是一个圆环,电子可以通过圆环而不碰击它,即穿过圆环凭自己的动能继续飞行。当电子接近圆环对面的另一阴极时,受到斥力折过头来反方向迂回飞行。于是,电子在两个阴极之间曲折往返振荡着,直至碰到阳极并被吸收为止。加磁场后,电子在阴极到阳极之间的空间内运动的路程,较未加磁场前,大大地延长了,其数值远远大于阴极至阳极之间的几何距离。这样,电子有更多的机会和管内的气体分子碰撞,使它们电离。不仅如此,气体分子电离后产生的电子也受到电场和磁场的作用而参与上述迂回飞行,进一步增加了气体分子电离的机会。电离过程连锁反应地进行,于是大批离子产生,被阴极吸收后,形成了能在微安表中观察到的离子电流。这就是为什么阴极放出的少量电子能形成相当大的离子电流的原因。此外,电子的来源不仅仅是阴极表面上因强电场引起的场致发射,还可以由阴阳极间的空间中气体分子为宇宙射线电离后所产生。

由于起始的电子数很少,其电量也小,而产生的离子电流则大得多,所以可认为离子流只和电子碰撞气体分子的概率有关,也就是只与气体分子的平均自由程(真空度)有关,即

$$i_+ = KP \tag{5.62}$$

式中,$i_+$ 为离子电流;$P$ 为被测空间的真空度;$K$ 为比例常数,与规管结构及气体性质有关。

从而可知,对于冷阴极电离真空计,不管发射电流大小如何,离子电流 $i_+$ 只同真空度 $P$ 成正比,测出这个电流可推知相应的真空度。

冷阴极电离真空计能迅速连续地检测真空度,不会因有灼热的高温灯丝与气体的化学作用而破坏被测空间的气压。一旦意外地漏气时,管子也不会烧毁。对发射电流的大小也不必如热阴极真空计那样要求严格控制。但是,在 $1.33 \times 10^{-5}$ Pa 以下,规管发生不稳定和不激发现象,测量范围一般为 $0.133 \sim 1.33 \times 10^{-4}$ Pa。

### 5.3.4　压力变送器

各种弹性元件输出的位移或力必须经过变送器才能变为标准电信号。变送器有两种组成方式。一种是开环式的,先将位移或力转化为 $R,L,C$ 等电参量,然后经一定的电路变为标准信号;另一种是闭环式的,利用负反馈保证仪表的精度。下面介绍几种常用的变送器。

**1. 力平衡式压力( 差压) 变送器**

力平衡变送器的工作原理如图 5.48 所示,被测压力 $p$ 经波纹管转换为力 $F_i$ 作用于杠杆左端 A 点,使杠杆绕支点 $O$ 作逆时针旋转。但稍一偏转,位于杠杆右端的位移检测元件便有感觉,使电子放大器产生一定的输出电流 $I_0$。此电流流过反馈线圈和变送器的负载,并与永久磁铁作用产生一定的电磁力,使杠杆 B 点受到反馈力 $F_f$,形成一个使杠杆作顺时针转动的反力矩。由于位移检测放大器极其灵敏,杠杆实际上只要产生极微小的位移,放大器便有足够的输出电流形成反力矩与作用力矩相平衡。当杠杆处于平衡状态时,输出电流 $I_0$

正比于被测压力 $p$。

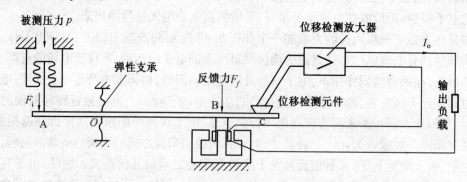

图 5.48　力平衡式压力变送器的原理图

图 5.49 是 DDZ-Ⅲ型电动单元组合仪表的力平衡式差压变送器的结构示意图。图中，被测差压 $(p_1-p_2)$ 作用于波纹管两侧，在主杠杆下端产生一个向左的推力，使主杠杆以圆形密封膜片为支点旋转，其上端通过矢量机构带动副杠杆。矢量机构是一个角度可变的力分解器，其作用是将作用力 $F_1$ 分解为两个力 $F_2$ 和 $F_3$。$F_3$ 消耗在支点上，$F_2$ 使副杠杆作逆时针方向的旋转。当副杠杆转动时，差动变压器式位移检测元件的参数发生变化，经自振荡式放大电路转换为输出电流 $I_o$ 的变化，$I_o$ 通过电磁铁产生反馈力使杠杆趋于平衡。

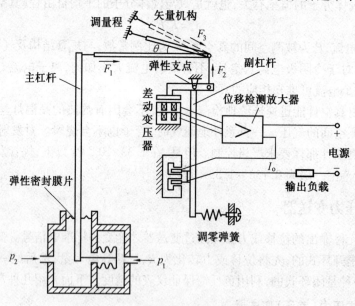

图 5.49　力平衡差压变送器的结构示意图

图 5.49 中，在主杠杆与副杠杆之间插入的矢量机构是作量程调整用的，力 $F_2$ 与 $F_1$ 之间具有如下关系

$$F_2 = F_1 \tan \theta \tag{5.63}$$

只要改变矢量机构的倾角 $\theta$，便可改变其传递系数 $\tan \theta$，从而改变平衡时作用力与反馈力的比例，方便地改变变送器的量程范围。

**2. 电容式差压变送器**

图 5.50 为电容式差压变送器的基本结构,由测量部分和转换部分组成。由图所示,差压 $\Delta p$ 作用于测量膜片(可动电极),使其产生位移,从而使可动电极与两固定电极组成的差动电容器的电容量产生变化,其变化量由电容-电流转换电路转换成直流电流,并与调零信号相加,再同反馈信号进行比较,其差值送至放大电路,经放大转换成输出电流为 $I_o$(DC 4 ~ 20 mA)。

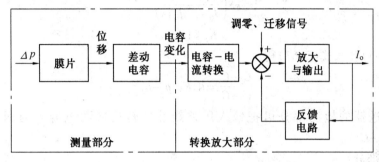

图 5.50　电容式差压变送器结构框图

(1)检测部分

图 5.51 为检测部件的结构示意图。由正、负压室和差动电容检测元件等组成。检测部件是将输入压差 $\Delta p$ 转换成电容量的变化量。

差动电容检测元件主要由测量膜片,正、负压室固定电极,隔离膜片,电容引出线构成差动电容腔体,腔体内充满硅油,用以传递压力。测量膜片(可动电极)与正、负压室固定电极(弧形电极)形成的电容为 $C_1$ 和 $C_2$。当 $\Delta p = p_1 - p_2 = 0$ 时,$C_1 = C_2 = 150 \sim 170$ μF。

设可动电极与两边固定电极间的距离分别为 $d_1$ 与 $d_2$。当 $\Delta p = 0$ 时,$d_1 = d_2 = d_0$,即可动电极与两边固定电极间的距离相等。$x$ 表示受到压差作用后,可动电极的中心位移。输入压差 $\Delta p$ 与可动电极的中心位移 $x$ 的关系为

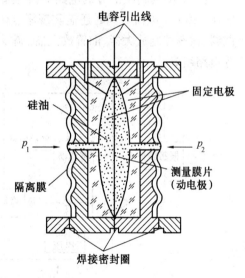

图 5.51　检测部件的结构示意图

$$x = K_1(p_1 - p_2) \tag{5.64}$$

式中,$K_1$ 为由膜片材料特性与结构参数确定的系数。

设当 $\Delta p \neq 0$ 时,$d_1 = d_0 + x$,$d_2 = d_0 - x$。根据理想电容公式,两电容值为

$$\left.\begin{array}{l} C_1 = \dfrac{\varepsilon S}{d_0 + x} \\[3mm] C_2 = \dfrac{\varepsilon S}{d_0 - x} \end{array}\right\} \tag{5.65}$$

式中,$C_1$ 为高压侧电容;$C_2$ 为低压侧电容;$\varepsilon$ 为极板间介质的介电常数;$S$ 为极板面积。

两电容差为

$$\Delta C = C_2 - C_1 = \frac{\varepsilon S}{d_0 - x} - \frac{\varepsilon S}{d_0 + x} = \varepsilon S \left( \frac{1}{d_0 - x} - \frac{1}{d_0 + x} \right) \tag{5.66}$$

为减小非线性,常取两电容之差与两电容之和的比值

$$\frac{C_2 - C_1}{C_2 + C_1} = \frac{\varepsilon S \left( \dfrac{1}{d_0 - x} - \dfrac{1}{d_0 + x} \right)}{\varepsilon S \left( \dfrac{1}{d_0 - x} + \dfrac{1}{d_0 + x} \right)} = \frac{x}{d_0} = K_2 x \tag{5.67}$$

式中　　　　　　　　　　　　　　$K_2 = 1/d_0$

将式(5.65)代入式(5.67)得

$$\frac{C_2 - C_1}{C_2 + C_1} = K_1 K_2 (p_1 - p_2) \tag{5.68}$$

可见,变送器的检测部分可把输入压差线性地转换成两电容差与两电容和之比$(C_2 - C_1)/(C_2 + C_1)$。

(2)转换部分

图5.52为转换部分的电路原理框图,它将检测部分的差动电容的相对变化量转换成DC4~20 mA 电流。同时还需实现零点调节和零点迁移、量程调整等功能。它由振荡器、解调器、振荡控制放大器、前置放大器、调零和零点迁移、量程调整(负反馈电路)、功放和输出等电路组成。

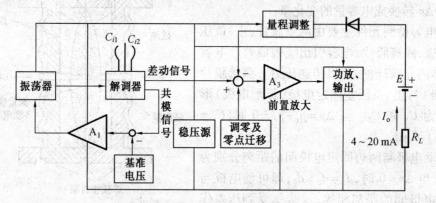

图5.52　转换放大电路原理框图

差动电容器 $C_1$, $C_2$ 由振荡器供电,经解调后输出差动信号与共模信号。

共模信号与基准电压比较后,再经振荡控制放大器去控制振荡器的供电,以保持共模信号不变。

随输入压差 $\Delta p$ 而变化的差动信号和调零、调量程信号综合后至前置放大器。再经功放与限流后输出 DC 4~20 mA 电流信号。

### 5.3.5　压力检测仪表的选用和安装

**1.压力检测仪表的选择**

压力测量仪表的选择应根据使用要求,针对具体情况作具体分析。在符合生产过程所

提出的技术条件下,本着节约原则,合理地进行种类、型号、量程、精度等级的选择。

（1）压力表类型的选择

压力（真空）表的类型应根据被测介质的参数和性质来选,其选用原则如下:

①对无腐蚀的介质如蒸汽、水的压力（真空）测量,应选用普通弹簧管压力表（真空表）。

②对有腐蚀性介质（如除盐水）或粘性介质的压力（真空）测量,应选用膜片式压力表。膜片式压力表中分测量粘性介质和腐蚀性介质两种,选用时应区别情况,选用合适的型号。

③对需要发出压力（真空）上限、下限极值信号的测量,可选用带电接点的压力（真空）表或压力继电器。

在有爆炸危险场所如燃油泵房、制氢站等,需用电接点压力表时应选用防爆型电接点压力（真空）表。

④测量锅炉烟道中烟、风的微压（或负压）时,可选用多管玻璃管式分压表和膜盒式风压表。多管玻璃管式风压表,适用于作成组合测量时的风压,如一次风压、二次风压等;而膜盒式微压计,适用于测量炉膛、烟风道的风压。

（2）压力表测量范围的选择

选择压力表的测量范围（量程）应遵守下列原则:

①一般压力测量时（指被测压力较为稳定）,其额定压力的指示值应在仪表刻度标尺的 1/3 ~ 3/4 之间。

②遇有被测压力波动比较大时,应选用被测压力额定指示值在仪表刻度标尺 1/2 左右。

（3）压力表精度等级的选择

压力表的精度等级应根据运行所允许的参数偏差值来确定,也就是根据最大绝对误差值 $\Delta X_{max}$ 来选择。一般选用 1.5,2.5 级仪表。对个别重要参数,如过热蒸汽压力,应选用 1 级或 0.5 级仪表,而对排汽真空宜选用标准真空表以代替水银柱真空表。

**2. 压力检测仪表的安装**

为了使压力仪表能准确地测量被测压力,尽量避免其他干扰因素的影响,压力表的安装应注意考虑以下问题。

（1）取压点的选择

安装压力表时要使所选择的测压点能反映被测压力的真实情况,所以

①取压点要选在被测介质宜线性流动的管段部分,不要选在管路拐弯、分叉、死角或其他易形成旋涡的地方。

②测量流动介质的压力时,应使取压点与流动方向垂直,取压钻孔要做好处理,孔口应无毛刺和凹凸不平,否则它们突破附面层后造成扰乱和滞止,从而带来测量误差。

③测量液体压力时,取压点应在管道下部,使导压管内不积存气体,测量气体时,取压点应在管道上方,使导压管内不积存液体。

（2）导压管的铺设

①导压管粗细合适,一般内径 8 ~ 10 mm,长度 3 ~ 50 m。一般情况下规定信号导管长度不超过 60 m,过长的导压管会影响其动态性能,也不安全。

②当被测介质易于冷凝或冻结时,必须加保温伴热管线。

③取压口到压力表之间应接切断阀。

（3）压力检测仪表的安装

①压力表应安装在易于观察和检修的地方。

②仪表应安装在避免振动和高温影响的地方。

③测量蒸汽压力时应加装冷凝管，以防止高温蒸汽直接与测量元件接触，对测量有腐蚀性介质时，应加装充有中性介质的隔离罐等。

④压力表的连接处应加装密封垫片，一般低于 80 ℃时使用2 MPa压力的石棉纸板或铝片，温度及压力更高时（50 MPa 以下）用退火紫铜或铅垫。另外，还要考虑介质的影响，例如测氧气的压力表不能用带油或有机化合物的垫片，否则会引起爆炸。测量乙炔压力时禁止用铜垫。

# 5.4　流量检测仪表

在工业生产过程中，为了有效地进行操作、控制和监督，常常需要检测生产过程中各种流体的流量，以便为管理和控制生产提供依据。同时物料总量的计量还是经济核算和能源管理的重要依据。所以流量检测仪表是发展生产，节约能源，改进产品质量，提高经济效益和管理水平的重要工具，是工业自动化装置中的重要仪表之一。

## 5.4.1　流量检测基本概念

流体的流量是指单位时间内流动介质流经管道中某截面的数量，该时间足够短以致可认为在此期间的流动是稳定的，因此此流量又称瞬时流量。流体数量以体积表示时称为体积流量，流体数量以质量表示时则称为质量流量。流量的表达式为：

体积流量 $\qquad\qquad q_v = \int_A v \mathrm{d}A$ $\qquad\qquad$ (5.69)

质量流量 $\qquad\qquad q_m = \int_A \rho v \mathrm{d}A$ $\qquad\qquad$ (5.70)

式中，$q_v$ 为体积流量，$\mathrm{m}^3/\mathrm{s}$；$q_m$ 为质量流量，$\mathrm{kg/s}$；$v$ 为截面 $A$ 中某一微元 $\mathrm{d}A$ 上的流速，$\mathrm{m/s}$；$A$ 为流通截面积，$\mathrm{m}^2$；$\rho$ 为流体介质密度，$\mathrm{kg/m}^3$。

质量流量和体积流量的关系为

$$q_m = \rho q_v$$

如果流体在该截面上的流速处处相等，则流量公式可简写为：

体积流量 $\qquad\qquad q_v = \int_A v \mathrm{d}A = vA$ $\qquad\qquad$ (5.71)

质量流量 $\qquad\qquad q_m = \int_A \rho v \mathrm{d}A = \rho vA$ $\qquad\qquad$ (5.72)

在某段时间内流体通过的体积或质量总量称为累积流量或流过总量，它是体积流量或质量流量在该段时间中的积分，表示为

$$V = \int_t q_v \mathrm{d}t$$ $\qquad\qquad$ (5.73)

$$M = \int_t q_m \mathrm{d}t \qquad (5.74)$$

式中，$V$ 为体积总量，$\mathrm{m}^3$；$M$ 为质量总量，$\mathrm{kg}$；$t$ 为测量时间，$\mathrm{s}$。

流量检测的方法和仪表种类多，分类方法不一，通常把流量仪分为以下三大类：

**1. 速度式流量计**

速度式流量计是以测量流体在管道内的流动速度作为测量依据的流量仪表，这类仪表主要有：节流式流量计、电磁流量计、转子流量计、涡街流量计、涡轮流量计等。

**2. 容积式流量计**

容积式流量计是利用流体在单位时间内连续通过固定容积的数目作为测量依据的流量仪表，常见的有椭圆齿轮流量计、腰轮（罗茨）式流量计、湿式流量计、旋转活塞式流量计、刮板流量计及皮囊式流量计等，腰轮式、湿式、皮囊式可以用于气体流量测量。椭圆齿轮式流量计应用最多。

**3. 质量流量计**

质量流量计主要是利用测量流过流体的质量 $M$ 作为测量依据的流量仪表，分为直接质量式流量计和间接质量式流量计，这类仪表有科里奥利质量流量计、热式质量流量计等。

### 5.4.2 容积式流量计

容积式流量计又称定排量流量计，是利用机械部件使被测流体连续充满具有一定容积空间，然后再不断将其从出口排放出去，根据排放次数及容积来测量流体体积总量的流量计。

椭圆齿轮流量计是典型的容积式流量计，其工作原理如图 5.53 所示。其测量本体由一对相互啮合的椭圆齿轮和仪表壳体构成，两个椭圆齿轮 $A$、$B$ 在进出口流体压力差 $\Delta p = p_1 - p_2$ 的作用下，交替地受力矩作用，保持椭圆轮不断地旋转，在转动过程中连续不断地将充满在齿轮与壳体之间的固定容积内的流体一份份地排出。齿轮的转数可以通过机械的或其他的方式测出，从而可以得知流体总流量。

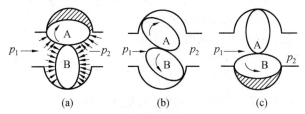

图 5.53 椭圆齿轮流量计工作原理

两个齿轮每转动一圈，排出 4 个初月形空腔的容积流体。通过椭圆齿轮流量计的流体总量可表示为

$$Q = 4nV_0 \qquad (5.75)$$

式中，$Q$ 为一次流过流量计的总量；$n$ 为椭圆齿轮的转数；$V_0$ 为初月形空腔容积。

齿轮的转数通过变速机构直接驱动机械计数器来计算总流量。也可以通过电磁转换装置转换成相应的脉动信号，由对脉动信号的计数就可以计算出总流量的大小。附加发信装置,配以电动显示仪表可实现远传指示瞬时流量或总量。

椭圆齿轮流量计适用于高粘度液体的测量,精度高(0.2%~0.5%),量程宽(量程比可达10∶1),选择容积式流量计的型号和规格时需考虑被测介质的物性参数和工作状态,如粘度、密度、压力、温度、流量范围等因素。流量计的安装地点应满足技术性能规定的条件,仪表在安装前必须进行鉴定。安装时要注意流量计外壳上的流向标志应与被测流体的流动方向一致。多数容积式流量计可以水平安装,也可以垂直安装。在流量计上游要加装过滤器,调节流量的阀门应位于流量计下游。为维护方便需设置旁通管路。仪表要定期清洗和鉴定。

### 5.4.3　差压式流量计

差压式流量计基于在流通管道上设置流动阻力件,流体通过阻力件时由于流束收缩发生能量的转换,在流动阻力件前后产生静压力差,此压力差与流体流量之间有确定的数值关系,通过测量静压力差值就可以求得流体流量。最常用的差压式流量计是由产生差压的流动阻力件和差压计组合而成。流体流过流动阻力件时形成静压差,由差压计测得差压值,并转换为流量信号输出。产生差压的装置有多种型式,包括节流装置如孔板、喷嘴、文氏利管,以及动压管、均速管、弯管等。其他型式的差压式流量计还有靶式流量计、浮子流量计等。下面以孔板式节流装置为例说明其工作原理。

在水平管道中垂直安装一块孔板,则孔板前后流体的速度与压力的分布情况如图5.54所示。稳定流动的流体沿水平管道流经孔板,在其前后产生压力和速度的变化。流束在孔板前截面 l 处开始收缩,位于边缘处的流体向中心加速,流束中央的压力开始下降。在截面 2 处流束达最小收缩截面,此处流速最快,静压最低。之后流束开始扩张,流速逐渐减慢,静压逐渐恢复。根据能量守恒定律,当表征流体动能的速度在节流装置的前后发生变化时,表征流体静压能的静压力也将随之发生变化。这样在节流装置前后就会产生静压差,管道中流体流量越大,节流装置前后产生的静压差越大,只要测出这个差压就

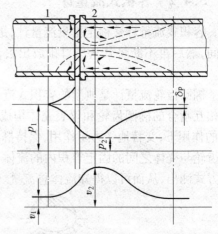

图5.54　孔板前后流体的速度与压力分布

可知道流量的大小 ,这就是节流装置测量流量的基本原理。但由于流体流经节流元件时会有压力损失,所以静压不能恢复到收缩前的最大压力值。

假设流体的密度在流经节流件前后没有变化,根据伯努利方程和流体的连续性方程可以推导出,不可压缩流体流经节流装置前后静压差与流量的定量关系为:

体积流量　　　　　　　　　　$q_v = \alpha A_0 \sqrt{\dfrac{2}{\rho}\Delta p}$　　　　　　　　　(5.76)

质量流量　　　　　　　　　　$q_m = \alpha A_0 \sqrt{2\rho\Delta p}$　　　　　　　　　(5.77)

式中,$\alpha$ 为流量系数;$A_0$ 为节流孔面积;$\rho$ 为流体密度;$\Delta p = p_1 - p_2$ 为节流孔前后压力差;$p_1$ 为

节流孔上游入口处压力;$p_2$ 为节流孔下游出口处压力。

流量系数 $\alpha$ 是节流装置中最重要的一个系数,它与节流件形式、直径比、流动雷诺系数及管道粗糙度等多种因素有关,通常由实验来确定。

对于可压缩性流体,为了方便起见,可以采用和不可压缩性流体相同的公式形式和流量系数 $\alpha$,只引入一个考虑到流体膨胀的校正系数,即可膨胀性系数 $\varepsilon$,并规定在流量公式中使用节流前的密度 $\rho_1$,则可压缩性流体的流量与差压的关系为:

体积流量
$$q_v = \alpha \varepsilon A_0 \sqrt{\frac{2}{\rho_1} \Delta p} \qquad (5.78)$$

质量流量
$$q_m = \alpha \varepsilon A_0 \sqrt{2\rho_1 \Delta p} \qquad (5.79)$$

在实际应用时,流量系数 $\alpha$ 常用流出系数 $C$ 来表示,它们之间的关系为

$$C = \alpha \sqrt{1-\beta^4} \qquad (5.80)$$

式中,$\beta = \dfrac{d}{D}$,称为直径比,其中 $d$ 为节流孔直径;$D$ 为管道直径。这样,流量方程也可以写成:

体积流量
$$q_v = \frac{C\varepsilon A_0}{\sqrt{1-\beta^4}} \sqrt{\frac{2}{\rho_1} \Delta p} \qquad (5.81)$$

质量流量
$$q_m = \frac{C\varepsilon A_0}{\sqrt{1-\beta^4}} \sqrt{2\rho_1 \Delta p} \qquad (5.82)$$

基于以上公式,将节流装置产生的差压信号,通过压力传输管道引到差压计,经差压计转换成电信号或气信号送到显示仪表,由此即可计算其流量。节流式流量计的组成如图 5.55 所示。

实际使用时,先使导压管内充满相应的介质,开表时,先开平衡阀 3,使正负压室连通;然后再依次逐渐打开正压侧的切断阀 1 和负压侧的切断阀 2,使差压变送器的正负压室承受同样的压力;最后逐渐关闭平衡阀 3,差压变送器即开始正常运行。当差压变送器需要停用时,应先打开平衡阀 3,然后再关闭切断阀 1 和 2。

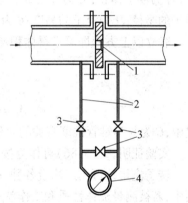

图 5.55　节流式流量计的组成
1—节流元件;2—引压管路;
3—三阀组;4—差压计

### 5.4.4　转子流量计

转子流量计又称为浮子流量计、恒压降变截面流量计,是工业生产过程中应用较为广泛的一类流量计。根据其制造材料的不同,分为玻璃管转子流量计和金属管转子流量计。转子流量计的工作原理是在一个向上略为扩大的均匀锥形管内,放一个较被测流体密度稍大的浮子(也叫转子),如图 5.56 所示,当流体自下向上流动时,受到浮子阻挡产生一个差压,并对浮子形成一个向上的作用力,当向上的作用力大于浮子本身所受重力时,浮子便向上运动。直到作用在浮子上的各个力达到平衡,浮子便停留在某一高度。流体的流量越大,浮子上升越高。浮子上升的高度 $A$ 就代表一定的流量。从而可从管壁上的流量刻度标尺直接

读出流量数值。浮子在管内可视为一个节流件,在锥形管与浮子之间形成一个环形通道,浮子的升降就改变环形通道的流通面积而测定流量,故又称为面积式流量计。它与流通面积固定,通过测量压差变化而测定流量的节流式流量计比较,结构简单得多。

浮子处于锥形管中相当于流通面积 $A_0$ 可变的节流件,根据节流原理及浮子受力平衡可得到

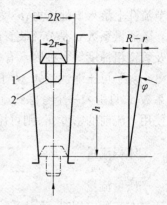

图 5.56　转子流量计原理图
1—锥形管;2—浮子

$$q_v = \alpha A_0 \sqrt{\frac{2}{\rho} \Delta p} \qquad (5.83)$$

$$A_f \Delta p + V_f \rho g = V_f \rho_f g \qquad (5.84)$$

$$A_0 = \pi(D_0 H \tan\theta + H^2 \tan^2\theta) \qquad (5.85)$$

式中,$a$ 为与浮子形状、尺寸、流体的流动状态和流体性质等有关的流量系数;$A_0$ 为锥形管中环形通流面积;$\Delta p$ 为浮子前后所产生的差压值;$\rho$ 为流体密度;$V_f$ 为浮子体积;$A_f$ 为浮子的有效面积;$\rho_f$ 为浮子材料的密度;$g$ 为当地的重力加速度;$r$ 为浮子的半径;$H$ 为浮子的高度;$\theta$ 为锥形管母线与轴线的夹角。

联立以上方程即可求得体积流量与浮子高度的关系式,即

$$q_v = \alpha C H \sqrt{\frac{2V_f(\rho_f - \rho)g}{A_f \rho}} \qquad (5.86)$$

$$A_0 = \pi(D_0 H \tan\theta + H^2 \tan^2\theta) \approx CH$$

式中,$C$ 为与圆锥管锥度有关的比例系数。

实验证明,式(5.86)可作为按浮子高度来刻度流体流量的基本公式。

转子流量计可用来测量各种气体、液体和蒸汽的流量,适用于中小流量范围。在实际使用中,若被测量流体性质和工作状态与标定时不同,应对流量示值加以修正,修正方法参考生产厂家提供的技术说明书。

# 5.5　物位检测仪表

物位检测是对设备和容器中物料储量多少的度量。通常把固体堆积的相对高度或表面位置称为料位,把液体在各种容器中积存的相对高度或表面位置称为液位。而把在同一容器中由于密度不同且互不相溶的液体间或液体与固体之间的分界面位置称为界位。物位是对料位、液位和界位的统称。在生产过程中经常需要对生产设备中的料位、液位或界位进行实时检测和准确控制,通过物位的检测,可为保证生产过程的正常运行,如调节物料平衡、掌握物料消耗数量、确定产品产量等提供可靠依据。在现代工业生产自动化过程监测中,物位检测占有重要的地位。

对物位进行测量、指示和控制的仪表称物位检测仪表。由于被测对象种类繁多,检测的条件和环境也有很大差别,检测的方法多种多样以满足不同生产过程的测量要求。以下介绍工业中常用的物位检测仪表及其原理和应用。

### 5.5.1 浮力式液位计

浮力式液位计是基于物体在液体中受浮力作用的原理工作的。浮子(也称浮标)漂浮在液面上或半浸在液体中随液面变化而升降,浮子所在处就是液体的液位,前者是浮子法,后者是浮力法,是应用最广的液位计。下面以浮子式液位计为例说明其工作原理。

浮子式液位计中的浮子作为检测元件漂浮在液面上,浮子随液面变化而自由浮动,其所受浮力的大小保持一定,因此也称其为恒浮力式液位计,通过检测浮子所在位置可知液面高低。

图 5.57 为浮子重锤式液位计示意图,液面上的浮子通过绳索和滑轮与平衡锤连接,平衡时,使浮子的重力和所受的浮力之差与平衡锤的重力相平衡,浮子可以随机地停在任一液面上。平衡重锤位置即反映浮子的位置,从而测知液位。浮子是半浸没在液体表面上,当液位上升时,浮子所受浮力增加,破坏了原有的平衡,浮子在平衡重锤的作用下沿着滑轮向上移动,直至达到新的平衡为止。液面下降时与此相反。浮力变化 $\Delta F$ 与液位变化 $\Delta H$ 的关系可表示为

$$\frac{\Delta F}{\Delta H} = \rho g A \qquad (5.87)$$

式中, $\rho$ 为液体密度; $A$ 为浮子的横截面积。

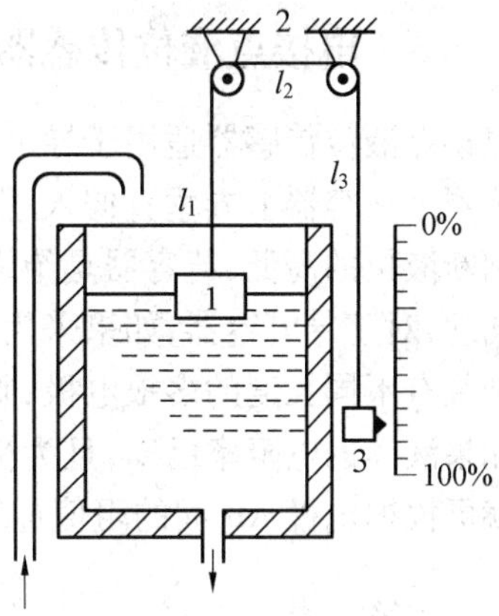

图 5.57 浮子垂锤液位计
1—浮子;2—滑轮;3—平衡重锤

公式(5.87)表示当液位发生变化时,相应的浮力变化。由于液体的粘性及传动系统存在摩擦等阻力,只有当浮力变化 $\Delta F$ 大于阻力时,浮子才能动作,也就是说液位变化只有达到一定值时浮子才能动作,若浮力变化 $\Delta F$ 等于阻力时,公式(5.87)也恰恰给出了液位计的不灵敏区。因此选择合适的浮子直径及减少摩擦阻力,可以改善液位计的灵敏度。

浮子位置的检测方式有很多,可以直接指示也可以将信号远传。浮子随液面的升降,通过绳索和滑轮带动指针,便可直接指示出液位数值。若把滑轮的转角和绳索的位移经过机械传动后转化为电阻或电感的变化,就可以进行液位的远传、指示记录液位值。

### 5.5.2 电容式物位计

电容器是由两个极板构成的,两极板的大小或它们之间的距离或两极板之间的介质种类或介质厚度不同时,其电容量大小各异,因此可通过测量电容传感器的电容量变化测定各种参数,其中包括液位、料位或不同液体的分界面等。电容式物位计适于各种导电与非导电溶液的液位或粉料及块料的料位测量。

电容物位计的检测元件大多是圆形电极,是由两个同轴圆筒电极组成,如图 5.58 所示。其电容量为

$$C_0 = \frac{2\pi\varepsilon L}{\ln(D/d)} \qquad (5.88)$$

式中,$L$ 为极板长度;$D,d$ 为外电极内径及内电极外径;$\varepsilon$ 为极板间介质的介电常数。

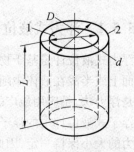

可见,当传感器的 $D,d$ 一定 时,电容量 $C_0$ 的大小与极板的长度 $L$ 和介质的介电常数 $\varepsilon$ 的乘积成正比。由此若将物位变化转换为 $L$ 或 $\varepsilon$ 的变化时,电容量将相应地发生变化。通过检测电容量的变化即可测得物位变化。

常见的电容检测方法有交流电桥法、充放电法、谐振电路法等。可以输出标准电流信号,实现远距离传输。

图 5.58　圆筒形电容器
1—内电极;2—外电极

### 5.5.3　电接点液位传感器

电接点液位传感器适用于导电性液体的液位测量,精确度和可靠性高。最简单的液位式传感器是在容器上方垂直伸入适当长度的导体电极 A,与容器本身 C 组成电路,由其通断与否判断液位的高低,若容器是绝缘的,则用电极 B 代替 C,如图 5.59(a),(b)所示。

同理,对于导电容器,如果采用长短不同的两根电极 A 和 B,则可用作液位上下限报警。如分别装有不同长度的多根电极,则可分段显示液位值。

如果液体的电阻率已知,且为恒定值,也可将电极制成同心套筒状,如图 5.59(c)所示,这样就可根据电极 AB 间的阻值连续反映液位变化值。

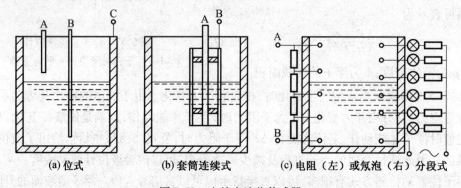

(a) 位式　　　　　　(b) 套筒连续式　　　　(c) 电阻（左）或氖泡（右）分段式

图 5.59　电接点液位传感器

### 5.5.4　热电偶式液位计

具有一定温度的液体和金属熔体,其液面上下附近的温度往往变化剧烈,即温度梯度大。据此可以通过温度测量来测定液位或实现液位超限报警。

例如,连续铸钢结晶器内钢水的液位,可采用热电偶式液位计进行测量。如图 5.60 所示,在结晶器壁中一定位置上安装 11 支热电偶,排列如图(a),测得器壁的温度分布曲线如图(b)。结合图(a)和图(b)可以发现,在液面上下附近温度产生剧烈变化,因此找到温度突变的两支热电偶位置,即可求知钢水液面的位置。

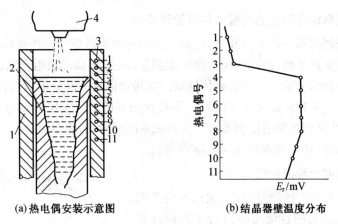

(a)热电偶安装示意图　　　　(b)结晶器壁温度分布

图 5.60　热电偶式液位计
1—结晶器壁;2—凝固的金属液;3—热电偶;4—储液罐

## 5.6　检测器与变送器的选择

检测与变送设备主要根据被检测参数的性质与系统设计的总体考虑来决定。被检测参数性质的不同,准确度要求、响应速度要求的不同,以及对控制性能要求的不同都影响检测和变送器的选择。要从工艺的合理性、经济性加以综合考虑。

### 1.尽可能选择测量误差小的测量元件

控制理论已经证明,对单回路定值控制系统这样的定值闭环反馈控制系统、当控制器放大倍数较大(或含有积分因子)时,其稳态误差(设扰动不变)取决于反馈通道误差即测量误差的大小。如图 5.61 所示系统,若控制器与执行机构 $W_c(s) = K_c$;过程 $W_0(s) = \dfrac{K_0}{T_0 s + 1}$;测量变送器 $W_m(s) = K_m$,则

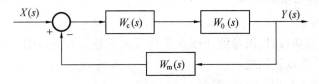

图 5.61　系统框图

$$\frac{Y(s)}{X(s)} = \frac{W_c(s)W_0(s)}{1 + W_c(s)W_0(s)W_m(s)} = \frac{K_c K_0}{T_0 s + 1 + K_c K_0 K_m} \tag{5.89}$$

当 $K_0$ 很大时,有

$$\frac{Y(s)}{X(s)} \approx \frac{1}{K_m} \tag{5.90}$$

上式表明,当存在测量误差,即当 $K_m = K_{m0} + \Delta K_m$($K_{m0}$ 为测量元件的标称放大系数)时,被控参数与给定值间不再具有固定的对应关系,而将随测量误差 $\Delta K_m$ 的值而变动,所以高质量的控制离不开高质量的测量。

**2.尽可能选择快速响应的测量元件与变送设备**

检测与变送器都有一定的时间常数,造成所谓的测量滞后与传送滞后的问题,如热电偶温度检测需要建立热平衡,因而响应较慢产生测量滞后;又如气动组合仪表中,现场测量元件与控制室调节器间的信号通过管道传输则产生传送滞后。测量滞后与传送滞后使测量值与真实值之间产生差异。如果控制(调节)器按此失真的信号发出控制命令,就不能有效地发挥校正作用,达不到预期的控制要求。为此在系统设计中,应尽可能选用快速测量元件并尽量减小信号传送时间(如缩短气动传输管道)。

**3.正确采用微分超前补偿**

当系统中存在较大的测量滞后(如温度与蒸汽压力测量存在相当大的容量滞后),为了获得真实的参数值,可在变送器的输出端串入一微分环节,如图 5.62 所示,这时输出与输入间的关系为

$$\frac{P(s)}{T(s)} = \frac{K_m(T_D s + 1)}{T_m s + 1} \qquad (5.91)$$

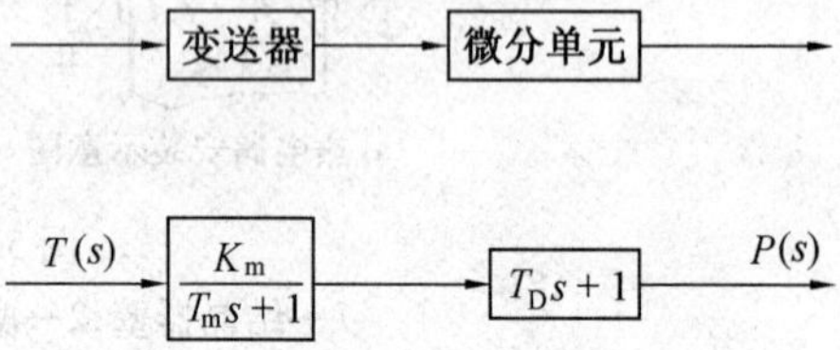

图 5.62　微分单元连接示意图

如能使 $T_D = T_m$,则有 $P(s) = K_m T(s)$,从而输出与输入间呈简单的正比关系,消除了测量滞后产生的动态误差。

但微分超前控制的使用要慎重,因为要使 $T_D = T_m$ 是极为困难的,而微分的作用是放大测量、变送回路中的高频噪声干扰,使系统变得不稳定。另外,微分的作用对于纯滞后是无能为力的,因为在纯滞后时间里参数变化的速度等于零,微分单元不会有输出,起不到超前控制的作用。

**4.合理选择测量点位置并正确安装**

测量点位置的选择主要着眼于尽可能减小参数测量滞后与传送滞后的问题,同时也要考虑安装方便。

**5.对测量信号作必要的处理**

(1)测量信号校正

在检测某些过程参数时,测量值往往要受到其他一些参数的影响。为了保证其测量精度,必须要考虑信号的校正问题。

(2)测量信号噪声(扰动)的抑制

在测量某些参数时,由于其物理或化学特点,常常产生具有随机波动特性的过程噪声,若测量变送器的阻尼较小,其噪声会更加混于测量信号之中,而影响系统的控制质量,所以应考虑对其加以抑制。有些测量元件本身具有一定的阻尼作用,测量信号的噪声基本上被抑制,如用热电偶或热电阻测温时,由于其本身的惯性作用,测量信号无噪声。

(3)对测量信号进行线性处理

在检测某些过程参数时,测量信号与被测参数之间形成某种非线性关系。这种非线性特性一般由测量元件所致。通常线性化措施在仪表内考虑或测量信号送入计算机后通过数字运算进行线性化处理。如热电偶测温时,热电动势与温度是非线性的,当配用 DDZ-Ⅱ型温度变送器时,其输出的测量信号就变成线性化的了。即变送器的输出电流与温度成线性

关系,是否进行线性化处理,具体问题具体分析。

## 思考题与习题

5.1　试述过程检测参数的意义?

5.2　什么是测量误差? 测量误差通常可分为哪几类,每种的含义是什么?

5.3　什么是检测仪表的精度、变差、灵敏度和灵敏限?

5.4　试述热电偶与热电阻的测温原理,并简述在工业生产应用中应注意的主要问题。

5.5　热电偶测温为什么要进行冷端温度补偿? 冷端温度补偿的方法有几种?

5.6　采用热电偶测温时为什么要利用补偿导线? 冷端温度补偿措施可否取代补偿导线的作用? 为什么?

5.7　在图 5.63 所示测温回路中,A,B 为热电偶,A′,B′分别为其补偿导线,试问 mV(毫伏)表所指示的热电势是否为 $E(t_1,t_0)$? 为什么?

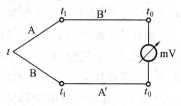

图 5.63　测温回路

5.8　使用铂铑$_{30}$-铂铑$_6$ 热电偶测量炉温,测得的热电势为4.833 mV,此时热电偶冷端温度为 40 ℃,试求实际炉温为多少度?

5.9　现用一只分度号为 K 的热电偶测量某炉温,已知热电偶冷端温度为 20 ℃,显示仪表(本身不带冷端温度补偿装置)计数为400 ℃,①若没有进行冷端温度补偿,试求实际炉温为多少? ②若利用补偿电桥(0 ℃时平衡)进行了冷端温度补偿,实际炉温又为多少? 为什么?

5.10　简述热电阻测温计的测温原理。

5.11　试述 DDZ-Ⅱ 和 DDZ-Ⅲ输出型温度变送器的组成及其简单工作原理。

5.12　热电偶温度变送器的输入信号和输出信号各是什么?

5.13　如何选用温度检测仪表? 通常应注意哪些问题?

5.14　试述弹性式压力计测量压力的原理。

# 第 6 章　显示仪表

在工业生产过程中,不但要用传感器把各种过程变量检测出来,而且还要把测量结果准确直观地显示或记录下来,以便对被测对象有所了解,并进一步对其进行控制。

显示仪表按能源可分为电动显示仪表和气动显示仪表,按显示方式通常分为模拟式、数字式和图像式,以及声、光报警等。模拟式显示仪表是以模拟量(如指针的转角、记录笔的位移等)来显示或记录被测值的一种自动化仪表。在工业过程测量与控制系统中比较常见的模拟式显示仪表有磁电式显示与记录仪表(如动圈式显示仪表)、自动平衡式显示与记录仪表(如自动平衡电位差计、自动平衡电桥等)和光柱式显示仪表(如 LED 光柱显示仪)。模拟式显示仪表一般具有结构简单可靠、价格低廉的优点,并且可以直观地反映测量值的变化趋势,便于操作人员一目了然地了解被测变量的总体状况,因此,目前仍应用于工业生产中。但由于大多使用磁电偏移机构或机电伺服机构,因而测量速度慢、精度低、读数易造成多值性。

平衡式仪表的准确度可达±0.5%,动圈式只能达到±1%。数字式显示仪表是以数字形式显示被测参数的仪表,它避免了使用磁电偏转机构或机电伺服机构,显示速度快、分辨能力强(分辨可达 1 $\mu$V)、精度高(准确度可达 $10^{-6}$ 级)、读数直观,对所测参数便于进行控制和数字打印记录,便于计算机处理,更适合生产的集中监控。图像显示仪表是将计算机显示系统引进工业自动化系统的结果,由计算机控制的显示终端可以直接将被测参数以图像、曲线、字符和数字等在屏幕上进行显示,并可分画面显示,大大提高了显示效果。参数越限报警显示装置是根据生产过程的要求,为了确保生产安全可靠地进行,对某些重要参数进行监控,一旦超限,就以声和光的形式进行报警提示。

## 6.1　模拟式显示仪表

### 6.1.1　动圈式显示仪表

动圈式仪表因其结构简单,价格便宜而在冶金工业中广泛使用。从仪表功能上看,可分为指示型(XCZ)和指示调节型(XCT)两大类。可以与热电偶、热电阻配合来显示温度,也可以与压力变送器相配合显示压力等参数。温度、压力等被测参数首先由传感器转换成电参数,然后由测量电路转换成流过动圈的电流,该电流的大小通过与动圈连在一起的指针的偏转角度来指示。

**1. 工作原理**

动圈仪表由测量线路和测量机构两部分组成,测量线路把被测量(热电势或热电阻值等)转换为测量机构可以接受的毫伏信号,测量机构是动圈仪表中的核心部分,其工作原理如图6.1所示。

动圈仪表的测量机构是磁电式毫伏计,可动线圈处于永久磁铁的空间磁场中,当有直流毫伏信号作用在动圈上时,便有电流流过动圈。此时,该载流线圈将受到电磁力矩的作用而转动。动圈的支撑是张丝,张丝同时兼作导流丝。动圈的转动使张丝扭转,于是张丝就产生反抗动圈转动的力矩,这个反力矩随着张丝扭转角的增大而增大,当电磁力矩和张丝反作用力矩平衡时,线圈就停留在某一位置上,此时动圈偏转角的大小与输入毫伏信号相互对应,当面板直接刻成温度标尺时,装在动圈上的指针就指示出被测对象的温度值。

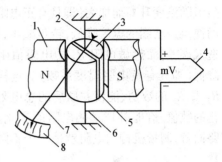

图6.1　动圈式显示仪表的工作原理
1—永久磁铁;2,6—张丝;3—软铁芯;4—热电偶;5—动圈;7—指针;8—刻度面板

**2.测量机构的组成**

动圈仪表测量机构的组成可以分为运动系统、磁路系统和电路系统三部分。

(1)运动系统

由动圈、张丝、指针、平衡锤、平衡杆等元件组成,如图6.2所示。张丝把动圈支持在磁场中,随着动圈转角的变化,产生反力矩,并作为动圈与外电路的连线,把电流引入及导出线圈。指针与动圈粘接,随动圈转角的变化,在仪表标尺上指出被测数值。平衡锤、平衡杆用以调节可动部分的重心使之与转轴中心重合,以减少运动部分不平衡引入的误差。

(2)磁路系统

磁路系统如图6.3所示,磁铁沿垂直轴线分为左右两块,通过极靴铁、空气隙、铁芯到达另一极,形成闭合磁路。两块极靴铁之间用非磁性隔离材料压铸连接。磁分路调节片可以沿着极靴铁的圆周方向运动来调整仪表的示值。

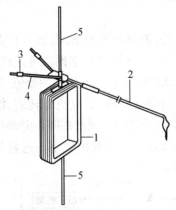

图6.2　动圈测量机构的运动系统
1—动圈;2—指针;3—平衡锤;
4—平衡杆;5—张丝

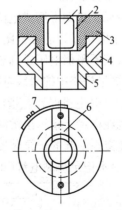

图6.3　磁路系统示意图
1—铁芯;2—空气隙;3—极靴铁;4—磁铁;5—接铁;6—压铸铝或铜;7—磁分路调节片

(3)电路系统

包括动圈、串联电阻 $R_{串}$,$R_B$ 和热敏电阻 $R_T$ 等,其连接线路如图6.4所示。通常动圈电

阻值随温度升高而加大(即具有正电阻温度系数),从而使流过动圈的电流降低,转角减小,仪表示值偏低,造成误差;而热敏电阻 $R_T$ 的电阻值则随温度升高而降低(即具有负电阻温度系数)。这样通过适当选择 $R_T$ 及 $R_B$ 的数值,能使并联后的总电阻随环境温度变化的数值,恰能补偿动圈电阻的变化。由此,对外电路而言,测量机构的电阻就是一个不随温度变化的常数。

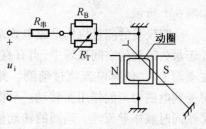

图 6.4　电路系统接线图

### 6.1.2　自动电子电位差计

电子电位差计是一种自动平衡仪表,通过自动调节电位差或电阻,将测量桥路上产生的已知电势,自动与被测电势平衡,使电位差计得到补偿或电桥达到平衡,再通过传递机构,可逆电机带动指针及记录笔,记录测量结果。它克服动圈式仪表的缺点且提高了测量精度,常用在自控系统中显示被控变量。

**1. 工作原理**

图 6.5 所示为手动平衡电位差计的工作原理,图中 $E$ 为工作电源,由它产生的电流 $I$ 流过电位器 W 形成压降 $U_W$。测量时将开关 K 置向 2,用手调整电位器 W 的滑动触点,以获得一个压降 $U_S$ 来平衡被测的输入电压 $U_i$。当两电压平衡时,串联在该回路中的高灵敏度检流计指零。这时从电位器 W 的滑动触点(指针)位置,即可读出 $U_S$ 的数值,也就是被测电压 $U_i$ 的数值。如果将电位器 W 的滑动触点由伺服电动机(可逆电机)通过机械传动机构来带动,则变成了自动平衡式电位差计。

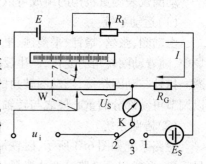

图 6.5　手动平衡电位差计原理图

图 6.6 是电子电位差计的方框图。从热电偶输入的热电势值 $E_T$ 与测量桥路产生的已知电位差相比较,其不平衡电压送到放大器,放大后输出足够的功率推动可逆电机转动,通过传动装置移动测量桥路中的滑线电阻的滑触点,从而改变已知电位差的数值,使其与未知量 $E_T$ 平衡,到 $I_o=0$ 时电机停转。指针与滑触点的运动是同步的,电机停转后,滑触点停在一定位置,指针也在标尺上指示出被测值 $E_T$(即温度)的数值。同时在同步电动机带动的记录纸上,与指针连接在一起的记录装置记下被测温度随时间变化的数值。这就是电子电位差计自动检测并显示记录被测电势(即温度)的过程。

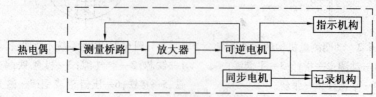

图 6.6　电子电位差计原理方框图

**2. 组成**

图 6.7 所示是与热电偶配套的自动平衡电位差计,其输入信号是热电偶传感器输出的热电势。热电偶的热电势与不平衡电桥的输出电压叠加比较之后,送到放大电路的输入端。不平衡电桥由起始调零电阻 $R_G$,冷端温度补偿电阻 $R_{Cu}$,限流电阻 $R_3$ 与 $R_4$ 及滑线电阻 $R_P$ 组成。通过滑动电阻 $R_P$ 的滑动触点 A 就可以在电桥的输出端 A,B 获得不同的电压 $U_S$。此类仪表就是利用 $U_S$ 来平衡被测的热电势 $U_t$ 的,其具体工作过程如下。

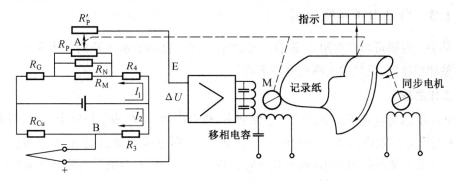

图 6.7　自动平衡电位差计原理图

设原被测温度为 $t_1$,热电势 $U_{t_1}$ 正好与电桥输出 $U_{s_1}$ 平衡。然后温度从 $t_1$ 升高到 $t_2$,热电势增大到 $U_{t_2}$,使得

$$\Delta U = U_{S_2} - U_{t_2} > 0 \tag{6.1}$$

正极性的偏差电压 $\Delta U$ 输入到相敏放大器,使放大器输出的交流电流极性正好使可逆电机 M 正转。电机 M 正转时,一方面拖动指针与记录笔右移,指示温度升高;另一方面又拖动滑线电阻 $R_P$ 的滑动触点 B 也右移,使 $U_S$ 升高。当升高到 $U_{S_2}$ 等于 $U_{t_2}$ 时,因放大器的输入 $\Delta U = U_{S_2} - U_{t_2} = 0$,其输出亦为零,电机 M 停止转动。滑动触点 B 便停留在使电桥输出为 $U_{S_2}$ 的位置上,指针与记录笔停在对应温度为 $t_2$ 的位置上,系统又恢复平衡,但它是在 $t_2$ 温度下的平衡。此后,若温度下降到 $t_3 < t_2$,系统重新失去平衡,且 $\Delta U = U_{t_3} - U_{S_2} < 0$,负极性的 $\Delta U$ 使电机 M 反转,并拖动指针与记录笔左移,指示温度下降,与此同时,滑动触点 B 左移,使 $U_S$ 下降到重新平衡时为止。该系统就是这样使指针与记录笔跟随被测温度 $t$ 变化的。

记录纸由同步电机带动,图中所示记录仪的记录纸是长条形的,水平方向位移表示温度的高低,垂直方向表示测定的时间,于是可以得到被测温度随时间的变化曲线。

图 6.7 所示电桥中的各个电阻,除热电偶的冷端温度补偿电阻 $R_{Cu}$ 为铜电阻外,其他都是采用电阻温度系数很小的锰铜电阻,具有较高的温度稳定性。

限流电阻 $R_3$ 与 $R_4$ 的作用是,用 $R_4$ 限定电桥上支路的电流为恒定的 4 mA,用 $R_3$ 限定下支路的电流在标准环境温度 20 ℃时为 2 mA。

调零电阻 $R_G$ 实际上由两个电阻串联而成,即 $R_G = R_G' + r_G$。$r_G$ 用作微调,增大 $r_G$ 时,仪表指针向温度 $t$ 减小的方向偏移;减小 $r_G$ 时,指针 $t$ 向增大的方向偏移。

滑线电阻 $R_P$ 的电阻丝要绕制均匀,非线性度小于 0.2%,满足 0.5 级仪表的精度要求。由于相邻两匝绕线之间的阻值是一个微小的跳变,所以电阻增量值若小于相邻两匝之间的电阻阶跃变化值,则该增量将不可分辨。

工艺电阻 $R_B$ 与滑线电阻 $R_P$ 并联,且使并联后之阻值正好等于 $(90\pm0.1)\Omega$。若不等于 $(90\pm0.1)\Omega$,则通过调整 $R_B$ 的阻值使之为 $(90\pm0.1)\Omega$。这样就可以适当降低对于 $R_P$ 的绕制精度要求,有利于批量生产。

量程调整电阻 $R_M$ 实际上是由电阻 $R_M$ 与 $r_M$ 串联而成的,用 $R_M$ 来变换量程,用 $r_M$ 来微调量程。因 $R_M$, $R_P$, $R_B$ 并联,所以 $R_M$ 越大则量程越大,反之亦然。

$R_P'$ 是便于滑动臂滑动的辅助滑线电阻,兼起引出线的作用。

### 6.1.3　自动电子平衡电桥

自动平衡电桥可与热电阻 $R_t$ 配合用于测量温度。自动平衡电桥的工作原理与自动平衡电位差计相比较,只是输入测量电路不同。

**1. 工作原理**

图 6.8 所示为自动平衡电桥的工作原理图,热电阻 $R_t$ 接在测量桥路中,当被测温度为 $t_1$ 时,热电阻 $R_t$ 的阻值为 $R_{t_1}$,若电桥正好处于平衡,则电桥的输出端 A,B 之间的电位差 $U_{AB}=0$。如果温度升高到 $t_2>t_1$,则有 $R_{t_2}>R_{t_1}$,电桥失去平衡,此时电桥的输出电压为 $U_{AB}>0$。$U_{AB}$ 输入到调制放大器,使伺服电机 M 正转,并带动指针及记录笔右移,指示温度升高;与此同时,电机 M 又拖动滑线电阻的滑动臂 A 向左移,直到电桥在新的输入 $R_{t_2}$ 下重新平衡为止。此后,若温度又从 $t_2$ 下降到 $t_3$,则有 $R_{t_3}>R_{t_2}$,电桥失去平衡,其输出电压 $U_{AB}<0$,电机 M 反转,并使指针左移、滑动臂 A 右移,直到重新达到平衡为止。每次达到平衡后,指针、记录笔和滑动臂的位置都与当时的被测温度相对应。

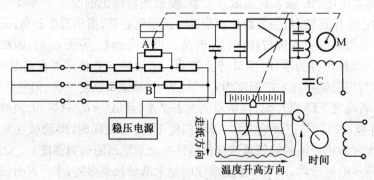

图 6.8　自动平衡电桥工作原理

**2. 基本组成**

电子自动平衡电桥的方框图如图 6.9 虚线部分所示,它由测量桥路、放大器、可逆电机、同步电机、指示及记录机构等组成。与电子电位差计比较,不同的只是感温元件及测量桥路,其余部件完全相同。

图 6.10 所示为带有零位检查电阻 $R_0$ 的自动平衡电桥的测量线路。如果用等效电阻 $R_P$ 代替 $R_5$、$R_B$ 及滑线电阻的并联电阻值,用图 6.11 的等效电路来表示。电源端为 AB,$R_3$ 供调整桥路供电电压之用。测量端为 CD,C 点是滑线电阻的滑动触点。两条对角线把桥路电阻分为四个臂:$R_3$,$R_1+R_2$,$R_t+R_1+R_6+R_P'$($R_P'$ 是滑触点左侧的滑线电阻值)及 $R_4+(R_P-$

$R_P'$)。$R_1$ 是三导线制中的导线电阻值。电桥电源可以是直流 1 V 或交流 6.3 V。在交流电桥中接入限流电阻 $R_7$,使流过桥路的电流不超过允许值。

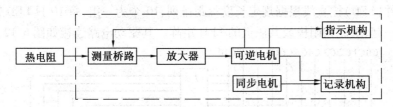

图 6.9　自动平衡电桥方框图

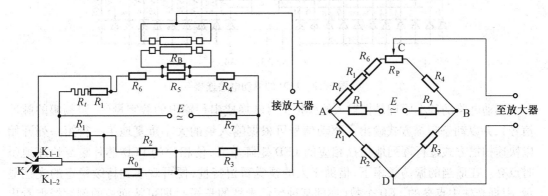

图 6.10　带零位检查电阻的测量桥路　　　图 6.11　自动平衡电桥的等效电路

下面介绍自动电子平衡电桥的原理。

当热电阻处于仪表标尺始点温度值时,$R_t = R_{t0}$,通过自动平衡机构,滑触点移至 $R_P$ 的起始(右)端,使得相对二臂乘积相等,即

$$(R_{t0}+R_1+R_6+R_P) \cdot R_3 = R_4(R_1+R_2) \tag{6.2}$$

电桥平衡,测量端 CD 上没有不平衡电压送到放大器,电机停转。

如果被测温度增加,$R_t > R_{t0}$,则 $R_t+R_1+R_6+R_P$ 臂的阻值增加,其余各臂阻值末变,上述等式不能成立,电桥失去平衡,CD 端有输出,经放大后使电机转动,向左移动滑触点 C,改变 $R_P$ 在上支路中两个臂上的比例,使得

$$(R_t+R_1+R_6+R_P')R_3 = (R_4+R_P-R_P') \cdot (R_1+R_2) \tag{6.3}$$

电桥重新平衡,电机停转,指示出被测点温度。

图 6.10 中开关 K 用于检查仪表工作是否正常。按下 K(图中向右),$K_{1-1}$ 接通,$R_t$ 被短接,$K_{1-2}$ 通,$R_0$ 与 $R_2$ 并联后构成一个新的桥臂。设计电桥时,使得这个新桥臂接入电路后,滑线电阻的触点移到标尺的起点方能使电桥平衡。如果掀动开关后,指针回到标尺始端,说明仪表工作状态正常。若不回至始端,必有故障,应当调修。

### 6.1.4　光柱式显示仪表

光柱式显示仪表具有显示醒目、直观、抗振、防磁、性能稳定等特点,能够非常直观地显示过程控制中液位、流量、温度、压力、速度等各种物理量的变化趋势,而且可以用仪表面板的非线性刻度来方便地解决非线性信号的显示问题,可替代动圈式指针仪表和机械式色带

仪等传统的模拟式显示仪表,在许多工业过程及某些恶劣的环境条件下得到了广泛的应用。

　　光柱式显示仪表由显示光柱与驱动电路两大部分组成。显示光柱通常是用高亮度的发光二极管器件(LED)按直线根据规定长度等距排列,10 个为一组,每 10 只 LED 管芯的阳极或阴极连在一起,组成共阳极或共阴极的 LED 矩阵。其驱动电路连接如图 6.12 所示。

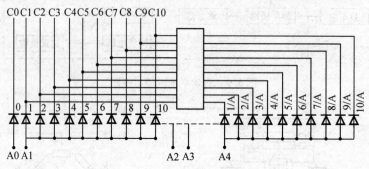

图 6.12　LED 的驱动电路连接

　　驱动电路的基本原理是把输入的模拟信号转换成串行输出的数字量(一定频幅的脉冲信号),并以动态扫描方式输出。驱动信号可根据输入量的大小重复地第一行第一列开始以快速扫描方式逐行逐列地扫描相应的 LED 矩阵单元,使相应的 LED 芯片重复快速地瞬时点亮。在适当的振荡频率下,借助于人的视觉暂留特性,便可观察到持续稳定的光柱显示,根据光柱中点亮的 LED 个数(亦即某种颜色光柱的长短),即可从面板的刻度线上看出被测量的变化趋势和数值。图 6.13 为某种单光柱显示器的控制原理示意图。

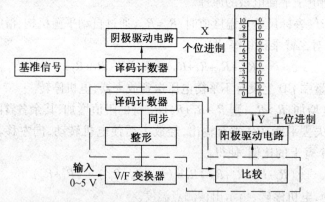

图 6.13　光柱显示器控制原理图

　　光柱式显示仪表对形成光柱的 LED 管芯的发光一致性要求较高。为了防止各芯片之间光带相互串扰,有的产品采用经特殊处理的透明光栅,把点光源变成线光源显示。

# 6.2　数字式显示仪表

　　数字式显示仪表是一种以十进制数码形式显示被测量值的仪表,其按以下方法分类:

　　(1)按仪表结构分类

　　按仪表结构分类可分为带微处理器和不带微处理器的两大类型。

（2）按输入信号形式分类

按输入信号形式分类可分为电压型和频率型两类,电压型数字式显示仪表的输入信号是模拟式传感器输出的电压、电流等连续信号;频率型数字显示仪表的输入信号是数字式传感器输出的频率、脉冲、编码等离散信号。

（3）按仪表功能可分为如下几种:

①显示型。与各种传感器或变送器配合使用,可对工业过程中的各种工艺参数进行数字显示。

②显示报警型。除可显示各种被测参数,还可用作有关参数的超限报警。

③显示调节型。在仪表内部配置有某种调节电路或控制机构,除具有测量、显示功能外,还可按照一定的规律将工艺参数控制在规定范围内。常用的调节规律有:继电器接点输出的两位调节、三位调节、时间比例调节、连续 PID 调节等。

④巡回检测型。可定时地对各路信号进行巡回检测和显示。

（4）按使用场合不同分为两大类

数字式显示仪表可分为实验室用和工业现场用两大类。实验室用的有频率表、数字式电压表、相位表、功率表等;工业现场用的有数字式温度表、流量表、转速表、压力表等。

与模拟式显示仪表相比,数字显示仪表具有读数直观方便、无读数误差、准确度高、响应速度快、易于和计算机联机进行数据处理等优点。目前,数字式显示仪表普遍采用中、大规模集成电路,线路简单可靠性好,耐振性强,功耗低,体积小,重量轻。特别是采用模块化设计的数字式显示仪表的机芯由各种功能模块组合而成,外围电路少,配接灵活,有利于降低生产成本,便于调试和维修。在需要时还可输出数字量与数字计算机等装置联用,因而在现代测量技术中得到广泛应用。

## 6.2.1　数字式显示仪表的性能指标

数字式显示仪表的主要性能指标有量程、分辨率、准确度等,此外还有响应时间、数据输出、绝缘电压、环境要求等指标。数字式显示仪表的技术指标见表6.1。

表 6.1　数字式显示仪表的技术指标

| 项目 | 技术指标 | 项目 | 技术指标 |
|---|---|---|---|
| 量程 | .1999 ~ +1999(3 位半) | 环境温度/℃ | 0 ~ 20 |
| 准确度 | ±0.1+1 个字　±0.2+1 个字<br>±0.1+3 个字　±0.2+1 个字 | 相对湿度/% | 82.90 |
| 分辨率 | 温度:0.1 ℃ ,1 ℃<br>直流电压:0.1% ,0.01% | 输出接点容量 | 220 V AC,3 A |
| 控制点误差/% | ±0.2 | 控制点设定范围 | 0.100 量程 |

目前数字式显示仪表的显示位数为 3 位半到 4 位半,其准确度为 0.2% ±1 个字至 ±0.2% ±1个字之间,由于数字式显示仪表的相对误差随着被测值增加而减少,如用 2V 量程的仪表去测量 0.2V 的电压,则相对误差为满度 2V 时误差的 4 倍,若测量 0.2V 以下的电压,其误差将会更大,所以使用中必须正确选择量程。

### 6.2.2　数字式显示仪表的基本构成

数字式显示仪表的基本构成方式如图 6.14 所示,其核心部件是模拟/数字(A/D)转换器,它可以将输入的模拟信号转成数字信号。以 A/D 转换器为中心,可将显示仪表内部电路分为模拟和数字两大部分。

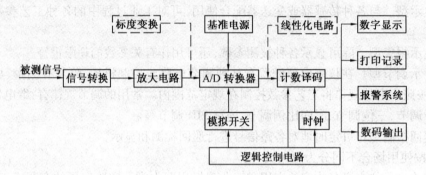

图 6.14　数字式显示仪表的基本构成

仪表的模拟部分一般设有信号转换和放大电路,模拟切换开关等环节。信号转换电路和放大电路的作用是,将来自各种传感器或变换器的被测信号转换成一定范围内的电压值并放大到一定幅值,以供后续电路处理。有的仪表还设有滤波环节,以提高信噪比。

仪表的数字部分一般由计数器、译码器、时钟脉冲发生器、驱动显示电路以及逻辑控制电路等组成。经放大后的模拟信号由 A/D 转换器转换成相应的数字量后,经译码器、驱动器,送到显示器件中进行数字显示。常用的数字显示器件如发光二极管(LED)、液晶(LCD)显示器等。

逻辑控制电路也是数字式显示仪表不可缺少的环节之一,它对仪表各组成部分的工作起着协调指挥作用。目前,在许多数字式显示仪表中已经采用微处理器等集成电路芯片来代替常规数字仪表中的逻辑控制电路,从而由软件来进行程序控制。

对于工业过程检测用数字式显示仪表,往往还设有标度变换和线性化电路。标度变换电路用于对信号进行量纲换算,将仪表显示的数字量和被测物理量统一起来。而线性化电路的作用是为了克服某些传感器(如热电偶、热电阻等)的非线性特性,使显示仪表输出的数字量与被测参数间保持良好的线性关系。这两个环节的功能既可以在数字仪表的模拟部分实现,也可以在数字部分实现,还可以用软件来实现。除上述诸环节外,高稳定度的基准电源和工作电源也是数字式显示仪表的重要组成部分。

#### 1. A/D 转换器

由于被测信号一般都是通过各种传感器或变送器转换后随时间连续变化的模拟电信号,因此将模拟电信号转换成数字信号是实现数字显示的前提。

按照转换方式,A/D 转换器可分为反馈比较型(如逐次逼近型)、电压-时间变换型(如双积分型)、电压-频率变换型等多种类型,每种类型的 A/D 转换器又可分别制成不同型号的集成芯片。下面介绍几种典型的 A/D 转换器的基本原理。

（1）逐次逼近型 A/D 转换器

逐次逼近型 A/D 转换器是目前应用较广的模/数转换器，其基本原理如图 6.15 所示。将来自传感器的模拟输入信号 $U_{IN}$ 与一个推测信号 $U_i$ 相比较，根据大于还是小于 $U_{IN}$ 来决定增大还是减小该推测信号 $U_i$，以便向模拟输入信号逼近。由于推测信号 $U_i$ 即为 A/D 转换器的输出信号，所以当推测信号 $U_i$ 与模拟输入信号 $U_{IN}$ 相等时，向 A/D 转换器输入的数字量也就是对应于模拟输入量 $U_{IN}$ 的值。

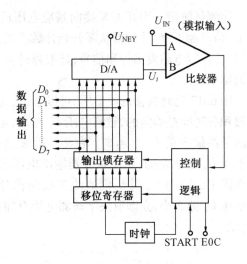

图 6.15　逐次逼近型 A/D 转换器工作原理

其工作过程是，当逻辑控制电路加上启动脉冲时，使二进制计数器（输出锁存器）中的每一位从最高位起依次置 1，按照时钟脉冲的节拍控制 A/D 转换器依次给出数值不同的推测信号 $U_i$，并逐次与被测模拟信号 $U_{IN}$ 进行比较。若 $U_{IN} > U_i$，则比较器输出为 1，并使该位保持为 1；反之，则比较器输出为零，并使输出锁存器的对应位清零。如此进行下去，直至最低位的推测信号 $U_i$ 参与比较为止。此时，输出锁存器的最后状态即为对应于待转换模拟输入信号的数字量，将该数字量输出就完成了 A/D 的转换过程。

（2）双积分型 A/D 转换器

双积分型 A/D 转换器的原理如图 6.16 所示，其工作过程可分为采样和测量两个阶段。

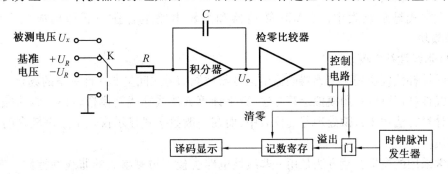

图 6.16　双积分型 A/D 转换器工作原理

①采样阶段。开始工作前图中的开关 K 接地，积分器的起始输出电压为零，采样阶段开始。控制电路发出的控制脉冲将开关 K 与被测电压 $U_x$ 接通，使积分器对 $U_x$ 进行积分，与此同时，计数器开始计数。经过一段预先设定的时间 $t_1$ 后，计数器计满 $N_1$ 值，计数器复零并发出一个溢出脉冲，使控制电路发出控制信号将开关 K 接向与被测电压极性相反的基准电压（$+U_R$ 或 $-U_R$），采样阶段至此结束。此时积分器输出电压 $U_o$ 取决于被测电压 $U_x$ 的平均值 $\overline{U}_x$，即

$$U_o = -\frac{t_1}{RC}\overline{U}_x \tag{6.4}$$

②测量阶段。当开关 K 接向基准电压后,积分器开始反方向积分,其输出电压从原来的 $U_o$ 值开始下降,计数器从零开始计数。当积分器输出电压下降至零时,检零比较器开始动作,使控制电路发出控制信号,计数器停止计数。此时,计数器的计数值 $N_1$ 即为 A/D 转换的结果。

图 6.17 为转换器的波形图,可以看出,在采样阶段积分时间是固定的,被测电压 $U_x$ 越高,定时积分的最终输出值 $U_o$ 亦越高。在测量阶段,被积分的电压 $U_R$ 是固定的,因此积分器输出电压的变化斜率固定,而积分时间 $t_2$ 则取决于反向积分的起始电压 $U_o$ 的大小,亦即取决于被测电压 $U_x$ 的平均值,则

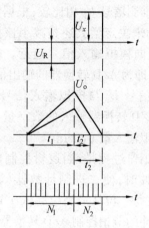

$$t_2 = \frac{t_1}{U_R} U_x \qquad (6.5)$$

$$N_2 = \frac{N_1}{U_R} \overline{U}_x = K\overline{U}_x \qquad (6.6)$$

式中,$K$ 为常数。

图 6.17　双积分型 A/D 转换器的波形图

**2. 功能模块**

随着大规模集成电路技术的发展,各种类型的模块化电路不断出现,集成度越来越高,功能越来越全。数字式显示仪表往往可由若干模块化电路组装而成,比较常见的有如下功能模块。

(1)DVM 模块

在数字式显示仪表中,将 A/D 转换器和显示电路组合在一起即构成数字电压表(DVM)模块。

(2)非线性补偿模块

非线性补偿模块用于传感器的输出信号与被测信号之间呈非线性关系的场合。

非线性补偿可以采用模拟运算方法、数字计算方法或非线性模数转换等方法完成。其中数字计算方法用于带微处理器的仪表中,而在一般数字式显示仪表中用得较多的是模拟运算方法。

通常采用的模拟补偿方法是用一非线性电路去校正被测参数的非线性特性。例如,热电偶的热电势与被测温度的关系呈非线性,如图 6.18(a)所示。该热电偶经放大器放大后,仅仅是幅值发生变化,曲线形状不变。若将该热电势信号送入非线性补偿模块,只要补偿模块电路的输出电压与输入电压的关系曲线如图 6.18(b)所示,恰好和热电偶的特性曲线呈互补函数关系,则可使热电偶的非线性特性得到补偿。在工程上,此种补偿电路通常采用几段折线拟合一条单变量连续函数曲线的方法进行设计,如图 6.19 所示。具体设计时,先将被模拟的互补曲线按允许的误差分成若干段,并分别用一系列折线来逼近它。这样,该曲线就可由几段折线来代替。数字显示仪表中的热电势非线性补偿模块就是根据这一并联补偿原理而设计的,如图 6.20 所示。在具体设计中,组成折线补偿的线性化电路要求折点调整方便,折线斜率正负可变换,斜率可调整的幅度适中,能满足补偿要求。

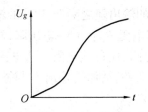

(a) 热电偶的热电势与温度的关系曲线

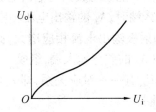

(b) 补偿模块的输出电压与输入电压的关系曲线

图 6.18 非线性补偿的互补曲线

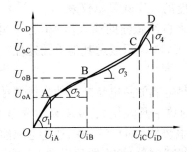

图 6.19 用 $n$ 段折线逼近曲线

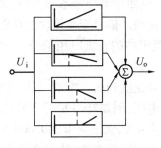

图 6.20 并联补偿原理示意图

（3）V/I 转换模块

V/I 转换模块的任务是将来自其他模块的电压信号线性地转换成 4～20 mA DC（或 0～10 mA DC）统一标准信号，以便送调节器或其他仪表使用。

V/I 转换模块的原理电路如图 6.21 所示，该模块包括标度变换部分和输出部分。其中标度变换部分由 $A_1$ 及一些电阻构成，输出部分由 $A_2$，$BG_1$，$BG_2$ 等组成。

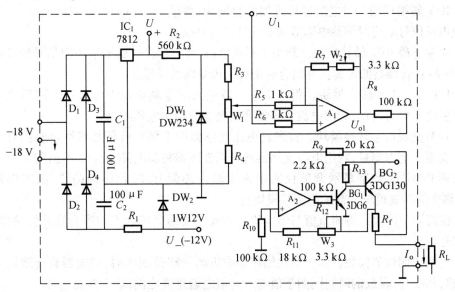

图 6.21 V/I 转换模块电路原理示意图

输出电路中的 $BG_1$ 作反相放大，以提高开环放大倍数，改善该模块的恒流性能。$BG_2$

为射极跟随器,因而能获得放大的输出电流。当一个正极性的输入信号 $U_i$,通过电阻 $R_6$ 加到 $A_1$ 的同相输入端时,$A_1$ 的输出电压相应升高,而 $A_2$ 的输出随之降低,$BG_1$ 的输出相应升高,因而 $BG_2$ 的射极输出电流相应增大,此电流在反馈电阻 $R_f$ 上有一电压降,然后分别经 $R_9$ 和 $R_{11}$ 反馈到 $A_2$ 的差分输入端,组成一个比例运算电路,使负载电阻上的电压降 $R_L I_o$ 与 $A_1$ 的输出电压 $U_{o1}$ 有一一对应关系,即 $I_o$ 与 $U_{o1}$ 成比例关系,从而使输出 $I_o$ 与输入 $U_i$ 之间具有良好的线性关系。

(4)其他功能模块

数字显示仪表中有时还要用到信号变换模块、调节模块、巡检模块等功能模块,以便组装成显示调节型、巡回检测型等不同类型、多种功能的数字式显示仪表。

①信号变换模块。信号变换模块的功能是将来自传感器的输入信号(电压、电流、电阻等)转换成一定范围内的直流电压信号,以便送往 DVM 显示或送其他单元处理。常见的信号变换模块有:

a. 热电偶信号变换和放大模块。其功能是将热电偶的热电势或其他毫伏信号变换后放大到伏特级直流电压,例如有一 K 分度号热电偶的数字测温仪表,满度显示为"1 053"。此时放大器的输出为 4 V,而该热电偶 1 000 ℃时的电势值为 41.57 mV,通过选取前置放大器的放大倍数来实现其标度变换;数字仪表显示"1 053",前置放大器须提供 4 V 电压,若显示"1 00"时,则前置放大器应提供 4 000/1 053×1 000 = 3 910 mV 的电压。而此时热电偶的热电势是 41.57 mV,故前置放大器的倍数 K 应该是 3 910/41.57 = 94.7,才能保证放大器的输出为 3 910 mV,这样就能保证数字仪表的显示正好表示温度值。但这里没有考虑热电势和温度之间的非线性关系,因而精度不高。该模块还具有热电偶冷端温度补偿和断偶保护功能。

b. R/V 转换模块。与电阻型传感器配合使用,提供一个恒定的直流电流,将电阻信号转换成电压信号。可对前热电阻等的非线性进行补偿。

c. 六端电桥 R/V 转换模块。利用不平衡电桥,将电阻型传感器的电阻信号转换成电压信号,与 A/D 转换器的传输特性结合起来可实现非线性补偿。

d. I/V 交流电平转换模块。将电流互感器送来的工频交流电流线性地转换成直流电压。主要用于电力测量,利用电流互感器将弱电部分与相电压隔离。

e. V/V 交流电平转换模块。将来自电压互感器的工频交流信号线性地转换成直流电压。主要用于电力测量,利用电压互感器或降压变压器将弱电部分与相电压隔离。

②调节模块。数字显示调节仪表中常用两位式调节、时间比例调节、比例积分微分(PID)调节等功能模块。常见的调节模块有:

a. 位式调节模块。将测量值与给定值之差放大成继电器触点的吸合或释放动作,输出断续信号。

b. 时间比例调节模块。测量值在给定值附近的一定范围内时,继电器自动地周期性吸合、释放,其吸合、释放的时间同测量值与给定值之偏差成比例,输出断续信号。

c. 比例积分微分(PID)调节模块。按测量值与给定值之偏差进行比例积分微分运算,运算结果经功率放大后输出控制信号,其输出为连续信号(0~10 mA 或 4~20 mA DC)。

③巡检模块。该模块具有定时、巡回方式选择、多路信号转换、自检控制等功能,其任务

是实现被测参数的巡回检测。巡检模块电路由若干片逻辑集成电路和多只微型继电器构成,是一种结构较为复杂的功能模块。

### 6.2.3　数字显示仪表的工作原理

将不同的功能模块组合在一起即可构成功能各异的数字式显示仪表。下面介绍几种典型的模块化数字显示仪表。

**1. 热电偶型**

图 6.22 为热电偶型数字显示调节仪表,它由热电偶信号变换及放大模块、非线性补偿模块、时间比例调节模块、DVM 模块以及"显示选择"开关、设定电位器等组成。它与各种分度号的热电偶配合,能对工业生产中的气体、液体的温度进行测量、显示和时间比例调节。图中来自热电偶的热电势 $E(t,t_0)$ 在信号变换及放大模块的输入电路中与冷端补偿电势 $E(t_0,0)$ 叠加,得到参考点为 0 ℃的热电势 $E(t,0)$,此电势经放大后送非线性补偿模块进行非线性校正,经过校正的电信号与被测温度 $t$ 呈比例关系,然后送 DVM 模块进行显示。同时,该信号作为测量值送到时间比例调节模块,设定值则由电阻和电位器分压得到,测量值与设定值在时间比例调节模块中进行比较得到偏差,并对此偏差进行时间比例运算,输出开关接点的通－断信号。测量值和设定值均在 DVM 中显示,当"显示选择"开关 AN 按下时显示设定值,放开时显示测量值。

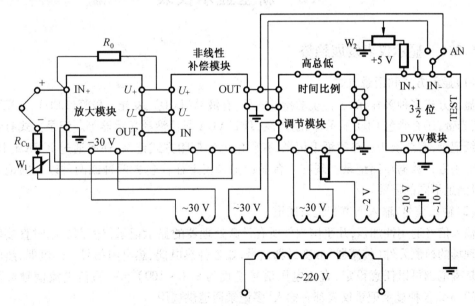

图 6.22　热电偶型数字显示调节仪原理图

**2. 热电阻型**

热电阻型数字显示调节仪表可分别与分度号为 Pt100,Pt10,Cu100 和 Cu50 等热电阻配合,能对工作过程中－200 ~ +800 ℃范围内的各种温度进行测量和数字显示,并能进行连续PID 调节,输出 4 ~ 20 mA(或 0 ~ 10 mA)DC 的统一标准信号。

该仪表整机线路由 R/V 转换模块、DVM 调节模块以及"显示选择"开关 AN、设定值调整电位器 W 等组成,其工作原理如图 6.23 所示。当按下"显示选择"开关 AN 时,仪表显示设定值,当放开时显示测量值。

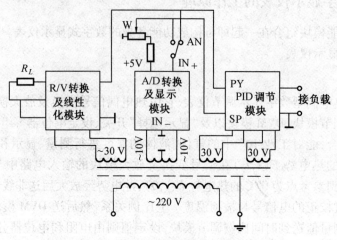

图 6.23　热电阻型数字显示调节仪原理图

# 6.3　新型显示仪表

## 6.3.1　显示仪表发展趋势

(1)显示方式和记录方式

显示方式多种多样,除了传统的指针式外,有液晶(LCD)、发光二极管(LED)、荧光数码管,荧光带,还有彩色 CRT 显示器、超薄性(TFT)VGA 彩色液晶显示器等。记录方式有纤维记录纸记录,有热敏头在热敏纸上记录,有彩色色带打印方式记录,还有通过 ICRAM 卡、磁盘等电子方式数据存储记录。现在一台显示记录仪上往往包含两种或两种以上的记录方式,以满足不同的需要。

(2)输入信号、输入通道和记录通道

输入信号通用性加强,几乎国内外所有带微处理器的显示记录仪表都能同时直接接受来自现场的检测元件(传感器)和变送器信号,如各种热电偶、热电阻信号。热电偶、热电阻信号量程范围可以任意设定;直流电压信号量程为 $\pm(1\sim100)$ mV,直流电流信号量程为 $1\sim500$ mA。各种显示记录仪表都有输入、多记录通道供选用。

(3)测量精度和采样周期

测量精度高,采样周期快是对新型显示仪表的要求。测量精度有的已经达到 0.05 级,一般的也达到 0.1 和 0.5 级。记录精度有些达到 0.1 级,一般的都达到 0.55 和 0.5 级。所有通道采样一次所需时间最短为 0.1 s(6 通道以内)和 1 s(6 通道以上)。

(4)运算能力

普遍具有加、减、乘、除、比率、平方根、通道/分组平均、计算质量流量、蒸汽流量等几十种运算功能,还有非线性处理、自动校正、自动判别诊断功能。

（5）报警、控制功能

根据需要组态配置报警功能,有绝对高/低、偏差、变化率增/减、数字状态等报警。

报警时面板指示,记录纸上或电子数据存储器中记录报警信息;还可以附加多组继电器输出报警状态。

带微处理器的显示仪表通过软件实现控制功能。除了常规的位式控制和 PID 控制外,已有把程序控制、PID 整定、自适应 PID 及专家系统都放入其中,其控制功能接近于数字式控制器。

（6）电子数据存储

数据可存入磁盘以便保存或日后分析使用,也可存入 ICRAM 卡。

（7）操作

方便的人机对话窗口,屏幕式菜单或屏幕图形界面按钮操作,同时也可通过专门的手操器、上位机对显示记录仪进行参数设定、组态、校验等操作。

（8）虚拟显示仪表

采用多媒体技术,将个人计算机取代实际的仪表。

## 6.3.2 屏幕显示仪表

屏幕显示仪表是在数字仪表的基础上增加了微处理器（CPU）,存储器（RAM 是读写存储器,EPROM,EEPROM 是可擦式只读存储器）、显示屏以及与之配套的一些辅助设备等,如图 6.24 所示。由于加入了微处理器及显示屏,因而对信息的存储以及综合处理能力大大加强,例如可对热电偶冷端温度、非线性特性以及电路零点漂移等进行补偿,进行数字滤波,各种运算处理,设定参数的上下限值、报警、数据存储、通信、传输以及趋势显示等。

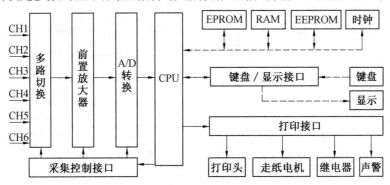

图 6.24　屏幕显示仪表的原理框图

多路切换开关可把多路输入信号,按一定时间间隔进行切换,输入仪表内,以实现多点显示;前置放大器和 A/D 转换是把输入的微小信号进行放大,而后转换为断续的数字量;CPU 的作用则是对输入的数字量信号,进行仪表功能所需的处理,诸如非线性补偿、标度变换、零点校正、满度设定、上下限报警、故障诊断、数据传输控制等;只读存储器是存放一些预先设置的实现各种功能的固定程序,其中 EPROM 需离线光擦除后写入,EEPROM 可在线电擦除后写入;读写存储器 RAM 是用于存储各种输入、输出数据以及中间计算结果等,它必须带自备电池,否则一旦断电,所有储存的数据将全部丢失。键盘为输入设备,打印机、显示屏幕为输出设备。

### 6.3.3　虚拟显示仪表

利用计算机的强大功能完成显示仪表的所有工作,虚拟显示仪表硬件结构简单,只要将采样和模数转换电路通过输入通道插卡插入计算机即可。虚拟仪器的显著特点是在计算机屏幕上完全模仿实际使用中的各种仪表,如仪表盘、操作盘、接线端子等,用户通过键盘、鼠标或触摸屏进行各种操作。

由于计算机完全取代显示仪表,除受输入通道插卡性能限制外,其他各种性能如计算速度、计算的复杂性、精确度、稳定性、可靠性都大大增强。而在数据处理方面,如特性线性化、冷端补偿等更具优势。此外维护方便、使用简单是虚拟显示仪表的另一优点。随着计算机技术的发展和集成程度的提高,一台计算机可以同时实现多台虚拟仪表的集中运行和显示。

## 思考题与习题

6.1　图 6.25 所示为电子电位差计 I 的原理图,试问当稳压源无输出时,仪表会出现什么现象?

6.2　图 6.26 所示为电子电位差计 II 的原理图,其中 $R_t$ 为冷端温度补偿电阻,25 ℃时的阻值为 5 Ω,平均电阻温度系数为 $\alpha=4\times10^{-3}$ ℃,下支路电流为 $I=2$ mA。假定热电偶的热电势每 100 ℃是 4 mV,并设温度与电势呈线性关系,问室温从 25 ℃变化到 50 ℃时电阻 $R_t$能否补偿?

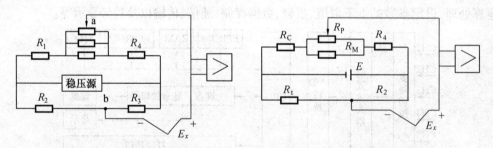

图 6.25　电子电位差计 I 原理图　　　　　图 6.26　电子电位差计 II 原理图

6.3　电子电位差计是如何实现对热电偶冷端温度的自动补偿的?

6.4　简述电子自动平衡电桥的工作原理。

6.5　什么是数字式显示仪表? 它与模拟式仪表相比有哪些优缺点?

6.6　数字式显示仪表由几部分组成? 各组成部分的作用是什么?

6.7　数字式显示仪表的 A/D 转换有几种类型? 各有什么优缺点?

# 第7章 调节器

在自动控制系统中,检测仪表将被控变量转换成测量信号后,一方面送到显示仪表记录或显示,另一方面送到调节仪表与给定值进行比较。给定值可以从专门的给定单元取得,也可从调节单元内部取得。调节单元又称调节器,目前多数调节单元内部有设定给定值的装置,它按比较得出的偏差以一定的调节规律,如比例、微分、积分等运算关系发出调节信号,通过执行单元达到自动调节的目的。

## 7.1 调节器的调节规律

在自动化控制系统中,调节器的作用就是将来自测量变送单元的测量值与系统的给定值相比较,产生一定的偏差信号,对该偏差按照某种规律进行数学运算,输出统一标准信号,然后去控制执行机构的动作,以实现对调节对象的温度、液位、流量的自动控制。要掌握一个调节器,主要是弄清楚它具有什么样的调节规律。所谓调节规律是指调节器的输出信号与输入信号之间的函数关系,即 $\Delta P = f(e)$。

研究调节器调节规律时,往往假定输入偏差 $e$ 是一个初值为零的阶跃信号,输出信号通常指的是 $\Delta P$,即 $\Delta P = f(e)$。如果偏差信号 $e>0$,对应输出信号变化量 $\Delta P>0$,则称调节器为正作用调节器,而若 $e<0$,对应输出信号变化量 $\Delta P<0$,则称调节器为反作用调节器。在讨论调节规律时,一般以正作用调节器为例。调节器的基本调节规律有位式调节、比例(P)调节、积分(I)调节、微分(D)调节4种。对应的调节器大多为组合调节,如 PI 调节、PID 调节等。

不同的控制规律适应不同的生产要求。要选用合适的控制规律,首先必须了解控制规律的特点与适用条件,根据工艺指标的要求,结合具体对象特性,才能做出正确的选择。

### 7.1.1 位式调节

位式调节可分为双位调节和多位调节,其中双位调节是一种最简单的调节形式,理想的双位调节器输出 $\Delta p$ 与输入偏差 $e$ 之间的关系为

$$\Delta p = \begin{cases} P_{max} & (e>0 \text{ 或 } e<0) \\ P_{min} & (e<0 \text{ 或 } e>0) \end{cases} \tag{7.1}$$

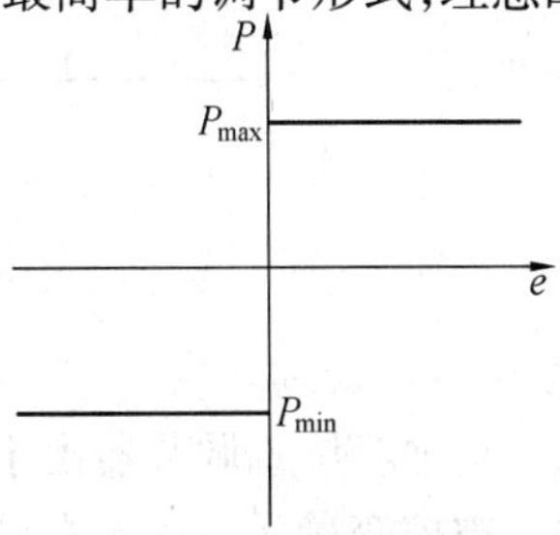

其调节规律如图 7.1 所示。当测量值大于给定值时,调节器的输出为最大(或最小);当测量值小于给定值时,调节器的输出为最小(或最大)。调节器只有两个输出值,相应的执行机构只有开和关两个极限位置,而且从一个极限位置到另一个极限位置的切换过程很快,因此又称开关控制。

图 7.1 双位调节特性

　　图 7.2 是一个采用双位调节的液位控制系统实例。它利用电极式液位控制装置来控制储槽内导电液体的液位,液体经装有电磁阀 YV 的管道流入储槽,由出料管流出,在这过程中,保持储槽内液体高度在一设定范围内。储槽外壳接地,槽内装有一根电极作为测量液位的装置,电极的一端与继电器 $K$ 的线圈相接,另一端调整在液位设定的位置,当液位低于设定值 $H_0$ 时,液体未接触电极,继电器断路,此时电磁阀 YV 全开,液体以最大流量流入储槽。当液位上升至设定值时,液位与电极接触,液体与电极接触,继电器接通,从而使电磁阀全关,液体不再进入储槽。但槽内液体仍通过出料管继续排出,故液位要下降。当液位降至低于设定值时,液体与电极脱离,于是电磁阀 YV 又开启,如此反复循环,液位被维持在设定值上下一个小范围内波动。

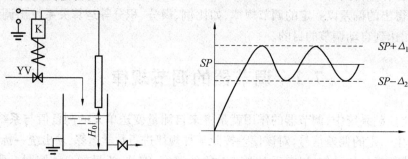

图 7.2　双位调节液位控制系统及其输出曲线

　　在按照理想双位调节特性动作的控制系统中,执行部件的动作非常频繁,这样就会使系统中的运动部件(如上例中的继电器、电磁阀等)易于损坏,从而降低了控制系统的可靠性。在实际生产中,可加一个延迟中间区,其特性可表示为

$$\Delta p = \begin{cases} P_{\max} & (e>e_{\max} \text{ 或 } e<e_{\max}) \\ P_{\max} \text{ 或 } P_{\min} & (e_{\max}>e>e_{\min}) \\ P_{\min} & (e<e_{\min} \text{ 或 } e>e_{\min}) \end{cases} \qquad (7.2)$$

　　偏差在中间区时,控制机构不动作,从而降低机构开关的频繁程度,延长控制器中运动部件的使用寿命,具有中间区的双位调节特性如图 7.3 所示。

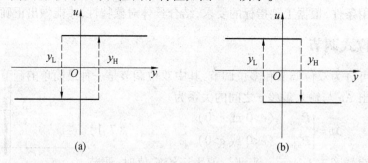

(a)　　　　　　　　　　　　　　　　(b)

图 7.3　具有中间区的双位控制特性

　　这种双位式调节器由于输出只有断续的两种状态,调节过程只能是一种不断的振荡过程。被控变量无法稳定在设定值上. 这是由于双位调节器只有两个特定的输出值,相应的控制阀也只有两个极限位置,这是过量调节所致。要使调节过程平稳下来,必须使用输出大小

能连续变化的调节器,并通过引入微分、积分等调节规律来提高调节质量。虽然在一定程度上,双位式调节器也可借助于各种内反馈获得近似于连续调节器的比例、微分、积分等调节规律,但目前除一些要求不高的场合及比较适宜于使用双位式执行器的调节系统外,大部分使用输出能连续变化的连续调节器。

### 7.1.2 比例(P)调节

比例调节规律是指调节器的输出变化量与输入偏差成比例关系,一般用字母 $P$ 表示,来源于英文单词 Proportional。比例调节器输出与输入的关系式为

$$\Delta P = K_P \cdot e \tag{7.3}$$

式中,$K_P$ 为比例增益,即可调放大倍数。在调节器的实际应用中,表征调节器放大倍数的可控参数为比例度 $\delta$。比例度就是调节器输入变化的相对值与相应的输出变化的相对值之比的百分数,即

$$\delta = \frac{\dfrac{e}{e_{max} - e_{min}}}{\dfrac{\Delta P}{P_{max} - P_{min}}} \times 100\% \tag{7.4}$$

式中,$e_{max} - e_{min}$ 为偏差变化范围;$P_{max} - P_{min}$ 为输出信号变化范围。

比例作用的规律:偏差值 $e$ 变化越大,调节器的输出 $\Delta p$ 也越大,而且 $e$ 和 $\Delta p$ 之间存在一定的比例关系;另外偏差值 $e$ 变化速度 $\left(\dfrac{de}{dt}\right)$ 快,调节器的输出变化 $\left(\dfrac{dp}{dt}\right)$ 也快,这是比例调节器的一个显著特点。

在研究调节器的调节规律时,往往给调节器输入一个阶跃偏差信号,研究输出信号的变化规律。比例调节器在阶跃输入信号作用下的输出响应曲线如图7.4 所示。输出幅度的大小取决于 $K_P$ 值的大小。

从图 7.4 中可以看出输出与输入呈比例关系,只要有偏差存在,调节器输出立即与输入呈比例地变化,比例调节作用及时迅速,但是系统容易出现余差。当被控变量受干扰影响而偏离给定值后,不可能再回到原先的数值上。因为如果偏差为零,调节器的输出不会发生变化,系统也就无法保持平衡。因此调节的结果不可避免地存在静差,因而比例调节器又称为有差控制器。存在静差,这是比例调节规律的最大缺点。

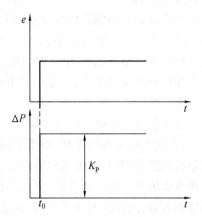

图 7.4 比例调节规律的阶跃响应曲线

通过改变 $K_P$ 值可以调节余差的大小,$K_P$ 越大,调节精度越高,系统的余差也就越小。图 7.5 中曲线 2 的被控变量发生等幅振荡,此时的比例度称为临界比例度 $\delta_{临}$。当比例度小于 $\delta_{临}$ 时,会发生发散振荡,如曲线 1 所示;当比例度大于 $\delta_{临}$ 时并增大到适当值时,过渡过程曲线比较理想,如曲线 3 所示;比例度太大时,被控变量变化缓慢,有较大的余差,如曲线4。通常希望得到的是被控变量比较平稳又余差不大,衰减比大约为(4:1)~(10:1)的曲

线,如图中曲线3。

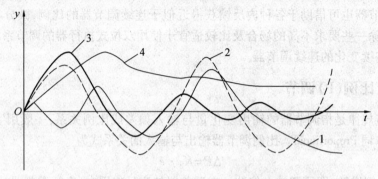

图 7.5　比例度对过渡过程的影响

比例控制规律适用于控制干扰较小、控制通道滞后较小、负荷变化不大、控制要求不高、被控参数允许在一定范围内有余差的场合。如储槽液位控制、压缩机储气罐的压力控制等。

### 7.1.3　积分(I)调节

积分调节器具有积分调节规律,其输出与输入的关系式为

$$\Delta P = \frac{1}{T_1}\int_0^t edt \qquad (7.5)$$

式中,$T_1$ 为积分时间。

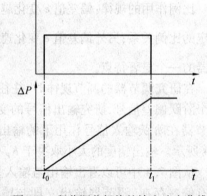

积分调节器在输入阶跃偏差信号作用下的输出响应曲线如图 7.6 所示。从图中可以看出,积分调节规律的特点是只要偏差信号存在,输出信号就会随时间不断地变化(增加或减小),直到偏差信号消除为止。积分调节器输出信号变化的快慢与偏差信号的大小和积分速度成正比,而变化的方向则与偏差信号的正负有关。

虽然积分调节规律可以消除偏差,但是调节动作缓慢,在偏差信号刚出现时,调节作用很弱,不能及时

图 7.6　积分调节规律的输出响应曲线

克服扰动的影响,致使被调参数的动态偏差增大,调节过程拖长,甚至使系统难以稳定。因此很少单独使用积分调节器,绝大多数情况是把积分和比例两种调节器组合起来,形成比例积分调节器,这样控制既能及时,又能消除静差。

### 7.1.4　比例积分(PI)调节

比例积分调节器是由比例调节器和积分调节器结合而成,由于它吸取了两种调节规律的优点,在生产中有着广泛的应用。其输出与输入的关系式为

$$\Delta P = K_P\left(e + \frac{1}{T_1}\int_0^t edt\right) \qquad (7.6)$$

比例积分调节器在输入阶跃偏差信号作用下输出的阶跃响应曲线,如图 7.7 所示。从图中可以看出输出信号由两部分组成,一部分是比例输出 $\Delta P_P = K_P \cdot e$;一部分是积分输出

$\Delta P_{\mathrm{I}} = \dfrac{K_{\mathrm{D}}}{T_{\mathrm{I}}} \displaystyle\int_0^t e \mathrm{d}t$。积分时间 $T_{\mathrm{I}}$ 表示积分作用的强弱,是指在阶跃输入信号作用下,积分部分的输出变化和比例部分的输出相等时所经历的时间,亦称再调时间。$T_{\mathrm{I}}$ 越小,积分作用越强;$T_{\mathrm{I}}$ 越大,积分作用越弱。当 $T_{\mathrm{I}} \to \infty$ 时,表示无积分作用。

积分输出项表明,只要偏差存在,积分作用的输出就会随时间不断地变化,直至消除偏差,使输出稳定下来。积分作用的快慢与输入偏差 $e$ 大小成正比,与积分时间 $T_{\mathrm{I}}$ 成反比。在相同比例度下,积分时间对过渡过程的影响如图7.8所示。

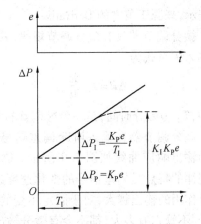

图 7.7　比例积分调节规律的阶跃响应曲线

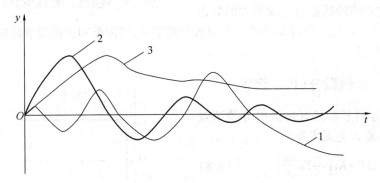

图 7.8　积分时间对过渡过程的影响

从图中可以看出,若 $T_{\mathrm{I}}$ 选择适当,被控变量的过渡过程比较理想,余差消除得快,不会产生振荡,如曲线 2 所示;若 $T_{\mathrm{I}}$ 选择太小,虽然余差消除很快,但系统振荡加剧,如曲线 1 所示;如果 $T_{\mathrm{I}}$ 选取太大,积分作用又不明显,余差消除很慢,如曲线 3 所示。当积分时间 $T_{\mathrm{I}}$ 为无穷大时,就没有积分作用,成为了纯比例调节器。在比例积分调节器的实际应用中,由于电路的输出不能无限地增大,或计算机的精度不能无限高,实际的比例积分调节器是具有饱和特性的。

比例积分控制规律适用于控制通道滞后较小、负荷变化不大、被控参数不允许有余差的场合。如某些流量、液位要求无余差的控制系统。

### 7.1.5　微分(D)调节

生产过程中多数热工对象均有一定的滞后,即调节机构改变操纵量后,并不能立即引起被控参数的改变。因此,常常希望能根据被控参数变化的趋势,即偏差变化的速度来进行控制。例如,若偏差变化的速度很大,就预计到即将出现很大的偏差,此时就首先过量地打开(或关小)控制阀,以后再逐渐减小(或开大),这样就能迅速克服扰动的影响。这种根据偏差变化的速度来操纵输出变化量的方法,就是微分调节。

微分调节器是指调节器的输出变化量与输入偏差的变化速度成比例关系,一般用字母

D 表示,来源于英文的 Derivative。

微分调节器具有微分调节规律,其输出与输入关系式为

$$\Delta P = T_D \frac{de}{dt} \tag{7.7}$$

式中,$T_D$ 为微分时间,是一个可调整的常数。

微分调节器在输入阶跃偏差信号作用下的输出响应曲线如图 7.9 所示。微分调节规律的特点是偏差信号的变化速度越大,微分作用的输出越大,对于固定不变的偏差信号,不管它有多大,都不会有微分输出,所以它不能克服余差。若偏差信号变化速度很慢,但经过时间的积累达到相当大的数值

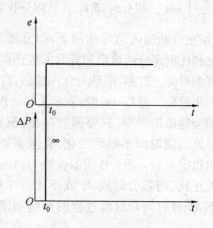

图 7.9　微分调节规律的阶跃响应曲线

时微分作用也不明显。所以不能单独使用微分调节器,它需要和比例调节器配合使用,组成比例微分调节器。

### 7.1.6　比例微分(PD)调节

比例微分调节器具有比例微分调节规律,其输出与输入关系式为

$$\Delta P = K_P \left( e + T_D \frac{de}{dt} \right) \tag{7.8}$$

比例微分调节器在输入阶跃偏差信号的作用下,输出响应曲线如图 7.10 所示。从图中可以看出,输出信号由两部分组成,一部分是比例输出 $\Delta P_P = K_P \cdot e$;一部分是微分输出 $\Delta P_D = K_P T_D \frac{de}{dt}$,这是理想的比例微分

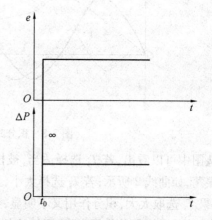

图 7.10　比例微分调节规律的阶跃响应曲线

调节器。微分输出的大小与偏差变化速度及微分时间 $T_D$ 成正比。微分时间越长,微分作用就越强。微分时间对过渡过程的影响如图 7.11 所示。

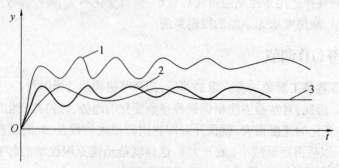

图 7.11　微分时间对过渡过程的影响

　　从图中可以看出,若微分时间 $T_D$ 选择适当,被控变量的过渡过程比较理想,不会产生振荡,如曲线 2 所示;若 $T_D$ 选择太大,微分作用太强,引起被控变量剧烈振荡,如曲线 1 所示;若 $T_D$ 选择太小,对惯性大的调节对象的调节不够及时,如曲线 3 所示。

　　但由于比例微分调节缺乏抗干扰能力,当偏差信号中含有高频干扰时。会造成输出大幅度变化,引起执行器误动作。因此实际的比例微分调节器都要限制微分输出的幅度,使之具有饱和性。实际比例微分调节器在阶跃输入信号的作用下输出响应曲线如图 7.12 所示。

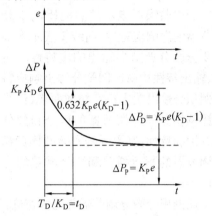

　　从图中可以看出,调节器输出的初始值为 $K_P K_D e$,主要是微分作用的输出。然后随着时间的增加,微分输出下降,但不像理想的比例微分调节器那样瞬间完成,而是按时间常数为 $t_D$ 的指数曲线下降,下降的快慢取决于微分时间 $T_D$,最后稳定在 $K_P e$,为比例作用的输出。微分时间 $T_D$越大,微分作用越强;$T_D$ 越小,微分作用越弱;当 $T_D = 0$ 时,微分作用消除了。

图 7.12　实际比例微分调节规律的阶跃响应曲线

　　微分作用是根据偏差变化速度进行调节的,即使偏差很小,只要出现变化趋势,马上就有调节作用输出,即微分具有超前作用。对于具有容量滞后的过程控制通道,引入微分控制对于改善系统的动态性能指标有显著的效果。因此,对于控制通道的时间常数或容量滞后较大的场合,为了提高系统的稳定性,减小动态偏差等可选用比例微分控制,如温度或成分控制。但对于纯滞后较大,测量信号有噪声或周期性扰动的系统,则不宜采用微分作用。

　　在生产实际中,一般温度控制系统,惯性较大,常加微分作用,可提高系统的控制质量。而在压力、流量等控制系统中,则多不加微分作用。

### 7.1.7　比例积分微分(PID)调节

　　比例微分控制作用因不能消除静差,故系统的控制质量仍然不够理想。为了消除静差,常将比例、积分、微分三种控制结合起来,构成比例积分微分(PID)三种作用的调节器,从而可以得到比较满意的控制质量。

　　比例积分微分调节器具有比例积分微分调节规律,其输出输入关系式为

$$\Delta P = K_P \left( e + \frac{1}{T_I} \int_0^t e \, dt + T_D \frac{de}{dt} \right) \tag{7.9}$$

或实际输出

$$P = K_P \left( e + \frac{1}{T_I} \int_0^t e \, dt + T_D \frac{de}{dt} \right) + P_0 \tag{7.10}$$

式中,$P_0$ 为初始值,即 $t = 0$ 瞬间,$e = 0$,$\frac{de}{dt} = 0$ 时的输出值;第一项为比例(P)部分,第二项为积分(I)部分,第三项为微分(D)部分。

比例积分微分调节器在输入阶跃偏差信号作用下的输出响应曲线如图 7.13 所示。

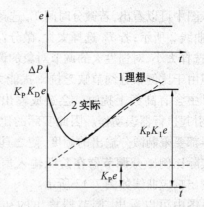

图中曲线 1 表示理想的比例积分微分调节器输出响应特性,曲线 2 表示实际的比例积分微分调节器输出响应特性。两者比较,输出特性均由比例微分输出响应特性和比例积分输出响应特性叠加而成,但是实际的比例积分微分调节器的积分和微分部分均有饱和特性,其原因是实际的比例积分微分调节器的积分增益和微分增益均为有限值。

图 7.13　比例积分微分调节器的阶跃响应曲线

比例积分微分调节器既能快速进行调节,又能消除偏差,还能根据偏差信号的变化趋势提前动作,具有较好的调节性能。它适用于过程控制通道时间常数或容量滞后较大、控制要求较高的场合,如温度控制、成分控制等。在实际使用中,要适当调整比例度、积分时间、微分时间,才能获得理想的过渡过程曲线。

# 7.2　调节器的参数整定

调节器参数整定是指决定调节器的比例度 $\delta$、积分时间 $T_I$ 和微分时间 $T_D$ 的具体数值。整定的实质是通过改变调节器的参数,使其特性和过程特性相匹配,以改善系统的动态和静态指标,取得最佳的控制效果。

调节器参数整定只有在控制方案设计正确、仪表选型合理、安装无误和调校后才有意义。因为若控制方案设计不正确,单凭整定调节器参数是不可能满足生产工艺要求的;相反,控制方案设计正确,若调节器参数整定不当,则系统的控制效果也是不会令人满意的。

参数整定的方法很多,归纳起来主要有两大类,即理论计算方法和工程整定法。

理论计算法有对数频率特性法、根轨迹法等。这类方法要求已知过程的数学模型,但由于生产过程往往比较复杂,不可能考虑周到,所得数学模型多属近似。因此理论计算法没有得到广泛应用,只能依据理论和工程经验估计一组参数,在运行过程中进行优化参数,这和经验法相似。

工程整定法主要有经验法、临界比例度法和衰减曲线法三种。这类方法不需要事先知道过程的数学模型,直接在过程控制系统中进行现场整定,其方法简单,计算简便,易于掌握。虽然也是一种近似方法,所得整定参数不一定为最佳,但却相当实用。下面介绍几种常用的工程整定方法。

## 7.2.1　临界比例度法

临界比例度法是目前工程上应用较广泛的一种调节器参数的整定方法。比例度是指调节器输入变化的相对值与相对应输出变化的相对值之比的百分数,即

$$\delta = \frac{\dfrac{e}{e_{\max} - e_{\min}}}{\dfrac{\Delta P}{P_{\max} - P_{\min}}} \times 100\% \tag{7.11}$$

式中，$e_{\max} - e_{\min}$ 为偏差变化范围；$P_{\max} - P_{\min}$ 为输出信号变化范围。

若 $\dfrac{e_{\max} - e_{\min}}{P_{\max} - P_{\min}} = 1$，则

$$\delta = \frac{1}{K_{\mathrm{P}}} \times 100\% \tag{7.12}$$

可以看出，$\delta$ 与 $K_{\mathrm{P}}$ 成反比，$\delta$ 下降，$K_{\mathrm{P}}$ 上升，比例作用就越强。

整定方法为，在闭合的控制系统里，将调节器置于纯比例作用下（即把积分时间 $T_{\mathrm{I}}$ 放在"∞"的位置，微分时间 $T_{\mathrm{D}}$ 放在"0"位置，从而消除了积分和微分作用），且比例度 $\delta$ 放在较大位置，将系统投入自动运行，然后逐步减小比例度 $\delta$，并施加干扰作用，直至控制系统出现等幅振荡的过渡过程，如图 7.14 所示。此时的比例度叫做临界比例度 $\delta_k$，相邻两个波峰间的

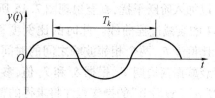

图 7.14 等幅振荡过程

时间间隔称为临界振荡周期 $T_k$。根据 $\delta_k$ 和 $T_k$ 值，参照表 7.1 的经验公式，即可确定调节器的各个参数。按"先 P 后 I 最后 D"的操作程序将调节器整定参数调到计算值上，然后观察其运行曲线，若还不够满意，可再作进一步调整。

表 7.1 临界比例度法整定计算公式

|  | $\delta/\%$ | $T_{\mathrm{I}}/\min$ | $T_{\mathrm{D}}/\min$ |
|---|---|---|---|
| P | $2\delta_k$ |  |  |
| PI | $2.2\delta_k$ | $0.85T_k$ |  |
| PID | $1.7\delta_k$ | $0.5T_k$ | $0.125T_k$ |

应用这种方法简单方便，但受一定限制。从工艺上看，要求被控变量允许承受等幅振荡的波动，其次是被控量应为高阶或具有纯滞后，否则在比例作用下将不会出现等幅振荡。另外在获取等幅振荡曲线时，应特别注意不应该使控制阀出现开、关的极端状态，否则由此获得的等幅振荡实际上是"极限循环"，从线性系统概念上说该系统早已处于发散振荡了。

对于有的过程控制系统，当调节器比例度 $\delta$ 调到最小刻度值时，系统仍不产生等幅振荡，对此，把最小刻度的比例度 $\delta_k$ 作为临界比例度进行调节器参数整定。临界比例度法对工艺上不允许有等幅振荡的不能使用，另外 $\delta_k$ 很小时也不适用，因为 $\delta_k$ 很小，即 $K_{\mathrm{P}}$ 很大，容易使被控变量超出允许范围。

### 7.2.2 衰减曲线法

衰减曲线法是在总结临界比例度法的基础上，经过反复实验提出来的。

衰减振荡是最一般的过渡过程,振荡衰减的快慢对过程控制的品质关系很大,定义第一和第二个周期的振幅 $B_1$ 与 $B_2$ 之比为衰减比,即 $n = B_1/B_2$,它充分反映了振荡衰减的情况,一般用 $n:1$ 表示。实际工作中习惯采用 $4:1$,即振荡一周后,振幅衰减了 $3/4$,这样的控制系统认为稳定性良好。

整定方法,先将调节器设置为纯比例作用($T_I = \infty$, $T_D = 0$),把比例度 $\delta$ 放在较大位置,使系统投入运行。在系统稳定后,逐步减小比例度,改变给定值以加入阶跃干扰,直至出现图 7.15 所示衰减比 $n$ 为 4 的衰减过程曲线。此时的比例度称为 $4:1$ 衰减比例度 $\delta_s$,两个相邻波峰之间的时间间隔称为 $4:1$

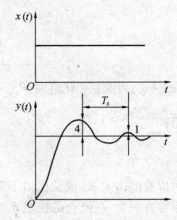

图 7.15　$4:1$ 衰减过程曲线

衰减振荡周期 $T_s$,根据 $\delta_s$ 和 $T_s$ 值,参照表 7.2 的公式,即可确定调节器的各个参数。按"先 P 后 I 最后 D"的操作程序将求得的整定参数设置到调节器上。然后观察其运行曲线,若不太理想,还可做适当调整。

表 7.2　$4:1$ 衰减曲线法整定计算公式

|  | $\delta/\%$ | $T_I/\min$ | $T_D/\min$ |
|---|---|---|---|
| P | $\delta_s$ |  |  |
| PI | $1.2\delta_s$ | $0.5T_s$ |  |
| PID | $0.8\delta_s$ | $0.3T_s$ | $0.1T_s$ |

对于多数过程控制系统,$4:1$ 衰减过程认为是最佳过程。但是,有些控制系统却认为 $4:1$ 衰减太慢,宜应用 $10:1$ 衰减过程,如图 7.16 所示为 $10:1$ 衰减曲线。这时仍按上述方法找 $\delta_s$,只是衰减比 $n$ 取 10。但此时,$T_s$ 不容易测准,改为测上升时间 $T_T$,$T_T$ 为达到第一个波峰时所需要的时间。然后由 $T_T$,$\delta_s$ 根据表 7.3 的公式确定 PID 参数。

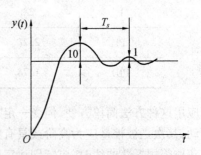

图 7.16　$10:1$ 衰减过程曲线

表 7.3　$10:1$ 衰减曲线法整定计算公式

|  | $\delta/\%$ | $T_I/\min$ | $T_D/\min$ |
|---|---|---|---|
| P | $\delta_s$ |  |  |
| PI | $1.2\delta_s$ | $0.2T_T$ |  |
| PID | $0.8\delta_s$ | $1.2T_T$ | $0.4T_T$ |

衰减曲线法可以适用于几乎各种应用场合,但应注意:

①加干扰前,控制系统必须处于稳定状态,否则不能得到准确的 $\delta_s$,$T_s$,$T_T$ 值。

②阶跃干扰的幅值不能大,一般为给定值的 5% 左右,必须与工艺人员共同商定。

③如果过渡过程波动频繁,难于记录下准确的 $\delta_s$,$T_s$,$T_T$,则改用其他方法。

④在生产过程中,负荷变化会影响过程特性,因而会影响 4∶1 衰减法的整定参数值,当负荷变化较大时,必须重新整定调节器参数值。

### 7.2.3 经验法

前面所述的临界比例度法和衰减曲线法也是经验法,表中数据亦为由经验总结所得,有经验的技术人员不必拘泥于表中的数据。

经验法是根据实际经验,先将调节器整定参数 $\delta$,$T_I$ 和 $T_D$ 预先设置为一定的数值,控制系统投入运行后,改变给定值施加阶跃干扰,观察过渡过程的曲线形状,如过渡过程在满意的范围内即可,如不够理想,则以调节器 P,I,D 参数对系统过渡过程的影响为理论依据,按照先比例(P)、后积分(I)、最后微分(D)的顺序,将调节器参数逐个进行反复凑试,直到获得满意的控制质量。

具体整定步骤为:

①置调节器积分时间 $T_I = \infty$,微分时间 $T_D = 0$,在比例度 $\delta$ 按经验设置的初值条件下,将系统投入运行,整定比例度 $\delta$。若曲线振荡频繁,则加大比例度 $\delta$;若曲线超调量大,且趋于非周期过程,则减小 $\delta$,求得满意的过渡过程曲线。

②引入积分作用(此时应将上述比例度 $\delta$ 加大 1.2 倍),将 $T_I$ 由大到小进行整定。若曲线波动较大,则应增大积分时间 $T_I$;若曲线偏离给定值后长时间回不来,则需减小 $T_I$,以求得较好的过渡过程曲线。

③若需引入微分作用时,则将 $T_D$ 按经验值或按 $T_D = (1/3 \sim 1/4) T_I$ 设置,并由小到大加入。若曲线超调量大而衰减慢,则需增大 $T_D$;若曲线振荡厉害,则应减小 $T_D$。观察曲线,再适当调节 $\delta$ 和 $T_I$,反复调试直到求得满意的过渡过程曲线为止。

需要指出的是,由于各种被控对象变送器和执行器的特性差异很大,经验值相差较大,因此一次调整到位的可能性很小。并且使用经验法调整调节器的关键是"看曲线,调参数",所以必须依据曲线正确判断,正确调整。另外经验法适用于各种控制系统,但经验不足者会花费很大的时间,同一系统出现不同参数的可能性很大。表 7.4 为经验法整定时经常选取的参数。

**表 7.4 经验法整定的经验参数**

|  | $\delta/\%$ | $T_I/\min$ | $T_D/\min$ |
|---|---|---|---|
| P | 20 ~ 80 |  |  |
| PI | 40 ~ 100 <br> 30 ~ 70 | 0.3 ~ 1(流量对象) <br> 0.4 ~ 3(压力对象) |  |
| PID | 20 ~ 60 | 3 ~ 10 | 0.5 ~ 3 |

# 7.3　模拟调节器

模拟调节器中最具代表性的是 DDZ-Ⅲ型调节器,DDZ-Ⅲ型调节器是 DDZ-Ⅲ型电动单元组合仪表中的一个重要单元,它接受来自变送器或转换器的测量信号作为输入,与给定信号进行比较,然后对其偏差进行 PID 运算,输出标准统一信号,最后通过执行器,实现对过程参数的自动控制。

DDZ-Ⅲ型调节器有两个基本品种,即全刻度指示调节器和偏差指示调节器,它们的结构和线路相同,仅指示电路有些差异。下面以全刻度指示调节器为例介绍其工作原理。

全刻度指示调节器的框图如图 7.17 所示,图 7.18 为其线路原理图。

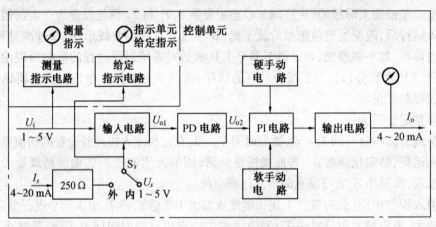

图 7.17　全刻度指示调节器框图

由图 7.17 和图 7.18 可知,调节器由控制单元和指示单元组成。控制单元包括输入电路、PD 与 PI 电路、输出电路、软手动与硬手动操作电路;指示单元包括输入信号指示电路和给定信号指示电路。

调节器有自动、软手动和硬手动三种工作状态,可通过联动开关进行切换。调节器各部分的原理分述如下。

**1. 输入电路**

输入电路的主要作用是用来获得与输入信号 $U_i$ 和给定信号 $U_s$ 之差成比例的偏差信号,并对偏差信号实现电平移动,其电路图如图 7.19 所示。

由图可见,测量信号 $U_i$ 和给定信号 $U_s$ 反相地通过两对并联输入电阻 $R$ 加到运算放大器 $A_1$ 的两个输入端,其输出是以 $U_B = 10$ V 为基准的电压信号 $U_{o1}$,它一方面作为下一级比例微分电路的输入,另一方面则取出 $U_{o1}/2$ 通过反馈电阻 $R$ 反馈至 $A_1$ 的反相输入端。其输入输出关系如下

$$U_{o1} = 2(U_s - U_i)$$

可见,输入电路的输出电压 $U_{o1}$ 是偏差电压 $(U_s - U_i)$ 的两倍,从而获得与输入信号 $U_i$ 和给定信号 $U_s$ 之差成比例的偏差信号。

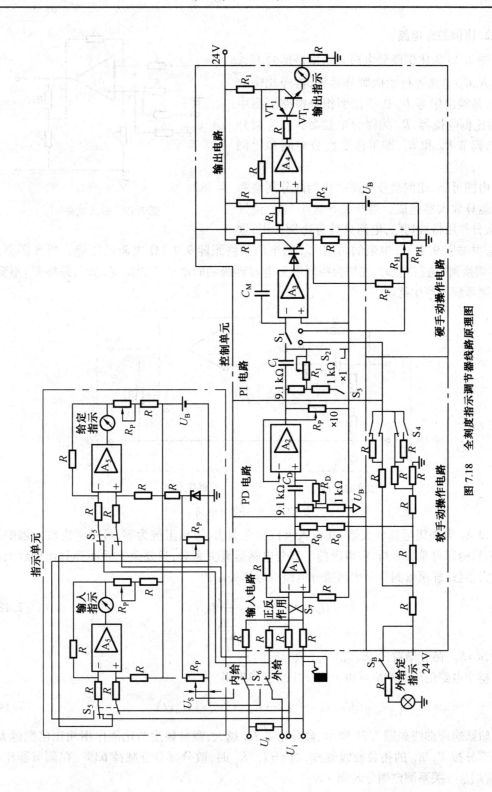

图 7.18 全刻度指示调节器线路原理图

### 2. 比例微分电路

图 7.20 为比例微分电路。以偏差信号 $U_{o1}$，通过 $R_D C_D$ 电路进行比例微分运算，再经比例放大后，其输出信号 $U_{o2}$ 送给比例积分电路。图中 $R_P$ 为比例电位器，$R_D$ 为微分电位器，$C_D$ 为微分电容，调节 $R_D$ 和 $R_P$，即可改变微分时间和比例度。

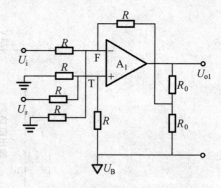

图 7.19　输入电路

由图可见，比例微分电路由比例微分网络和比例运算放大器组成。当开关 S 置于"断"位置时，微分作用将被切除，电路只具有比例作用，这时 $C_D$ 并联在 9.1 kΩ 电阻的两端，$C_D$ 的电压始终跟随 9.1 kΩ 电阻的压降。当 S 需要从"断"切换到"通"位置时，在切换瞬间由于电容器两端的电压不能跃变，从而保持 $U_{o2}$ 不变，对控制系统不产生扰动。

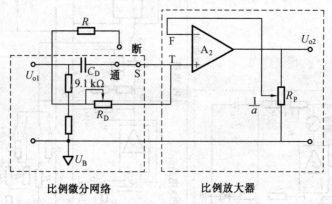

图 7.20　比例微分电路

设 $A_2$ 为理想运算放大器，其输入阻抗为无穷大，输出阻抗为零，可不考虑放大器的影响，前后两部可单独分析，在得出前半部分电路运算关系后，只要乘上后面部分比例放大器的放大倍数，即可得到整个比例微分电路的运算关系为

$$U_{o2}(s) = \frac{\alpha}{K_D} \cdot \frac{1 + T_D s}{1 + \frac{T_D}{K_D}s} U_{o1}(s) \tag{7.13}$$

式中，$n = K_D$（微分增益），$n R_D C_D = T_D$（微分时间）。

整个电路的阶跃响应可由上式拉氏反变换求得，为

$$U_{o2}(t) = \frac{\alpha}{n} [1 + (K_D - 1) e^{-\frac{K_D}{T_D}t}] U_{o1}(t) \tag{7.14}$$

阶跃响应曲线如图 7.21 所示，微分增益 $K_D$ 越大，微分幅度与比例作用相比倍数越大。微分部分按 $T_D/K_D$ 的指数曲线衰减，当 $t = T_D/K_D$ 时，微分部分衰减掉 63%，在调节器校验时，常用这一关系测定微分时间 $T_D$。

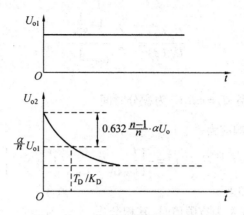

图 7.21 比例微分电路的阶跃响应

### 3. 比例积分电路

比例积分电路如图 7.22 所示,它接收以 10 V 为基准的 PD 电路的输出信号 $U_{o2}$,进行 PI 运算后,输出以 10 V 为基准的 1~5 V 电压 $U_{o3}$,送至输出电路。该电路由 $A_3$,$R_1$,$C_1$,$C_M$ 等组成。$S_3$ 为积分档切换开关,$S_1$,$S_2$ 为自动、软手动、硬手动联动切换开关,该电路除了实现 PI 运算外,手动操作信号也从该级输入。$A_3$ 输出接电阻和二极管,然后通过射极跟随器输出。

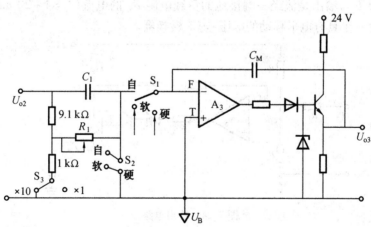

图 7.22 比例积分电路

假设 $A_3$ 为理想运算放大器,$S_1$ 置于"自动"位置,$S_3$ 切换在"×10"档,即 $m=10$,则输出量与输入量之间的关系为

$$\frac{U_{o3}(s)}{U_{o2}(s)} = \frac{-\dfrac{C_I}{C_M}\left[1+\dfrac{1}{mR_IC_Is}\right]}{1+\dfrac{1}{K}\left[1+\dfrac{C_I}{C_M}\right]+\dfrac{1}{KR_IC_Ms}} \tag{7.15}$$

式中,$K$ 为放大器增益。

由于 $K \geqslant 10^5$,所以 $\dfrac{1}{K}\left[1+\dfrac{C_I}{C_M}\right] \ll 1$,可忽略不计,则

$$\frac{U_{o3}(s)}{U_{o2}(s)} = -\frac{C_I}{C_M}\frac{1+\dfrac{1}{T_I s}}{1+\dfrac{1}{K_I T_I s}} \tag{7.16}$$

式中，$K_I = \dfrac{K}{m}\dfrac{C_M}{C_I}$ 为积分增益；$T_I = mR_1C_I$ 为积分时间。

输出电压 $U_{o3}$ 的阶跃响应为

$$U_{o3}(t) = L^{-1}[U_{o3}(s)] = -\left[\frac{C_I}{C_M} + \left(K - \frac{C_I}{C_M}\right)\left(1 - e^{-\frac{t}{K_I T_I}}\right)\right]U_{o2}(t) \tag{7.17}$$

其阶跃响应曲线如图 7.23 所示。

当放大器的放大倍数 $K$ 为有限值时，其积分作用不是理想的，即积分输出的幅度为有限值。这就是说，在系统中使用比例积分调节后，只能大大减小而不能完全消除稳态误差。

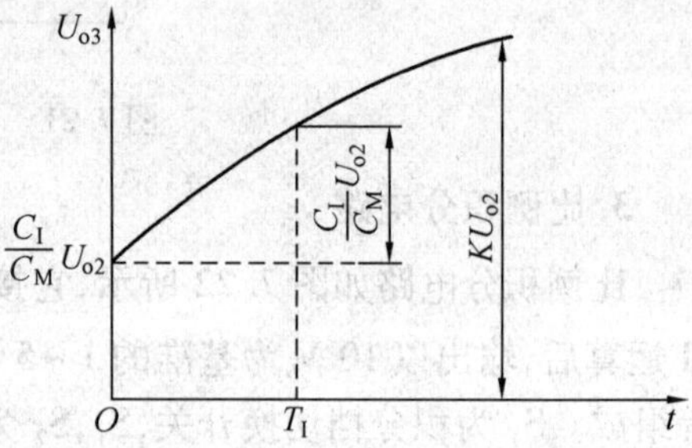

**4. 输出电路**

图 7.24 所示为调节器的输出电路。其输入信号是经过 PID 运算后以电平 $U_B$ 为基准的 $1 \sim 5$ V·

图 7.23　比例积分电路的阶跃响应曲线

DC 的电压信号 $U_{o3}$，输出是流经一端接地的负载电阻 $R_L$ 的电流（$I_o = 4 \sim 20$ mA·DC）。因此，它实际上是一个具有电平移动的电压–电流转换器。

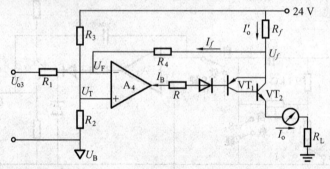

图 7.24　输出电路

为使调节器的输出电流不随负载电阻大小变化，输出电路应具有良好的恒流特性，为此，该电路使用集成运算放大器 $A_4$，并以强烈的电流负反馈保证这一点。为了提高调节器的负载能力，在放大器 $A_4$ 的后面，用晶体管 $VT_1$、$VT_2$ 组成复合管带动负载，这不仅可以提高放大器 $A_4$ 的放大倍数，增进恒流性能，而且可以提高电流转换的精度。

若设 $R_3 = R_4 = 10\ \Omega$，$R_1 = R_2 = 4R_3$，将 $A_4$ 看成理想放大器，则

$$I_o'R_f = \frac{1}{4}U_{o3} \quad 即 \quad I_o' = \frac{U_{o3}}{4R_f} \tag{7.18}$$

如果忽略反馈支路中的电流 $I_f$ 和晶体管 $VT_1$ 的基极电流 $I_B$，则有 $I_o = I_o'$，所以 $I_o = \dfrac{U_{o3}}{4R_f}$。

如果令 $R_f = 62.5\ \Omega$，则当 $U_{o3} = 1 \sim 5$ V 时，输出电流 $I_o = 4 \sim 20$ mA。

## 5.手动操作电路

手动操作电路如图 7.25 所示。

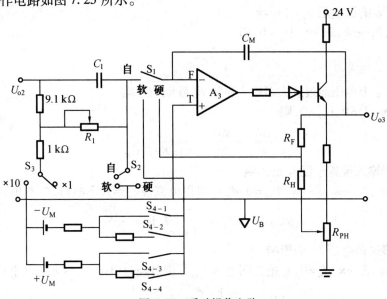

图 7.25 手动操作电路

手动操作分软手动和硬手动两种,软手动操作是指调节器的输出电流与手动输入电压信号成积分关系,图中 $S_{4-1} \sim S_{4-4}$ 为软手动操作开关;硬手动操作是指调节器的输出电流与手动输入电压信号成比例关系,图 7.25 中 $R_{P_1}$ 为硬手动操作电位器,$S_1$,$S_2$ 为自动、软手动、硬手动联动切换开关。

(1)软手动操作电路

在图 7.25 中,当 $S_1$,$S_2$ 置于软手动位置时,按下 $S_{4-1} \sim S_{4-4}$ 中的任一开关,便可得到图 7.26 所示的软手动电路,这是一个反相输入的积分运算电路。

$S_{4-1} \sim S_{4-4}$ 四个开关可分别进行快、慢两种积分上升或下降的手动操作。$S_{4-1}$,$S_{4-3}$ 为快速,$S_{4-2}$,$S_{4-4}$ 为慢速。当按下 $S_{4-1}$ 或 $S_{4-2}$ 时,$U_{o3}$ 积分上升;当按下 $S_{4-3}$ 或 $S_{4-4}$,$U_{o3}$ 则积分下降。当软手动按钮未按下,或开关并未置于某一接点上时,运算放大器的反相输入端处于浮空状态。若运算放大器为理想放大器,且 $C_M$ 无漏电阻时,$C_M$ 上的电压无放电回路而长时间保持不变,即 $U_{o3} = U_{CM}$,调节器输出也就能保持长时间不变,其保持电路如图 7.27 所示。

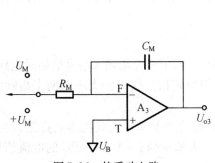

图 7.26 软手动电路

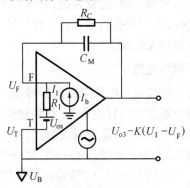

$U_{o3} - K(U_I - U_F)$

图 7.27 保持电路

如果电容 $C_M$ 的绝缘性能不好,或运算放大器输入阻抗不够高,时间长了 $U_{o3}$ 就会垮下来。导致输出电压 $U_{o3}$ 发生变化的因素有:

①电容 $C_M$ 的漏电阻 $R_C$ 的影响

设 $I_b = 0$, $R_1 \to \infty$, $K \to \infty$, $U_{os} = 0$, 则

$$\frac{\Delta U_{o3}}{U_{o3}} \cong \frac{t}{R_C C_M} \tag{7.19}$$

②电容 $C_M$ 上电压通过放大器输入阻抗 $R_1$ 放电的影响

设 $R_C \to \infty$, $I_b = 0$, $U_{os} = 0$, 则

$$\frac{\Delta U_{o3}}{U_{o3}} \approx \frac{\Delta U_C}{U_C} \approx \frac{t}{(1+K)R_1 C_M} \tag{7.20}$$

③放大器输入偏置电流 $I_b$ 的影响

设 $R_C \to \infty$, $R_1 \to \infty$, $K \to \infty$, $U_{os} = 0$, 则 $I_b$ 将以恒流源的形式不断对 $C_M$ 充电,有

$$\Delta U_{o3} \approx \Delta U_C = -\frac{1}{C_M}\int_0^t I_b \mathrm{d}t = \frac{-I_b t}{C_M} \tag{7.21}$$

④放大器失调电压 $U_{os}$ 的影响

设 $R_C \to \infty$, $K \to \infty$, $I_b = 0$, 可把失调电压 $U_{os}$ 看成是经过电阻 $R_1$ 输入的外电压,则

$$\Delta U_{o3} = -\frac{1}{R_1 C_M}\int_0^t U_{os} \mathrm{d}t = -\frac{U_{os} t}{R_1 C_M} \tag{7.22}$$

(2)硬手动操作电路

在图 7.25 中,当 $S_1$, $S_2$ 置于硬手动位置时,便可得到图 7.28 所示的硬手动操作等效电路。

此时,电阻 $R_F$ 与电容 $C_M$ 串联,硬手动操作电位器 $R_{PH}$ 上的电压 $U_H$ 经电阻 $R_H$ 输入放大器。这样,放大器成为时间常数 $T = R_F C_M$ 的惯性环节,则

$$\frac{U_{o3}(s)}{U_H(s)} = -\frac{R_F}{R_H} \cdot \frac{1}{1 + R_F C_M s} \tag{7.23}$$

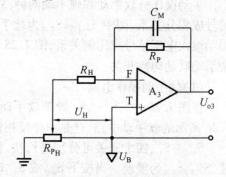

图 7.28　硬手动操作等效电路

当调节器由软手动切向硬手动时,其输出值将由原来的某一数值很快变到硬手动电位器 $R_{PM}$ 所确定的数值,要使这一切换是无扰动的,必须在切换前先调整手动电位器 $R_{PM}$,使其与当时的调节器输出值一致,也就是说,必须先平衡再切换,方可保证无扰动;当调节器由硬手动切向软手动时,由于切换后放大器呈保持状态,即保持切换前的硬手动输出值,故切换时无需平衡即可做到无扰动。

### 6.指示电路

输入信号指示电路与给定信号指示电路完全一样,下面介绍输入信号的指示电路。

调节器使用双针电表,全量程地指示测量值与给定值。偏差的大小由两个指针间的距离反映出来,当两针重合时,偏差为零。

图 7.29 为全刻度指示电路,是一个具有电平移动的差动输入式比例运算放大器,将以零伏为基准的 $1 \sim 5$ V·DC 输入信号转换为以 $U_R$ 为基准的 $1 \sim 5$ mA·DC 的电流信号。若放大器是理想的,其传递关系为

$$U_T = \frac{1}{2}(U_B + U_i) \tag{7.24}$$

$$U_F = \frac{1}{2}(U_B + U_o) \tag{7.25}$$

因 $U_T = U_F$,所以 $U_o = U_i$。

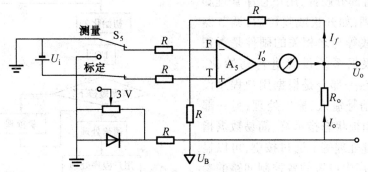

图 7.29　全刻度指示电路

反馈支路电流 $I_f$ 很小,可以忽略,故流过表头的电流为

$$I_0' \approx \frac{U_o}{R_0} = \frac{U_i}{R_0} \tag{7.26}$$

若 $R_0 = 1\ \mathrm{k}\Omega$,则 $U_i = 1\sim 5\ \mathrm{V}$ 时,$I_0'$ 即为 $1\sim 5\ \mathrm{mA}$。

图 7.29 中设有测量—标定切换开关 $S_5$,来校验指示电路的工作。当 $S_5$ 置于标定位置时,就有 3 V 的电压输入指示电路,这时流过表头的电流应为 3 mA。电表指针应指在 50% 的位置上。如果不准,应调整仪表的机械零点,或检查其他故障。

# 7.4　数字调节器

数字调节器对生产过程可进行直接数字控制,它实际上是一台用于工业控制的微型计算机,其系统结构如图 7.30 所示。除了生产过程和现场仪表外,其他部分都属于数字调节器的硬件结构。

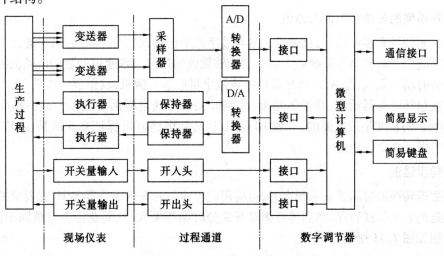

图 7.30　直接数字控制系统构成图

数字调节器的软件由监控程序与应用程序构成。监控程序是功能较为简单的操作系统,如图 7.31 所示,主要做本机管理并支持相应软件编制的用户程序。本机管理包括对调节器各部分硬件、用户程序管理和故障检测与处理,如开机或复位后,调节器检测传感器断线等与之相关的硬件是否正常工作,然后根据系统设置进行初始化。I/O 包括两部分:一部分是根据用户程序设置的通道进行信号输入、输出处理;另一部分是控制仪表面板状态指示灯、简易数据指示信号以及按键处理等。通过按键,可以显示、修改用户程序中设置的各控制回路的参数($T_I, T_D, \delta, T_s$)、传感器或变送器量程、控制方案、所需常数、报警值以及调节器手动/自动工作方式等。监控程序对用户程序的处理即是根据用户程序预定结构,依次查询

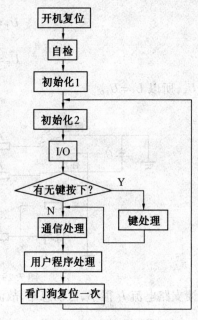

图 7.31　数字调节器监控程序框图

各回路的预定任务、并依次执行。看门狗是一种定时器硬件电路,如果程序指针因扰动或其他问题而跳入死循环,监控程序在这个运行周期内就不会复位看门狗电路,此时,看门狗电路就会认为机器出现故障了,会立即复位 CPU,从而跳出死循环,使监控程序自动恢复正常工作。

应用程度是指用户用于计算机编程的软件,其生成的程序就是用户程序,为工程技术人员编写,只要具有控制系统常识就容易掌握。

### 7.4.1　模拟量输入通道

#### 1. 高精度的多路数据输入通道

当控制现场有多种信号,且输出信号与数字调节器输入信号不符时,需要通过适当的转换器将不同信号制的信号转换成为调节器能够接收的信号。各通道的数据由微机控制的多路开关分时循环采入,经 A/D 转换器转换成数字量后送入微机,其组成如图 7.32 所示。通常精度应包括变送器精度、转换器精度、多路开关的导通电阻因素及 A/D 转换精度。其中,A/D 转换器的精度是最重要的,一般 10 位 A/D 转换电路器可保证 0.5 级精度,12 位 A/D 转换器可保证 0.2 级精度。

#### 2. 同步通道

当数据转换的时间性要求很高时,可应用微机控制的采样保持器 S/H,在要求的时刻对各自通道的数据采样暂存,然后等待多路开关分时循环采入,从而获得各通道同步的信号。其设计图如图 7.33 所示。

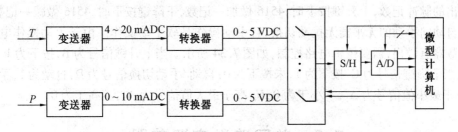

图 7.32 多路多信号制高精度模拟量输入通道

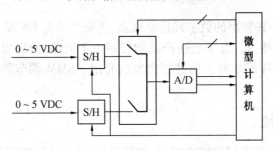

图 7.33 实时性较强的同步通道

### 7.4.2 模拟量输出通道与手动操作电路

模拟量输出通道主要考虑多路输出、无干扰、精度、负载能力、手动操作电路、无扰动切换及成本价格等方面的因素。图 7.34 为带手动操作电路的模拟量输出通道,主要解决手动操作与自动之间的无扰动切换问题。

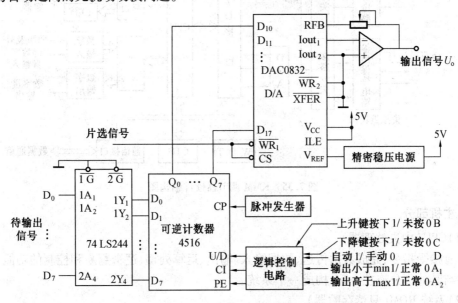

图 7.34 带手动操作电路的模拟量输出通道

在自动输出状态下,待输出信号来自数据总线,由 74LS 244 总线驱动器取出,直接通过可逆计数器 4516,由 8 位 D/A 转换器输出 $U_o$。需要手动时,4516 在原数据基础上对脉冲发生器输出的脉冲记数,上升键按下时,4516做加一记数,下降键按下时,4516做减一记数,从而实现自动向手动的无平衡无扰动切换,且手动操作是软手动操作。由于手动操作电路不容许计数器有溢出,需要逻辑电路控制,如图7.34所示。当上升键信号为B,按下为1,未按下为0;当下降键信号为C,按下为1,未按下为0;自动/手动切换信号为D,自动为1,手动为0;$U_。$小于最小值信号为$A_1$,不小于为0;$U_。$高于最大值信号为$A_2$,不高于为0。

# 7.5　单回路数字调节器

可编程调节器是一种新型的数字式控制仪表,主要产品有DK系列的KMM调节器、YS-80系列的SLPC调节器等。由于上述产品均控制一个回路,所以习惯上称之为单回路数字调节器。本节以KMM调节器为例进行简单的介绍。KMM调节器由硬件和软件两部分组成。

## 7.5.1　硬件系统

图7.35为KMM调节器硬件结构图,由主机部分、输入部分和输出部分组成。

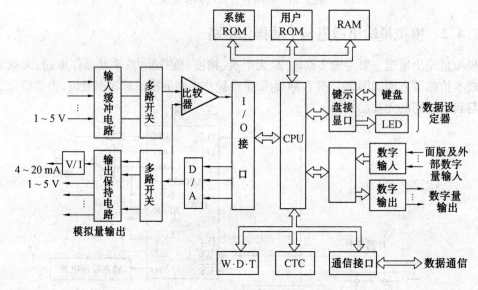

图7.35　KMM调节器硬件结构图

### 1.主机部分

（1）CPU（中央处理器）

具有接受指令、完成数据传送、数据输入、输出、运算处理、逻辑判断和控制的功能,并通过总线与其他部分连在一起,构成一个系统。

（2）系统ROM（只读存贮器）

由制造厂家编制好的各种系统程序（包括基本程序、输入输出处理程序、运算处理程序、自诊断程序等）固化在系统ROM中,用来管理用户程序、通信程序、子程序、人机接口程序等。用户不能对其进行更改。

（3）用户 ROM

用来存放用户编制的用于过程控制的程序和初始值。

（4）RAM（随机存取存贮器）

用来存放诸如通信数据、显示数据、计算的中间数据，以及调节器运行中可以修改参数的数据（如 PID 运算数据、可变参数等）。

（5）监视定时器 W·D·T

用来监视 KMM 调节器的运行状态，一旦 CPU 出现异常，程序立即使其暂停工作，并发出报警信号，使调节器由自动操作转入手动操作。

**2. 输入部分**

模拟量输入信号（1~5 V·DC5 个）在输入缓冲器中消除干扰，经多路 A/D 转换器后，存放在输入寄存器中。

数字量输入信号（4 个）在输入缓冲器中消除干扰、波形整形后，也存放在输入寄存器中。

**3. 输出部分**

CPU 运算的结果，存放到输出寄存器中。对于模拟量输出经 D/A 转换、采样保持电路和输出缓冲器变成 1~5 V·DC 输出（3 个），对其中第一号模拟量输出进行 U/I 转换，变成 4~20 mA·DC 电流输出。

## 7.5.2　软件系统

KMM 调节器的软件系统由系统程序和应用程序两部分组成。

**1. 系统程序**

系统程序包括基本程序、输入处理程序、运算式程序和输出处理程序等。

基本程序由监控程序和中断处理程序组成，它是 KMM 调节器软件的主体。

监控程序包括系统初始化（如参数初始化、可编程器件，如 I/O 接口等的初始值设置等）、键盘和显示管理、中断管理、自诊断处理和运行状态控制等。

输入处理程序和运算式程序是由一系列子程序组成。输入处理程序包括折线处理、温度压力补偿处理、开方运算、数字滤波等。

运算式程序包括 PID 运算等 45 种子程序，或称运算模块。用户可从中选用 30 个模块按一定的规则"连接"起来，即进行组态以实现预定的控制任务。

**2. 应用程序（用户程序）**

用户程序就是用户根据实际需要将若干功能模块按一定规则进行组态，以实现调节器的运算和控制功能。KMM 调节器采用表格式语言编程，由控制数据确定模块的调用、运算所需的各种参数等，一系列控制数据构成了用户程序。

应用程序包括七类控制数据，即基本数据 F001（用来指定调节器类型、运算周期、是否与上位机连接等），输入处理数据 F002（指明输入处理的种类等），PID 运算数据 F003（确定 PID 运算的类型、控制参数等），折线数据 F004（决定折线表形式），可变参数 F005（确定运算处理中使用系数、常数等），运算单元 F101~F130（指定运算种类、运算单元的连接方式等),输出处理数据 F006(指定输出的信号)。将这些数据填入规定的表格中,构成了表格式的应用程序,再用编程器写入 EPROM 中,这样就完成了编程工作。

# 7.6　先进调节器

## 7.6.1　增强型 PID 控制规律分析

增强型调节器是在数字式调节器的基础上发展起来的,由于微处理器在调节器中的引入,它对调节器各种功能的实现进行了改进和完善。近年来由于微处理器运算速度大幅提高,调节器可对所获得的数据进行各种灵活和快速的处理,同时增加了各种附加的功能以提高调节器的控制能力。

常规的 PID 控制规律有理想 PID 和不完全微分 PID 之分。增强型调节器的控制规律是根据实际需要在不完全微分 PID 控制规律的基础上改进得到的。改进后的 PID 控制规律,可以使实际 PID 控制规律控制质量与可靠性得到提高。对于此类控制规律的 PID 参数还可增加专家自整定功能,其原理结构如图 7.36 所示。专家自整定考虑到被控对象实际存在的在大时间范围内的时变性,对调节器 PID 参数实现可再整定性,保证系统采用最佳的参数值,保证控制效果良好。上述这种带有 PID 参数自整定功能的调节器称为专家化自整定调节器,即 STC(self-tuning control)功能。为改善控制过程中给定值的跟踪效果,还可引入可调整的设定值滤波器。

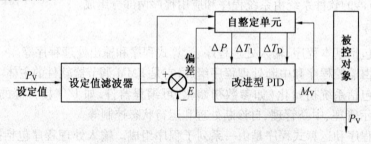

图 7.36　专家化自整定调节器原理图

控制系统中,当被控对象具有两个以上干扰源及较大惯性滞后时间常数时,用简单的单回路控制系统难以达到较好的控制效果,此时可采用串级控制策略与前馈加反馈控制策略,其原理结构分别如图 7.37 和图 7.38 所示。因此,增强型调节器一般都设有两个 PID 运算处理器,即两个控制回路。一方面,两个控制回路可方便地实现串级控制;另一方面,两个控制回路可分别实现反馈控制和前馈补偿运算,从而获得前馈加反馈的控制作用;此外,这两个控制回路还可自动选择控制策略,分别按不同的参数进行运算,然后由调节器根据选择条件自动选择其中一个作为输出。

除上述功能外,增强型调节器还可实现对测量信号的补偿运算、线性化处理、极大值和极小值报警运算,对输出信号进行限幅处理运算等多种功能。

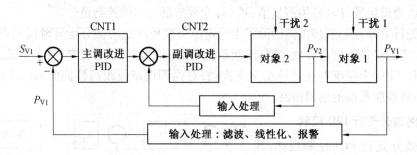

图 7.37 串级控制系统原理图

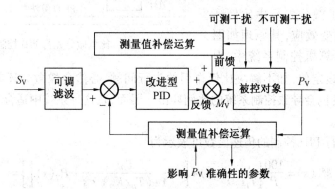

图 7.38 前馈加反馈控制系统原理图

## 7.6.2 改进型 PID 控制算法

改进型 PID 控制算法就是在常规 PID 控制算法的基础上进行改进,或增加必要的环节而形成的一种控制规律,目前改进型 PID 控制主要有微分先行 PID 控制、比例微分先行 PID 控制和非线性 PID 控制。

**1. 微分先行 PID 控制**

控制过程中,如果设定值发生变化时,设定值与测量值之间的偏差会出现瞬间突变。如果此时采用常规 PID 控制,则控制器输出变化会非常剧烈,整个控制系统将产生微分冲击,从而影响系统的控制性能。因此,在常规 PID 控制中引入微分先行 PID 即 PI-D 控制,从而使微分运算只对测量值的变化产生微分超前控制效果,而对设定值变化不起作用,从而克服微分作用带来的输出突变。一般的微分先行 PID 控制原理,如图 7.39 所示,其传递函数可表示

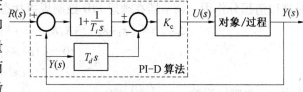

图 7.39 微分先行 PID 控制示意图

$$M_V(s) = \frac{100}{P}\left[\left(1+\frac{1}{T_I s}\right) \cdot E(s) + \frac{T_D s}{1+(T_D/K_D) \cdot s} \cdot P_V(s)\right] =$$

$$\frac{100}{P}\left\{\left[1+\frac{1}{T_I s}+\frac{T_D s}{1+(T_D/K_D) \cdot s}\right] P_V(s) - \left(1+\frac{1}{T_I s}\right) \cdot SV(s)\right\} \tag{7.27}$$

式中，$S_V(s)$ 为设定值；$P_V(s)$ 为测量值；$M_V(s)$ 为调节器输出的控制量。

微分先行 PID 控制规律虽然消除了由设定值突变所导致的微分运算输出突变，但因为设定值 $S_V$ 还需经过比例运算项，这样控制系统输出仍然会有一个突变，其大小是设定突变值的 $K_c$ 倍。实际上系统存在这种小突变扰动，对强调设定值跟踪性能的系统来说是有益的，例如串级控制系统的副调回路。

**2. 比例微分先行 PID 控制**

比例微分先行 PID 控制规律，即 I–PD 控制，它将比例环节与微分环节合并，从而解决了微分先行中比例环节对设定值的突变效应，其原理如图7.40 所示。在计算机控制系统中，由

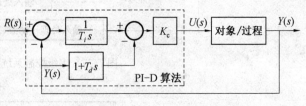

图 7.40   比例微分先行 PID 控制示意图

计算机直接给定设定值，如不解决比例作用的先行问题，必然会像微分环节的微分冲击一样，设定值的突变也会导致控制系统的比例冲击。因而，在这种系统中适合采用比例微分先行 PID 控制规律。

比例微分先行 PID 控制的传递函数可表示为

$$M_V(s) = \frac{100}{P}\left\{\frac{1}{T_I s} \cdot E(s) + \left[1 + \frac{T_D s}{1 + (T_D/K_D) \cdot s} \cdot P_V(s)\right]\right\} =$$

$$\frac{100}{P}\left\{\left[1 + \frac{1}{T_I s} + \frac{T_D s}{1 + (T_D/K_D) \cdot s}\right] P_V(s) - \frac{1}{T_I s} \cdot S_V(s)\right\} \tag{7.28}$$

**3. 非线性 PID 控制**

解决非线性控制问题是控制系统的常见目标。分段 PID 控制和带死区的 PID 控制均属于非线性控制方法。

积分分离 PID 控制是最简单的分段 PID 控制，即在比例和微分不变的前提下，分段启动积分作用，该方法实际上就是通过减轻积分累计的饱和程度来达到抗积分饱和的作用，其作用的动态特性曲线如图 7.41 所示。控制时首先判断偏差绝对值 $|\varepsilon|$ 是否超过预先设定的偏差限值 $A$，然后再确定是否投入积分控制环节，在偏差较小时加入积分作用. 而当偏差较大时则取消积分作用。调节器在理想 PID 控制规律状态下输出的增量表达式为

$$\Delta M_V = K_P(\varepsilon_k - \varepsilon_{k-1}) + K_L K_I \cdot \varepsilon_k + K_D(\varepsilon_k - 2\varepsilon_{k-1} + \varepsilon_{k-2}) \tag{7.29}$$

$$K_L = \begin{cases} 0 & (|\varepsilon| > A) \\ 1 & (|\varepsilon| \leqslant A) \end{cases}$$

式中，$K_L$ 为逻辑系数。

可见只有当第 $k$ 次采样后形成的偏差绝对值 $|\varepsilon|$ 小于限值 $A$ 时，逻辑系数 $K_L = 1$，控制规律中的积分环节才投入使用，否则取消积分作用。

此外，在实际应用中当存在的偏差较小时，不希望有任何调节发生。而当偏差达到一定程度，如偏差的绝对值 $|\varepsilon|$ 超过 $B$ 时，则应采用相应的 PID 控制，其控制效应特征如图 7.42 所示。增量表达式为

$$\Delta M_V = K_L[K_P(\varepsilon_k - \varepsilon_{k-1}) + K_I \cdot \varepsilon_k + K_D(\varepsilon_k - 2\varepsilon_{k-1} + \varepsilon_{k-2})] \tag{7.30}$$

$$K_L = \begin{cases} 0 & (|\varepsilon| < B) \\ 1 & (|\varepsilon| \geq B) \end{cases}$$

式中,$K_L$ 为逻辑系数。

显然,逻辑系数的取值将决定何时投入 PID 控制作用。

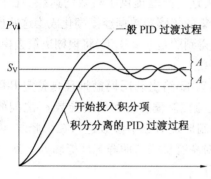

图 7.41　积分分离 PID 动态特性曲线

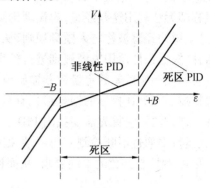

图 7.42　非线性 PID 控制示意图

## 7.7　智能 PID 控制方法

前面介绍的工程整定方法大多通过一些简单的实验获取系统模型参数或性能参数,再用代数规则给出适当的 PID 整定值,方法简单,便于工程应用,但参数的整定效果不理想。因为在实际的应用中,许多被控过程机理复杂,具有高度非线性、时变不确定性和纯滞后等特点。在噪声、负载振动等因素的影响下,过程参数甚至模型结构均会随时间和工作环境的变化而变化。这就要求在 PID 控制中,不仅参数的整定不依赖于系统数学模型,并且能够在线调整,以满足实时控制的要求。

智能控制是一门新兴的理论和技术,它是传统控制发展的高级阶段,旨在应用计算机模拟人类智能实现自动控制。

近年来,智能控制无论是理论上还是应用技术上均得到了长足的发展,随之不断涌现将智能控制方法和常规 PID 控制方法融合在一起的新方法,形成了多种形式的智能 PID 控制器。它吸收了智能控制与常规 PID 控制两者的优点。首先,它具备自学、自适应、自组织的能力,能够自动辨识被控过程参数、自动整定控制参数、能够适应被控过程参数的变化;其次,它又具有常规 PID 控制器结构简单、鲁棒性强、可靠性高,为现场工程设计人员所熟悉等特点。正是这两大优势,使得智能 PID 控制成为众多过程控制的较理想的控制装置。

鉴于模糊控制、神经网络控制和专家控制是目前智能控制研究中最为活跃的几个领域,以下主要就这几种智能方法与 PID 控制结合所形成的智能 PID 控制器的形式进行介绍,并分析各自的特点。

### 7.7.1　模糊 PID 控制

自适应 PID 控制通过在线辨识被控过程参数来实时整定控制参数,其控制效果主要取决于辨识模型的精确度,这对于复杂系统是非常困难的。而实际上,尽管有些系统非常复杂,操作人员仍有许多成功的经验对其进行控制,人们自然就想到将这些经验存入计算机,由计算机根据现场实际情况自动调整 PID 参数进而实时控制,于是就出现了模糊 PID 控制。

在实际生产中,操作者的经验常用"水温过高就大幅减小阀门开度"、"系统超调过大就减小比例增益"等不精确语言,或者说模糊语言来表示,而需要定量信号和定量评价指标的控制过程却无法利用这些经验,模糊理论则为解决这一问题提供了有效的途径。在模糊控制中,这里说的经验被称之为模糊规则,从现场采集的传感器数据经模糊化成为这些模糊规则的条件,根据条件运用模糊规则进行模糊推理,得到的是模糊决策,将模糊决策去模糊化,就得到实际控制所需要的定量控制输出或控制参数。

模糊控制和 PID 控制的结合形式有很多。图 7.43 给出利用模糊推理自整定 PID 参数的一种实现方法。它首先需要找出 PID 三个参数与控制偏差 $e$ 和偏差导数 $e_c$ 之间的模糊关系,在运行中通过不断检测 $e$ 和 $e_c$,根据模糊控制原理对三个参数进行在线修改,以满足不同 $e$ 和 $e_c$ 对控制参数的不同要求,从而使被控对象有良好的动静态性能。

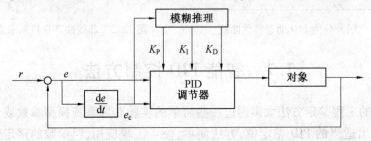

图 7.43　模糊 PID 参数自整定控制系统结构

### 7.7.2　神经网络 PID 控制

神经网络模仿了人脑神经系统的信息处理、存储和检索机制,是一种以简单计算处理单元(即神经元)为节点,采用某种网络拓扑结构构成的活性网络,可以用来描述几乎任意的非线性系统;不仅如此,神经网络还具有学习能力、记忆能力以及各种智能处理能力。

在神经网络中,每个神经元都是一个能接受信息并加以处理的节点,对于第 $i$ 个神经元,其模型结构如图 7.44 所示。图中 $x_1,x_2,\cdots,x_N$ 是神经元接收的 $N$ 个信息;$\omega_{i1},\omega_{i2},\cdots,\omega_{iN}$ 是各条输入信息的连接强度,称之为权;$\theta_i$ 为阈值,当各输入信号的加权和大于这个阈值时,该神经元被激活。激活后神经元的响应由某种激活函数 $g(\cdot)$(如线性函数)决定,由此给出所有输入信号在此神经元上的总效果 $y_i$。上述模型的数学表达式为

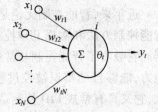

图 7.44　神经元结构模型

$$y_i = g\left(\sum_{j=1}^{N} \omega_{ij}x_j - \theta_i\right) \tag{7.31}$$

将若干个神经元按某种网络结构进行连接就形成了各种不同的神经网络,如前馈型神经网络、反馈型神经网络等。通过各种神经网络学习算法,这些网络的连接权值可以根据需要进行修整,从而使神经网络具有强大的非线性逼近能力。

　　将神经网络与 PID 控制相结合,将 PID 控制算法用神经网络的结构来表达,就可以利用神经网络的学习机制对 PID 控制参数进行调整,从而使 PID 控制能适应生产过程的变化,保证甚至优化控制性能,图 7.45 所示的单神经元自适应 PID 控制即体现了这一思想。

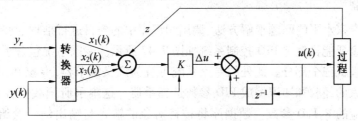

图 7.45　单神经元自适应 PID 控制

　　图中转换器的输入为设定值 $y_r$ 和过程输出 $y(k)$,转换器的输出为神经元学习控制所需的状态量 $x_1(k),x_2(k),x_3(k)$,单神经元 PID 的输出为

$$u(k) = u(k-1) + K \sum_{i=1}^{3} w_i(k) x_i(k) \tag{7.32}$$

式中,$x_i = y_r - y(k)$,即控制偏差 $e(k)$;$x_2 = e(k) - e(k-1)$,即控制偏差的变化或控制偏差的一阶差分;$x_3 = \Delta^2 e(k) = e(k) - 2e(k-1) + e(k-2)$,即控制偏差的二阶差分;$K$ 为神经元比例系数。

　　除了从结构上将神经网络和 PID 控制相结合以外,神经网络的学习和记忆能力还可以直接用来对 PID 参数进行自整定,图 7.46 描述了采用这种思路设计的一种基于神经网络的PID 控制系统的结构。

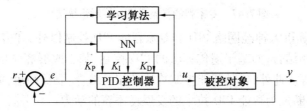

图 7.46　基于神经网络的 PID 控制系统结构

　　其中神经网络的输入是控制偏差,输出是 PID 参数的在线整定值,也就是说,在这里神经网络的作用是学习并记忆控制偏差与 PID 参数间的复杂关系,只要用足够的学习样本,经过足够的训练,这个神经网络就可以根据当前的控制偏差给出适合目前过程状况的 PID 控制参数,从而及时有效地对过程进行实时控制。

### 7.7.3　专家智能自整定 PID 控制

　　随着微机技术和人工智能技术的发展,出现了多种形式的专家控制器。人们自然也想到用专家经验来整定 PID 参数,其中最典型的是 1984 年美国 FOXBORO 公司推出的 EXACT 专家式自整定控制器,它将专家系统技术应用于 PID 控制器。

　　构建一个专家系统需要两个要素:

**1. 知识库**

存储有某个专门领域中经过事先总结的按某种格式表示的专家水平的知识条目。

**2. 推理机制**

按照类似专家水平的问题求解方法,调用知识库中的条目进行推理、判断、决策。

典型的专家智能自整定 PID 控制系统如图 7.47 所示。专家系统包含了专家知识库、数据库和逻辑推理机三个部分。此处的专家系统可视为广义调节器,专家知识库中已经把熟练操作工或专家的经验和知识编成 PID 参数选择手册。这本手册记载了各种工况下,被控对象特性所对应的 P,I,D 参数。数据库将被控对象的输入与输出信号及给定信号提供给知识库和推理机。推理机能进行启发式推理,决定控制策略。优秀的专家系统可对已有知识和规则进行学习和修正,这样对被控过程对象的知识了解可大大降低,仅根据输入输出信息,就能实现智能自整定控制。

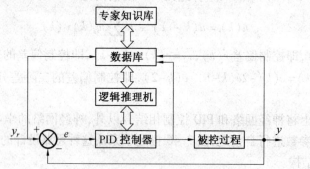

图 7.47　专家智能自整定 PID 控制系统结构

除了上述的模糊 PID、神经网络 PID 和专家智能 PID 控制以外,许多其他新兴的智能算法也在与 PID 控制相结合,如基于遗传算法的 PID 控制、基于蚁群算法的 PID 控制、基于免疫算法的 PID 控制等。此外,各种智能控制算法的相互结合、取长补短,如模糊神经网络、模糊免疫算法等,也不断地为智能 PID 技术的发展增添新的活力。

# 7.8　虚拟调节仪表发展趋势

随着计算机技术的进一步发展,尤其是在计算机计算速度和处理能力上的大幅度提高,为调节仪表在个人计算机上的仿真实现提供了可能,从而在近年的仪表应用和发展中出现了各种虚拟仪表,在个人计算机上虚拟仿真调节器,并实现各种控制规律,从而构成的虚拟调节器就是其中的一种应用。通常的虚拟调节器的组成如图 7.48 所示。

与单元组合式调节器一样,虚拟调节仪表也需要提供输入输出通道,而且输入输出信号均采用标准制式,具有标准接口。在个人计算机上的输入输出通道是由配备的插板提供的,插板的规格和数量决定了整机的输入输出通道数。由于个人计算机具有强大的计算和处理能力,因而可以配备多个输入输出通道插板来实现单个或多个调节器的控制功能。这是常规单元组合仪表难以实现的。

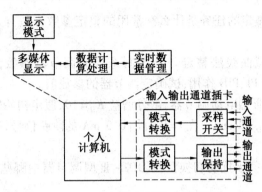

图 7.48 虚拟调节仪表功能框图

个人计算机依靠软件程序完成所有控制规律的计算,以及真实调节器的操作过程和显示形式。其中 PID 控制规律的计算与常规调节器的计算相同,即采用同样的运算式子;调节器操作过程的仿真是采用多媒体技术实现的,即在个人计算机显示器上显示与真实调节器完全相同的操作过程;调节器显示形式的仿真包括操作面板和显示面板的仿真。虚拟调节器的操作可以由触摸屏实现,即操作人员可以在触摸屏上对虚拟调节器进行各种实际操作,如同对真实的调节器的操作一样。

由于调节仪表完全由个人计算机所代替,因而除受输入输出通道插卡性能的限制外,其他各种性能得到了大大加强,主要体现在计算速度、精确度、显示模式、稳定性和可靠性等。而在数据处理和控制规律的实现方面更具优势。PID 控制规律的许多改进和进一步的智能化,都可以方便地在虚拟调节仪表中实现。此外,虚拟调节仪表维护方便,屏幕显示丰富直观,以及可能提供的多种附加功能,是其得到较大发展的主要原因。

当然,个人计算机在实际工业环境中使用时对运行条件有较高的要求,以及用一台计算机完成多个调节器的工作时,使得系统出现故障的危险性相对集中,这些因素将会限制虚拟调节器仪表的广泛应用,但其发展的必然性和部分取代传统调节器仪表的必然性已是不争的事实。

# 思考题与习题

7.1 在工业控制中,双位控制为什么得不到普遍使用?

7.2 试说明调节器的典型技术指标。

7.3 比例度、积分时间、微分时间三者的大小对系统过渡过程分别有哪些影响?

7.4 试分别写出 P 调节特性、PI 调节特性、理想 PD 调节特性和理想 PID 调节特性的表达式,并说明它们适用于什么场合。

7.5 什么是比例调节的余差,为什么比例调节会产生余差?

7.6 什么是 PID 调节器的比例度?

7.7 某正作用理想 PI 电动调节器,$\delta = 50\%$,$T_1 = 2$ min,试画出在图 7.49 所示输入方波作用下的调节器输出波形(初始工作点 $I_0 = 0$ mA)

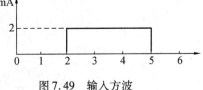

图 7.49 输入方波

7.8　调节器参数整定的任务是什么？常用的整定参数方法有几种？它们各有什么特点？

7.9　用 4∶1 衰减曲线法整定一个控制系统的调节器参数,已测得 $\delta_s = 40\%$ ,$T_s = 4$ min。如果调节器采用 PI、PID 作用,试确定调节器的参数值。

7.10　一台 DDZ-Ⅲ型电动调节器,微分增益 $K_D = 10$,假定初始输出值为 4 mA,比例度 $\delta = 50\%$ ,$T_I = 0.2$ min,$T_D = 2$ min。在 $t = 0$ 时加 0.5 mA 的阶跃信号,试依次画出 P,PI,PD 作用下的响应曲线。

7.11　什么叫无平衡无扰动切换？在 DDZ-Ⅲ型调节器中哪些切换是无平衡、无扰动切换？

7.12　试简述 DDZ-Ⅲ型全刻度指示调节器的组成、工作状态及各开关的作用。

7.13　DDZ-Ⅲ型全刻度指示调节器的输入电路有何功能？

7.14　DDZ-Ⅲ型调节器的软手动和硬手动有什么区别？它们分别在什么情况下使用？

7.15　DDZ-Ⅲ型全刻度指示调节器是怎样保证由自动到软手动,由软手动到硬手动,再由硬手动到软手动,由软手动到自动之间的无扰动切换的？

7.16　KMM 可编程调节器的硬件系统包括哪些主要部分？软件系统又由哪几部分组成？

# 第8章 执行器

执行器由执行机构和调节机构(调节阀)两部分组成,在过程控制系统中,它接受来自调节器的调节信号,并将该调节信号转换成相应的角位移量或直线位移量去操纵调节机构,从而改变流入或流出被控过程的物料或能量,使被调节参数符合工艺要求。

执行器按其使用的能源种类可分为气动、电动、液动三大类,其中气动执行器的执行机构和调节机构组成一个整体,以压缩空气作为能源操纵调节机构,可直接与气动仪表、电动仪表或计算机配套使用。只要经过电−气转换器或电−气阀门定位器将电信号转换成0.02 ~ 0.1 MPa的标准气压信号,这样气动执行器就能动作。该仪器具有结构简单、动作平衡可靠、价格便宜、维护方便、防火防爆等优点,在过程控制中获得最广泛的应用。电动执行器的执行机构与调节机构分成独立的两部分,采用电信号作为能源,具有能源取用方便、信号传输速度快和便于远传的优点。缺点是结构复杂、安全防爆性能差。液动执行器的推力最大,体积也较大,目前使用不多。因此,本章主要介绍电动和气动执行器,但由于三种执行器除执行机构不同外,所用的调节机构即调节阀都相同,所以本章介绍的调节阀的特性及其选用方法对三者均适用。

## 8.1 电动执行器

电动执行器是调节系统中的一个重要部分,它接收来自调节器的直流电流信号,并将其转换成相应的角位移或直行程位移,去操纵阀门、档板等调节机构,以实现自动调节。根据配用的调节机构不同,其输出方式主要有直行程、角行程和多转式三种类型。角行程电动执行机构以电动机为动力元件,将输入的直流电流信号转换为相应的角位移(0 ~ 90°),这种执行机构适用于操纵蝶形阀、档板之类的旋转式调节阀。直行程执行机构接收输入的支流电流信号后,使电动机转动,然后经减速器减速并转换为直线位移输出,去操纵单座、双座、三通等各种调节阀和其他的直线式调节机械。多转式电动执行机构主要用来开启和关闭闸阀、截止阀等多转式阀门,一般用作就地操作和遥控。几种执行器的电机执行机构在电气原理上基本相同,只有减速器不一样。

图 8.1 所示为电动执行机构的组成框图,它是由伺服放大器、伺服电动机、减速器、位置发送器和操作器组成。来自调节器的电流 $I_D$ 作为伺服放大器的输入信号,与位置反馈信号 $I_f$ 进行比较,其差值经放大后控制两相伺服电动机正转或反转,再经减速器减速后改变输出轴,即调节阀的开度(或挡板的角位移)。与此同时,输出轴的位移又经位置发送器转换成电流信号 $I_f$。当 $I_f$ 与 $I_D$ 相等时两相电动机停止转动。这时调节阀的开度就稳定在与调节器输出信号 $I_D$ 成比例的位置上,实现了输入电流信号与输出转角的转换。

电动执行机构不仅可与调节器配合实现自动调节,还可以通过操作器实现调节系统的自动调节和手动调节的相互切换。当操作器的切换开关置于手动操作位置时,由正反操作按钮直接调节电机的电源,以实现执行机构输出轴的正转或反转,进行遥控手动操作。

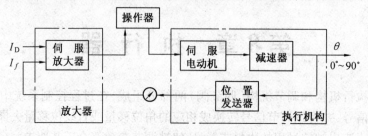

图 8.1　电动执行机构框图

# 8.2　气动执行器

## 8.2.1　气动执行器的结构

气动执行器又称为气动调节阀,由气动执行机构和气动调节机构组成,如图 8.2 所示。气动执行器由膜片、推杆和平衡弹簧等部分组成,是执行器的推动装置。其工作原理是接受气动调节器或电气阀门定位器输出的气压信号,经膜片转换成推力,克服弹簧力后,使推杆产生位移,同时带动阀芯动作,从而改变阀的开度。

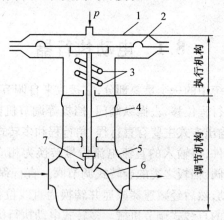

图 8.2　气动执行器示意图
1—上盖;2—膜片;3—平衡弹簧;4—阀杆;5—阀体;6—阀座;7—阀芯

### 1. 执行机构

常见的气动执行机构有薄膜式和活塞式两大类,薄膜式适用于输出力较小,精度较高的场合,而活塞式适用于输出力较大的场合。

气动执行机构工作时表现为有正作用和反作用两种形式,当来自调节器的信号压力增大时,阀杆向下动作的称为正作用执行机构;当来自调节器的信号压力增大时,阀杆向上动作的称为反作用执行机构。在工业生产中口径较大的调节阀通常采用正作用的执行机构。正作用执行机构的信号压力是通入膜片上方的薄膜气室(图 8.2 所示);反作用执行机构的信号压力是通入膜片下方的薄膜气室。通过更换个别零件,两者便能互相改装。

气动薄膜执行机构输出的位移 $L$ 与信号压力 $p$ 的关系为

$$pA = KL \tag{8.1}$$

式中,$A$ 为薄膜的有效面积;$K$ 为弹簧的弹性系数。可见,执行机构推杆位移 $L$ 和输入气压信号成正比。

执行机构的动态特性表示动态平衡时,调节器输出信号 $p$ 与执行机构推杆位移 $L$ 之间的关系。

**2. 气动调节机构**

气动调节机构实际上是一个局部阻力可以改变的节流元件,通常也称作调节阀。调节阀的阀杆上部与橡胶薄膜相连,下部与阀芯相连,当阀芯在阀体内移动的时候,改变了阀芯与阀座之间的流通面积,即改变了阀的阻力系数,被控介质的流量也相应地跟着改变,从而达到调节工艺参数的目的。

执行机构和调节机构按照不同的组合方式可以实现气开式和气关式两种调节。由于执行机构有正、反两种作用方式,调节机构也有正装和反装两种形式,因此有四种组合方式组成气开式和气关式的调节型式,如图 8.3 和表 8.1 所示。所谓气开式,即当输入气压越高时开度越大,而在气源断开时则全关;气关式是输入气压越高时开度越小,而在气源断开时则全开。

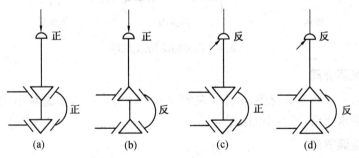

图 8.3 气开式和气关式阀示意图

**表 8.1 执行器组合方式**

| 序号 | 执行机构 | 阀体 | 气动调节阀 |
| --- | --- | --- | --- |
| (a) | 正 | 正 | (正)气关 |
| (b) | 正 | 反 | (反)气开 |
| (c) | 反 | 正 | (反)气开 |
| (d) | 反 | 反 | (正)气关 |

调节阀气开、气关的选择主要从工艺生产的安全来考虑,当发生断电或其他事故引起信号压力中断时,正确使用调节阀的开闭状态会避免损坏设备和伤害操作人员。

### 8.2.2　调节阀的结构形式

调节阀由阀体、阀座、阀芯、阀杆、上下阀盖等组成,调节阀有不同的结构形式,可根据不同的使用要求进行选择,按调节阀原理、作用及结构形式,调节阀主要有直通单座、直通双座、角形、三通、高压、隔膜和蝶阀7个基本品种,如图8.4所示。

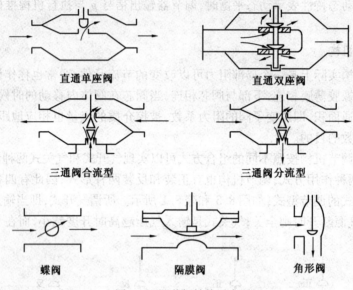

图 8.4　调节阀结构示意图

**1. 直通单座调节阀**

阀体内只有一个阀芯和阀座,流体从左侧流入,从右侧流出,泄漏量小,但不平衡力大。适用于泄漏量要求严格,压差小的场合。

**2. 直通双座调节阀**

阀体内有两个阀芯和阀座,流体从左侧流入,经过上下阀芯后流体汇合到一起,再从调节阀的右侧流出。其特点是由于流体流过的时候,作用在上、下两个阀芯上的推力方向相反而大小近于相等,可以相互抵消,所以不平衡力小。但是,由于加工的限制,上下两个阀芯阀座不易保证同时密闭,因此泄露量较大。大口径的阀一般选用双座阀。

**3. 三通阀**

三通阀有三个流体入口分为分流型和合流型,合流型是两种介质混合成一路,分流型是一种介质分成两路。用一个三通阀可实现两个直通阀的功能,适用于配比调节与旁路调节。使用中流体温差应小于 150 ℃,避免变形。

**4. 蝶阀**

蝶阀也称为翻板阀,其特点是结构紧凑、成本低、流通能力强,但泄漏量大。适用于口径较大、大流量、低压差的场合,也可以用于含少量悬浮颗粒介质的调节。

**5. 隔膜阀**

隔膜阀采用耐腐蚀衬里的阀体和隔膜,其特点是结构简单、流通能力比同口径的其他种类的阀要强。由于介质用隔膜与外界隔离,故无填料,介质也不会泄露。适用于强酸、强碱、强腐蚀性介质的调节,也能用于高粘度及悬浮颗粒状的介质的调节。

**6. 角形阀**

角形阀阀体为直角形,为防止小开度时发生振荡,一般使用底进侧出。其特点是流路简单、阻力较小,适用于高压差、高粘度、含悬浮物和颗粒状物料流量的控制。

这些调节阀各有其特点,应用在不同的工艺过程中。选用时主要考虑两点:

①被测介质的工艺条件,如温度、压力、流量等。

②被测介质的流体特性,如粘度、腐蚀性、毒性、是否含有悬浮颗粒、液态还是气态等。

### 8.2.3 调节阀的流量特性

从过程控制的角度看,流量特性是调节阀最重要的特性,它对整个过程控制系统的品质有很大的影响。不少控制系统工作不正常,往往是由于调节阀的特性特别是流量特性选择不合适,或者是阀芯在使用中受腐蚀、受磨损使特性变坏引起的。

调节阀的流量特性是指被控介质流过阀门的相对流量与阀门相对开度(相对位移)之间的关系

$$\frac{Q}{Q_{max}} = f\left(\frac{l}{l_{max}}\right) \tag{8.2}$$

式中,相对流量 $Q/Q_{max}$ 是调节阀某一开度时流量 $Q$ 与全开流量 $Q_{max}$ 之比;相对开度 $l/l_{max}$ 是调节阀某一开度行程 $l$ 与全开行程 $l_{max}$ 之比。

由于调节阀开度变化时,阀前后的压差也会变,从而流量 $Q$ 也会变。为分析方便,称阀前后的压差不随阀的开度变化的流量特性为理想流量特性;阀前后的压差随阀的开度变化的流量特性为工作流量特性。

**1. 理想流量特性**

当调节阀前后压差一定时得到的是理想流量特性。它仅取决于阀芯的形状,不同的阀芯曲面可得到不同的流量特性,主要有直线、对数及快开等几种流量特性。其阀芯形状和相应的特性曲线如图 8.5 和图 8.6 所示。

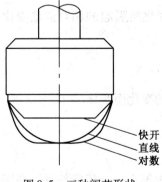

图 8.5 三种阀芯形状

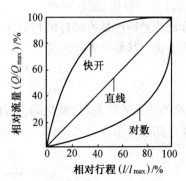

图 8.6 理想流量特性曲线

（1）直线流量特性

直线流量特性是指调节阀的相对流量与相对开度成直线关系，其数学表达式为

$$\frac{d\left(\dfrac{Q}{Q_{max}}\right)}{d\left(\dfrac{l}{l_{max}}\right)} = K \tag{8.3}$$

式中，$K$ 为调节阀的放大系数。

对式（8.3）积分可得

$$\frac{Q}{Q_{max}} = K\frac{l}{l_{max}} + C \tag{8.4}$$

式中，$C$ 为积分常数。边界条件为 $l=0$ 时，$Q=Q_{min}$（$Q_{min}$ 为调节阀能调节的最小流量）；$l=l_{max}$ 时，$Q=Q_{max}$。将其代入式（8.4）可分别得

$$C = \frac{Q_{min}}{Q_{max}} = \frac{1}{R} \tag{8.5}$$

$$K = 1 - C = 1 - \frac{1}{R} \tag{8.6}$$

式中，$R$ 为调节阀所能调节的最大流量 $Q_{max}$ 与最小流量 $Q_{min}$ 的比值，称为调节阀的可调范围或可调比。

将式（8.6）代入式（8.4）可得

$$\frac{Q}{Q_{max}} = \left(1 - \frac{1}{R}\right)\frac{l}{l_{max}} + \frac{1}{R} \tag{8.7}$$

由式（8.7）可知，$Q/Q_{max}$ 与 $l/l_{max}$ 之间成直线关系，当可调范围 $R$ 一定时，直线特性的放大系数是一个常数。只要阀芯位移变化量相同，其流量变化量也总是相同的。

直线流量特性调节阀在小开度工作时，其相对流量变化太大，调节作用太强，容易引起超调，产生振荡；而在大开度工作时，其相对流量的变化小，调节作用太弱，不利于调节作用的正常运行。从调节系统来说，当系统处于小负荷时（原始流量较小），要克服外界干扰的影响，希望调节阀动作所引起的流量变化量不要太大，以免调节作用太强产生超调，甚至发生振荡；当系统处于大负荷时，要克服外界干扰的影响，希望调节阀动作所引起的流量变化量要大一些，以免调节作用微弱而使调节不够灵敏。所以直线流量特性不能满足上述要求。

（2）对数（等百分比）流量特性

等百分比流量特性是指阀杆的相对位移（开度）变化所引起的相对流量变化与该点的相对流量成正比。其数学表达式为

$$\frac{d(Q/Q_{max})}{d(l/l_{max})} = K(Q/Q_{max}) = K_U \tag{8.8}$$

可见，调节阀的放大系数 $K_U$ 是变化的，它随相对流量的变化而变化。

将前述已知边界条件代入式（8.8）经整理可得

$$\frac{Q}{Q_{max}} = R^{\left(\frac{l}{l_{max}} - 1\right)} \tag{8.9}$$

可见相对开度与相对流量成对数关系，所以又称为等百分比流量特性。在同样的行程

变化值下,流量小时,流量变化小,调节平稳缓和;流量大时,流量变化大,调节灵敏有效。

(3)快开流量特性

这种特性在小开度时流量就比较大,随着开度的增大,流量很快达到最大,故称为快开特性。快开特性的数学表达式为

$$\frac{Q}{Q_{\max}} = 1 - \left(1 - \frac{1}{R}\right)\left(1 - \frac{l}{l_{\max}}\right)^2 \tag{8.10}$$

快开特性的阀芯形状为平板型,其有效位移一般为阀座直径的1/4,当位移再增大时,阀的流通面积就不再增大,失去了控制作用。快开阀适用于迅速启闭的切断阀或双位控制系统。

**2. 工作流量特性**

在实际使用时,调节阀安装在管道上,或者与其他设备串联,或者与旁路管道并联,因而调节阀前后的压差是变化的。压差因阻力损失变化而变化,致使理想流量特性畸变为工作流量特性。

(1)串联管道时的工作流量特性

调节阀与其他设备串联工作时。如图8.7(a)所示,调节阀上的压差是其总压差的一部分。当总压差 $\Delta p$ 一定,随着阀门的开大,引起流量 $Q$ 的增加,设备及管道上的压力将随流量的平方增长,如图8.7(b)所示。这就是说,随着阀门开度增大,阀前后的压差将逐渐减小,所以在同样的阀芯位移下,实际流量比阀前后压差不变时的理想情况要小。尤其在流量较大时,随着阀前后压差的减小,调节阀的实际控制效果将变得非常迟钝。如果图8.7中用的是线性阀,其理想流量特性是一条直线,但由于串联阻力的影响,其实际的工作流量特性就变成图8.8(a)所示向上缓慢变化的曲线。图中 $Q_{\max}$ 表示串联管道阻力为零时调节阀全开时的流量;$S$ 表示调节阀全开时前后压差 $\Delta p_{0\min}$ 与系统总压差 $\Delta p$ 的比值,$S = \Delta p_{0\min} / \Delta p$。由图8.8(a)可知,当 $S=1$ 时,管道压降为零,调节阀前后压差等于系统的总压差,故工作流量特性即为理想流量特性。当 $S<1$ 时,由于串联管道阻力的影响,使流量特性产生两个变化,一个是阀全开时流量减小,即阀的可调范围变小;另一个是使阀在大开度时的调节灵敏度降低。随着 $S$ 值的减小,直线特性趋向于快开特性,等百分比特性趋向于直线特性,$S$ 值越小,流量特性的变形程度越大。在实际使用中,一般希望 $S$ 值不低于0.3~0.5。

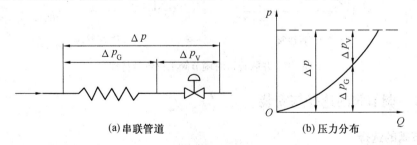

(a)串联管道    (b)压力分布

图8.7  调节阀和管道阻力串联的情况

在现场使用中,如果调节阀选得过大或生产在低负荷状态下,调节阀将工作在小开度。有时,为了使调节阀有一定的开度而把工艺阀门关小些以增加管道阻力,使流过调节阀的流量降低,这样,$S$ 值下降,使流量特性畸变,调节质量恶化。

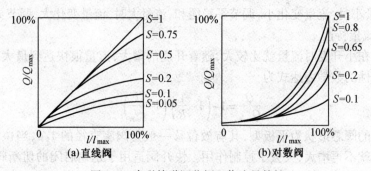

图 8.8　串联管道调节阀工作流量特性

（2）并联管道时的工作流量特性

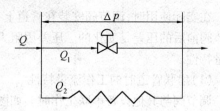

调节阀一般都装有旁路阀，以便于手动操作和维护。当生产量提高或调节阀选小了时，只好将旁路阀打开一些，此时调节阀的理想流量特性就改变成为工作流量特性。图 8.9 所示为并联管道时的情况，显然这时管路的总流量 $Q$ 是调节阀流量 $Q_1$ 与旁路流量 $Q_2$ 之和，即 $Q = Q_1 + Q_2$。并联管道时的工作流量特性如图 8.10 所示，图中 $S'$ 为调节阀全开时的流量 $Q$ 与总管最大流量 $Q_{max}$ 之比。

图 8.9　并联管道工作情况

由图 8.10 可见，当 $S' = 1$ 时，旁路阀关闭，工作流量特性即为理想流量特性。随着旁路阀逐渐打开，$S'$ 值逐渐减小，调节阀的可调范围也将大大下降，从而使调节阀的控制能力大大下降，影响控制效果。根据实际经验，$S'$ 值不能低于 0.80。

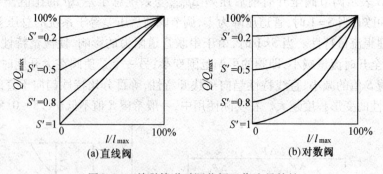

图 8.10　并联管道时调节阀工作流量特性

## 8.2.4　调节阀的选择与安装

### 1.调节阀的选择

调节阀是过程控制系统中重要的执行部件。控制阀的选择对系统控制作用关系重大，应根据应用场合实际情况对调节阀进行设计和选型，包括阀的流量特性、结构形式、开闭形式与口径计算等。

(1)气开/气关形式的选择

调节阀气开式和气关式两种类型的选择很重要,选择的原则主要是考虑生产的安全。当压力信号中断时,应保证设备或操作人员的安全,避免损坏设备和伤害人员。如果阀门在信号中断时处于打开位置,则应该选用气关式,反之则用气开式。例如,控制加热炉的燃气流量时,一般选用气开式,当控制器出现故障或执行器供气中断时,气开式的阀门会全关,停止燃气供应,可避免炉温继续升高而导致事故。再如,对于易结晶的流体介质,应选用气关式以防堵塞,当出现意外时,气关阀门全开;若选用气开式,则阀门全关,就会使得管道内的介质结晶,导致不良的后果。

此外,还应从保证产品质量、经济损失最小的角度考虑。在事故发生时,尽量减少原料及动力消耗,但要保证产品质量。例如,在蒸馏塔控制系统中,进料调节阀常用气开式,没有气压就关闭,停止进料,以免浪费;回流量调节阀则可用气关式,在没有气压信号时打开,保证回流量;当调节加热用的蒸汽量及塔顶产品时,也采用气开式。

(2)结构形式的选择

结构形式的选择首先要考虑工艺条件,如介质的压力、温度、流量等;其次考虑介质的性质,如粘度、腐蚀性、毒性、状态、洁净程度;还要考虑系统的要求,如可调比、噪声、泄漏量等。

(3)流量特性的选择

调节阀生产厂提供的流量特性都是理想特性,常用的有快开型、直线型和等百分比(对数)型三种。

因为快开型调节阀符合两位式动作的要求,所以它适用于双位控制或程序控制的场合。因此流量特性的选择就是直线型和对数型调节阀的选择。一般来说,要根据调节系统的调节质量特性、工艺配管情况及负荷变化情况等因素来决定。直线特性在小开度时流量相对变化大,过于灵敏,容易振荡,阀芯阀座也易破坏,在 $s$ 值小、负荷变化幅度大的场合不宜采用。等百分比特性调节阀的放大系数随阀门行程的增加而增加,流量相对变化值是恒定不变的,因此,它对负荷波动有较强的适应性,无论在全负荷或半负荷生产时都能很好地调节;从制造的角度也不困难。所以在生产中,等百分比(对数)型调节阀是用得最多的一种。对于调节阀口径的确定,一般由仪表技术人员按要求进行计算后再行确定,通常包括流量的确定,压差的决定,流量系数的计算及流量系数 $K_v$ 值的选用,调节阀开度验算;调节阀实际可调比的验算,阀座直径和公称直径的确定等。

调节阀流量特性的选择一般有数学分析法和经验法两种,数学分析法的应用因其计算复杂而受到限制,在工程上多采用经验法。表8.2 为常用控制系统调节阀流量特性选择表。

在生产现场,流体在管道内流动时必然存在着阻力,从而造成调节阀的工作流量特性与理想流量特性不同。表8.3 为根据配管情况选择调节阀的特性表。在选择流量特性时,可先按控制系统的特点选择希望得到的工作特性,然后根据实际配管情况选择相对理想的特性。例如,根据经验法希望得到直线工作特性的调节阀,先考虑配管情况,则设 $S=0.5$,再根据表8.3选出等百分比理想特性的调节阀。

**表 8.2　流量特性选择表**

| 控制系统及被控(变)量 | 扰　动 | 选择控制阀流量特性 |
|---|---|---|
| 流量控制系统(流量 $F$)　$p_1$　$F$　$p_2$ | 压力 $p_1$ 或 $p_2$ | 等百分比 |
| | 设定值 $F$ | 直线 |
| 压力控制系统(压力 $p_1$)　$p_2$　$p_1$　$p_3$ | 压力 $p_2$ | 等百分比 |
| | 压力 $p_3$ | 直线 |
| | 设定值 $p_1$ | 直线 |
| 液位控制系统(液位 $L$)　$F$　$L$ | 流入 $F$ | 直线 |
| | 设定值 $L$ | 等百分比 |
| 温度控制系统(流体出口温度 $T_2$)受热流体　$F_1 T_1$　$T_2$ | 加热介质温度 $T_3$ 或入口压力 $p_1$ | 等百分比 |
| | 受热流体的流量 $F_1$ | 等百分比 |
| | 入口温度 $T_1$ | 直线 |
| | 设定值 $T_2$ | 直线 |

**表 8.3　按配管情况选择调节阀的特性**

| 配管状态 | $S=1.0\sim0.6$ | | $S=0.6\sim0.3$ | | $S<0.3$ |
|---|---|---|---|---|---|
| 实际工作特性 | 直线 | 等百分比 | 直线 | 等百分比 | 控制不适宜 |
| 所选流量特性 | 直线 | 等百分比 | 等百分比 | 等百分比 | |

注:$S$ 表示阀全开时的压差与系统总压差的比值.

(4)调节阀控制口径的选择

在进行自动化技术改造时,阀门口径可以依据等截面积的原则来考虑,即依据在手工操作时阀门口径多大,以开启圈数多少估计开启面积,然后选用在正常工况下具有相同开启面积的控制阀。

在进行新装置的设计时缺乏操作的资料,通常是按流通能力 $C$ 值来确定阀门口径,常用方法有如下两种:

(1)依据实际最大流量 $Q_{max}$,算出相应的流通能力 $C_{max}$,然后从产品系列中选取稍大于 $C_{max}$ 的 $C$ 值及相应的阀门口径,选取时应留必要的余地。最后在实际最大流量 $Q_{max}$ 及实际最小流量 $Q_{min}$ 时的阀门开度进行验算:在 $Q_{max}$ 时应不大于 $90\%$,在 $Q_{min}$ 时应不小于 $10\%$。

(2)更实用的途径是按常用流量算出相应的流通能力 $C_{vc}$。选用阀门 $C$ 值应使 $C_{vc}/C$ 在 $0.25\sim0.8$ 之间,即按常用流量的 $C_{vc}$ 值乘以 $4\sim1.25$ 倍。一般 $C_{vc}/C=0.5$ 为宜,当工作特性为对数型时可更小些。

**2. 调节阀的安装**

调节阀能否起到良好的作用,除了与上述的选择有关外还与调节阀的安装有关,安装的合理,将便于拆卸、维护和维修,使其能保持良好的运行工况。因此,安装时应注意下述几点:

(1)调节阀应垂直安装在水平管道上,特殊情况需要水平或倾斜安装时,除公称通径小于 50 mm 的调节阀以外,都必须在阀前后加装支撑件。调节阀安装位置比较如图 8.11 所示,a 是最佳安装位置,即垂直安装。e 是最差安装位置,要尽量避免。

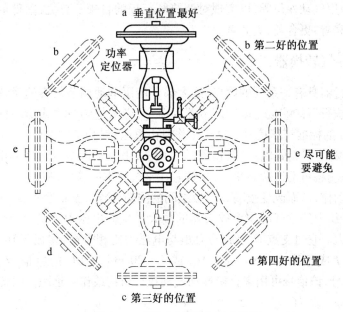

图 8.11 调节阀安装位置比较图

(2)调节阀应尽量安装在靠近地面或楼板的地方,而且四周必须留有足够的空间,以利操作、维护和维修。例如,如果需要拆卸带有阀杆和阀芯的顶部组件,阀门的上方应留有足够的空隙;如果需要拆卸底部法兰和阀杆、阀芯部件,阀门的底部应留空隙;如果需要拆卸阀门附件,如手轮、阀门定位器、保位阀等,阀门的侧面应留空隙。

(3)调节阀的执行机构要避免暴露在高温环境之中,在温度高于 38 ℃时,膜片、密封件、定位器零件会明显受到高温的影响。当阀安装于有振动的场合时,由于管道有振动,可能造成管道的移位,因此要求连接到执行机构的气管、液压管和电接头都要有足够的挠性。对塑料管只要求有很小的松弛部分,金属管要经受振动,要求具有较大的挠曲性,并考虑防振措施。

(4)用于高粘度、易结晶、易汽化以及低温流体时,应采取防冷和保温措施。

(5)安装时要保证流体流动方向与阀体上的箭头方向一致。

(6)调节阀应设置旁路阀,以便在调节阀出现故障时可通过旁路阀继续维持生产的正常进行。调节阀的两端应安装切断阀,如图 8.12 所示。一般切断阀选用闸阀,旁路阀选用球阀。

(7)当调节阀用于较高粘度或含悬浮物的流体时,应加装冲洗管线。

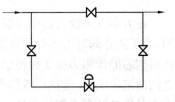

图 8.12 调节阀旁路示意图

# 8.3　气动执行器附件

在生产过程中控制系统对阀门提出各种各样的特殊要求,因此调节阀必须配用各种附属装置(简称附件)来满足生产过程的需要。例如,为了转换电和气信号,要配用电-气转换器;为了改善调节阀的静态特性和动态特性,要配用阀门定位器;为了使调节阀仍能保持一定压力信号,要使用气动保位阀,以实现对调节阀行程的自锁。总之,附件的作用就在于使调节阀的功能更完善、更合理、更齐全。

## 8.3.1　电-气转换器

由于气动执行器具有一系列的优点,绝大部分使用电动调节仪表的系统也使用气动执行器。为使气动执行器能够接受电动调节器的命令,必须把调节器输出的标准电流信号转换为 20~100 kPa 的标准气压信号。这个工作是由电-气转换器完成的。

图 8.13 是一种力平衡式电-气转换器的原理图,由电动调节器送来的电流 $I$ 流过线圈产生电磁场,电磁场将可动铁芯磁化,磁化铁芯在永久磁钢中受力,相对于支点产生力矩,带动铁芯上的挡板动作,从而改变喷嘴和挡板之间的间隙。当挡板靠近喷嘴,使喷嘴挡板机构的背压升高,这个压力经过气动功率放大器的放大产生输出压力 $p$,作用于波纹管,对杠杆产生向上的反馈力。它对支点 $O$ 形成的力矩与电磁力矩相平衡,构成闭环系统,于是输出压力与输入电流 $I$ 成正比,0~10 mA·DC 或 4~20 mA·DC 的电信号就转换成 20~100 kPa的气压信号,该信号可用来直接推动气动执行机构或作较远距离的传送。

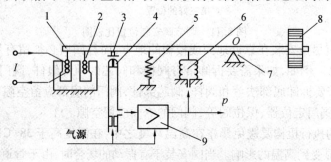

图 8.13　电-气转换原理图

1—杠杆;2—线圈;3—挡板;4—喷嘴;5—弹簧;6—波纹管;
7—支承;8—重锤;9—气动放大器

## 8.3.2　气动阀门定位器

在大多气动执行器中,阀杆的位移是由薄膜上的气压推力与弹簧反作用力平衡来确定的,为了防止阀杆引出处的泄漏,填料总要压得很紧,致使摩擦力可能很大;此外,被调节流体对阀芯的作用力由于种种原因,也可能相当大。所有这些都会影响执行机构与输入信号之间的定位关系,使执行机构产生回环特性,严重时可能造成系统振荡。因此,在执行机构工作条件差及要求调节质量高的场合,都在执行机构前加装阀门定位器。

图 8.14 是气动阀门定位器与执行机构配合使用的原理图。其工作原理如下:由调节器来的气压信号 $p_i$ 作用于波纹管,使挡板以反馈凸轮为支点转动,当挡板靠近喷嘴时,使背压室 A 内压力上升,推动膜片使锥阀关小,球阀开大。这样,气源的压缩空气较易从 D 室进入 C 室,而较难进入 B 室排入大气,使 C 室的压力 $p$ 急剧上升,此压力送往执行机构,通过薄膜产生推力,推动阀杆向下移动,并带动凸轮按顺时针方向旋转,使挡板下端右移并离开喷嘴,减小输出压力 $p$,最终达到平衡位置。在平衡时,由于放大器的放大倍数很高(约为 10 ~ 20倍),输出气量很大,有很强的负载能力,故可直接推动执行机构。

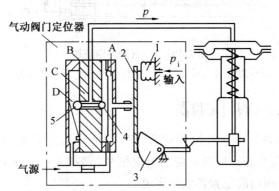

图 8.14 气动阀门定位器与执行机构的配合
1—输入波纹管;2—托板;3—反馈凸轮;4—锥阀;5—球阀

阀门定位器除了能克服阀杆上的摩擦力,消除流体作用力对阀位的影响,提高执行器的静态精度外,由于它具有深度位移负反馈,使用了气动功率放大器,增强了供气能力,因而提高了调节阀的动态性能,加快了执行机构的动作速度。在需要的时候还可通过改变反馈凸轮的形状,修改调节阀的流量特性,以适应调节系统的控制要求。

### 8.3.3 电–气阀门定位器

电–气阀门定位器输入信号为 0 ~ 10 mA 的直流电信号,输出为气压信号。它能够起到电–气转换器和气动阀门定位器两种作用。它接受电动调节器来的信号,变成气压信号和气动调节阀配套使用。

图 8.15 是根据力矩平衡原理设计的一种双向电–气阀门定位器的工作原理示意图。它与气动阀门定位器的区别在于,一是把波纹管组件换成力矩马达,一是把单向放大器改为双向放大器。

当信号电流通入到力矩马达 1 的线圈两端时,它与永久磁钢作用后,对主杠杆产生一个力矩,于是挡板靠近喷嘴,经放大器放大后的输出压力通入到活塞式执行机构 2 的气缸,通过反馈凸轮拉伸反馈弹簧,弹簧对主杠杆的反馈力矩与输入电流作用在主杠杆上的力矩相平衡时,仪表达到平衡状态,此时一定的输入电流就对应一定的阀门位置。若将输入电流的方向反接,则可实现调节阀的反作用。

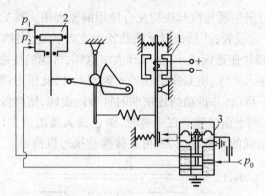

图 8.15　电-气阀门定位器

1—力矩马达;2—活塞式执行机械;3—双向放大器

### 8.3.4　智能电-气阀门定位器

　　电-气阀门定位器可以用于控制气动直行程或角行程调节阀,实现阀门的准确定位。这种定位器接受来自调节器或控制系统的电流信号(例如 4 ~ 20 mA),用这个信号改变执行机构气室的压力,使阀门的位置达到给定值。

　　图 8.16 为智能电-气阀门电位器工作原理示意图,从图中可以看出,它的工作原理与一般定位器是截然不同的。执行机构位置的给定值与实际值的比较是在微处理器的电子电路中进行的。如果微处理器测到一个控制偏差,它就会根据这一偏差输出一个电控命令,并且利用一个五通路插件传递给压电阀,压电阀把这一指令转换为气动定位增量,从而使一定量的压缩空气经过压电阀进入气动执行机构的气室。如果控制偏差很大,则压电阀输出连

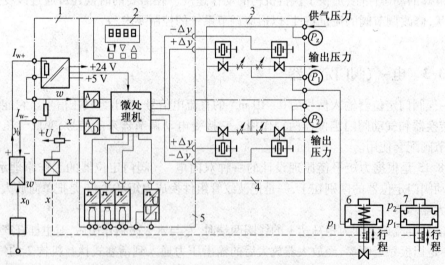

图 8.16　智能电-气阀门定位器结构示意图

1—二线制输入信号接线;2—控制板有 LCD 显示和功能按键;3—压电式阀组件即单作用定位器;4—附加一个压力阀组件即双作用定位器;5—功能模块;6—单作用执行机构(弹簧返回);7—双作用执行机构

续信号;如果偏差很小,则没有定位脉冲输出;如果偏差大小 适中,则输出脉冲序列。在使用二线制电路时,这种定位器的工作电源全部取自 4～20 mA 的给定电流信号。

这种定位器适用于有弹簧执行机构的单作用状况,也适用于无弹簧执行机构的双作用状况;可为防爆结构,也可以是非防爆结构,其结构特点如下:

①装有高集成度的微处理器智能型现场仪表,既可安装在直行式执行机构上,也可以安装在旋转式执行机构上。

②主要组成部分由压电阀、模拟数字印刷电路板、LCD(液晶显示)、供输入组态数据及手动操作的按键、行程检测系统、壳体和接线盒等部分组成。

③有替换的功能模板,其具有下列功能:

a. 提供二线制 4～20 mA 的阀位反馈信号。

b. 通过数字信号指示两个行程极限,两个限定值可独立设置最大值和最小值,用数字显示。

c. 自动运行过程中,当阀位没有达到给定值时能报警,微处理器有故障时也能报警,报警时信号中断。

这种定位器耗气量极小,安装简单,调试方便,调节品质佳,抗振动,免维修,不受环境影响。只要按动功能键就可以调节调节阀的动作速度、流量特性、行程和分程控制,并有 LCD 显示。

# 思考题与习题

8.1 执行器由哪几部分组成? 它在过程控制中起什么作用?

8.2 什么是调节阀的流量特性? 什么叫理想流量特性和工作流量特性? 常见的理想流量特性有哪些?

8.3 在过程控制系统中,电动执行器能完成什么功能? 其输入信号和输出信号分别是什么?

8.4 试述电-气转换器和阀门定位器的工作原理。

# 第9章 铸造过程自动控制

## 9.1 合金熔炼过程的控制与调节

合金熔炼的目的是为车间的造型工部提供合格的铁水,以保证获得的铸件具有要求的机械性能。当液体金属温度过低时,容易发生浇不足、冷隔、气孔和夹渣等铸造缺陷;当液体金属温度过高时,也会产生严重吸气、氧化、粘砂等缺陷。因此熔炼出温度和成分符合要求的液体金属是铸造生产过程中的关键之一。为达此目的,必须加强合金熔炼过程的控制和测试。

### 9.1.1 冲天炉熔炼过程的控制与调节

冲天炉是熔化工部熔化铸铁的主要设备,由于冲天炉具有生产率高、热效率高、适应性强、结构简单、操作方便、设备投资少、占用车间面积少和省电等特点,因此在国内外的铸造业广泛使用冲天炉。

为了获得高温、优质的铁水,提高热效率,减少元素的烧损,稳定生产率,需对冲天炉熔炼过程的主要参数进行检测和自动控制。一般可分为以下两个方面:

(1)冲天炉配料优化系统

可以用微机进行最低成本的优化配料计算,将优化配料的结果指导炉料配料系统,对炉料进行定量控制,提高配料称量的精度和管理水平。

(2)冲天炉熔炼参数检测与控制

一般通过微机对铁水的温度及化学成分、风量、风压和炉气成分等进行检测,以诊断冲天炉的运行状况。并用微机对冲天炉熔炼过程的送风量、送风湿度、送风温度、加氧送风等进行控制。

#### 1. 冲天炉配料优化系统

在冲天炉料位的监控过程中,需加料的自动称重显得尤为重要。加料的多少主要通过称重传感器来完成,图9.1和图9.2分别为焦炭配料系统工作原理和配焦结构图。

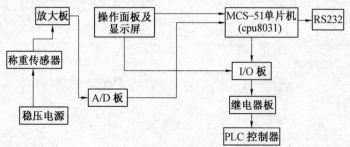

图 9.1 原理图

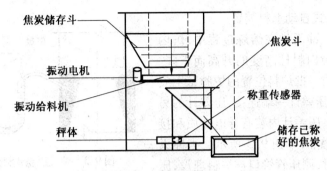

图 9.2　配焦结构图

从图 9.1,9.2 可知,该配料系统主要由称重传感器,放大电路,AD 转换电路,单片机电路,I/O 电路,继电器电路,键盘与显示电路,通信接口电路,稳压电源电路,PLC 控制电路等电路组成。当焦炭进入到焦炭斗时,压力施给传感器,该传感器发生形变,使输出的模拟信号发生相应的变化,该信号经放大电路放大后输出到 A/D 转换器,转换成便于处理的数字信号输出到 CPU,CPU 根据将测试结果及设定值显示于屏幕,同时对测量值与设定值进行比较,取差值提供 CPU 运算。当重量不足,则继续送料和显示测量值,一旦重量相等或大于设定值,CPU 控制接口输出控制信号给继电器板,继电器输出信号给 PLC 控制器,PLC 控制器按程序控制外部振动给料设备停止送料,显示测量终值,然后发出两声蜂鸣声,表示该焦炭斗焦炭已达设定重量。

对于其他配料的称重,因其配料机构不同有所不同,但其控制过程类似。一般来说,冲天炉加、配料微机控制系统应满足以下主要性能:

①能够按牌号、批号及重量自动称量铁料,以铁定焦自动称量焦/石料,并可进行误差补偿。

②能够记录每次配料和累计配料的有关统计数据,如铁料、焦/石料耗量、牌号、日期等参数。

③控制系统应配有手动操作系统,能够保证冲天炉熔化过程连续不中断地工作,确保生产的正常进行。

④控制系统应具有回原点状态的功能,在急停处理或手动运行切换到自动运行工况后,各有关设备在自动工况投入运行前,将处于工作原点和待命位置,从而避免设备的无序动作,实现控制系统的无扰动切换。

⑤具有严密的监控报警功能,能实时监视每一台运行电机的工作和故障状态,出现异常时,可实时显示和指出发生故障电动机的位置和故障类别,并做出相应的故障连锁处理。

**2. 自动上料装置及料位自动控制系统**

冲天炉内料位的高低与熔炼过程的正常进行有着密切关系。当料位过低时,炉料预热得不充分,铁水出炉温度低,由此所造成的铸件废品率高。当料位过高时,料位的透气性差,导致炉膛断面上的供风不均匀,使边缘气流发展,加剧炉壁效应,也严重影响着铁水的品质。所以很有必要实现冲天炉上料的自动化,对料位进行有效的监控。料位监控的方式很多,下面主要介绍炉气压差式和光电式上料装置的自动控制。

（1）炉气压差式自动上料装置

①工作原理。冲天炉在熔炼过程中，炉内空气的压力随炉膛内料柱高度的升高而下降。在距加料口下沿约一批炉料位置的炉膛壁上安装一只测压管，与压差计一端连接，压差计的另一端与大气相通。压差计内装有导电介质和接通或断开电路的触点，如图9.3所示。当冲天炉内的炉料满料时，测压管管口被炉料埋没，压

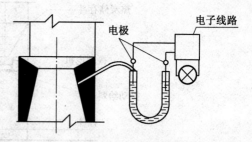

图9.3　炉气压差式料位控制装置

差计产生压差，炉气端电极位于导电介质之上，回路被切断，加料机处于停机状态。当炉内料位下降至测压管以下时，测压管露出料面，压差计两端压力相等，导电介质的左右液面平齐，此时电极接通，形成回路，发出电信号，电信号经放大后输出，控制加料机完成加料动作。

②炉气压差式自动上料装置电路。炉气压差式自动上料装置电子电路如图9.4所示。电子线路上装有信号灯 XD1 和 XD2，分别指示炉内的料位状态，料位控制器可以输出直流24 V 或交流 220 V 的信号，电信号采用三级放大，级间采用二极管或稳压管耦合，以增强抗干扰和线路的可靠性。

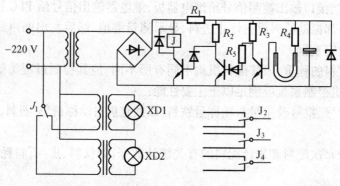

图9.4　料位控制电子线路图

（2）光电自动料位控制系统

①工作原理。光电自动料位控制系统的主要任务是根据冲天炉在熔炼过程中的实际情况，及时发出空料信号，给出加料指令，使加料机周期地加料，保持料位正常。

在冲天炉加料口以下 450~500 mm 处，也就是一批炉料的高度处，对开两个 $\phi50$ 的光控孔，光束从此孔通过，使硅光电池把接受的光信号转变为电信号，再通过电路放大器的配合，来实现光电自动加料。如果炉料未下降，挡住了光控小孔，光源被炉料挡住，照射不过去，硅光电池没有接受光信号，加料机不工作。一旦炉料下降到 $\phi50$ 光控孔以下的瞬间，光束射过光控孔，硅光电池立即接受光源信号，加料机即自动上升。具体工作过程如下。

炉料下降→硅光电池接受光源→加料机上升，同时下限位机构复位，光源熄灭。加料机到达上极限位置→料桶碰撞上限位开关，使加料机停车的同时卸料，卸料后由上限位开关控制时间继电器使料桶在卸料后停留 5~10 s，当炉料全部卸完→加料机下降，上限位机构复位，料桶到达下极限位置→料坑，碰撞下限位开关使加料机停车的同时，装填炉料时间继电器开始工作，使料桶停留在料坑内 60 s 左右，作为给料桶装填炉料的时间→60 s 后光源亮。

此时存在两种情况,一是料位仍然低于光控孔以下,则加料机在光源亮的瞬间立即上升,进行自动加料;二是料位已超过光控孔的高度,则光源继续亮,一直亮到料位低于光控孔,当硅光电池接受从光控孔射过来的光束的瞬间熄灭,加料机立即上升进行又一个循环的自动加料。

②电气及光电控制系统。冲天炉料位光电控制系统如图9.5所示,冲天炉自动控制电气线路如图9.6所示。电器元件安装在配电柜内,有全自动、半自动及点动等按钮,以便在线路或电气发生意外时,用手动进行生产。

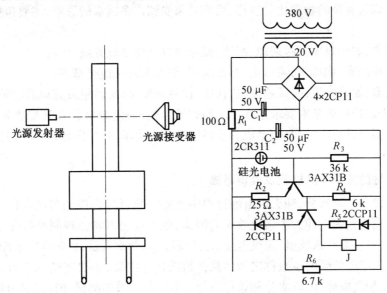

图9.5 冲天炉料位光电控制系统

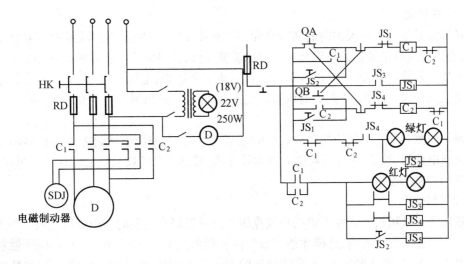

图9.6 冲天炉自动控制电气线路

a.限位机构。限位机构是自动化加料的重要组成部分,分为上限位机构和下限位机构。上限位机构是采用锥杆弹簧过位机构,当料桶上升碰撞锥杆时,拉力弹簧被拉伸,锥杆的锥部将上限位开关推到限位处时,因加料机有惯性,此时锥杆继续过位到一定的位置。下限位开关则采用拉力弹簧与行程开关组合的杠杆机构,与上限位机构大同小异。

b.光源问题。采用22 V/250 W电影机上的全反射灯泡,或18 V灯泡,经过光源一次凸透镜聚集,以及硅光电池暗箱的二次凸透镜聚集,照到硅光电池上的光束面积只有3 $mm^2$ 就可满足控制要求。

### 9.1.2　冲天炉熔炼参数检测与控制

冲天炉熔炼是复杂的物理化学过程,熔炼效果受到许多因素的影响,主要包括以下几个方面。

①冶金因素,如炉料原材料来源、配比、预处理以及化学成分波动等;

②炉子结构因素,如风口、风口比、有效高度、炉型和鼓风机类型等;

③工艺因素,如鼓风量、鼓风速度、焦铁比、铁料块度、焦炭质量及鼓风温度等。

因此,冲天炉控制的基本要求是在一定的炉子结构,一定原材料及其配比条件下,调节控制各种工艺因素,以达到铁水化学成分及温度的基本要求,并且保证炉子在最佳状况下工作。

#### 1.熔炼过程的主要参数检测及其传感器

从检测与控制功能来分,冲天炉熔炼过程中主要参数可分为控制参数和信息参数。所谓控制参数是指直接影响冲天炉熔化效果的因素,或称控制因素。控制参数除了冲天炉配料、加料系统之外主要有送风量、送风温度、送风湿度、氧气吹入量、底焦高度波动、层铁焦比等。反映冲天炉熔炼效果的参数称之为信息参数或信息因素,主要有送风压力,铁水温度、铁水化学成分、炉气成分、炉渣成分和熔化率等。对这些参数的测试和控制是由微型计算机监控系统完成的。

(1)送风量

送风量是指送入冲天炉内的实际风量(除去漏风量)。冲天炉的风量决定着整个熔化过程,合适的送风量是保证焦炭合理燃烧的重要条件,风量大小直接影响铁水熔化、过热、生产率及铁水的化学成分。空气量不足,燃料不能完全燃烧;空气量过多,加热多余的空气而使热量受到损失。因此,冲天炉的风量一定要合适,一般送风强度在100 ~ 150 $m^3/(m^2 \cdot h)$ 之间。

风量的测定通常采用毕托管或孔扳的方法,将取得的差压值通过差压传感器转变为相应的直流电信号,经A/D转换器送入微型计算机,微型计算机按风量公式计算出风量值,作为监视和控制的参数。

(2)风压

风压是由鼓风机鼓入冲天炉的空气克服炉内炉料阻力产生的。由鼓风机鼓入冲天炉的空气压力要比大气压力高,这样才能克服炉内炉料的阻力,将空气送入炉内,保证燃料的燃烧。对不同炉径、型式的冲天炉,所需风压的大小是不同的,在800 ~ 2 000 mm水柱的范围内变动。风压变化可以指示炉内气流阻力的变化,告知炉况是否正常。在风口截面已知条件下,风压代表进风速度。炉况的异常,首先反映在风压的变化上,如冲天炉上部棚料,则风压显著下降,而下部棚料则风压升高。风压的测量位置通常选择在风带的上部气流平稳处,测量风压时,需要在风箱上取压。可选用膜盒压力计、波纹管压力计和远传压力计等来测量压力,或由压力传感器将测得的风压转换为相应的直流电信号,经 A/D 转换器传送给微型计算机作为监视信号。

（3）送风湿度

送风湿度是指鼓入冲天炉内空气的绝对湿度（g/m³）。送风湿度增加,则铁水温度下降,C,Si,Mn 的烧损、铁水的含氧量、白口深度也相应增加。另外,还会造成铁水的流动性下降、焦耗量增加、熔化率下降,铸件废品率增加。因此送风湿度应控制在 5～8 g/m³ 的范围内。有时要采用加氧送风来改善冲天炉熔炼效果,加氧送风可以提高铁水温度、减少焦耗、增加熔化率,还可以减少 Si、Mn 烧损,有利于增碳,与热风有类似的效果。加氧量一般在 1%～4%。

送风湿度的测定可用干湿球电信号传感器测量,并将湿度信号转换成直流电信号,经 A/D 转换器送入微型计算机。

（4）送风温度

送风温度是指送入冲天炉内的风温,一般指风箱的风温。送风温度的提高,可使炉内温度提高,还原性气氛增强,因而有利于铁水高温过热,减少元素烧损,降低焦耗和加快熔化速度。通常提高风温的办法是采用密筋炉胆加热送风,其风温数值一般在 300 ℃ 以下。也有采用外热式热风系统,风温可大大提高,但成本昂贵。测定风温时,可选用镍铬-考铜热电偶或热电阻接温度变送器,将温度信号转变为相应的直流电信号,再经 A/D 转换器送入微型计算机,作为监测信号。

（5）炉气温度

炉气温度是反映冲天炉熔炼效果的指标之一。测定时可用 NiCr-NiSi 热电偶配温度变送器输出直流电信号,再经 A/D 转换器输入给微型计算机。测温点通常取在料位线以下 400～500 mm。炉气温度一般在 100～200 ℃ 左右。

（6）炉气成分

炉气成分是指冲天炉加料口处的废气成分,它是评价和分析炉子热工效果、判断炉内的冶金特性的重要指标。在合金熔炼过程中,燃料燃烧情况,炉气成分的变化,直接影响着熔炼过程的进行和金属液体的质量。在焦碳冲天炉熔化铸铁中,当供应的空气量合适时,焦碳能得到充分的燃烧,并放出大量的热量,使金属炉料被熔化和过热。当炉内气体成分合适时,冲天炉处于正常熔化状态,一般在加料口合适的炉气成分是:二氧化碳含量 13%～16%、一氧化碳含量 5%～8%、氧的含量约大于 1%,其余为氮。若炉气成分超出上述指标,便说明熔化不正常,或是焦碳得不到充分燃烧,炉温不高,铁水温度低;或是供氧供气过大,铁水严重氧化。通常用炉气中 $CO_2$ 或 CO 含量来调节控制风量,从而进一步控制燃料的燃烧过程和合金的熔炼过程,达到控制炉气成分的目的。

炉气成分的测定可采用红外线气体分析仪,常用型号有 QGS-041,KQG-71,HW-001 型等,也可采用专为冲天炉测定炉气成分用的 CX-401 型气相色谱仪。取气位置一般在料位线以下 400～500 mm 处。测定时,炉气成分通过仪器装置输出为相应的直流电信号,经 A/D 转换器输入给微型计算机作为监测信号。一般取燃烧比为 55%～70%,炉气 $CO_2$ 含量在 16.5%～11% 为冲天炉理想工作状况。

（7）底焦高度

从第一排风口中心（从下向上）到底焦顶面的垂直距离称底焦高度。底焦高度偏高或偏低都会直接影响铁水温度、焦炭消耗和熔化速度等。熔化过程应保持底焦高度在一定的波动范围之内，即保持熔化带的恒定。因此可用层铁焦比来保证底焦高度，所谓层铁焦比是指一批炉料中铁料（批铁）、和焦炭（批焦）重量之比。层焦的作用就是为了补充底焦熔化一批金属料后所消耗的焦炭，以保持底焦高度的稳定。生产上大多数根据实际经验确定层铁焦比。

目前国内已经试用 $\gamma$ 射线测定装置，来测定底焦高度。将 $\gamma$ 射线发射源和接收器放在炉身两边，两者同时上下移动，当接收器收到的信号有明显变化时，说明炉内正处于有与无铁料的过渡区，实际检测结果表明，底焦上面不是平面，而是曲面。

（8）铁水温度

铁水温度是评价铁水质量的重要指标。连续测量铁水温度能及时反映炉况变化，从而根据铁水温度的变化来调整焦炭或调节富氧送风量。连续测温通常采用可更换保护套管埋入式热电偶法。有前炉的冲天炉，通常在过桥处测量铁水温度，无前炉的冲天炉，通常在炉缸内测量铁水温度。而过桥处的铁水温度从安装和及时反映炉内铁水温度方面均比较理想，因此对控制来说是较合理的测温点。

一般可选用铂铑$_{30}$-铂铑$_6$，或者钨铼热电偶测量温度，近几年来更多的采用钨铼热电偶测量温度。通常将钨铼热电偶封装在非氧化气氛的保护管中使用，外层选用铜金属陶瓷管、硼化锆管、石墨管，内层选用刚玉管。

（9）铁水化学成分

铁水化学成分是评价铁水质量的重要指标。准确、快速地测定铁水中 C，Si 等元素，是控制铁水质量的有力保证。采用微型计算机控制的热分析测试仪，可在 $2 \sim 3$ min 内准确地测定炉前铁水中的 C，Si，CEL。

**2. 冲天炉等重送风的控制与调节**

冲天炉熔炼过程参数的控制，包括风量、风压、送风温度、送风湿度、加氧送风、焦炭加入量等。其中送风量的控制对熔炼效果影响最重要，使用也最普遍。控制方法一般使用常规调节仪表对送风量进行定值调节。调节方式包括按空气体积、重量或按炉气成分（如 $CO_2$）进行送风量的定值控制。

铸造生产对冲天炉熔化的基本要求可概括为铁水温度高、元素烧损少、熔化率高及焦炭消耗低。对冲天炉熔化过程动态特性的研究表明，只有当风量、炉料等各种输入量与输入的总能量相平衡，并将某些主要参数控制在最佳值，才有可能同时满足这些要求，使炉况稳定在最佳状态。风量与焦耗、熔化率及铁水温度间的动态关系可由网络图表示出来，对应于每一个给定的焦铁比都有一个与最高铁水温度和最高熔化率相对应的最佳送风强度，因此，冲天炉熔化过程中送风量的调节非常重要。

普通送风中的 $O_2$ 含量是温度和压力的函数，而送入炉内的 $O_2$ 量还受料柱压力、风口阻力和风口比的影响，因此对冲天炉的送风量调节应当保证按照熔化的实际需要送入预定的 $O_2$ 量，并且不受温度、压力等因素的影响。

等重送风就是对 $O_2$ 的定值输入,它可以消除气候变化、送风温升和炉内阻力变化等对 $O_2$ 输入量的影响,配合炉料的正确称量和定量加料,控制等重送风可以在不受温度和压力干扰的条件下,在一定范围内调节炉况,在给定的焦铁比下有效地提高铁水温度及其质量。

(1)等重送风原理

采用节流孔板测量气体流量时,送风的体积流量 $Q(\mathrm{m^3/min})$ 为

$$Q = CA\sqrt{\frac{2g}{\gamma}\Delta p} \tag{9.1}$$

式中,$C$ 为节流孔板流量系数;$A$ 为空气管道截面积;$g$ 为重力加速度;$\Delta p$ 为压差;$\gamma$ 为气体重度,$\mathrm{kg \cdot m^{-3}}$。

质量流量为

$$G = Q\gamma \ (\mathrm{kg/min}) \tag{9.2}$$

实际中将送风看作理想气体且不考虑湿度影响,则送风的重度 $\gamma$ 可修正为

$$\gamma = \frac{T_N}{T}\frac{p}{p_N}\gamma_N (\mathrm{kg/m^3}) \tag{9.3}$$

式中,$T_N$ 为标准状态时的绝对温度;$p_N$ 为标准状态时的绝对压力;$\gamma_N$ 为标准状态时的重度;$T$ 为测量状态时的绝对温度;$p$ 为测量状态时的绝对压力。

因此,送风的质量流量为

$$G = CA\sqrt{2g\gamma_N}\sqrt{\frac{T_N}{p_N}}\sqrt{\frac{p \cdot \Delta p}{T}} \tag{9.4}$$

令 $K = CA\sqrt{2g\gamma_N}\sqrt{\frac{T_N}{p_N}}$,则

$$G = K\sqrt{\frac{p\Delta p}{T}} \tag{9.5}$$

可见,为保持等重送风,必须按变量 $p$,$\Delta p$ 及 $T$ 自动调节风量 $G$。图 9.7 为等重送风系统方框图。

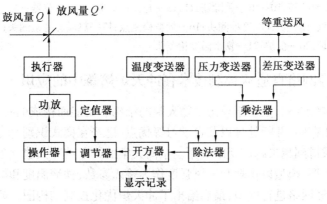

图 9.7 等重送风系统方框图

从图中可以看出,由于引入了温度和压力扰动信号作补偿校正,按给定值要求,输入风量中的 $O_2$ 量将保持恒定而不受风温、风压波动的影响,这样便保证了等重送风的要求。

（2）等重送风自调系统

图 9.8 为采用 DDZ－Ⅱ型电动单元组合仪表配用各种检测元件组成的冲天炉等重送风自调系统。为了全面分析炉况，除测量风量外，还自动测量并记录热风温度、炉气温度、铁水温度和加料次数。风温由安置在节流孔板前的铂热电阻进行检测，通过温度变送器输出 $0 \sim 10$ mA 电信号。风压是在节流孔板前方 $5 \sim 6D$（$D$ 为风管直径）处检测，由压力变送器输出电信号。流量测量是采用标准节流孔板取压，并由差压变送器将压差转换成电信号，经开方计算器求出体积流量，同时经电子乘除器进行质量流量运算。热风温度由镍铬－镍硅热电偶在热风输出处测定，输出信号由多点记录仪记录。炉气温度由镍铬－镍硅热电偶在冲天炉加料口处进行测定。前炉铁水温度采用金属陶瓷保护套管配铂铑－铂热电偶测量，热电偶埋置在前炉壁下部进行前炉铁水温度连续测量。为了记录加料次数，在加料机构上装有微动开关，每次加料发出一个信号。

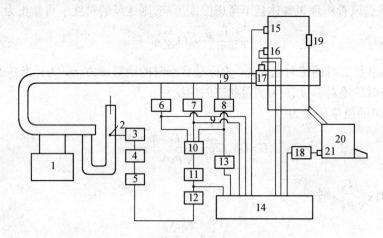

图 9.8　冲天炉等重送风自调系统

1—鼓风机；2—放风筒；3—DKJ 型执行机构；4—FC 伺服放大器；5—操作器；6，18—DBW 温度变送器；7—DBY 压力变送器；8—DBC 差压变送器；9—节流孔板；10—电子乘除器；11，13—开方计算器；12—调节器；14—多点记录仪；15—炉气温度检测头；16—批料检测点；17—热风温度检测头；19—冲天炉；20—前炉；21—铁水温度检测头

### 9.1.3　神经网络自适应控制技术在冲天炉熔炼中的应用

人工神经网络（ANN）是基于模仿生物大脑的结构和功能而构成的一种信息处理系统。它具有信息的分布存储、并行处理以及自学习等优点，已经在模式识别、信息处理、系统建模及智能控制等领域得到越来越广泛的应用。东南大学的姚瑞波等人建立了冲天炉熔炼控制的人工神经网络模型，模型以焦耗和送风强度作为输入参数，铁液温度和熔化率作为输出参数，用三层人工神经网络进行模拟，最后给出了冲天炉优化控制结构图。胡东岗等人利用神经网络自适应控制方法，采用 BP 神经网络作为辨识器和控制器，实现对冲天炉的铁水温度的自适应控制。

### 1. 神经网络自适应控制

神经网络自适应控制系统如图 9.9 所示,系统主要由两部分组成,即神经网络辨识器(NNI)和神经网络控制器(NNC)。系统首先在对象工作范围内对 NNI 进行离线辨识,再对 NNC 进行学习,利用从 NNI 得到的偏差,NNC 可以快速跟上系统的变化,使控制迅速达到理想要求。

对 NNI 进行离线辨识时,采用带有附加动量项的 BP 算法,NNI 网络采用三层 BP 网络结构,则网络输出 $T_1$ 为

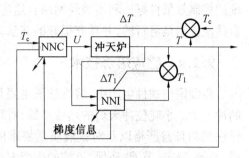

图 9.9　神经网络自适应控制系统

$T_c$—铁液温度的设定值;$U$—NNC 的输出;$T$—被控对象冲天炉的铁液温度的输出;$T_1$—辨识器 NNI 的输出;$\Delta T_1$—冲天炉的输出 $T$ 与 NNI 的输出 $T_1$ 之差;$\Delta T$—铁液温度的设定值 $T_c$ 与冲天炉的输出 $T$ 之差

$$T_1 = f_2\left(\sum_j w_{jk} net_j - \theta_k\right) = \sum_j w_{jk} net_j - \theta_k \tag{9.6}$$

$$net_j = f_1\left(\sum_j w_{ij} U - \theta_j\right)$$

$$f_1(x) = \frac{1}{1+e^{-x}}$$

$$f_2(x) = x$$

式中, $f_1(x)$ 为输入层到隐含层的激活函数; $f_2(x)$ 为隐含层到输入层的激活函数; $w_{ij}, w_{jk}$ 分别为输入层到隐含层以及隐含层到输出层的权值; $\theta_j, \theta_k$ 分别为输入层到隐含层以及隐含层到输出层的阈值; $U$ 为 NNC 的输出。

系统中 NNI 学习目标函数为

$$E_{NNI} = \frac{1}{2}\Delta T_1^2(k) = \frac{1}{2}(T(k) - T_1(k))^2 \tag{9.7}$$

式中, $T(k)$ 为 NNI 期望输出。从而根据 $E_{NNI}$ 及 BP 算法来修正 NNI 的权值,最终确定网络结构。

NNI 学习结束后,即可对 NNC 进行学习,NNC 网络亦采用三层 BP 网络结构,隐含层、输出层激活函数及 NNC 网络学习目标函数分别与 NNI 网络相同,则 NNC 网络的偏差方程为

$$\delta^{NNC}(k) = \Delta T(k)\frac{\partial T(k)}{\partial U(k)} \tag{9.8}$$

对公式(9.8),以 $T_1$ 代替 $T$ 对 $U$ 求导,则有

$$\delta^{NNC}(k) = \Delta T(k)\frac{\partial T(k)}{\partial U(k)} = \Delta T(k)\left(\sum_j w_{jk} w_{ij} net_j(k)(1 - net_j(k))\right) \tag{9.9}$$

根据 BP 算法及 $\delta^{NNC}(k)$ 即可修正 NNC 的权值,从而确定 NNC 网络结构。

### 2. 数据仿真

确定 NNI 和 NNC 网络结构后,即可利用 Matlab 对系统进行数据仿真。假设铁液温度定值为 1 450 ℃,采用 Matlab 语言进行编程,仿真结果如图 9.10。从图中可以看出,初始阶段铁液温度的预测值与设定值的误差比较大,但很快铁液温度的预测值与设定值保持一致,

系统达到稳态。仿真结果表明,这种基于 BP 神经网络的控制结构实现简单,易于调整,系统的控制效果良好。利用神经网络自适应控制方法实现对冲天炉熔炼过程中的铁水温度的自适应控制是可行的,并具有很好的前景。

### 9.1.4　感应熔炼技术

在我国铸铁件生产中,熔炼铁液主要是以冲天炉熔炼方式为主,而且绝大多数是小吨位的冲天炉。小吨位冲天炉的热效率低,对环境污染严重,且随着焦炭等燃料价格的增长、环保法规的日益严格以及对铁液质量要求的持续提高,采用先进的熔炼设备和技术,追求优质、高效、稳定、节能、环保、可控的生产方式已成为铸造企业的共识,因而铸造企业在进行技术改造和升级的过程中,对熔炼设备和技术的选用给予了更多的关注。

目前,在铸铁件生产中采用的先进熔化方案主要有三种,分别是长炉龄冲天炉熔炼、冲天炉(高炉)−感应电炉双联熔炼和感应电炉熔炼。不论采用哪种熔炼方式,都有不同的适用范围及适用的生产方式。中频感应电炉适合熔炼铸铁,特别适合熔炼合金铸铁、球墨铸铁和蠕墨铸铁。中频感应电炉熔化铸铁时热效率可达 70%,因而在铸造生产中,中频感应炉在铸铁生产中得到了较为广泛的应用。中频感应炉电效率和热效率高,不但提高了熔化率,缩短了熔化时间,其单位电耗也相应降低。

经过多年的应用和发展,中频感应电炉在熔炼铸铁方面的地位和作用凸显,高效、环保等优势明显,技术也日趋成熟。

#### 1.多供电电源与控制系统

1 台感应电炉的总有效功率通常在整个熔化期不能被充分利用,在测定铁液温度、取样、除渣、出铁,尤其是在浇注的情况下,都要降低功率或切断电源。如果浇注周期较长,利用率只有 50% 左右。感应熔炼的独特之处是用一套供电系统向两台以上炉子供电,实现了无生产间隔作业的工作状态。这种供电方式被称为多供电电源系统,亦称“一拖多”。而使用较为广泛的是“一拖二”,即双供电电源系统。

先进的双供电电源及控制系统,可同时向 2 台炉子供电,且输送给 2 台炉子的功率是无级分配的。采用这种电源可同时向一台炉子输送熔化功率,向另一台炉子输送保温功率,使电源利用率达到 100%。电源向 2 台炉子同时送电,完全避免了切换开关或另加一套电源,不必在熔炼中将电源切换到保温炉子上以保持必要的浇注温度,从而使中频炉实现熔化和保温两种功能。配有双供电电源与控制系统的中频感应电炉,即使在一台炉子烘炉时,也能保证另一台炉子正常生产,从而实现铁液的及时连续供应。

由此可见,中频感应电炉双供电电源与控制系统,不但同时保证了熔炼和保温,也同时实现了烘炉不停产。

#### 2.计算机控制系统的应用

对铁液出炉温度的控制,传统的方法是在固体料全部熔化后的升温过程中,目测炉料的温度,人工判断接近出炉温度时,多次采用快速热电偶测量,直到温度符合要求后出炉。这种方法的弊端是:

①需要经验丰富的操作人员;

②消耗很多的快速热电偶；

③如果产生误差，炉料可能持续升温导致过热，造成化学成分的烧损或烧坏炉衬。

而感应电炉熔铁，已采用计算机控制系统对熔化过程进行管理控制，提高了感应熔化过程的自动化和智能化水平。对于大功率中频感应炉，熔化期非常短，过热率非常大；高速率过热熔化炉料的炉子，在满功率状态几分钟无人看管，很可能造成灾难性事故。所以，只有采用计算机控制系统才能发挥设备潜力，才能对工厂和操作人员提供最有效的保护。现已有大型中频感应电炉装备了比较完整的计算机辅助监视和管理控制系统，其主要内容包括：

①当炉子坩埚中铁液达到预编程温度时，保证自动降低炉子功率；

②炉子固定在测重仪上，测重仪为计算机提供炉子里金属炉料的质量数据；

③监测、计算和控制铁液温度；

④为新炉衬提供自动烧结程序；

⑤确定达到要求的铁液成分所需要的 C、Si 及其他添加元素的数量；

⑤包括 1 台自动冷启动装置在内的其他有用的必要的功能。

计算机管理控制系统进行温度控制的方法是采用基于能量平衡的控制技术。该技术方法由安装在中频电源控制 CPU 中的一个管理控制程序执行。它的基本功能是不断监测中频电源的输出功率，统计出送入电炉的能量。同时，它还对环境温度，冷却水温度和流量进行连续监测，用来计算电炉消耗的能量。送入电炉的能量和电炉消耗的能量的差就是炉料获得的能量，它和炉料的温度有着固定的关系，用适当的数学模型就能够计算出炉料的温度。

采用这样的温度控制技术后，熔化过程变得非常简单，不再需要人工判断温度，不再需要很多次的测温，也避免了炉料过热的危险。当炉料的温度达到要求时，控制软件能够自动把中频电源的输出功率降到保温功率，然后提示操作人员温度已经符合要求。

目前，感应熔炼设备技术的发展和应用正向以下几个方向进行：

①电源采用半导体功率器件，输出功率越来越大；

②中频感应熔炼炉的电源功率越来越大，整流的脉波数越来越多，配置的炉体越来越大；

③由于在安全性、节能性和改善操作环境方面的明显优势，钢壳炉在将来会得到更多用户的青睐；

④多供电方式中频电源的应用将越来越多。

# 9.2　自动定量浇注

铸件生产的浇注工艺要求熔融金属被迅速、准确地浇入模具，并且不能溢出浇口杯。传统的浇注方法是通过手工操作浇包来完成铁液浇注，不仅劳动条件差，劳动强度高，而且安全性也差。不能满足铸件生产高效率，高质量的需求。自 20 世纪 60 年代起，各国铸造行业致力于研制自动化和半自动化的定量浇铸设备，并逐渐在生产上得到了应用。欧洲的浇注技术普遍实现机械化、自动化、智能化。

近 10 年来，随着铸件产量的日益扩大，以及对铸件质量的要求不断提高，铸造中的浇注环节倍受关注。我国定量浇注的主要手段还是靠人工浇注或半自动浇注装置,浇注精度靠工人的熟练程度来保证。全自动定量浇注设备则仍处于实验室研究阶段,成套设备大多依靠进口。从国内外定量浇注的发展水平来看,我国定量浇注方面的研究落后于国外先进水平。自动浇注的研究有两个关键性的问题,一是浇注方式,二是定量控制方法。

### 9.2.1　自动浇注方式

随着半自动化和自动化浇注的研究发展,应用较多的浇注机主要有:倾转式浇注机、气压式浇注机、塞杆底注式浇注机、气压-塞杆式浇注机,以及电磁泵式浇注机。

**1. 倾转式浇注**

倾转式浇注机是通过倾转浇包把液态金属注入铸型浇口杯中。浇注过程中,随着浇包倾转,炉嘴高度不断降低并且有水平方向移动,为保证金属液注入型腔中,就必须对浇包做横向微调,同时不断将炉体升高,以补偿炉嘴的下降,这种浇注必须同时控制三个方向的运动,控制系统复杂。

根据浇包转轴的位置不同,分为以下三种类型,如图9.10所示。

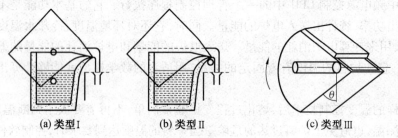

| (a) 类型Ⅰ | (b) 类型Ⅱ | (c) 类型Ⅲ |

图9.10　倾转式浇包的转轴位置

图9.10(a)中的浇包转轴在中心附近。其特点是:倾转比较省力,倾转机构轻、所需倾转力矩比较小。但在浇注过程中,为了保持浇嘴与铸型间距离一定,浇包除了倾转之外,还必须向上提起,因此控制浇包运动的机构比较复杂。这种类型用于一些早期的浇注机上,新的浇注机很少使用。

图9.10(b)中的浇包转轴在包嘴附近,且与金属熔液流出的方向垂直。其特点是:便于包嘴对准铸型,目前有很多浇注机采用这种类型。

图9.10(c)中的浇包转轴正通过包嘴,且与金属熔液流出的方向一致。这种类型的包嘴容易对准铸型,结构性较好,而且浇包体做成扇形,铁液的流出量与倾转角度成正比,易于控制浇注速度和浇注量。一些最新的浇注机采用这种类型。

倾转式浇包的优点是结构比较简单,其缺点是浇注时不易对准,浇包需要另设撇渣装置,除扇形倾转浇包外,浇注速度不易控制。

定点倾转浇注机是在炉体外壳上设置转轴,使炉体的浇注口中心处在转轴的轴心线上,炉体转动过程中,浇注口中心空间位置保持不变。定点倾转式电炉由重力形成的力矩总是使电炉趋于复位,即使出现机械故障也不会出现金属熔液倾泻而出的严重后果,安全性好,有较大的推广价值。

**2. 塞杆底注式浇注**

塞杆底注式浇注机如图 9.11 所示。通过液压、气压或电机驱动控制塞杆的升降启动或关闭浇包浇口从而控制金属液流。塞杆和水口砖由耐火材料制成。与倾转式相比,由于其铁液从包底流出,避免了熔渣进入浇口,有利于保证铸件质量。浇注时浇包直接位于砂型上方,浇注时容易对准浇口,塞杆启闭比较灵活。

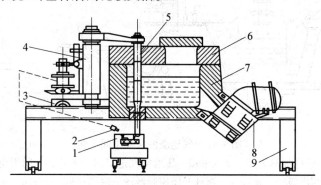

图 9.11　塞杆底注式浇注机

1—砂型;2—光电管;3—横向移动小车;4—控制塞杆的液压缸;
5—塞杆;6—浇包盖;7—浇包体;8—有芯工频炉;9—浇注机架

塞杆底注式浇注机主要用于定点自动浇注,这种浇注机的缺点是浇包内铁液量的变化引起金属液压力头的变化,使浇注速度不易控制。浇包内金属液的压力头高,浇注时对砂型产生过大的冲击力。现在有的塞杆式底注包用液压缸控制塞杆的开启度,由于塞杆动作气缸是单通气的,通入压缩空气后塞杆打开,气路中断后,塞杆在弹簧力作用下处于闭合状态,所以安全性能好,可以控制浇注速度。

**3. 气压式浇注**

20 世纪 60 年代末在西欧问世的气压式浇注,其工作原理是利用压力介质(通常为氮气),将铁液从密闭的炉腔熔池内通过升液槽压入浇注流槽,然后从浇注流槽前端的浇口流出,注入其下方的铸型。铁液的保温靠装在炉体侧面的感应体加热来维持。气压式浇注电炉结构复杂,价格较高,更换铁液不方便,浇注时充气,不浇时撤气等缺点。但是气压式自动浇注机具有节能、浇注精度高等优点。

**4. 气压-塞杆式浇注**

气压塞杆式是将气压式浇注和塞杆式浇注结合起来的新的浇注方式,其原理如图 9.12 所示。中间的包室盛装铁液,浇注时由压缩空气进口通入压缩空气,包室内的金属液在气压的作用下向浇出槽中升起,并经其下面的流出口浇入砂型,浇入槽用于补充金属液。

气压式浇注包在浇注时充气,不浇时撤气。由于充气撤气需要一定的时间,因此在浇注停止时,金属液流往往有断断续续的现象。气压塞杆式浇注包在浇出槽中装有塞杆,使浇注开始和停止都能迅速实现,而且在浇注间隙,包内不必撤气。

气压-塞杆式浇注兼有气压式和塞杆底注式两种浇注形式的优点,浇出槽中液位恒定,浇注精度高于其他所有形式。该方式可以得到撇渣干净的金属液;通过调节浇注气压,可以比较容易地控制浇注速度;浇包本身没有机械运动部分,因而使用寿命比较长,检修浇包的间隔时间主要取决于保温的感应加热器熔沟的寿命。1990 年德国 JUNKER 公司研制的气压-塞杆式浇注系统,浇注效率在 300 ~ 500 型/h。

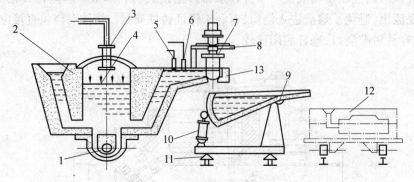

图 9.12　气压浇注包及中间浇包

1—有芯感应加热炉;2—浇入槽;3—压缩空气进口;4—包室;5—防溢电极;6—液位控制电极;7—塞杆;8—塞杆开闭控制器;9—扇形中间浇包;10—中间浇包中转缸;11—质量传感器;12—铸型;13—浇出槽

### 5. 电磁泵浇注装置

电磁泵是利用感应电动机的工作原理,使金属熔液沿着磁场交变的方向流动进行浇注。感应电动机的工作原理:在定子中沿着圆周旋转的磁场在转子中引起感应电流,推动转子转动。如果将圆的定子摊开成平面,导线中通以交变电流,就可以产生沿着直线方向移动的磁场,如果有导电的介质在这一交变的磁场中,就会因感应而产生电流,在磁场的推动力作用下向前运动。电磁泵的原理如图 9.13 所示。金属熔液在炉膛 3 内,由电阻加热棒保温。浇出槽下面装有导线 4,导线 4 中通以交变的电流,产生沿直线移动的磁场,这磁场就会在金属熔液中引起感应电流,产生推动力,使金属熔液向上运动,从出口流出。调节感应电流的大小,可以调节金属熔液的流动速度;改变电流的方向,可以改变金属熔液的流动方向。装导线 4 的管中可以通水冷却。

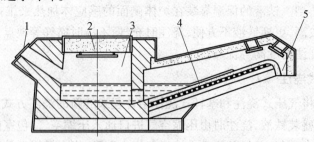

图 9.13　电磁泵浇注装置的原理

1—加料口;2—电阻加热棒;3—炉膛;4—导线;5—浇出口

电磁泵浇注主要用于铝、铜等非铁合金。此外,电磁力、对熔渣不起作用,浇注时只有金属熔液向浇出口运动,因而能保证浇入铸型的金属熔液纯净。缺点是电功率因数很低,而且结构上用铜较多。电磁泵已成功地应用于生产线。

在国外 1947 年就曾尝试应用电磁泵来实现熔融铝的自动定量浇注,随后各国都在电磁泵应用于铸造方面做了大量的工作,到目前为止美国、英国、法国、南非及俄罗斯等国家都掌握了该项技术。如俄罗斯采用电磁泵充型的低压铸造方法铸造柴油发动机缸盖,与气压式方法相比,产品的废品率由原来的 25% 降到 2%,金属利用率由原来的 45% 提高到 94%,并成功地采用电磁泵充型的低压铸造系统生产导弹铝合金罩壳。

### 9.2.2　浇注定量控制的方法

如果铸件型腔没有浇满就过早停止浇注,会造成废品;如果铸件已浇满还不停止浇注,不但浪费金属液,还会导致熔液飞溅造成事故。因此,自动浇注必须准确地掌握浇注的终点或需要浇注的金属液量。

**1. 质量定量法**

通过称量法实现定量浇注是现在用得较多的方法。称量有三种方式,分别是称炉体质量、称中间浇包质量、称铸件质量。从控制角度来讲,由于这三种称量的方式不同,控制策略也不同。三种称量原理基本相同,都是在浇包的底部装上质量传感器,可以测知金属液质量的变化。浇注时,当浇包连同金属液的质量减少到预定值时,质量传感器即发出信号停止浇注。但实现方式、控制形式不同。采用中间浇包称量是预先计算所需的浇注量,通过中间浇包检测是否达到要求,达到要求后中间浇包倾转一次完成浇注工作,这种形式有利于提高浇注效率,但是增加了设备成本,控制复杂。对于称量铸件质量和炉体质量两者原理基本一样,需考虑现场的实际情况,如传感器的安装、铸件的大小等。

考虑由于现场铸型下面不易安装传感器,且铸件开放面大,传感器的信号易受外界干扰,中间浇包成本高,控制复杂,可以采用在炉体下面安装传感器的方式实现定量浇注。中间包的质量较小,比较容易控制,因此质量定量的方法用于中间浇包的定量更为方便。

**2. 容积定量法**

用控制金属熔液的体积达到定量的方法很多,一般来说,浇包的倾转角度和浇注量存在函数对应关系,通过角位移传感器检测电炉的倾转角度,就可得出其浇注量。因此通过闭环控制浇包的倾转角度就可以控制浇注速度和浇注量。

**3. 时间定量法**

当浇注速度一定时,控制浇注时间就可以控制所浇金属熔液的量。例如,对于气压浇包和电磁泵,很容易通过控制浇注时间来达到定量浇注的目的。INDUCTOTHERM 公司的产品采用气压式浇注炉,由于气压式浇注炉铁水液位恒定,因而用 PID 控制就能取得较好的效果。但是,气压式浇注存在着输送过程中金属液体流动不稳定及输送过程不易控制等问题,定量精度不高,易产生气孔,影响铸件质量。电磁泵定量浇注技术能克服这些缺陷而且电磁作用还能提高铸件的性能,是一种很有应用前景的定量浇注方法。

电磁泵定量浇注系统采用计算机控制来实现。在数据采集及处理子系统中,控制程序采用模块化结构,生产线方案如图 9.14 所示。电流一定,浇注流量就一定。因此可以通过控制浇注时间控制浇注量。气压浇包原理也相似,当气压一定时浇注流量一定,通过控制浇注时间控制浇注量。其优点为,整个浇铸过程没有暴露在空气中,不会产生氧化渣,避免铸件氧化夹杂,提高了铸件质量;大大提高了浇铸速度,提升了生产效率;改善了工作环境,降低了工人劳动强度。尽管这种定量浇注设备成本较高,仍然具有很大的发展前景。

**4. 红外线探测器及光电管探测定量法**

如图9.15所示,在砂型上除浇口外另设一个冒口,对着冒口装一个红外线探测管或光电管。当铸型接近浇满时铁液沿冒口上升,红外线探测器或光电管立即发出信号,停止浇注。

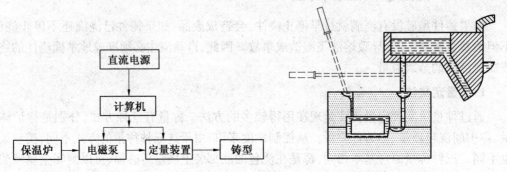

图9.14 电磁泵定量浇注生产线示意图　　图9.15 红外线探测器或光电管

这是一种较简单的定量方法。红外线检测器或光电管安装在铸型冒口或专为发信号用的检测冒口上方,通过检测铸型中的液位,就可以控制定量浇注。该定量浇注法的控制系统简单、可靠,适用于各类型的浇注;但存在下述缺点,使它的应用受到限制。

①仅适用于带有冒口的铸型,或需要在铸型上专设供发信号用的检测冒口;

②要求控制系统响应足够快。

**5. "示教再现"控制定量法**

目前,带"示教再现"操作系统可以用于定量浇注。以德国ABB气压塞杆式定量浇注系统为代表[3]。浇注作业开始时,首先由浇注工人通过手动提升塞杆进行浇注。浇注工通过观察铸型浇口杯中金属液面的高度来调整塞杆的提升高度(即调整金属液的浇注速率),以保证浇口杯中金属液面高度维持稳定。这一过程被称之为"示教"过程。"示教"过程中塞杆的提升高度与浇注时间之间的关系被送入微处理器存储起来。浇注工经过一个或多个上述的操作,获得了一个典型的合格铸件的浇注曲线(塞杆提升行程-浇注时间的函数关系),并将其存储在微处理器内。它是一种开环式浇注系统,仅仅是重复执行由人工"示教"的浇注曲线。因此当浇注工艺参数变化时,必须重新对它作"示教"操作,对浇注曲线做相应的修正。

"示教再现"控制定量法也可以控制倾转式浇包浇注。但这种方法会产生金属液溢出铸型或浇不足导致铸件质量缺陷等问题。尤其对于从内部附有各种渣的钢水包里流出的熔融的金属液很容易发生这种问题。向后倾斜的浇包对下一个铸型的浇注操作不稳定产生晃动(液体振动)时也会发生事故。

**6. CCD图像处理控制定量法**

控制系统结构如图9.16所示,CCD图像传感器安装在浇口杯的斜上方特定的位置,CCD图像传感器采集浇口杯的液面图像,利用计算机图像处理方法得到浇口杯内金属液位实时高度,并与工艺设定的液位高度进行比较得出偏差,再由控制算法计算出相应的控制量信号输送给步进电机,步进电机控制浇注阀门运动的开启度来控制浇注流量,从而实现对浇口杯液位高度的控制,达到定量浇注的目的。

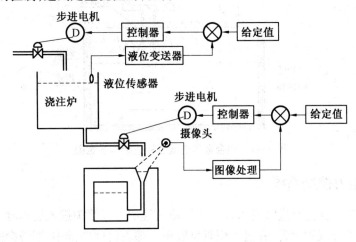

图 9.16　浇注控制系统结构图

　　实际生产中,金属液飞溅,浇注液柱,高温金属液的强光以及工厂的烟尘等都会影响到CCD 摄像头采集到的照片,给金属液位的检测带来不利影响。对设有浇冒口(或可以开设浇冒口)的铸件,可根据冒口金属液的高度来判断铸型是否浇满,把 CCD 传感器安装在冒口的斜上方,采集冒口的液面图像,通过对冒口液面的图像处理实现定量浇注,则可以减少浇注液柱、金属液飞溅的干扰,采集到的照片干扰信号较少。

　　图像处理控制定量法采用的 CCD 传感器具有结构简单、系统灵敏、像元位置精度高、几何失真小、重量轻、寿命长,特别适合于作为铁水液面高度检测传感器使用。

# 9.3　低压铸造自动控制

　　低压铸造是目前较为广泛应用的铸造成型工艺,它是一种介于重力铸造和压力铸造之间的铸造方法。它的优点是金属利用率高达 80% ~ 98% 、可控制金属定向凝固、设备简单、易于实现机械化和自动化。这种铸造方法适用于铸造薄壁壳体铸件,尤其是那些浇冒系统较大,或不易补缩的铸件。实现低压铸造自动化的关键是对坩埚内金属液面加压系统进行自动控制。在生产过程中,金属液面不断下降,为保证生产每个铸件时具有相同的加压条件,要求加压系统具有自动补偿的能力。通常在低压铸造机结构和铸造工艺确定以后,液面加压控制系统的动态与稳态性能是决定铸件质量和成品率的关键。

　　目前,小汽车的轮毂大部分采用低压铸造工艺加工而成,也有一些采用电磁泵技术进行加工。实际的铝合金低压铸造结构如图 9.17 所示。低压铸造从结构上看,主要由坩埚、升液管、硅碳棒、进气管、模具等组成,在坩埚中存有温度为 720 ℃的铝液。电炉丝硅碳棒通电后,发出的热量可以保持铝液温度不变,从而确保在压铸过程中铝合金的组织成分不会由于冷却而发生变化。

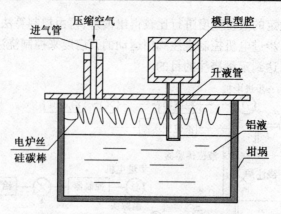

图 9.17　铝合金车轮低压铸造结构示意图

### 9.3.1　压力控制系统

图 9.17 的坩埚盖上有进气管入口。当压缩空气从进气管中进入坩埚时,坩埚内气压增大,迫使铝液沿着升液管上升,并进入模具型腔中。随着时间的推移,铝液会完全充满型腔,而后进入保压阶段。根据工艺要求,金属液面的上升速度必须满足两个条件。

① 上升速度必须是均匀的、适当的。

② 每次的上升速度必须相等(对同一个铸件),即所谓再现性。

在铸造过程中,坩埚内的压力应该按照如图 9.18 所示的曲线变化,其中,第一段曲线是铝液在升液管中运动的过程;第二段曲线是铝液填充型腔的过程;第三段曲线是快速增大坩埚中的压力,进行补缩的过程;第四段曲线是保持压力的过程,使得铸件组织致密。可见低压铸造主要是控制在坩埚中气压的变化,使得这种变化正好能够与规定的压力变化吻合,就可以得到满足要求的铸件。

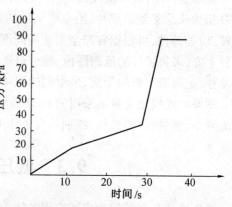

图 9.18　铝合金车轮低压铸造工艺要求

从图 9.18 可以看出,在前三段曲线中,要求压力保持匀速增大,在最后一段曲线中,要求压力保持恒定。由于过程对象的干扰复杂而且严重,并且过程主要处于动态之中,因此,在前三段曲线的压力跟踪时,调节规律为前馈—模糊调节规律,而第四阶段曲线的控制采用 PI 调节规律,它们的切换通过在控制程序中的变量实现。低压铸造控制结构如图 9.19 所示。

低压铸造液面加压自动控制系统应具有以下功能和特点:

① 分级加压,根据轮毂件特点,对液体金属升液、充型、结晶和保压等各阶段,系统能以不同的加压规范给出不同的加压工艺参数并实时显示。

② 金属液充填平稳,线性增压能够保证充填过程中液体金属升速均匀,液流平稳充填模具。

③ 重复再现性,液面加压参数不因坩埚液面下降或泄漏而发生变化,即对于相同的铸

件,系统有重复再现性,保证每次加压工艺曲线相同。

④泄漏补偿能力,金属液充填过程中发生坩埚漏气现象时,加压工艺参数不受影响,液面加压自动控制系统能够自动进行泄漏补偿。

控制系统硬件为:控制器采用西门子 S7-300,人机界面为 MP370,调节阀采用 SMC 的产品,响应时间为 30 ms。

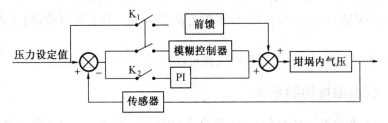

图 9.19　低压铸造控制结构图

**1. 前馈控制器的设计**

对于前馈控制器,设输入为 $F(s)$,输出为 $U(s)$,前馈控制器传递函数为 $G(s)$,则

$$G(s) = \frac{U(s)}{F(s)} = -K_F \frac{T_1 \cdot s + 1}{T_2 \cdot s + 1} \cdot e^{-\tau} \tag{9.10}$$

其中,增益 $K_F = K_2 / K_1$,$K_1$ 为控制通道的增益,$K_2$ 为扰动通道的增益;$T_1$ 为控制通道的时间常数;$T_2$ 为扰动通道的时间常数;$\tau$ 为延迟时间。

对式(9.10)进行拉氏反变换

$$T_2 \cdot \frac{\mathrm{d}u_f(y)}{\mathrm{f}y} + u_f(t) = -K_F \cdot \left[ T_1 \cdot \frac{\mathrm{d}f(t-\tau)}{\mathrm{d}t} + f(t-\tau) \right] \tag{9.11}$$

当采样时间足够短时,可以用差分表达式代替微分表达式,因此有

$$\left[ \frac{\mathrm{d}u_f(t)}{\mathrm{d}t} \right]_{t=kt_s} = \frac{u_f(k+1) - u_f(k)}{T_s} \tag{9.12}$$

$$\left[ \frac{\mathrm{d}f(t-\tau)}{\mathrm{d}t} \right]_{t=kt_3} = \frac{f(k+1-\Delta) - u(k-\Delta)}{T_s} \tag{9.13}$$

其中,$\Delta = \tau / T_s$。

将式(9.12)、(9.13)代入式(9.11)得

$$u_f(k+1) - a_2 \cdot u_f(k) = \psi \cdot \left[ f(k+1-\Delta) - a_1 \cdot f(k-\Delta) \right] \tag{9.14}$$

其中　　　　　　$\psi = -K_F \cdot \frac{T_1}{T_2}, \quad a_2 = 1 - \frac{T_s}{T_2}, \quad a_1 = 1 - \frac{T_s}{T_1}$

低压铸造的前馈控制采样是在定时中断中进行的,因此采样时间等于定时中断的定时时间,$T_s = 30$ ms。在控制系统中,计算设定值也是在定时中断程序中给出,而在此设定值的变化是系统的最主要的干扰,并且该干扰是可测的,因此该扰动的时间常数就是定时中断时间,$T_2 = 30$ ms,所以 $a_2 = 0$。此外,考虑到低压铸造坩埚的时间滞后,再加上其他元件的时间常数,过程控制通道的时间常数 $T_1 \gg T_s$,因此 $a_1 \approx 1$。

忽略系统的时间延迟,则式(9.14)可简化为

$$u_f(k+1) = \psi [f(k+1) - f(k)] \tag{9.15}$$

式中，$f(k+1)-f(k)$ 是前后二次设定值的差，也就是曲线的斜率。由此可见，前馈控制器的调节规律是设定值斜率的线性函数。

**2. PI 控制器的设计**

工艺曲线的保压阶段采用增量式 PI 调节规律，离散后的计算公式为

$$\Delta U = K_P \cdot [E(N)-E(N-1)]+K_I \cdot E(N) \tag{9.16}$$

式中，$K_P$ 为比例系数；$K_I$ 为积分系数，根据工艺要求，为避免压力的波动，积分系数应该相对设置大一些。

根据算法编写程序，并进行现场调试，便可得到压力跟踪控制曲线。

## 9.3.2　模具温度控制系统

浇注后，模具把合金液的热量传走，使合金液凝固形成铸件。对于低压铸造的模具温度，目前一般指铸件容易取出时的模具温度。模具温度决定合金液的凝固方式，并直接影响铸件的内部和表面状况，是铸件产生内部、表面尺寸偏差及变形等诸多缺陷的主要原因之一，同时对生产率也有很大的影响。模具温度随着铸件重量、压铸周期、压铸温度及模具冷却等的变化而变化。

模具达到热平衡时的温度为其最佳温度，约为浇注温度的 1/3 左右，铸件存在一个最适合的模具温度范围，高于或低于这个范围，铸件的质量和性能都不合格。模具温度可以划分为 4 个温度区域，如图 9.20 所示。

图 9.20 中 A 区模具温度过低，铸件全部发生欠铸、破裂、冷隔、流纹等缺陷，全部为废品；B 区模具温度接近理想温度，铸件成型可能，但质量不稳定，多数存在流纹或冷隔；D 区模具温度过高，使保压时间延长，降低生产率，易产生表面气泡、粘膜、收缩、焊合等缺陷；只

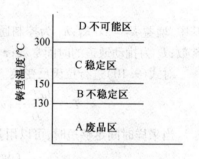

图 9.20　模具温度区域划分

有 C 区稳定，铸造成型良好，合格率高。生产中模具温度一般控制在 200 ~ 300 ℃ 之间，且上、下、侧模的温度差尽可能小。

对于中、小型模具来说，模具吸收的热量总是来不及向外界散发，接着就进入下一个压铸循环。模具浇注数次后，温度升高，合金凝固时间加长，生产节拍变慢，而且易造成铸件疏松缺陷，通常采用强制的方法才能达到热平衡的条件。采用较多的方法就是在模具内设冷却通道，采取冷却措施，确保各处温度符合要求，保证生产的连续运行。冷却通道通过水冷或风冷，配合压力控制系统设定模具冷却时段，控制模具温度大小，调节模具温度分布，以利于铸件凝固和模具温度控制。

系统在模具内设置温度检测点，通过温度变送器、采样开关和 A/D 转换器把检测温度送入计算机，计算机根据检测值和给定值比较得到偏差和偏差变化率，系统根据模块内预设的控制算法运算得到控制量，经过 A/D 转换器和功放去控制模具温度。

模具温度控制系统通常将 8 个高精度热电偶插入铸型中的指定位置，用来采集温度信号。模具风、水冷却通道总共 12 路，其中 9 路为风冷却通道，各自采用一个控制电磁阀线圈，另外 3 路为风、水冷却并联共用通道，每路有两个独立的控制电磁阀线圈。PLC 将采集

到的温度传送到上位工业 PC 实时显示出来,同时还要根据预先编制好的程序控制各路冷却通道的开启与闭合。冷却通道的控制是时间与温度相结合的,每一路冷却通道均设置延迟时间和开启时间。温度控制系统具有以下几种调节方式。

①冷却时间调节。各路冷却通道工作一定的时间后,停顿一段时间。

②模具温度调节。超过规定模具温度,冷却装置工作;低于规定模具温度,冷却装置断路。

③时间与温度的综合调节。若模具温度高于规定模具温度时,冷却装置停顿一段时间后工作一段时间;模具温度低于规定温度时,冷却装置在一定时间间隔内不工作,超过一定的时间间隔冷却装置工作。

④模具温度系统的综合调节。模具温度高于上限或低于下限,设备停止工作。

### 9.3.3　连续式低压铸造技术的研究和开发

低压铸造一个浇注周期内,加压过程及凝固时间长,保温坩埚大部分时间为空闲,且当坩埚进行补充金属液时,整个生产过程必须停止,这都降低低压铸造的生产效率,为了充分发挥低压铸造机的优势,目前已有学者研究开发了一种新型的三坩埚等液面浇注的连续式低压铸造技术。

**1. 连续式低压铸造机的结构组成及其工作原理**

图 9.21 为连续式低压铸造机的结构原理示意图。它将原来使用的保温浇注坩埚炉分成了独立的三室结构,即分别为保温坩埚(保温室)、加压坩埚(加压室)、升液坩埚(升液室),三个坩埚底部分别由过道连通。其中保温坩埚 1 中的金属液面高于加压坩埚 8 和升液坩埚 9,保温坩埚 1 和加压坩埚 8 之间由塞杆 4 实现连通和断开。保温坩埚 1 的顶部放置加热电阻丝 2,实现铝液的保温,同时,根据需要可对保温坩埚 1 中进行补料、精炼和扒渣等操作。加压坩埚 8 内设置液位传感器及加压气管,升液坩埚 9 顶部放置成形用模具。

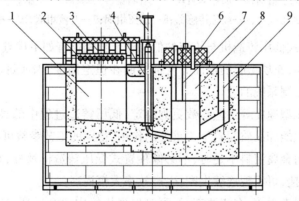

图 9.21　连续式低压铸造机的结构示意图

1—保温坩埚;2—加热电阻丝;3—坩埚盖;4—塞杆;5—气缸;

6—加压气管;7—液体传感器;8—加压坩埚;9—升液坩埚

连续式低压铸造机的工作过程如图 9.22 所示。图 9.22(a)为补料阶段,塞杆 4 下行封闭,将熔炼好的金属液,加入保温坩埚 1 中。此工序可在液面加压时进行,不影响加压系统的工作。图 9.22(b)为往加压和升液坩埚中加料,在气缸 5 驱动下,塞杆 4 上行打开,保温坩埚 1 中的金属液流入加压坩埚 8 和升液坩埚 9。当加压坩埚中金属液面没过传感器 7 两极时,如图9.22(c),金属液导电,传感器接通,控制气缸 5 驱动塞杆 4 下行,封住加料通道,加料工序完成。图9.22(d)为液面加压系统通过加压气管 6 往加压坩埚 8 中通入干燥气体,将金属液通过升液坩埚 9 压入模具 10 的型腔中,完成加压、充型、保压和凝固阶段。图9.22(e)为浇注完毕后,加压坩埚 8 开始排气泄压,升液坩埚 9 中未凝固的金属液回落,返回加压坩埚 8 中。随后可开模取件,进入下一工作循环。

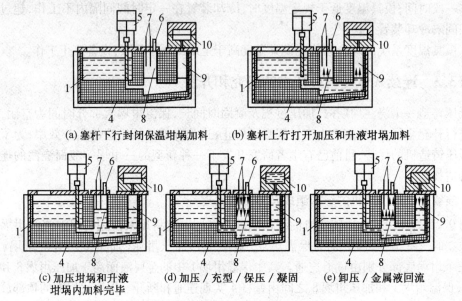

图9.22　连续式低压铸造机的工作过程
1—保温坩埚;2—加热电阻丝;3—坩埚盖;4—塞杆;5—气缸;
6—加压气管;7—液位传感器;8—加压坩埚;9—升液坩埚;10—模具

综上所述,连续式低压铸造机与传统的低压铸造机相比有如下优点:

①每个铸造周期,充填型腔的液面高度都控制在恒定高度,因而每次的加压压力恒定,大大简化液面加压控制系统的设计。

②每个周期内充型速度等工艺参数更为稳定,低压铸造过程中的气压控制和浇注速度控制对铸件的成型性能和品质起着至关重要的作用,稳定的工艺参数可有效提高铸件品质。

③当保温坩埚内金属液料不足时,不必像顶置式低压铸造机那样,须中断操作,从外部补充金属液,方便快捷,可实现连续生产,生产效率大幅提高。

④由于保温坩埚未封闭,在浇注期间,可对保温坩埚中的金属液进行精炼和扒渣处理,提高金属液和铸件品质。

**2. 连续式低压铸造机的液面加压原理**

连续式低压铸造机的液面加压控制原理如图9.23所示。气源由空压机产生,气体分成两路,一路经电磁阀,一路经电气比例阀。需要加料时,两位两通电磁阀 1 通电,气体驱使活塞杆上升,进行加料;检测到加料完毕信号时,电磁阀 1 断电,活塞杆下降,停止加料。接收到浇注信号后,通入加压室内部的气体气压由电气比例阀控制;保压完毕后,PLC 控制电磁阀 2 通电,气体进入两位两通的气控排气阀,控制排气阀排出加压室内气体。

由于每次加压浇注时液面恒定,因而不必对每次浇注完后液面的下降进行压力补偿,使得每次浇注时加压压力曲线都是一样,简化了气体加压控制系统的设计。开发的加压控制系统以电气比例阀为气压控制核心,结合 PLC 的程序控制以及内置的 PID 功能实现双闭环控制,按工艺要求控制炉内压力、加压速度,保证铸件在给定的工作压力下成型。

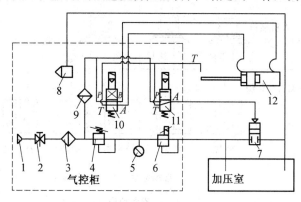

图 9.23　连续式低压铸造机液面加压控制原理图

1—气源;2—手控截止阀;3—过滤器;4—减压阀;5—压力计;6—电气比例阀;7—气控排气阀;
8—压力传感器;9—油雾器;10—电磁阀 1;11—电磁阀 2;12—活塞杆的汽缸

**3. 自动控制系统工作原理**

连续式低压铸造机的自动控制系统采用三菱 FX2N 系列的 PLC 作为控制系统的核心,其具有可靠性高、易于维护和可编程等优点。利用三菱的 D/A 转换模块输出模拟量给电气比例阀,以控制炉内气压;同时采用三菱 A/D 模块将炉内的气压转换成数字量给 PLC,反馈炉内气压。人机界面采用触摸屏,界面直观,本系统选择 HITECH 公司的 PWS1711-STN 型号的触摸屏。人机界面处于过程控制管理级,包括自动模式、半自动模式、手动测试、参数设置、数据查询以及故障显示等 6 个子系统,可对低压铸造机实现集中管理,传送操控命令给被控对象,设置工作参数等,以实现低压铸造的连续生产控制。

# 9.4　连铸控制系统

连铸是整个炼钢工艺过程中的中间环节,按照生产计划,从炼钢接受钢水浇铸成铸坯后送给轧钢,其自动化系统在钢厂的信息流中起到承上启下的作用。下面以板坯连铸机和四流方坯高效连铸机为例描述其自动控制系统的结构、功能。

## 9.4.1　板坯连铸机控制系统

图 9.24 表示板坯自动化系统结构及各部分的关系,可见板坯连铸机自动化控制功能由 L1,L1.5,L2 共同完成。

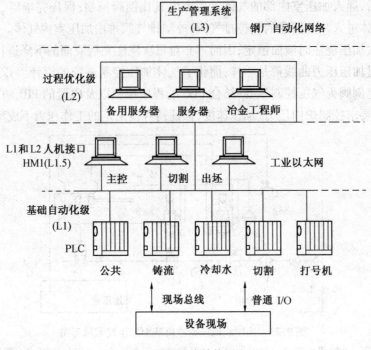

图 9.24　系统结构图

**1. 过程优化系统即 2 级(L 2)功能**

2 级自动化系统采用客户机/服务器结构,根据需要可以方便地增加新的操作站。为保证系统的可靠性、安全性,服务器采取双机备用形式,当前台服务器出现故障时,后台运行的服务器能无扰动地切换到前台而不会影响系统的正常运行。

(1)生产控制

生产控制是 L 2 的核心功能,它以详细的跟踪信息支持二级工艺模型的运行。

①生产计划。L 2 接受 L 3 的生产计划,并自动完成计划的刷新(引入新计划、删除或修改旧计划),计划的内容主要有订货号、炉号、钢种、质量参数、铸坯尺寸等。通过客户机也可以进行计划数据的维护或手动输入。

②炉次节奏控制。为保证连浇和板坯热送,连铸机必须与炼钢和轧钢的生产匹配,系统提供剩余浇铸时间、要求下一个钢包到达时间以支持生产同步。系统根据实际浇铸状态(拉速、结晶器尺寸、中间罐钢水重量、钢包剩余钢水重量)进行计算,计算是周期进行,结果实时刷新、显示,并同时传送给 L 3、炼钢和轧钢。

③跟踪系统。

a. 炉次跟踪:钢包到达连铸时,其状态信息也同时到达,系统完成数据更新。

b. 铸流跟踪:跟踪从钢包向下一直到板坯被切割,包括钢包跟踪(钢包更换、打开)、中间罐钢水跟踪(混合钢水的开始/结束、两包钢水间的分界点、中间罐的更换)、铸流跟踪(从钢包到切割机的所有参数、事件,如钢水温度、结晶器液面、冷却水流量、漏钢预报等)。系统将有关工艺参数/事件和铸流的实际位置建立起关联关系,在铸流方向以 100 ~ 200 mm 为单位进行,最终建立起每块板坯的过程参数、质量信息和工艺事件。

c.产品跟踪:从切割机开始直到板坯离开出坯辊道,有关信息将用于打号机打号,系统同时收集标号、重量、去毛刺信息,添加到板坯信息库中。

(2)工艺模型

工艺模型包括过程设定系统和过程优化功能两个独立的应用环境。

过程设定系统是通过人机接口冶金工程师可以对工艺过程进行必要的配置和调整,主要有钢种的定义、操作指导、模型参数,同时也提供模拟环境,在投入实际运行前进行模拟、测试,直到满意的结果。

过程优化功能是根据实际的过程参数、模型进行实时计算并将计算出的设定点送给一级自动化系统,同时完成质量控制及评定。

①中间罐混合模型。根据物质平衡的原理实时计算离开中间罐进入结晶器中钢水的化学成分,并进行混合钢的跟踪,计算是周期地进行,原理和过程如图9.25所示。

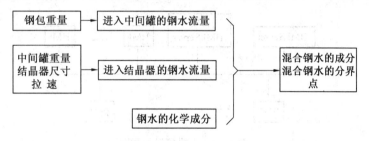

图 9.25　中间罐混合模型示意图

②二冷模型。一般采用表面温度控制策略,根据钢种、拉速、中间罐温度、铸坯宽度和厚度周期计算每个冷却回路的水流量,使铸坯在不同位置的表面温度与设定的规程匹配。同时根据实际的水流量计算出铸坯实际的表面温度。

③液芯模型。根据二冷模型的计算结果,进行坯壳厚度的实时计算,计算沿铸流方向及与之垂直的方向同时进行,进而得到铸流方向液芯的形状和固液交界区,用于确定动态轻压下的位置。

④切割优化模型。剪切优化的目的是通过优化运算,提高铸机的金属收得率。优化运算设计成剪切尽可能多地具有合适长度的铸坯,以减少废坯量和库存坯的生产。当发生如更换中间罐、质量变化、铸流停浇或质量控制系统确定的特殊事件时,将触发长度优化计算。模型运算有以编程长度优化和以可替换长度优化两种形式。计算时还将考虑到最小/最大长度公差。

⑤质量控制模型。连铸机生产过程中,每个过程参数(如钢水温度、结晶器液面、二冷水量等)都以不同的方式影响板坯质量。基于冶金知识库系统,质量控制模型有提供在线的生产规程、在生产过程中跟踪和存贮有关质量的工艺参数、探测和报告实际生产与对应的生产规程间的每一个偏差、根据偏差预测将出现的缺陷(如角裂、夹杂等)、给出铸坯的评估信息(优等、需检验或有缺陷)并提出对非优等品进行检验或修磨的建议等功能。当铸坯被剪切后,这些质量数据被分配给每 0.5～1 m 为一段的各个铸坯段上。跟踪的工艺数据将贮存在数据库中,可进行在线或离线分析。

（3）报表

报表系统用于报告自动收集、人工输入或计算出的生产信息，报表可以按要求显示、查询和打印，报表的种类一般有炉次报表、板坯报表、班/日/月生产报表和质量报表。

**2. 人机接口系统即 1.5 级（L1.5）功能**

人机接口系统（HMI）是操作者和浇铸过程之间的对话工具，按照工艺要求在不同的工艺区域分别设置一台或多台 HMI 计算机，每台 HMI 既显示 1 级画面又能够显示 2 级画面，而且每台 HMI 都能够显示连铸机的所有画面。通过 HMI 能够完成浇铸过程的所有监控功能，主要有过程显示、设备控制、过程参数设定、报警显示、当前和历史趋势显示、模型调节、报表显示等。1 级画面一般利用 SCADA 软件实现，2 级画面一般采用 VB、VC、C++等编制。人机接口系统也可采用客户机/服务器结构，以加快数据采集和控制的速度，如图 9.26 所示。

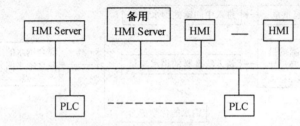

图 9.26　人机接口示意图

**3. 基础自动化系统即 1 级（L1）功能**

基础自动化级（L1）又称为设备控制级，直接完成设备的顺序、连锁、闭环控制，完成过程参数的采集以及报警功能。板坯连铸机 L1 运用的有关新技术简述如下。

（1）控制方式

①手动控制。通过现场操作箱或 HMI 操作设备。

②自动控制。系统按照设定完成顺序和回路控制。

③计算机控制。系统按照过程优化系统（L2）生产的设定点进行控制。

（2）中间罐液位控制

利用测量到的中间罐内钢水重量进行中间罐液位控制，通过钢包滑动水口的自动控制使中间罐的钢水保持在一个恒定的预设定的液位。

（3）结晶器液位控制

系统采用塞棒控制结晶器液面，液面检测采用放射源或涡流法，关键在于液位控制器。传统的结晶器液位控制器采用 PI 或 PID 控制器，这些控制器在稳定的浇铸条件下可以完成控制功能，但在浇铸过程不稳定时，就不能产生令人满意的结果。最新的控制器采用模块化设计，是一个纯粹的软件方案，控制器包括各种功能模块。其主要特点是：

①基于结晶器表面面积和塞棒特性自动计算 PID 参数。

②采用模糊控制，即使出现塞棒上的粘结物突然与塞棒剥离或严重堵塞的情况也保证液面稳定。

③自动开浇/停浇。

（4）结晶器宽度自动调节

结晶器宽度调整系统用于在线（浇铸过程中）调整所生产板坯的宽度，以便最大程度地满足市场的要求。该系统通过移动结晶器的窄面进行宽度调整，每个窄面上下各有一个液压或电动的驱动装置，共同推动窄面移动，在调整过程中结晶器的宽面将保持软夹紧状态，既不会损坏结晶器板又能保证对坯壳的支撑。在生产过程中，L2 根据生产计划和铸流跟踪结果下载以下数据：目标宽度、目标锥度、带锥度的长度、调节模式和起始点，宽度调整系统将自动执行。

（5）结晶器振动控制

为保证板坯表面质量的要求，采用液压振动器代替偏心式/连杆式机电振动器。液压振动器左右各有一个由伺服比例阀驱动的液压缸，为满足高精度的控制要求，在液压缸中集成有高精度的位置传感器用于检测缸的实际行程。在浇铸前，L2 根据钢种选择相应的振动规程表下载给 L1，振动规程表的内容有：拉速为零时的频率和行程、频率/拉速系数、行程/拉速系数、负滑脱系数、非正弦系数（调整波形）。在浇铸过程中，振动控制系统将根据振动规程表和拉速形成相应的振动波形、行程和频率。

（6）结晶器冷却水控制

结晶器四个面冷却水的控制系统原理图如图 9.27 所示。系统存储有温差和流量设定表，根据不同的铸坯宽度和钢种，系统选择对应的设定值，完成恒温差或恒流量控制。

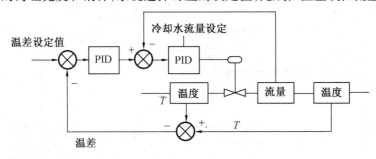

图 9.27　结晶器冷却水控制系统原理图

（7）漏钢预报

在结晶器的每一侧安装一个温度传感器网，热电偶与安装在靠近结晶器的远程 I/O 单元设有接口，由它将温度信号传送给 PLC，PLC 根据这些信号生成结晶器铜板的温度分布图。系统根据热通量以及温度的变化，利用经验公式预测漏钢的产生和进行漏钢报警，通过结晶器铜板的热通量由结晶器冷却水的温差和水流量导出，系统还存储了出现漏钢报警时使用的拉速曲线，当出现漏钢报警时系统将自动选择执行。

（8）二冷控制

板坯的二冷采用雾化喷淋水。在自动操作方式下，二冷水的流量根据与速度有关的水表进行控制；在计算机操作方式下，则由二冷模型产生。为了满足大宽度板坯的生产，还设有边部冷却回路，当铸坯宽度大于一特定值时，边部冷却回路将打开，其流量设定点根据相应中心区域的流量和待冷却面积（冷却段的长度×冷却宽度）计算得到。空气的设定点根据实际测得的水流量进行计算，对于一个空气段与多个水冷段共用的情况，将根据相应水冷段实际测得的水流量总和进行计算。

（9）拉矫机控制

拉矫机控制的关键是速度的控制和负荷的分配,在开始浇注时速度一般分三步加速到设定值,在每一步间有一段调整时间,加速的斜率也不同,如图9.28所示。为在铸坯上提供一连续的拉矫力,要使用负荷共享,系统为每一个辊子设定负荷分担因数,总的分担因数是100%。根据实际驱动电流、齿轮速比和辊子直径来计算每一个辊子承受的力,相加得到总的拉矫驱动力,再乘以分担因数来设定每一个辊子上应受的力。考虑到应受的力和实际的力,负荷分担控制器计算每一个辊子的速度修正设定点,该修正值再送到以红坯压力压下的辊道,上述功能如图9.29所示。

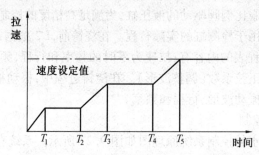

图 9.28　拉矫机控制系统示意图

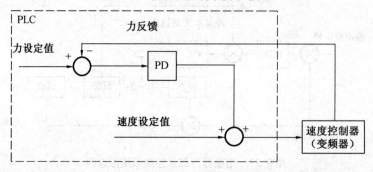

图 9.29　辊子所受力与辊子速度设定值的修正示意图

（10）动态轻压下

对板坯凝固末端（固液交界区）进行 2~3 mm 的轻压下可以显著提高板坯的质量,特别是能够减少中心偏析。在浇铸过程中,凝固末端的位置不固定,L2利用液芯模型可以准确地确定其位置。为实现动态轻压下,每个扇形段都配置四个液压缸作为压下装置,根据液芯模型的计算结果,在板坯凝固末端实行轻压下。为满足高精度的控制要求（误差 ≤ ±0.1 mm）,每个液压缸内都有高精度的线性位置传感器（分辨率达 5 μm）。在浇铸前可利用扇形段压下装置自动设定锥度,而在浇铸过程中实行整个弯弧段的轻压下,还可将板坯减薄10 mm左右。

（11）切割机和打号机控制

切割机和打号机一般为成套设备,带有完整的控制系统,通过串行口、现场总线或以太网接入主系统,如图9.24。在生产中,切割机除根据跟踪结果按定尺自动完成切割,还按照L2切割优化模型的指令自动切割。打号机则根据质量控制模型的结果,在板坯上打号,表示钢种、炉号、板坯号、质量等级等。一般采用喷涂高温油漆、针式打印机直接打号或点焊激光条码标牌的方法,而激光条码可扫描入计算机,便于板坯库的管理。

### 9.4.2　四流方坯连铸控制系统

**1.连铸机基本技术指标**

四流方坯高效连铸机的主要技术指标如下:

①机型　弧形结晶器连矫直方坯连铸机;

②连铸机流数　四流;

③机流间距　1 300 mm;

④铸机弧形半径　R8 m;

⑤浇注断面/mm　150 ×150,180 ×180,180×220;

⑥铸机定尺长度/m　4.5,6,10;

⑦铸机拉速范围　0.6 ~6.0 m/min;

⑧结晶器型式　弧形(多锥度)铜管;

⑨拉矫机型式　五辊连续矫直;

⑩二冷配水方式　自动配水　手动配水。

**2.自动控制系统的构成**

(1)电气传动系统

连铸机全部机械设备为全交流笼型电动机传动。对于具有调速要求的拉矫机、结晶器振动装置、引锭杆提升装置、火切机前夹送辊、中间罐车走行装置、移钢车走行及升降装置、火切机割枪摆动装置,选用 PG 全磁通矢量型变频器,其动态性能好,调速精度高,过载大。对于由一台变频器供多台电动机,则按 $V/f$ 方式设定和工作。对于非调速交流传动,采用接触器控制。系统设有五组 MCC 柜分别控制公共部分和1 ~4 流。

(2)基础控制自动化系统

基础控制自动化选用仪电一体化的控制系统,采用西门子 S7–300PLC,系统共设置五台 PLC,一台为公共 PLC,另外四台为铸流 PLC,分别用于每流设备的控制。引锭杆和铸坯跟踪系统,采用记数模块进行位置跟踪。

①公用 PLC 功能

大、中包钢水重量秤量;

大、中包钢水温度测量;

大包回转台及中间包小车控制;

冷床控制、液压站控制。

②每流 PLC 功能

结晶器冷却水流量、压力、温度的检测;

二冷水流量、压力、温度的检测,每流各控制段的配水自动调节;

设备冷却水的流量、压力、温度检测;

定尺切割和火焰切割自动控制;

拉矫机速度和结晶器振动控制；

引锭杆、传送辊道控制。

主控室设两个操作站（MMI），由主机、CRT、键盘、打印机和网络组成。通过 CRT 可以监视仪表和电控的控制状态，通过操作功能键盘可以控制整个连铸机的生产过程。

（3）基础管理自动化系统

采用总线-星型拓扑结构，使用 3COM 网卡，组成厂级管理以太网，将该系统的参数、工作状态实时动态地直接反映在厂级管理者的计算机上。

（4）硬件部分

采用具有极强纠错和抗干扰能力的西门子 S7-300，完成在线实时逻辑控制、模拟量采集及控制。操作站采用 Wincc 5.0 人机界面软件，完成生产操作及管理。PLC 与 PLC 之间、PLC 与操作站之间，采用 SINEC H1 工业以太网方式通信，结构如图 9.30 所示。采用分布式、点对点对等通信方式，操作站与 PLC 站之间完全平等，不存在主、从服务器和客户机之分，每个控制站可平等地从过程网中取得自己所需数据，可保证系统的正常生产。风险分散，当一个操作站出现事故时，另外操作站可进行工作。网络系统的理解点数不受制约，整个网络可连接 1 024 个站点。

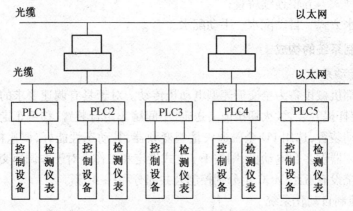

图 9.30　控制系统结构图

（5）软件部分

①控制级。在 S7-300PLC 中，选用 STEP7 软件，它以块的形式管理用户编写的程序和数据，用来完成硬件的组态与参数的设置，通信的定义，编制逻辑控制梯形图完成对传动系统的逻辑控制，对模拟量数据的转换计算、测试、启动和维护用户程序，选用闭环控制软件包，通过功能软件 STRAND PID，工具软件 PID TOOLS 完成对二冷区四段冷却水的闭环控制，实现自动配水。

②操作站。在操作站利用西门子 WINCC 软件，完成生产过程管理、参数设定和修改。CRT 上共有 13 个主画面，其主要功能是：

a. 铸机概貌画面，为连铸机工作状态模拟画面，主要完成对送引锭准备、浇注准备、送引锭杆跟踪、浇注跟踪、爬行跟踪、尾坯输出跟踪、铸坯移送跟踪的全过程自动跟踪的显示监控。该画面上还有大包、中间罐钢水重量、温度动态显示，结晶器振幅、拉速显示，二冷区各段配水量显示等，全面直观反映连铸机生产的全过程。

b. 参数设定画面,完成铸坯断面的选择与修改。钢种的选择与修改、拉坯速度的设定。开始浇注前,对结晶器振动装置振幅进行设定,开始浇注后振动速度随拉速变化按如下关系式自动调整。

$$V_p = (g+1)V_l \tag{9.17}$$

式中,$V_p$ 为振动速度;$V_l$ 为拉坯速度;$g$ 为负滑脱率。

结晶器润滑油量的给定:根据铸坯端面的不同和拉速的变化,对润滑油量进行自动调节和控制;

二次冷却水量的设定与调节:二冷区各段水量根据浇注钢种不同,给水量分配强度不同,该画面中二次冷却水各区根据不同钢种和拉速变化建立了给水量强度动态分配表,从而设定二冷水比水量,使计算机可自动查找相应钢种、拉速、比水量所对应配水量,然后通过PLC 进行自动调节。

c. 另外还有大包回转台、浇注系统、拉矫机、火切机、辊道输送、水气检测、液压站操作、出坯系统、故障确认等画面都有动画显示和在线帮助功能,直观反映各系统的工作状态,并且实现了操作站对连铸生产过程的全部控制。

# 9.5　型砂质量在线检测与控制

目前,湿型铸造仍然是铸件的主要生产方法。铸件的质量与型砂的质量密切相关,湿型粘土砂质量的自动检测与控制一直是铸造领域的重要研究课题。为了降低铸件废品率,提高劳动生产率和效益,几十年来,铸造工作者从不同的控制理念出发,研制出多种型砂自动检测装置及形式各异的型砂质量控制系统。型砂质量控制技术的不断进步使其在铸造生产实践中发挥出重要作用。

随着半导体、微计算机技术的飞速发展,对型砂性能和组分的测试已经从传统的实验室手工检测发展为自动化的离线或在线检测。自动检测的项目主要包括紧实率、含水量、透气性、温度、有效粘土含量、湿强度等。

## 9.5.1　型砂质量自动检测

### 1. 紧实率

紧实率能反映型砂的湿强度、韧性、含水量及混碾的柔和程度与回性的优劣,是检测型砂综合质量必不可少的测试内容。图 9.31 为紧实率的离线自动检测装置示意图。测量时用手对冲头施加垂直压力,位移传感器测得冲头下移距离,同时压力传感器测得砂样所受的压力。当压力达到某一预定的 $P_1$ 值时,记录下此时对应的砂样高度 $H_1$,随着手施压力的加大,当其达到另一预定的 $P_2$ 值时,砂样高度变为 $H_2$。此时可通

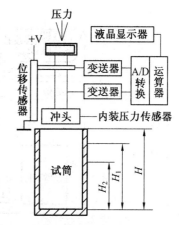

图9.31　型砂紧实率快速测试方法原理示意图

过相应数据运算与处理得到型砂的紧实率数值。$P_1$ 值的采用保证了每次测试时型砂初始密度的一致，因而省去了以往的"过筛"工序。使用时只需在生产现场将待测砂样装满试筒，用手直接施压即可获得该型砂紧实率的数字显示结果。测试过程仅需几秒钟，测试精度达到 3% ~5% 。

　　实现紧实率的在线自动检测，多采用气压或液压装置，在程序控制下连续动作完成取样，并在一定压力下进行一次挤压，完成制样。使用压力传感器和位移传感器测得固定压力下压头的位移，由微机计算出紧实率。图 9.32 为 MIE 型砂紧实率在线检测仪的结构示意图。该仪器从混砂机侧孔取样，可测型砂紧实率和含水量，结果可作为控制加水的主要依据。

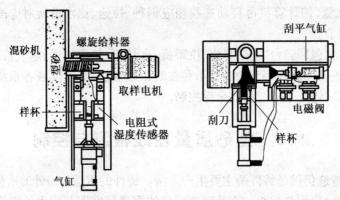

图 9.32　MIE 型砂紧实率在线检测仪的结构图

### 2. 水分的自动检测

　　根据不同含水量的型砂其电性能不同，型砂水分可以通过电气法进行检测。型砂检测与控制系统所采用的湿度传感器一般分为电容式和电阻式两种。由于微波在介质中传播，介质的介电常数 $e$ 会引起微波的衰减和相移，因此型砂水分检测装置也可采用微波技术。图 9.33 为微波测试机原理示意图。微波法适用于含水量为 0 ~10% 介质的检测，检测精度高于±1% 。

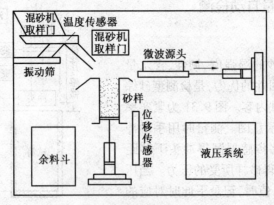

图 9.33　微波测试机原理示意图

### 3. 有效粘土含量的自动检测

有效粘土含量是型砂的一项重要组分参数,对型砂的各项性能起着决定性作用。但目前对有效粘土含量的测试方法主要延用传统的亚甲基兰滴定法,此方法需要时间较长,无法进行在线测量。1996 年哈尔滨理工大学首次提出了一种型砂有效粘土含量在线检测的新方法,即双电源二次激励法。该方法以型砂在交/直流电场作用下所表现出的导电特性为信息参数,用数学解析方法求得型砂有效粘土含量及含水量,开辟了型砂有效粘土含量在线检测的新途径。基于该方法可以实现由测试组分到控制组分的型砂质量直接优化控制。

### 4. 其他参数的自动检测

砂温对型砂其他性能会产生很大影响,如温度过高会消耗型砂中的水分,使实际含水量比加入的水分少。因此,型砂的自动检测装置中均包含测砂温一项,传感器普遍采用热电偶或半导体元件 AD590。测砂样温度时,一般将温度传感器安装在压实气缸的压头上,在挤压的过程中使其与砂样紧密接触。MIC 型砂水分测试仪测砂温时就是将热电偶安装在传送带上,其结构如图 9.34 所示。

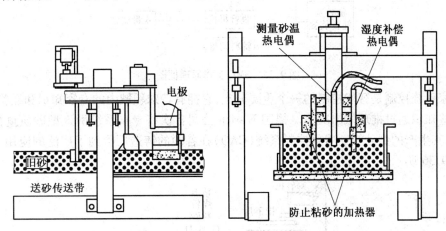

图 9.34　MIC 型砂水分测试仪的结构

除砂温之外,借助压力传感器和位移传感器,型砂自动检测装置还可以测出型砂的其他参数如紧实率、水分、温度、透气性、抗劈强度或抗剪强度、抗压强度和变形量等。

## 9.5.2　型砂质量自动控制系统

随着型砂性能在线检测技术的发展,出现了各种以在线检测仪器为核心建立的型砂质量控制系统。在型砂的质量控制中,控制混砂过程中的加水量,是被广泛采用的方法。对于每一种湿型砂来说,紧实率与水分的关系是稳定的,以测量紧实率来控制加水量的系统较为多见。

随着对铸件质量要求的不断提高以及造型过程中的诸多因素(如砂铁比、砂温、砂的湿度、芯砂的混入、灰分量等)的变化,调整除水分以外其他成分以达到调整型砂各种性能指标的目的,是目前先进造型线的普遍要求。瑞士 GF-DISA 公司的 SMC 型砂多功能控制仪就是通过对型砂紧实率和强度的测试来调整水和粘土的加入量,进而调整型砂紧实率和强度,能更为全面地控制型砂性能,并能进行全自动控制和检测。它的前置环节是一台可快速测量紧实率和砂样强度的性能检测仪,通常安装在混砂机一侧,微机及相关软件构成主控单元,控制的执行元件(德国西门子 S5-95U PLC)则依据控制信号调节水分和粘土的加入量。操作人员必须首先在主控单元中设定型砂性能的目标值及水分与粘土的加入量,控制仪对比实测值与目标值并考虑整体碾砂的重量后计算出水和粘土的加入量,从而实现有效控制。其操作与监控除现场 LCD 显示操作屏外,还带有远程上位机监控系统,其图形显示能直观地实时动态监测每一循环的动作过程和测量结果,并能对现场程序进行修改。SMC 适用于批量生产的间歇或连续混砂系统。图 9.35 所示为 SMC 的工作原理框图。

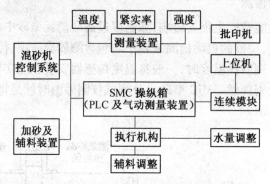

图 9.35　SMC 工作原理框图

专家系统控制是智能控制的一个重要分支,它拥有特殊领域内的专家知识和经验,并能运用这些知识通过推理做出决策。德国 E-rich 公司首次将专家系统引入型砂质量控制的领域中,其生产的型砂辅助质量控制系统(CAQ)在各国的铸造厂得到了广泛的应用。其结构如图 9.36 所示。

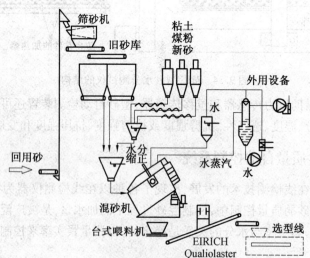

图 9.36　CAQ 的结构图

该系统在工艺上兼顾组分控制与性能控制两方面。根据预防性控制理论将造型线的模板号与砂处理工部的物料补加建立一一对应关系,同时充分考虑在线性能检测值与目标值的差别。该系统采用了先进的人工智能技术,使得相关模块具有自优化功能。

### 9.5.3　发展趋势

从控制手段上分析,计算机技术、人工智能技术与型砂工艺相结合是型砂质量控制系统的发展方向。从控制思想上分析,目前湿型砂质量控制系统主要分为按性能控制与按组分控制两种类型。按性能控制是由性能测试到组分控制的间接控制模式,控制模型和控制系统相对复杂。按组分控制的直接控制模式,以实验室条件下经过认真研究给出的组分控制模型为基准,不仅能使控制系统大为简化,而且更加易于保证控制效果。目前,在线检测一般针对型砂的性能,如紧实率、湿强度、透气性等,针对型砂组分的在线检测主要是含水量的测量,因此难以完全实现按组分控制。型砂有效粘土含量在线检测新方法的提出,为实现型砂质量按组分控制的直接控制模式奠定了基础。随着这一新方法的不断完善及其优越性的显现,构建基于新方法的型砂质量闭环直接控制系统将成为一个新的发展趋势。当然,随着自动检测技术的进步,型砂质量控制系统还将出现新的模式。

# 9.6　清理的机械化

在清理车间为了提高清理生产率,稳定清理质量,改善劳动条件和减少清理占地面积,对于具有一定批量铸件的清理,应尽量实现清理的机械化。

从 20 世纪 70 年代初开始,压铸生产就已经使用机械手和机器人进行铸型喷涂、浇注和取件,以后扩展到精密铸造和砂型铸造车间,用于制壳、扎气眼、喷涂料、下芯、抓取和搬运铸件等。随着近代机器人工业的迅速发展,在铸造厂中越来越多使用操作机和机械手取代人工操作。它是铸造机械化,也是铸件清理机械化、自动化的发展方向。

### 9.6.1　清理机械化生产线

铸件清理包括去除浇冒口、机械打磨、表面清理等。图 9.37 为某清理机械化生产线示意图,带有浇冒口的热铸件由鳞板输送机 1 从落砂工段运来,落到倾翻式装料斗 2 上。待集中一定数量后倒入冷却悬挂输送机 3 的吊桶内。吊桶中的铸件在悬链上经过 2h 冷却到达连续清理滚筒 5 的进口处时,由卸料机构将其倾入清理滚筒内。清出的废砂由带式输送机 6,经斗式提升机 10 送往废砂库 9。清理后的铸件从抛丸机未端落到另一条鳞板输送机 4 上,由人工进行检查、分类堆放,送到下道工序处理。这条机械化清理生产线可完成铸件的冷却、清砂和表面清理等几道工序,布置也比较紧凑。在清理机械化生产线中,表面清理是重要的工序,连续清理滚筒是表面清理设备之一,除此之外,抛丸清理也是表面清理重要方式之一,目前对抛丸清理自动化的研究也越来越多。下面仅以发动机缸体的清理说明抛丸清理自动化过程。

#### 1. 发动机缸体抛丸清理系统总体方案

根据发动机缸体抛丸清理特点和要求,研制如图 9.38 所示的全自动发动机缸体抛丸清理系统,该系统采用由计算机控制的机械手双工位转位清理方式,两个抛丸机械手在抛丸工位和装料工位交替运行,缩短了抛丸清理运行的辅助时间,提高了缸体抛丸清理机的工作效率。系统的机械部分主要包括输送辊道、装卸机械手、抛丸室、双工位竖直转盘、抛丸机械

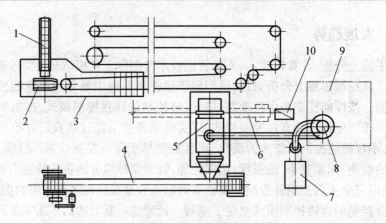

图 9.37　小型铸铁件清理机械化生产线

1、4—鳞板输送机;2—倾翻式装料斗;3—冷却悬链输送机;5—连续清
理滚筒;6—废砂带式输送机;7—自激式除尘器;8—旋风除尘器;9—废
砂库;10—斗式提升机

手、抛丸器、尾吹装置、丸料输送装置和除尘装置等;控制部分主要包括工业控制计算机、可编程控制器和辊道控制器等设备。工作时,操作人员首先根据待清理缸体铸件的类型、尺寸等,在工业控制计算机中选择相应的缸体铸件工艺参数;工控机在内置软件的作用下,根据选择的工艺参数,按照一定的控制算法计算出该类型铸件的最佳弹丸流量,并将其传送给下位机 PLC。

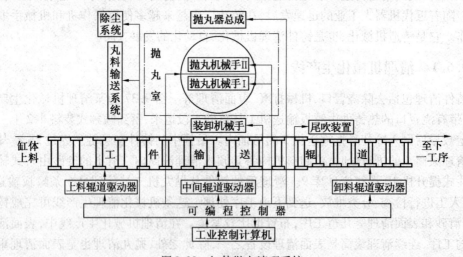

图 9.38　缸体抛丸清理系统

## 2. 缸体抛丸清理控制系统设计

针对缸体铸件内腔及内部通道等难清理以及抛丸清理系统具有多变量、非线性、复杂性和大滞后的特点,提出了由工控机做上位监控机、PLC 做下位实时控制机、采用模糊神经网络控制算法对抛射弹丸流量进行实时控制的全自动发动机缸体抛丸清理控制系统总体方案,如图 9.39 所示。缸体抛丸清理系统的整个过程由上位机统一监控管理,而抛丸系统设备的运行主要由下位机控制完成,上下位机之间通过通信模块进行数据交换和传送。

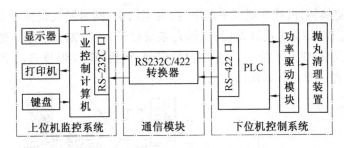

图9.39　缸体抛丸清理控制系统组成

PLC 控制系统主要实现如下功能:发动机缸体铸件的自动输送、丸料的循环输送及补丸和弹丸抛射情况控制;在清理难清理部位时,控制抛丸机械手低速运行以使缸体铸件内腔及内部通道等难清理部位对准弹丸射流,进行重点强化抛射;清理缸体铸件表面等易清理部位时,控制抛丸机械手带动缸体铸件高速运行,使其快速通过射流;抛射后,装卸机械手将缸体铸件从抛丸室取出放入输送辊道运至吹清机,在吹清机里清除掉缸体内腔及内部通道中的残留弹丸和芯砂;清理结束,卸料装置自动将缸体铸件从吹清机里取出并放到输送辊道上运出抛丸清理系统。

（1）下位机 PLC 硬件控制设计

PLC 与各控制电器的电气连接图如图 9.40 所示。输送辊道变频器、抛丸机械手变频器和抛丸器变频器是由 PLC 主控单元通过 FX2N–4DA 电压模拟量功能模块控制,实现对输送辊道、抛丸机械手和抛丸器速度变频控制,通过该模块输出电流模拟量来控制通过弹丸电磁流量控制器的弹丸流量;弹丸电磁流量控制器输出的 +4 ~ +20 mA 的电流模拟量反馈信号由 FX2N–2AD 模数转换模块转换为数字量输入 PLC 中,其他电机则由 PLC 直接通过接触器控制。

（2）下位机 PLC 全自动抛丸清理控制程序

缸体抛丸清理自动控制程序如图 9.41。首先检测抛丸室内是否有缸体,如果左、右抛丸室均没有缸体,则将上料辊道上的待清理缸体铸件送至装卸机械手处,装卸机械手夹紧缸体铸件并将其放入处于

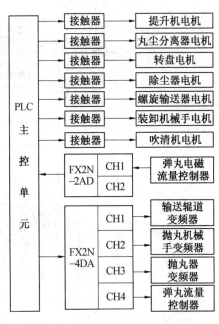

图9.40　PLC 控制系统硬件连接图

装料工位的抛丸机械手（假设为抛丸机械手1）内,抛丸机械手1夹紧缸体,转盘旋转180度自动定位,抛丸机械手1进入抛丸工位,在三相异步电动机带动下开始旋转,供丸系统打开,进行抛丸清理。同时抛丸机械手2进入装料工位,装卸机械手将第二个缸体铸件放入抛丸机械手2内,随之抛丸机械手2夹紧缸体铸件,装卸机械手退回原位,抛丸室门自动关闭。待抛丸机械手1内的缸体铸件清理完毕,供丸系统关闭,抛丸机械手1电机停转,转盘反转180度自动定位,抛丸机械手1转至装料工位,抛丸室门自动打开,装卸机械手将第一个缸体取出后放入输送辊道运至翻转震动吹清机,并将第二个缸体铸件放入抛丸机械手1内,抛

丸机械手 1 夹紧缸体铸件,装卸机械手退出,抛丸室门关;同时抛丸机械手 2 也随转盘反转 180 度进入抛丸工位,相应电机开始旋转,供丸系统打开,进行抛丸清理。抛丸机械手 2 中的缸体铸件清理完毕,供丸系统关闭,相应电机停转,转盘回转 180 度自动定位,抛丸机械手 2 转至装料工位,抛丸室门开如此循环工作。

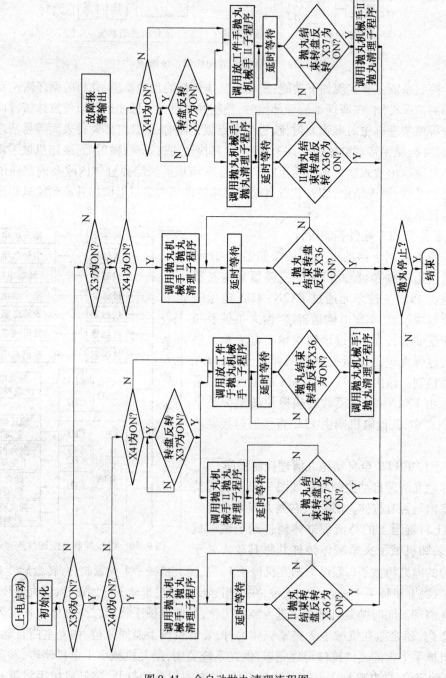

图 9.41　全自动抛丸清理流程图

### 9.6.2　工业机器人在铸件清理中的应用

工业机器人诞生于 20 世纪 60 年代,在 20 世纪 90 年代得到迅速发展,是最先产业化的机器人技术。在欧洲、美国等发达国家,工业机器人已广泛应用于工业生产的各个领域。在我国,工业机器人的真正使用到现在已经接近 20 多年了,基本实现了从试验、引进到自主开发的转变,促进了我国制造业、勘探业、铸造业等行业的发展。

铸件清理在中国自 2010 年开始有局部应用,国外企业铸件清理的发展时间也只有 10 年左右时间,目前在有色铸件清理中已普遍应用。随着国内劳动力市场的供需矛盾,中国市场对铸件清理自动化的应用也日益加大。

黑色铸件的清理在国外市场上刚刚有所突破,黑色铸件清理市场潜力巨大,但技术门槛也非常高,目前国内外虽有各种不同的应用,但尚未有一个行业公认的领先的应用技术。随着技术的进步,应该在未来的五年内在国外会得到大幅应用,同时该类技术也将逐步引进中国市场。

**1. 工业机器人铸件清理的主要特点**

①工业机器人六轴运行。标准工业机器人由六个运动轴组成,分别由六台可联动也可独立运动的伺服电机控制,类似人工的手臂,可在三维空间任一点定位。

②定位精度高。工业机器人定位精度一般可达 0.1 mm,最大不会超过 0.2 mm,能完全满足铸件清理的精度要求。

③可编程实现,包括离线编程。机器人六个轴联动可实现直线、曲线、圆周等运动,对于铸件表面的任何角度均可到达,并且还对复杂的铸件实行离线编程(电脑编程,方便),输入机器人控制系统后即可按设定轨迹实现运动。

④机器人系列化。机器人工作半径为 0.5~3.8 m,承载 5~1 000 kg,可针对不同的铸件选择不同的机器人,以提高效率,降低成本。

⑤柔性化生产。由于机器人可编程实现动作,对于不同类的铸件可选用不同的程序,仅需更换夹具即可,如配套自动换夹具系统,即可根据不同铸件实现柔性化生产。

⑥恶劣环境使用。在铸造高粉尘环境中使用,铸件清理环境恶劣,高粉尘高噪音,机器人最高防护等级可达 IP67,可稳定长时间在高粉尘高噪音环境内工作。

⑦高效率生产。工业机器人为伺服电机驱动,运行速度是人工的十几倍,最高运行角速度可达 660 r/s。该技术可使铸件清理的效率得到大幅度提升。

**2. 工业机器人铸件清理的几种模式**

工业机器人铸件清理一般为两种作业方式,一种为工业机器人抓取铸件去打磨设备上清理,一种为工业机器人抓取打磨工具去固定的工件上清理。二者各有优劣势。

(1)机器人抓取铸件清理模式

该模式先将铸件定位在流水线或摆动双工位工作台上,工业机器人抓取铸件定位面,移动到铸件清理刀具上进行铸件的飞边清理。该方式适应面广,在有色铸件清理中应用最为广泛。

（2）机器人抓取打磨工具清理模式

该模式先将铸件固定在工装上，工业机器人在工具工作台上自动抓取不同类型的刀具或打磨工具对铸件进行清理。这种方式适合清理大型重载铸件或简单铸件，效率相对较低，但可选择功率较小的工业机器人。

**3. 工业机器人铸件清理的优缺点**

工业机器人是一个最典型的柔性化生产设备，适用面广，工作速度快，在铸件清理中对比同类设备具有无可替代的优越性。

优点：①作业效率高；②作业标准化，不会产生遗漏；③减少用工，改善作业环境；④降低磨料磨具成本；⑤柔性化生产好，更换工装或刀具后可适应不同类产品；⑥适合大批量生产。

缺点：①清理表面质量没有人工好；②对铸件重复性、变形量、飞边的要求高；③不适合小批量生产；④需要人工补充辅助清理。

**4. 典型工业机器人清理工序举例及分析**

（1）铸件去浇冒口

去冒口工作一般是在去毛刺前进行，可由同一台工业机器人完成。工业机器人抓取毛坯零件后，按设定轨迹运行即可。去除工具一般是立式锯床或者铣刀盘，具有效率高、一致性强、无污染、节能的特点。

（2）铸件去毛刺

有两种方式，一是使用固定产品，采用专用配套清理设备进行去除毛刺工作；第二种方式是机器人抓取零件围绕去毛刺工具进行工作，这点和黑色铸件的工作原理类似，不同点在于工具特点不同。

目前采用的六轴工业机器人附带夹具抓取铸件方式，根据产品特点进行打磨去毛刺，可针对零件的特点排布不同的砂轮盘、磨头等工具。

随着人工成本的大幅上升以及自动化水平的提高，铸件清理自动化及流水线发展将成为主要方向，工业机器人在铸件清理工序的应用将成倍增加。

在未来清理自动化的设计中，应着重提升铸件磨料、刀具的性能，增加铸件清理自动检测功能，并能依据铸件毛刺形状大小进行运动轨迹和力量的自我调节，对清理流水线设计中各工序的信息传输需做更深的研究。另外，在对整条清理流水工序管理中，应建立计算机集中控制系统，实现工业机器人遥控操作、可视化管理、计算机远程控制、过程监控、数据统计分析等功能。

# 思考题与习题

9.1　冲天炉熔炼自动控制中有哪些参数，说明其检测与控制原理及方法。

9.2　低压铸造液面加压自动控制系统的要求。

9.3　简要说明真空差压铸造工艺。

# 第10章 锻造过程自动控制

锻造是使坯料成型及控制其内部组织性能,使其达到所需要的几何形状、尺寸以及品质的过程。

在现代技术水平条件下,原则上任何一种金属材料都可用锻造方法制成锻件或零件,只是难易程度不同,所消耗的原材料和能源高低不同。很多齿轮、叶片、空心轴件等典型的机械加工零件,已经被锻造代替。尽管机械加工零件的精度高,表面粗糙度低,但随着锻造工艺的发展,锻件的精度和表面粗糙度也逐步达到了车床、铣床加工的水平。特别是粗糙度,有的精锻件甚至超过磨削加工水平。冷镦、冷挤压、冷精压件(锻件)可以不需机械加工或少量机械加工而直接装机使用,如各种冷温挤压标准件(销子、螺钉、螺母等)。一台自动冷镦搓丝机每分钟可生产 120 件螺钉。

按所用的工具不同,锻造分为自由锻和模锻两大类,它们是锻造过程的主要支柱。自由锻只使用简单工具利用上下砧直接使坯料成型,模锻是利用模具使坯料成型。

## 10.1 自由锻造自动控制

自由锻造是生产大型锻件和单件或小批量锻件的主要加工方法。其工艺过程是,先把坯料运至车间,并送到加热炉中加热;把热坯料从加热炉送到锻造设备,或直接送到砧子上,用操作机或机械化装置夹持进行锻打,把锻完的锻件集中堆放,或送往下步工序。自由锻造用的加热炉,多为室式炉、台车式炉和半连续炉。坯料装出炉可采用结构简单的装料叉、装出炉夹钳或者自动夹钳和起重吊链等,也可以采用结构较为复杂的各种形式的装出炉机械手以及装出炉机等。在大型自由锻造中,用装取料机向炉中送料和取料,通过机动转台,再用操作机夹持进行锻造。在自由锻造的自动控制系统中,锻造加热炉和操作机的控制是核心,下面将分别对其进行介绍。

### 10.1.1 锻造加热炉的自动控制

在锻造过程中,加热质量对锻件的性能具有很大的影响。采用微型计算机对锻造加热炉进行自动控制,是提高加热质量的最有效的技术措施。锻造加热炉的温度通常选定在 $600 \sim 1\ 300\ ℃$,并且需控制空气量、燃料量和炉压,以保持炉温的波动在 $\pm 20\ ℃$ 以内。图 10.1 是带空气预热的锻造加热炉燃烧自动控制系统。它通过控制加热炉的炉温、炉内压力和燃料空气比例等,使加热炉处于最佳工作状态。几个主要工艺参数的控制原理如下所述。

**1. 炉温控制**

炉内各区段的热电偶将测得的炉内温度信号传给电子温度记录计,由程序控制器给出相应的所需温度信号,经炉温调节器比较后,发出信号给油量控制阀,调整油量供给。

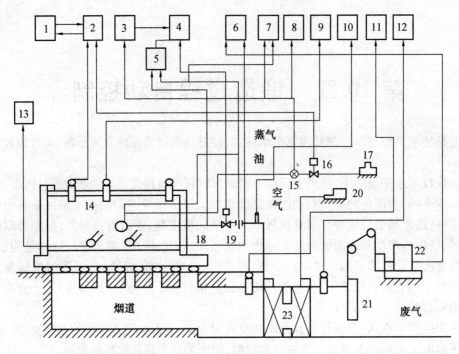

图 10.1　锻造加热炉燃烧自动控制系统

1—程序控制器；2—炉温记录调节器；3—比例设定器；4—空气流量指示调节器；5—压力温度修正运算器；6—炉压记录调节器；7—瞬时空气和油的流量记录计；8—计油器；9—炉温记录计，10—预热空气温度记录调节器；11—废气温度记录调节器；12—废气温度记录计；13—氧分析仪；14—烧嘴；15—油流量计；16—油量控制阀；17—油泵；18—空气控制阀；19—孔板；20—鼓风机；21—烟道闸板；22—闸板开启传动装置；23—预热器

**2. 燃料与助燃空气比例控制**

采用油流量计检测燃料流量，将信号送给比例设定器、瞬时空气和油的流量记录计和计油器。经过比例计算后，向空气流量指示调节器发出设定信号，通过空气控制阀调节空气流量。预热后的空气流量按温度及压力加以修正后也向空气流量指示调节器发出信号。

**3. 炉内压力控制**

差压变送器检测炉内压力与大气压力的压差，并向炉压记录调节器发出信号，与给定压力值进行比较后，向闸板开启传动装置发出信号，使闸板开启，调整炉压。

图 10.2 为采用可编程控制器控制加热炉的系统方框图。CPU 是核心，负责组织系统的全部工作，检测输入接口的状态，并作出响应，通过输出接口控制外部设备，输入和输出信号可以是模拟量、数字量和开关量。

图 10.3 为加热炉组直接数控系统的组成。通常大型锻造生产过程，包括钢锭预热、加热、锻造、退火等，退火炉和加热炉用得比较多，加热时间长，产品种类较多时，加热曲线不同，操作复杂，进料、出料的记录和控制困难。炉子要多人控制，设备利用率低。而采用如图10.3 所示的对加热炉组实行集中控制的直接数控（DDC）系统可以解决这些问题。该系统

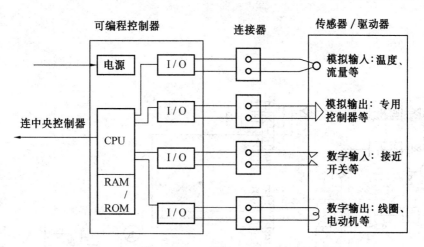

图 10.2　采用可编程控制器控制加热炉的系统原理图

有两台微处理机,用于控制加热炉和退火炉,另一台做处理机,用于形成中心控制机构。通用输入输出打字机、纸带读入机、记录打字机和操作控制台等与微处理机连接,作为系统的输入输出装置。

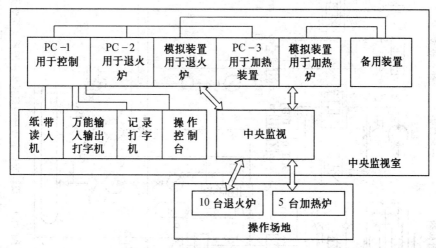

图 10.3　炉组直接数控系统组成

## 10.1.2　自由锻造操作自动控制

锻造操作机分为有轨、无轨和快锻三类,其传动方式有机械式、液压式和混合式三种。下面主要以液压式锻造操作机为例进行介绍。

### 1.锻造操作机的液压系统原理

双动有轨全液压锻造操作机的液压系统原理图如图 10.4 所示。它有钳杆旋转、夹钳伸缩、大车行走、钳口松夹、夹钳倾斜与平行升降等 6 种动作,并用电磁换向阀和电液换向阀控制。其中夹钳伸缩和大车行走的液压回路有并联运行和串联运行两种状态。当切断换向阀 5 和接通换向阀 6 时,两条液压回路独立工作,此时为并联运行。在此条件下,若使电磁铁

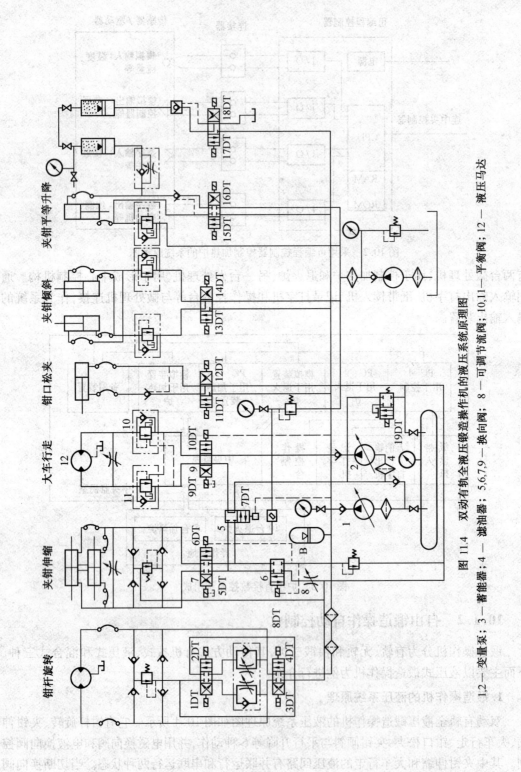

图 11.4  双动有轨全液压锻造操作机的液压系统原理图

1,2 — 变量泵；3 — 蓄能器；4 — 滤油器；5,6,7,9 — 换向阀；8 — 可调节流阀；10,11 — 平衡阀；12 — 液压马达

5DT 通电,则变量泵 1 和蓄能器 3 的压力油经换向阀 6 与 7 进入夹钳伸缩缸的左腔,右腔的油经换向阀 7、6 和可调节流阀 8 排出,夹钳快速后缩;若使电磁铁 10DT 通电,则变量泵 2 的压力油经换向阀 9 和单向平衡阀 10 进入大车行走液压马达 12 的右入口,左出口的油经单向平衡阀 11、换向阀 9,5 与滤油器 4 流回变量泵 2 的吸入口,液压马达 12 向反时针方向旋转。由于液压马达固定在大车上,并经齿轮与固定在地基上的齿条相啮合,所以此时大车后退。在串联运行时,电磁铁 5DT 和 10DT 仍保持通电状态,但切断换向阀 6、接通换向阀 5。在此情况下,变量泵 2 的压力油经换向阀 9 和单向平衡阀 10 进入液压马达 12 的右入口,左出口的油经单向平衡阀 11、换向阀 9,5 和 7 进入伸缩缸的右腔,左腔的油经换向阀 7,5 和滤油器 4 流回变量泵 2 的吸入口。于是大车继续后退,夹钳前伸。若机械传动装置配置恰当,能使两者运动速度相等、方向相反,则夹钳和所夹持的锻件相对下砧静止不动。借助 CNC 系统控制操作机,使它与锻造液压机的动作相配合,轮换进行并联和串联运行,就可实现锻件的送进和锻造。第一道次锻造完毕之后,5DT,7DT 和 10DT 断电,9DT,80DT 和 19DT 通电,变量泵 1、2 和蓄能器 3 同时驱动大车快速前进,直到锻件移动至所需的新位置,完成第二道次锻造的准备工作。

**2. 液压机与操作机自动联动锻造**

自动联动机组由液压机、操作机、控制系统和转料台、快速换砧、转砧和移砧等辅助装置组成。操作机采用自动控制的有轨快锻操作机,它的大车行走、钳杆旋转以及平行升降的快速回弹复位等动作,能在液压机快锻时联动操作,并能通过控制系统实现自动控制。

液压机与操作机自动联动操作,先根据工艺要求,预选液压机的压下量、回程量、操作机送进量和转动角度,由控制机自动实现机组的联动操作。锻造过程的程序控制是根据锻件形状、材料和锻造工艺参数编制程序,以穿孔带或其他方式,将信号输入控制机,使液压机和操作机按程序自动工作。联动锻造过程每一锻造周期的运动曲线如图10.5所示。上砧从 $a$ 点开始回程,到 $b$ 点停止,行程量为 $H$,停留时间为 $be$,然后上砧空程,下降到 $d$ 点时开始降速,以减小接触锻件时的冲击震动和提高锻件尺寸精度。到达 $e$ 点接触锻件开始加压,当达到终锻位置 $f$ 时,发出回程信号,由于阀门换向滞后等原因,造成了超程量 $\Delta H$,使得上砧实际到达 $g$ 点才开始回程,这时,工作缸卸压。液压系统和机架的弹性能量释放,使上砧回复到 $a$ 点,并继续回程,开始重复上述循环动作。从上砧回程开始( $a$ 点)至接触锻件( $e$ 点),为允许操作机动作的全部时间,应完成所要求的送进量或传动角度,否则,液压机应再次回程等候。

液压机和操作机联动控制系统,如图 10.6 所示,液压机控制过程为置零、锻件尺寸预选、降速预选、回程预选和上停顿点延时预选。置零是使上下砧接触,作为计数的基准,即"0"点。如果控制机中途停机或砧面高度改变,要更新置零,并经常进行检验。操作机控制工作过程为送进量预选和钳杆转动角度预选。

联动时,动梁开始从上停顿点空程下降,位移脉冲转换器连续发出"-"脉冲。当上砧下降到可逆计数器中为 $A+B$ 数值(降速点的给定值)时,控制机发出降速信号,上砧慢速接触锻件并开始加压,一直到给定的工序锻造尺寸 $A$ 值。此时,液压机停止加压,并发出回程和操作机联动信号。位移脉冲转换器连续发出"+"脉冲,液压机到达上停顿点后,操作机完成预选动作。液压机动梁又开始空程下降,进行下一次循环。

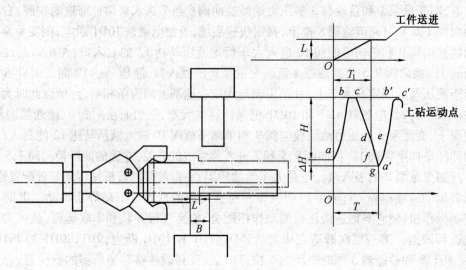

图 10.5　液压机与操作机联动锻造运动曲线

$H$—液压机行程量;$L$—操作机送进量;$a$—锻件尺寸预选(联动点);
$b$—上停顿点;$d$—降速点;$e$—联锁点;$f$—回程点;$g$—实际回程点;
$T$—锻造周期;$T_1$—操作机动作时间

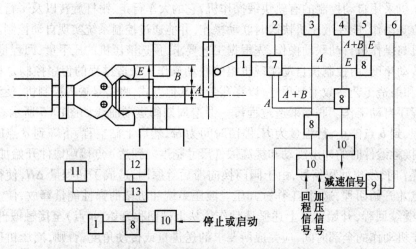

图 10.6　液压机与操作机联动控制系统

1—位移脉冲转换器;2—置零;3—零件尺寸预选;4—降速预选;5—停止回程预选;6—延时预选;7—可逆计数器;8—比较器;9—停止;10—电液转换器;11—送进量预选;12—转角预选;13—联动信号

### 3. 液压机与操作机联动计算机控制系统

图 10.7 为液压机与操作机联动计算机控制系统。它是由微处理机、打字机、纸带读入机、纸带穿孔机、液压机控制转置、操作机控制装置和输入、输出接口组成。

自动控制时,有纸带穿孔机、打字机和人工数据输入等方法,人工数据输入装置在控制台上,纸带上的数据可重复使用,输入时数据能检验和校正。

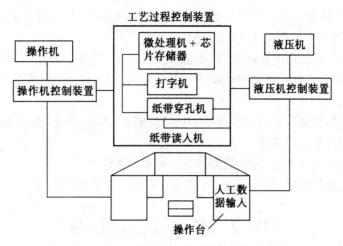

图 10.7　液压机与操作机联动计算机控制系统

### 10.1.3　自由锻造液压技术发展趋势

近年来,随着人们环保意识的加强和排污成本的增大,国际上很多知名生产液压机的大企业,如德国的威普克－潘克(Wepuko Pahnke)、梯芬巴赫(Tiefenbach)、英国的芬乐(Fenner)和丹麦的丹夫斯(Danfoss)等公司已开始致力于纯水液压系统基础元件和控制技术的研究,虽然研发还局限于一些特定应用目标的需要,品种规格还十分有限,但发展势头却十分强劲。针对纯水介质的腐蚀、磨损、泄漏、气蚀和冲击等技术难题,从新材料、新技术和新工艺三方面入手,研制开发了高压水泵、马达,各种压力、流量和方向控制阀,甚至比例和伺服控制阀等液压基础元件,额定压力可达到 32 MPa 甚至更高。一些元件的性能(包括可靠性及使用寿命)达到甚至超过同类的油压元件,随着这些基础元件的成功应用,为研究开发真正意义上的由单一纯水系统控制的自由锻造水压机创造了技术条件。

纯水与液压油理化特性的差异,使纯水压机具有如下显著优势:

①液压油在防气蚀、防锈、密封和润滑性能方面都比纯水好得多,但是,液压油也存在着价格高、易燃、易变质和易污染等问题,特别是对于上传动压机液压油的泄漏是致命的,必须设置车间消防设施。国内已有自由锻造油压机由于液压油的泄漏引起火灾的实例。

②纯水的粘度低,50 ℃时,其运动粘度约为 0.56 mm$^2$/s,是压机常用的 N68 液压油运动粘度的 1.2%。因此,纯水系统的阀门和管道设计流速可达油压系统的两倍以上,阀门和管道的减小可有效降低液压系统投资。

③纯水的比热容约为 4.19 kJ/kg,约为液压油比热容的 2.2 倍,因此,纯水系统工作介质温升小,可以缩减或取消庞大的冷却系统。

④纯水的体积压缩系数约为 4.76×10$^{-5}$ cm$^2$/kg,是液压油体积压缩系数的 70%,因此压机在加压动作结束时,需要快速释放的介质压缩容积减小 30%,这将使压机的卸压时间大幅减少,可有效增加动作频次,特别对大型液压机效果尤为显著。

⑤在高压状态下,纯水的溶气量远低于液压油,因此,在使用增压器或蓄势器系统时,不需要考虑汽水隔离,简化设计,降低成本。

　　因此,用纯水作单一介质的泵直接传动自由锻造水压机,可以满足锻压设备高效、节能和环保的要求,是未来自由锻造液压机的发展方向。

　　随着自由锻造液压机向智能化、精细化和程序化方向发展,我国现阶段的首要任务是:

　　①从设计、制造、使用、维护和环境等方面全方位深入研究探讨,确保油压机工作的安全性。

　　②注重新材料和新工艺的开发,使国内电力、船舶、冶金、化工、航空和航天等行业急需的高品质特大锻件全面国产化。

　　③控制系统实现精细化控制,提高产品的精度和生产效率。

　　④建立现场通信网络,相关设备进行联控,实现自动程序锻造。

# 10.2　热模锻自动控制

　　一般在模锻设备上安装由上、下模组成的锻模,当金属毛坯加热后,放在上、下模之间,或冲头与凹模之间,在锻压设备施加打击力或压力时,毛坯在锻模中产生塑性变形,充填满模腔,成形为锻件。用于模锻的设备有模锻锤、热模锻压力机、平锻机、螺旋压力机、液压机以及一些特种模锻设备。模锻的生产过程一般包括毛坯下料、加热、制坯、预锻、终锻、切边和冲孔、矫正、热处理、清理、检验等工序,预锻和终锻是其中的主要工序。

## 10.2.1　热模锻压力机的自动控制

　　热模锻压力机是模锻生产中应用比较普遍的设备,热模锻压力机的传动简图如图10.8所示。它用电动机驱动,经过带轮及齿轮传动减速后,通过离合器,带动曲轴及连杆旋转,并使工作滑块作往复直线运动,从而使上、下模闭合,压制锻件成形。除上述主传动系统外,还有顶出器系统、装模高度调节系统、气动系统、润滑系统和安全保护系统等辅助系统。

　　图10.9是一种控制系统方框图,全部锻造过程按照预先编制好的程序自动进行。该系统分成两组:第一系统包括上料装置、加料装置、压力机和机械手1,第二系统包括机械手2和切边压力机。两系统可用单独的程序进行控制,也可以同步进行。预先确定的程序,首先作用到信息处理机上,分析给定的程序后,发出坯料从加热炉中取出的信号,同时传递准备信号给上料器。坯料经输送机上的检测机构时,若坯料出现问

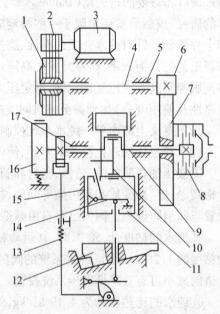

图 10.8　热模锻压力机简图

1—大带轮;2—小带轮;3—电动机;4—传动轴;
5—轴承;6—小齿轮;7—大齿轮;8—离合器;
9—偏心轴;10—连杆;11—游块;12—楔形工作台;13—下顶出器;14—上顶出器;15—导轨;
16—制动器;17—轴承

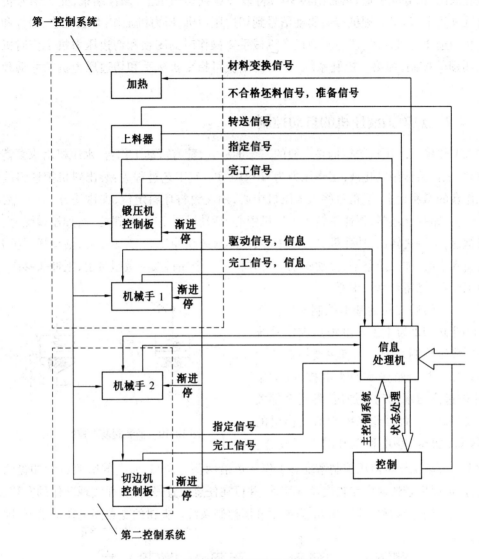

图 10.9　控制系统方框图

题,从信息处理机发出指令,使坯料落入排除板上排除。合格坯料经导料斜槽送进上料器。装料信号从上料器传到信息处理机,同时上料器工作,推动坯料进入热模锻压力机。驱动信号使机械手 1 夹紧坯料放入第一模膛,操作结束,完工信号传送到信息处理机,信息处理机接到完工信号后,将操作顺序信号传递到热模锻压力机,压力机开始工作,坯料在第一模膛锻完后,完工信号传递到信息处理机,信息处理机再传递驱动信号到机械手 1,把锻坯送入下一模膛,并可同时翻转锻坯,这时,闭锁信号始终作用在压力机上,压力机停止工作。在压力机工作时,机械手闭锁。由于寸动和停机,机械手 1 的补偿操作是用控制板和信息处理机直接联系。在终锻模膛锻毕后,完工信号传到信息处理机,第一控制系统全部操作就结束。信号交付第二控制系统,信息处理机将驱动顺序信号传递到机械手 2,机械手夹紧锻坯,从终锻模膛取出,沿导轨后退,然后回转90°,将锻件送到切边机上,操作结束,完工信号传递到信息处理机上,信息处理机传递驱动信号到切边压力机,压力机工作,切去飞边,锻件和飞边分别从切边压力机送出,切边压力机在机械手2操作时的闭锁和切边压力机工作时机械手2的闭锁的控制,和第一控制系统一样,控制板可指令机械手和切边压力机的寸动和停机。

### 10.2.2 热模锻液压机的自动控制

30 MN 热模锻水压机的结构是一般的三梁四柱式,配有可动工作台,水压机由水泵蓄势器站驱动,工作液体用乳化液,工作压力为$320×10^5$ Pa。其工艺过程为:装出料机把坯料放到可动工作台的墩粗台上,墩粗台移入水压机中心,用夹钳将坯料定位,夹钳松开,墩粗,活动横梁提升,夹钳抱起坯料,下冲头转入水压机中心,活动横梁下降,夹钳松开,加压模锻,夹钳把坯料抱起,下冲头转出,冲孔模具移入中心,把坯料放在冲盘上,夹钳松开,活动横梁提升,上冲头转入中心,冲孔及整平,活动横梁提升并将下一个坯料放到墩粗台上,上冲头移出,冲盘移出工作台,墩粗台移入中心。

图 10.10 为插装阀的基本控制回路。图 10.11 和图 10.12 为主工作缸液压控制系统和提升缸液压控制系统。二者主要控制活动横梁的动作。提升缸进水而主缸排水,动梁提升;主缸进高压水则动梁加压,各阀全部关闭则动梁停止,故而以此来控制活动横梁的快降、慢降、加压、停止和提升的五个动作。

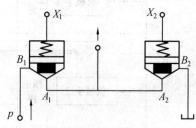

图 10.10　插装阀基本控制回路

图 10.13 为可动工作台液压控制系统。工作台可沿两侧方向移动,它的墩粗台和冲盘两个工作位置,可以以较快速度和较慢速度移动,并可在任意位置停止,从而实现动作的左移、左慢移、停止、右慢移、右移。图 10.14 为夹钳液压控制系统。夹钳的支点固定在动梁上,因此

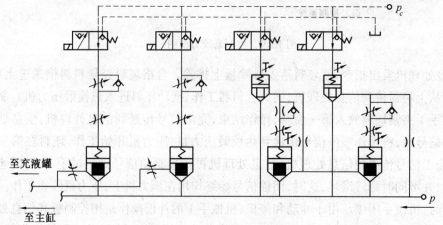

图 10.11　主工作缸液压控制系统

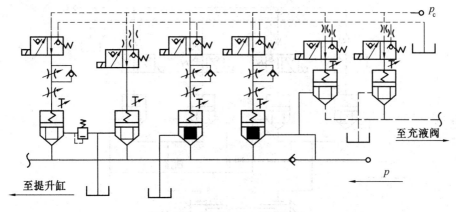

图 10.12　提升缸液压控制系统

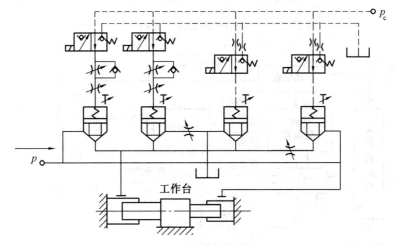

图 10.13　工作台液压控制系统

夹钳随动梁的运动而上、下运动。图 10.15 为上、下冲头转臂液压控制系统。其中上冲头转臂随动梁上、下运动,回转臂也是由转臂缸柱塞的直线往复运动通过齿条、齿轮装置转换为回转臂的转动,而上、下转臂之间通过一对齿轮啮合形成联动。因此,回转臂有左转、停止、右转三个动作。控制系统就是通过控制液压系统众多阀的开启、关闭来实现水压机各运动机构的动作,即通过接通或断开各阀相应的电磁铁而控制先导阀的动作,从而实现主阀的开启或关闭,进而实现水压机的各个动作。控制系统结构如图 10.16 所示。

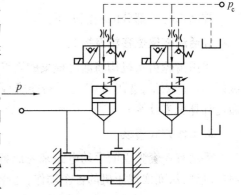

图 10.14　夹钳液压控制系统

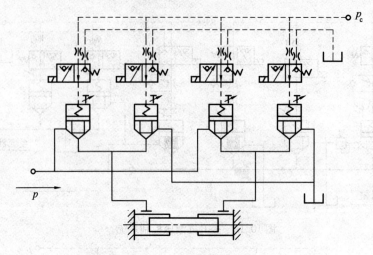

图 10.15 上、下冲头转臂液压控制系统

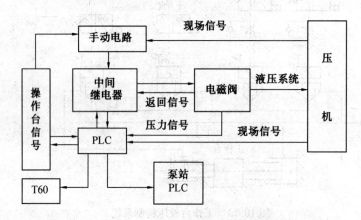

图 10.16 水压机控制系统结构图

控制系统各部分的功能如下。

### 1. 活动横梁位移精度控制

采用齿轮齿条机构将活动横梁的直线位移转换为旋转位移,再用 1 000 脉冲/r 的光电编码器进行测量,选用 A—B 公司智能模板高速计数器模板记录脉冲数,使位移值可以直接通过计算机来计算。

### 2. 工作方式转换

手动有一套独立的手动电路来完成各个动作。自动与半自动方式则靠 PLC 输出来接通电磁铁,从而实现压机的各个动作,选择继电器输出模板来完成这个功能。

### 3. 锻件尺寸设定

在操作台上设有拨码开关,总共有十组数值,采用总线方式,PLC 将设定好的数值逐个从面板上通过输入模板将其取入。

### 4. 数显功能

用光电编码器检测活动横梁和可动工作台位移,用量程为 0 ~ 40 MPa 的压力传感器检测各个缸及泵站来的水压力,用 0 ~ 3 MPa 的压力传感器检测充液罐的水压力。数显采用 TTL 输出模板,用总线方式。

### 5. 工作台磨损量

磨损量的大小用电涡流传感器通过检测工作台固定部分与滑动部分之间的距离变化来反映。

### 6. 执行机构状态判别

用接近开关检测夹钳松开状态、回转臂的三个位置(上回转臂在位、中位、下回转臂在位)、活动横梁上限位及下限位。

### 7. 监视功能

上位机 T60 通过与 PLC 的通信电缆实现与 PLC 的通信,从而完成对控制系统的监视功能。

### 8. 连接通信

水压机 PLC 通过传输电缆与泵房 PLC 连接,从而实现与泵房 PLC 之间的通信。

# 10.3　快速锻造液压机自动控制

某 16-25/30MN 快速锻造液压机,包括 20/25、12/15 两台轨道操作机,整个系统采用 5 台 Z80 单板机和一台 IBM286 微机进行控制和管理。

## 10.3.1　快锻机控制系统组成

16-25/30 MN 快锻机控制系统包括马达控制中心和过程控制中心及管理计算机。

### 1. 马达控制中心(MCC)

MCC 用一台 Z80 单板机控制电动机的启动、运行、停止,并且完成电气、液压和监控条件的联锁,监测压力、润滑油、过滤器、温度、料位、熔断器、液位、过热及电流等状态。如果外部发生故障就通过检测元件反映在 CRT 上。并且通过串行接口与压机控制单板机通信。

### 2. 过程控制中心(PCC)

PCC 有两台 Z80 单板机用于整个过程控制,其中压机、上砧、下砧用一台,两台操作机、旋转台及运锭车用一台,它们各自控制在手动和自动方式下的各种运动,并且用串行接口进行压机控制机与操作机控制机间的通信、操作机控制机与 IBM286 的通信。

### 3. 操作台管理

操作台上有许多控制手柄及键盘,用一台 Z80 单板机实现各种手柄的开关量输入和键盘管理,并且用串行接口完成与操作机控制机之间的通信。

### 4. 压机辅助信号管理

压机系统有 8 台辅助泵和 2 台电动阀,压机系统各种联锁电气信号(如压力、液位、过滤器等)通过一台 Z80 单板机进行接收,并且用串行接口与马达控制机进行通信。

**5. 管理计算机**

管理计算机采用 IBM286 微机,主要完成锻造程序的编制及各种故障信息保存,为生产管理提供准确真实的数据依据,并且用串行接口与操作机控制机进行通信。

## 10.3.2 控制系统的设计

### 1. 硬件设计

(1)硬件总框图

硬件总框图如图 10.17 所示。

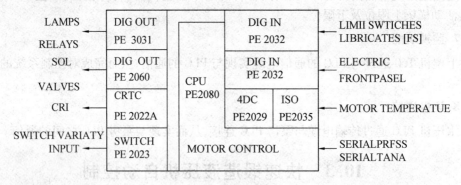

图 10.17 硬件总框图

(2)各种功能板的作用

①Z80 主机板(PE2080)。包括一片 CTC、二片 PIO、二片 SIO 和一片 Z80CPU。

②信息处理系统(MD2982)。MD2982 是数字输入和输出,32 个驱动器直接控制外围设备,为脉冲处理提供 4 个计数器,把压机运动尺寸通过 PIO 接口传送到操作机,使之在联动时同步,并用于压机主泵运行的选择。

③运算放大器板(PE2006)。包括六个"741"运算放大器,它用于驱动发光二极管组列,标记主泵偏心位置、操作机前后杆高度、操作机左右侧移位置、钳口压力等。

④可编程放大器板(PE2007)。包括三个 HA2405 可编程放大器,每个放大器包括四个运放和一个模拟开关,该横拟开关选择四个放大器中的一个作为下一级的输入,每个放大器有三个可利用的输入端和一个单独的反馈电阻用于调节放大倍数,它的输出作为模拟调节器给定信号。

⑤泵控制板(PE2008)。用于控制伺服系统。包括两个独立的放大器,每个放大器有三个输入端,分别用于偏置给定调节、系统输入、反馈输入。采用 PI 控制方式控制伺服阀从而控制主泵及各种变量泵。

⑥正弦波振荡器(PE2018)。包括四个独立的正弦波振荡器,,它把矩形波输入变成正弦波输出,作为 PE2007 的给定,控制主泵伺服阀。

⑦伺服放大器(PE2025)。包括一个运算放大器和一个功率放大器,能控制阀门中的两个线圈,放大器输出作为变量电磁阀(伺服阀)的给定信号。

⑧A/D-D/A 转换器(PE2029)。包括一个 16 通道模拟/数字转换器和一个 4 通道数字/摸拟转换器,可以通过 Z80 寻址,用于操作手柄模拟信号的转换及模拟输出的给定。

⑨数字量输出板(PE2031)。这是 24 个端点的数字输出板,连接处理器外围设备,如继电器、双向可控硅和灯,负载可以达到100 mA。用于驱动电机启动信号和各种指示灯,如砧台移动到位等。

⑩数字量输入板(PE2032)。包括 16 个独立的输入端,连接前处理器的外围设备,它能处理 5～24 V 直流信号,如主泵转速信号、手动阀开关信号、电动机运行信号、熔断器通断信号等。

⑪定量电磁阀控制板(PE2060)。驱动八路被控制的负载,所有的输出有短路保护和超负载时自动断开的功能,通过 24 V 直流电压输出。作为各种定量电磁阀的给定信号。

⑫CRT 控制板(PE2022)。有 2K 存储器(EPROM),16 个编程寄存器,它可以完成各种功能的设定,中央处理单元(CPU)可以在任何时间改变寄存器中的内容,各种监测信号的改变通过此板显示在 CRT 上。

⑬开关板(PE2023)。包括 16 个 8 字节的双插开关和一个 4～2 048 Hz二进制时钟发生器,通过双插开关(每个有 8 个高低选择位,设置数据从 00H-FFH)设置各种参数,如压机上下极限位置、操作机前后慢速极限位置、操作机走行、旋转斜率、压机动作、惯量、尺寸修正系数等。

**2. 控制算法**

(1)压机压力

压力是通过八台主泵实现的。共有三级压力,一级压力为20 MPa,二级压力为 30 MPa,墩粗压力为 35 MPa,控制框图如图10.18。图中 $Q$ 代表流量,$p$ 代表压力。

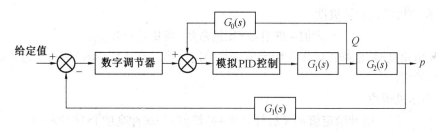

图 10.18　压机压力控制框图

流量反馈用偏心传感器作为反馈元件,压力反馈用压力传感器作为反馈元件。

(2)控制泵压力

控制泵是主泵偏心运动的核心。主泵中的液压油流量的大小、流动的方向都是靠控制泵输出来实现的,控制泵保持恒压力为 20 MPa。控制算法框图如图 10.19。图中 $Q$ 代表流量,$p$ 代表压力,压力反馈元件为压力传感器。

(3)操作机行走及旋转

操作机行走及旋转控制算法框图如图 10.20,图中 $Q$ 为流量,$S$ 为长度,$B$ 为角度。

长度反馈元件、角度反馈元件均为编码器,流量反馈元件为偏心传感器。

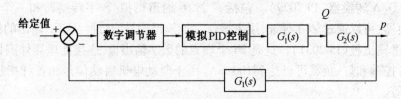

图 10.19　控制泵压力控制算法框图

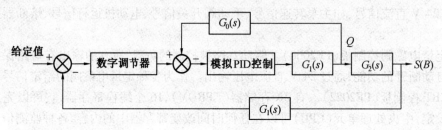

图 10.20　操作机行走及旋转控制算法框图

（4）给定值与其他参数关系

① 操作机行走和旋转

$$给定值(V)=斜率×进给量×10/行程时间+有效值$$

如果启动时是第一次行走，要加上初始值。行程时间为压机冲程往返时间，进给量为操作机要求行走的长度。

② 操作机增量旋转

$$给定值(V)=进给量×10×比例系数/2\ 048$$

如果联动时是第一次旋转，要加上旋转初始值。给定量为操作机要求旋转的角度。

③ 操作机增量旋转坡度

$$给定值=进给量×比例系数+增量转有效值$$

当超出角度时，把修正值作为给定值变号给定。当没有达到预转度时，把修正值作为给定值同号给定。

④ 操作机缓冲

$$缓冲给定值=[（后杆高度+补偿值）-缓冲高度]×缓冲斜率$$

$$缓冲最大位置=压机冲程×最大位置参数+锻造尺寸$$

$$缓冲最小位置=锻造尺寸+后杆高度$$

# 10.4　挤压的自动控制

以某厂设计的 36 MN 铝挤压机电气控制系统为例，介绍铝型材挤压机的自动控制。

## 10.4.1　生产工艺过程

该设备主要由挤压筒、挤压杆、主剪、模架、换模装置、快换挤压杆装置、供锭器及运锭装置、推锭装置组成。工艺流程如图 10.21 所示。

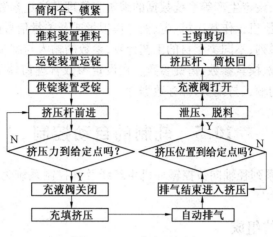

图 10.21　工艺流程框图

## 10.4.2　控制方案

图 10.22 是挤压机速度闭环控制系统,图中速度给定为设定的数字量,由上位机进行给定 $U_g$,输出量是由泵头传感器检测并转换为反馈电压 $U_f$,把这个电压反馈到输入端与给定量比较,其偏差电压经过放大器来控制执行机构泵头比例阀,使挤压速度保持在给定速度。

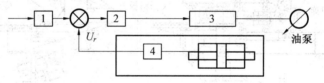

图 10.22　挤压机速度闭环控制系统图

1—设定值;2—放大器;3—执行机构;3—泵头比例阀;

4—泵头传感器检测油泵主缸

图 10.23 是用于压机的工作安全连锁控制、逻辑控制、报警和显示的 PLC 系统组成图。该 PLC 由开关量信号输入/输出模块,智能模入/模出模块以及高速计数器模块、通信模块等组成。

采用梯度式多段曲线加热控制方式使挤压筒温度分布梯度降低,缩小内套外套的热膨胀之差,有效防止内外套脱出或产生裂纹,提高挤压筒的使用寿命。挤压筒加热曲线如图 10.24 所示。

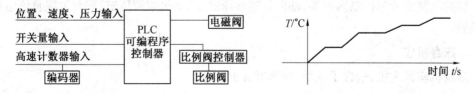

图 10.23　PLC 系统组成图　　　　　　图 10.24　挤压筒加热曲线图

上位机系统由工业控制计算机、计算机挤压系统软件、通信线缆等组成。工控机通过串口与 PLC 连接。计算机挤压系统软件由辅助系统和监控系统组成,共同完成挤压任务。其中辅助系统实现工艺、设定生产等系统数据的编辑和管理及设定参数的下载、PLC 的 I/O 监测。而监控系统实现压机工作状态机、电、液等模拟量或开关量信号的显示。在工艺参数管理窗体下,实现不同系列、不同类型材的工艺计算,参数的输入与编辑,并存数据库。工艺参数分为三类:型材参数、模具参数、铸锭参数。在设定参数管理窗体下实现各种类型型材的挤压过程设定,参数的输入与编辑,并存数据库。

# 10.5　轧制的自动控制

以某厂的 D53K 系列径轴向数控辗环机生产线及其控制系统为例,介绍轧制的自动控制。

## 10.5.1　生产线组成

图 10.25 为 D53K 系列径轴向数控辗环机的结构图,其生产线主要由以下几部分组成。

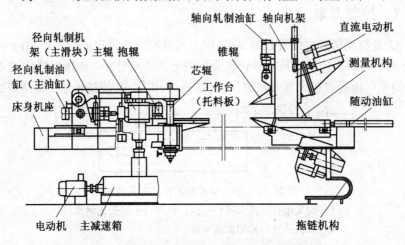

图 10.25　D53K 系列径轴向数控辗环机的结构

**1. 径向轧制部分**

径向轧制部分包括径向轧制机架、主辊电动机、主减速箱、主辊、径向轧制液压缸、双侧抱辊液压缸、双侧抱臂及抱辊、芯辊、工作台。

**2. 轴向轧制部分**

轴向轧制部分包括轴向机架、轴向轧制液压缸、随动机架液压缸、两台锥辊直流电机、两套锥辊。

**3. 床身机座**

床身机座即主机,包含了床身、导轨等关键部件。

**4. 电气系统**

电气系统包括主电气控制柜、主辊传动控制柜、锥辊传动控制柜、液压系统控制柜、主操纵台等部分。

**5. 液压系统**

液压系统提供设备各机构运行的动力。

**6. 润滑系统**

润滑系统为设备各关键部分提供相应的润滑。

**7. 冷却系统**

冷却系统为热轧时的模具等提供及时的冷却。

## 10.5.2　电气控制系统

该生产线的电气控制系统,采用中央集中控制,运用现场总线控制,主/从站之间用Profibus电缆连接。主要组成如下。

**1. 采用 S7-300 系列 PLC 作为核心控制单元**

采用西门子 S7-300 系列 PLC,CPU(中央处理器)采用 317-2DP。输入/输出采用分布式 ET200S 模块,根据需要,有的还采用工业以太网进行数据交换和传输。

**2. 采用自主开发的上位机控制软件**

采用研华工控机,自主开发上位机控制软件。并利用 Siemens 的 CP5611 用 OPC 通过Profibus 与下位机建立通信进行数据交换;相当一部分核心的处理运算在上位机中进行,以释放下位机的运算压力;软件中为用户提供了设备运行状态画面、参数设置画面、历史数据查看画面、输入/输出监视画面、模拟运行画面和工艺配置画面。上位机软件中可以很方便地对各传感器进行检测和校准,方便用户的维修保养。另外,上位机软件还应用了数据库,分别建立了产品规格数据库、材料规格数据库和历史生产数据库,利用这些数据库,可以积累很多原始数据,便于开发人员和现场工艺人员、现场生产管理人员分析生产过程、检验工作进度、优化工艺设置等工作。软件还可根据加工毛坯和成品尺寸自动生成模拟加工曲线供操作者参照,并在生产中根据实际再生成实际加工曲线以进行对比,有利于今后轧制工艺的优化。

**3. 应用多种先进传感器等检测元器件**

选用 MTS 油缸,内置直线位移传感器,接入 Profibus 总线,直接读取数字信号,对油缸的行程进行精准控制;所有机构到位动作检测均有接近开关或行程开关进行保护;液压站有数字式压力表和油位、油温检测装置,用来精确检测各关键回路的压力并反馈到系统,从而进行更精确的控制。

**4. 采用直流控制各轧制电机**

主轧辊电机和轴向轧辊电机均采用直流电机,并选用 Siemens 的直流调速装置 6RATO进行控制,用 Profibus 总线将其接入系统,利用总线进行控制。

**5. 应用现场总线控制**

通过最高波特率可达 12 M 的高速总线 Profibus-DP(H2)和用于过程控制的本安型低速总线 Profibus-PA(H1)结合,将 CPU、人机界面、绝对值编码器、伺服控制器、变频器、分布式 I/O 单元等元件全部通过 Profibus 总线连接,节省配线,简化系统安装、维修和管理。

# 10.6　连铸连轧的自动控制

以某厂的电工铝杆连铸连轧生产线为例,介绍连铸连轧过程的控制系统。

## 10.6.1　生产工艺过程

液态铝(温度700 ℃左右)经过流槽注入轮带式连铸机,连续铸成截面积为2 349 mm$^2$的梯形锭,然后用液压剪逐段剪去,待铝锭温度升高至500 ℃左右时将其前端敲平,喂入连轧机,出杆温度控制在250 ℃左右进入成圈装置,获得电工用铝杆成品。

影响铝杆质量的因素除了铝液的化学成分及浇铸温度外,主要是进轧温度和终轧温度。而铝液的浇铸温度在整个生产过程中不易被控制,但可以保持在一个较稳定的范围之内,因此,在铝液化学成分和浇铸温度保持稳定的前提下,以进轧温度及终轧温度为控制目标来设计连铸连轧生产线的自动控制系统。

## 10.6.2　控制方案

要控制铝杆进轧温度和终轧温度,可调节的参数只有铸机的冷却水量、铸机的速度,以及轧机的冷却乳液量和轧机速度。而铸机速度和轧机速度互相制约,不允许大范围调节,因此只有在铸机速度和轧机速度相对稳定的情况下,根据水温及乳液温度调节铸机冷却水量和轧机的冷却乳液流量,而铸机速度和轧机速度只有在冷却水量和冷却乳液流量调节不满足要求时进行小范围调节,以此来控制进轧温度和终轧温度,保证生产稳定和产品质量。整个控制方案可分为三部分。

**1. 进轧温度控制**

在铝液化学成分及温度(690~720 ℃)稳定的情况下,保持一定的铸锭速度,根据测量到的进轧温度和目标值之间的差值,在考虑水温变化的情况下,调节铸机的冷却水量,使进轧温度稳定在一个希望的范围之内,图10.26 为其控制示意图。

**2. 终轧温度控制**

在铝锭进轧温度稳定的情况下,保持一定的轧机速度,根据测量到的终轧温度和目标值之间的差值,在考虑乳液温度变化的情况下,调节轧机的冷却乳液流量,使终轧温度稳定在一个希望的范围之内,控制示意图如图10.27 所示。

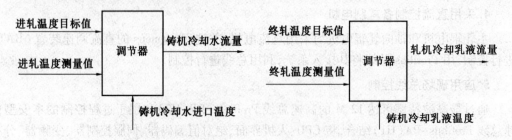

　　图10.26　进轧温度控制示意图　　　　　　　图10.27　终轧温度控制示意图

**3.铸机、轧机速度的随动调节**

连铸、连轧的稳定运行就是要保证铸机和轧机速度的协调,即轧机速度跟随铸机速度的变化而变化。铸机的测速信号作为轧机的给定信号,使轧机速度跟随铸机速度的变化而变化。

采用先进的数字式直流调速系统,可在铸机上构成速度闭环系统,使铸机速度稳定在给定的目标值上,尽可能地减小对温度调节环节的影响,系统方框图如图 10.28 所示。

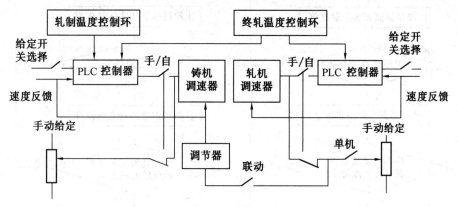

图 10.28　系统方框图

系统构成图如图 10.29 所示,程序框图如图 10.30 ~ 10.32 所示。其控制过程为:

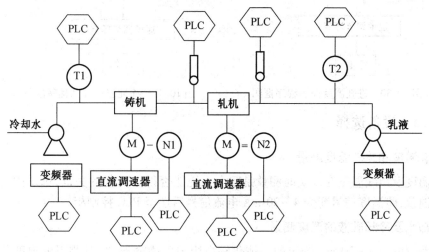

图 10.29　系统构成图

①自动调节铸机冷却水量控制进轧温度;
②自动调节轧机冷却乳液控制终轧温度;
③铸机、轧机速度的协调控制,同时根据温度、水压及其他参数,协调整个系统的控制;
④在前三项基础上,进而实现整个连铸、连轧的集中控制。

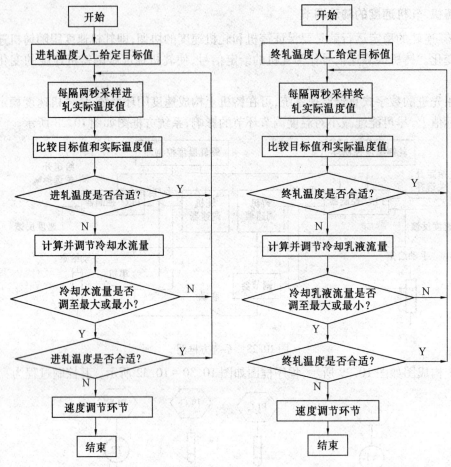

图 10.30　进轧温度控制程序框图　　　图 10.31　终轧温度控制程序框图

## 10.6.3　设备选择

**1. 进轧温度和终轧温度测量**

铸锭温度及出线温度在线实时测量是整个系统能否得以实现的关键,选用固定式非接触红外测温仪,将温度信号变为 4~20 mA 电流信号后送至 PLC 控制柜。

**2. 冷却水及冷却乳液的温度测量**

采用普通的带 4~20 mA 输出的一体化铂电阻温度变送器,将其测得的温度信号转变为 4~20 mA 电流信号送至 PLC 控制柜。

**3. 速度测量**

采用铸机及轧机的测速发电机,另加电压-电流变换器,将测速发电机信号变为 4~20 mA 电流信号后送至 PLC 控制器。

**4. 水量及乳液调节**

选择采用变频器控制冷却水泵的转速进而调节流量。

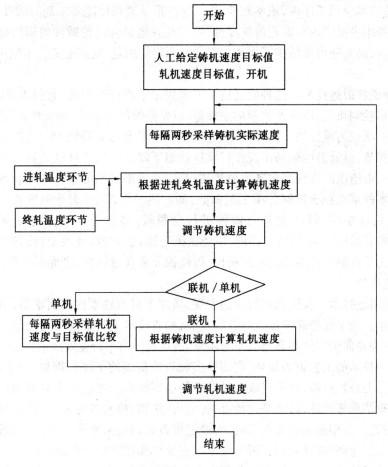

图 10.32　速度控制程序框图

# 10.7　锻造技术与应用进展

锻造技术在发展过程中,逐渐发展成以下几种类型。

第一,等温锻造技术。这种技术主要应用于锻造铝合金锻件上,具有锻造流程便于控制,锻造工序简单,锻件变形速度低、组织均匀、抗变形能力提高等优势。同时,对于锻造材料的利用效率也较高,是一种应用效果较好的锻造技术。在应用等温锻造技术过程中,需要根据锻造工艺要求,严格控制锻造的温度,并设有特殊的模具加热装置,以保证温度恒定,使锻造工序顺利进行。我国等温锻造技术是从 20 世纪 80 年代开始的,经过几十年的发展已经较为成熟。目前,我国应用等温锻造技术可以对不同的锻件进行锻造,并使锻件呈现较好的组织均匀性、结构稳定性,同时还可以有效地提高锻件材料的应用效率,节省材料。

第二,粉末锻造技术。这种锻造技术是以粉末为主要锻造材料,以"装粉-压制-脱模-烧结-热锻"为主要锻造工艺,经过该工艺流程最终形成致密的锻件。应用粉末锻造技术具有材料利用充分(利用率为 95%～99%),力学性能高(可有效提高锻件的内部密度,进而提高锻件的刚性等),锻件精度高(有效控制锻件的尺寸、性能参数等,提高其精度)等特点。

另外,粉末锻造技术应用工序少,成本较低,适宜生产形状复杂性能要求高的锻件。现阶段,我国粉末锻造技术主要应用于锻造齿轮零件,可以有效地提高齿轮锻件的齿根抗疲劳强度以及抗冲击强度,同时还可以减少了齿轮加工量与原料使用量,提高锻造技术应用的经济效益和环保效果。

第三,胀断连杆锻造技术。这种锻造技术主要应用于连杆的锻造,且技术要求较高,需要技术人员严格控制钒、锰以及氮元素的添加量,以保证锻件的韧性、延展性和抗氧化性等。温度控制也是一项较为重要的工作,这种锻造技术所需温度为 1 235±15 ℃,过高温度容易导致连杆胀断掉渣,过低温度则易出现连杆抗拉性能下降。胀断连杆锻造技术的工艺流程简单,工序较少,锻造出的连杆结构紧凑质量高,是应用效果较高的连杆锻造技术。应用胀断连杆锻造技术的难点在于控制各项工艺参数,如加热温度控制(锻造温度直接影响锻件的抗拉强度)、脱碳层控制(不允许对锻件进行全脱碳,多数是在连杆的杆身部分脱碳0.2 mm 左右,脱碳时间控制为 12 s 以内,以免脱碳超标)、冷却温度控制(冷却温度与速度的控制主要是为了控制锻件内铁元素的析出,以使铁元素含量达标,进而保证锻件的强度)等,以保证锻造质量。

第四,曲轴锻造技术。我国汽车行业的发展,增加了对曲轴零件的需求量,也提高了对曲轴零件的要求。为了促进曲轴加工行业的发展,相关技术人员提高了对曲轴锻造技术的研究,以期能够提高曲轴零件的锻造效率与质量,满足我国汽车行业发展的需要。曲轴锻造技术较其他锻造技术的工艺更为复杂,它需要多种较为精细的工序。例如,由下料加热、辊锻制坯、压扁直到预锻、终锻,才是完成曲轴锻造的前期制作。之后还需要对锻造零件进行切边、扭拧、调整精度等处理,最终经过校直、去应力、防锈、检验等流程,才能达到曲轴零件的标准,完成锻造。应用曲轴锻造技术时,对锻造设备提出较高要求,为此一些锻造工厂引进计算机实现智能化调控,这对提高锻造效率与质量都具有较好的推动作用。

随着锻造技术的发展,各种锻造工艺都在向着更为精密、创新的方向发展,其应用效果也在逐渐提高,各种不同性能、形状、大小的机械工具构件的批量生产已经实现。

第一,精密模块锻造技术。这种锻造技术是在普通模块锻造技术的基础上发展起来的,主要是提高模块的锻造精度,以提高锻件的精密度与环保性。目前,应用前景较好的即是无飞边热模块锻造技术、无飞边温模块锻造技术以及温冷复合成形锻造技术三种。因其应用条件不同,所以锻件的成本、性能等也略有差异。

第二,大型锻件锻造技术。随着社会建设与经济的发展,对大型机械设备的需求量逐渐增加,相关技术人员针对此种情况,提出大型锻件的锻造技术。即根据锻件的尺寸与重量来提高钢锭的尺寸与重量,并着重研究钢锭内部结构疏松、孔穴等问题的解决策略,以提高大型锻件锻造的效果。另外,在锻造技术发展过程中,还需要对锻造速度计算方法、成形过程等进行优化,以提高锻造技术的应用效率。

第三,多元材料锻造技术。随着各种新型材料的不断涌现,锻件可选用的原料也逐渐增多,这对改善锻造效率与质量,促进锻件强度提高等方面都具有重要的促进作用。较为常用的锻造材料主要有铝合金、钛合金、镁合金等材料,这些合金材料的精密成型与锻件质量的提高、多尺度锻件的加工方法等具有同等重要的地位,将是未来锻造技术发展过程中被主要研究的问题之一。

# 思考题与习题

10.1　锻造过程自动控制的现状及发展趋势。

10.2　锻造加热炉主要参数控制原理。

10.3　综述锻造自动控制原理。

# 第11章 焊接过程自动控制

## 11.1 焊接生产的自动控制

焊接过程的自动控制常分为三个环节,即自动测量、自动操作和自动调整。自动测量即连续地或周期地测量某一个或几个影响焊接工艺过程的变量,并用仪表显示信号或记录下来,当测量值与给定值有偏差时,采用手动或自动方式进行调整。自动操作就是按预定要求,在某一工艺程序结束后或进行到一定程度时,自动地进入下一工艺程序,焊接工艺程序的控制就是一个自动操作系统的工作。自动调整是使工艺过程中的某些变量自动地保持在预定范围内,或以一定精度维持不变,或按照一定要求变化。自动调整通常采用闭环系统。

一个完全自动化焊接系统涉及的问题很多,但其自动控制的核心问题是焊接程序的自动控制、焊接参数的自动控制和焊接进行方向的自动控制。

### 11.1.1 焊接程序的自动控制

程序的编制主要取决于焊接方法和产品结构。通常根据焊接方法和产品所需的工艺步骤进行工艺试验,以其数据或成熟的生产经验绘出焊接程序图,然后设计各方面的具体控制系统。

焊接程序的控制通常是按"定时"或"定位"或"定时加定位"的形式进行程序控制。实现程序控制的方法有多种,常用的方法有机械法、继电器法、射流法、电子法和数控法等。

通常为消除焊道末端出现弧坑,或为防止某些材料因急冷而出现裂缝,设置衰减控制电路,使焊接参数减弱。常用的电弧衰减方法有:

**1. 机械法**

用机械方法停止送丝或降低送丝速度使电弧拉长,减少焊接电流,此法简单易行,但电弧拉长对熔池的保护变差,故只能用于要求不高的焊接中。

**2. 分级变阻法**

在焊接回路或激磁回路中接附加电阻,使电流减少。当接入负载少时,线路虽简单,但有突变衰减影响焊接质量;加线多时,线路复杂,但可得到平滑衰减,接头质量好。此法适用于各种电弧焊,不仅可作为电流衰减,而且可使电弧分级变化。

**3. 改变激磁电流法**

通过改变电容放电时间或改变可控硅导通角等方法,改变电源的激磁电流来调节衰减速度。利用电子放大线路,可获得较大的激磁电流。此法只能使用在有激磁电源的直流电源焊接中,简单且易调节衰减速度,故应用得最广最多。

### 11.1.2　焊接参数的自动控制

为了获得优质焊缝,必须控制焊接规范参数的最佳数值。不同的焊接方法受控的参数也不同,其控制系统也各有差异。对电弧焊来说,它的焊接参数主要是焊接电流、送丝速度、电弧长度和焊接速度。

**1. 焊接电流的调节及自动控制**

焊接电流的调节方法取决于焊接电源的结构及其特性。选定的焊接电流还可能因网路电压波动等因素发生变化,引起电流不稳,使焊缝成形发生变化,因此还需要采取稳流措施。稳定焊接电流的措施因焊接电源而异,对动铁或动圈式电源,可将焊接电流与基准给定电流相比较,通过电动机改变铁芯或线圈位置,使焊接电流稳定;对可控硅式电源,可将焊接电流与给定电流相比较,改变可控硅导通相位角,使焊接电流稳定;对饱和电抗器式或磁放大器式控制电源,可采用稳压电源供给控制绕组电流,并将电弧电压或电流反馈,使焊接电流稳定。

**2. 送丝速度的调节及自动控制**

对送丝速度要求有足够的调节范围,能无级调节,送丝系统包括靠电弧电流自身调节的等速送进系统和靠电弧电压均匀调节的变速送进系统。

当采用的焊接电源具有平的或缓降、微升的特性时,它对弧长有自身调节能力,故常采用等速送丝系统;当采用的焊接电源具有陡降、恒流的特性时,它对弧长几乎没有自身调节的能力,故常采用变速送丝系统。

(1)等速送丝的调速方法

①机械调速法。当采用转速不变的交流感应电动机驱动时,可通过更换齿轮传动比来调节送丝速度。

②直流电机调压变速法。通过改变电枢电压或磁通来调整送丝速度。

③直流电机可控硅调速法。通过阻容移相控制可控硅导通角来实现调速。

④直流电机可控硅反馈调速法。通过阻容移相控制可控硅导通角来实现调节,同时利用电机感应电势反馈或用测速电机反馈,获得稳定的送丝速度。

(2)变速送丝的调速方法

① 直接反馈法。利用电弧电压反馈得到的磁通与给定的电弧电压所需磁通相比较,自动调节送丝速度,使电弧长度和电弧电压恒定。

② 可控硅调速法。通过调节电枢电压进行调速,同时利用电弧反馈电压与给定电压比较,所得偏差电压控制可控硅触发器,调整可控硅导通角自动调节送丝速度,保证电弧长度和电弧电压恒定。

**3. 电弧长度的调节及自动控制**

电弧长度对焊接电流、电压和电弧的稳定燃烧均有影响,所以要求在整个焊接过程中电弧长度稳定,即使遇到外界干扰也能自动调节,保持弧长不变。

在熔化极焊接中,送丝速度等于焊丝熔化速度时,电弧长度稳定。可见通过送丝系统的自动调节,能够有效地保证电弧长度稳定,那么提高送丝系统的灵敏度,也就提高了电弧长度的稳定性。

**4. 焊接速度的调节及自动控制**

焊接速度是施焊时焊炬相对工件的运行速度。焊速的调节常用电动机驱动焊炬或工件,调节电动机转速即可实现。当要求焊速很稳定时,可采用测速发电机安装在焊接机头运行机构的传动主轴上,把测速反馈信号与给定值比较,经放大输给焊炬或工件的驱动电机,使焊速稳定。

### 11.1.3　焊接进行方向的自动控制

焊接进行的方式,有时采用焊件固定,焊炬运行;有时采用焊炬固定,焊件运行。不管哪种方式,焊炬相对焊缝都要具有三个基本运动:沿焊缝的纵向运动、垂直焊缝的横向运动和垂直板面的上下运动。沿焊缝的纵向驱动速度,取决于焊接速度,它由自动焊接的程序控制系统控制。横向和上下的驱动速度不影响焊接速度,但影响焊接方向控制的灵敏度和精度。

焊接进行方向的控制方法通常有机械引导、焊缝跟踪和数字控制三类,选定哪种控制方法要视焊件、焊接方法和工艺等具体情况而定。在许多情况下,通常采用三类方法的适当组合。

**1. 机械引导**

机械引导是利用焊件或焊机的变位机,以及各种导轨、靠模和样板等装置,直接或间接控制焊接热源始终沿着焊缝正中运行的方法。这种方法对磨损或焊接变形等原因引起的横向和上下两项运动的变化不能进行修正补偿,故仅运用于半自动控制,或应用于坡口加工与装配精度较高、夹得牢、刚度大与不易变形的情况下,或与焊缝跟踪控制配合应用。

**2. 焊缝跟踪**

焊缝跟踪是利用适当的传感器,监测焊缝与焊接热源之间的位移偏差,通过控制系统进行自动修正,使热源始终对准焊缝。可见检测偏差信号的传感器是焊缝跟踪控制系统的核心。

根据跟踪基准不同,可分为直接跟踪与间接跟踪。直接跟踪是直接以焊缝为基准的跟踪,间接跟踪是以焊缝的代表为基准的跟踪。在直接跟踪中,传感器监测点位置尽可能接近焊接点,最好与之一致。但对于耐热性能差,或空间位置受限的传感器,必须把它安装在离热源较远的地方,这时监测点与焊接点相隔距离较大,其控制系统必须设有延迟记忆环节,补偿这一差距,使热源延迟产生修正动作。在间接跟踪中,代表焊缝的基准一般与实际焊缝平行,传感器在基准线上的监测点与热源在焊缝上的对准点(即焊接点)应处于相对应的位置上,可减少控制系统增设延迟记忆环节。

# 11.2　脉冲 GTAW 过程的自动控制

本节以脉冲 GTAW 过程自动控制系统为例,讲述实际焊接过程控制系统的设计方法。

### 11.2.1　控制系统的组成

图 11.1 为脉冲 GTAW 过程自动控制系统框图,主要组成部分有微型计算机、Compa500P 焊机、焊接工作台、单片机步进电机驱动系统、熔池图像传感系统、焊接电流和电弧电压检测接口电路、焊接电流设定接口电路等。系统的硬件核心部分为微型计算机,其与焊机的接口部分主要包括两种输入输出通道。

（1）八通道隔离型 D/A 转换器,负责焊接电流波型的设定,送丝速度的设定,并可利用其他通道进行电弧长度等参数的设定。

（2）十六通道隔离型 A/D 转换端,负责对焊接电流和电弧电压采样,并可利用其他通道进行其他焊接参数采样。采用 LT-300T 型电流互感器传感焊接电流,采用 LV25-P 型电压互感器传感电弧电压。

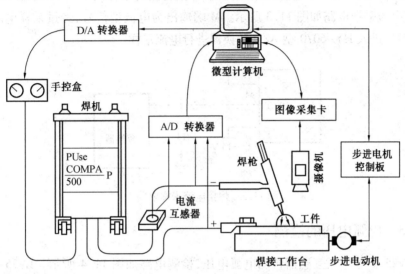

图 11.1　脉冲 GTAW 过程自动控制系统框图

### 11.2.2　脉冲电流的设定与检测

由于焊接过程中需要对焊接电流波形进行自动设定,焊机可通过手动或微机控制进行焊接电流波形的调整。图 11.2 为焊接电流的设定电路,当开关 $K_0$ 接 1 时进行焊接电流的手动设定,$K_0$ 接 2 时进行焊接电流的微机设定。

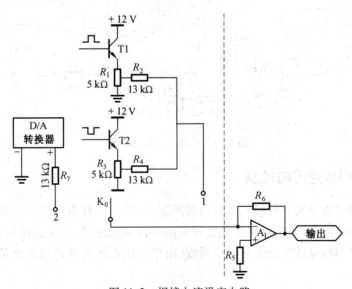

图 11.2　焊接电流设定电路

　　脉冲焊接时,若 $K_0$ 接1,则在脉冲峰值期间晶体管 T1 打开,T2 关闭,电阻 $R_1$ 调整峰值电流的大小,在脉冲基值期间晶体管 T2 打开,T1 关闭,电阻 $R_3$ 调整基值电流的大小,运算放大器 $A_1$ 将两路信号叠加后放大进入焊机的主控板。

　　为了使微机准确地对焊接电流进行设定,就要进行焊接电流的检测。在焊接系统中焊接电流的检测由 LT-300T 型电流互感器实现,焊接电流的采样由 HY-6070 型 A/D 转换器完成。焊接电流采样电路如图 11.3 所示。M 端输出为电流型信号,经过采样电阻 $R_1$ 转换为电压型信号,进入 HY-6070 型 A/D 转换器进行电流采样。

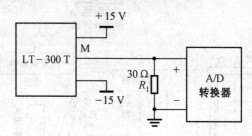

图 11.3　焊接电流采样电路

### 11.2.3　电弧电压的检测

　　采用 LV25-P 型电压互感器检测电弧电压,检测电路如图 11.4 所示。LV25-P 型电压互感器输出端 M 输出电流型信号,经采样电阻 $R_2$ 将其转换为电压型信号,此信号经运算放大器 $A_1$:A 反相放大,再经过反相器 $A_1$:B 输出,经电阻 $R_{10}$ 分压进入 A/D 转换器。

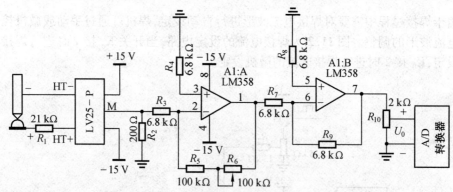

图 11.4　电弧电压检测电路

### 11.2.4　焊接速度的控制

　　为了在焊接过程中实现焊接速度的自动控制,设计了具有微机接口的单片机控制的恒流型步进电机驱动电源,微机与单片机之间采用串行总线连接,主从式结构,工作时微机设定焊接速度后经串行总线发送给单片机系统,由单片机系统负责焊接速度的控制。接口电路如图 11.5 所示。

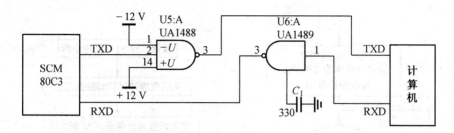

图 11.5　微机与单片机之间的接口电路

　　设定焊接速度的微机程序流程如图 11.6 所示。首先初始化串行口 1,波特率为 2 400 bit/s,由于采用主从控制方式,所以不允许串行口中断,然后判断串行口发送缓冲区是否为空,若不空,则等待;若为空,经过串行总线发送一次焊接速度至单片机串行口,同一速度共发送三次,以提高抗干扰能力。设定焊接速度的单片机程序流程如图 11.7 所示,(a)为主程序,(b)为单片机串行口接收中断子程序。发生接收中断三次时中断程序将接收标志位,通知主程序接收到新的焊接速度,主程序根据三次接收的数据进行三模容错判断确定新的焊接速度,然后计算步进电机的工作频率,环形分配器以新的频率工作,实现焊接速度的控制。

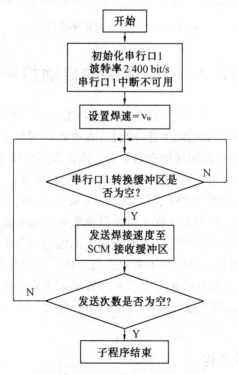

图 11.6　焊接速度发送子程序流程图

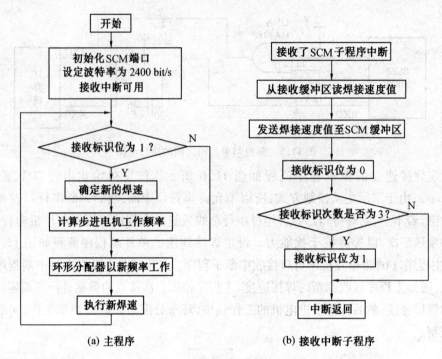

图 11.7　焊接单片机程序流程图

# 11.3　TIG 焊机的自动控制

钨极气体保护焊是在氩气保护下,利用钨电极与工件间产生的电弧热融化母材的一种焊接方法,焊接时氩气从焊枪的喷嘴中连续喷出,在电弧周围形成气体保护层隔绝空气,以防止其对钨极,熔池及邻近热影响区的有害影响。本例采用高频起弧,利用高频振荡器产生的高频高压击穿钨极及工件之间间隙(3 mm 左右)而引燃电弧。

整个设备主要有焊接电源,电气控制系统、操作系统、床身、上下料机构等部分组成,另外还带有打印机、条码识别器、视频捕捉卡以及摄像头等外部设备。条码识别器用在扫描工件上的条码,可提高焊机的自动化程度,同时条码上的编号也是工件的编号,一旦发生焊接问题,可以通过这个编号查询工件的加工资料进行分析。图像采集卡和摄像头一起构成摄像系统,图像采集卡视频捕捉卡插在工业控制计算机的主板插槽中,接受摄像头的视频信号,在计算机的显示器上输出图像。摄像头安装在平台上,可监视焊接小室和整个加工状态。

## 11.3.1　焊机工作流程

引弧前先把管内抽真空,然后充氩气,直至将管内空气置换干净后再进行焊接,焊接过程中焊丝不能与钨极接触或直接深入电弧的弧柱区,否则造成焊缝夹钨和破坏电弧稳定,焊丝端部不得抽离保护区,以避免氧化,影响质量。在填丝过程中切勿扰乱氩气气流,停弧时注意氩气保护熔池,防止焊缝氧化,整个焊接流程见图 11.8 所示。

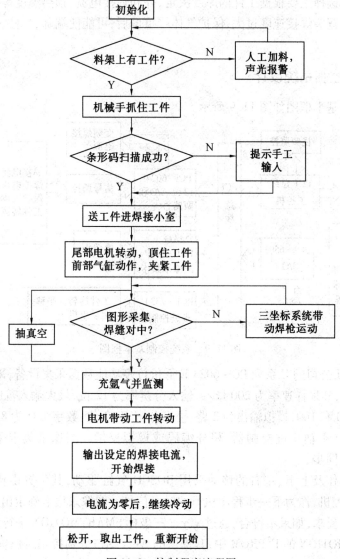

图 11.8　控制程序流程图

## 11.3.2　工艺参数的选择

钨极氩弧焊的工艺参数主要有焊接电流种类及极性、焊接电流、钨极直径及端部形状、保护气体流量和焊接速度。

钨极端部形状,尖端角度的大小会影响钨极的许用电流,引弧及稳弧性能,选用小直径和小的锥角,可使电弧容易引燃和稳定,减少锥角,焊缝熔深减少,熔宽增大。

在一定条件下,气体流量和喷嘴直径有一个最佳范围,此时气体保护效果最佳,有效保护区最大;气体流量过低,气体挺度差,排除周围空气的能力弱,保护效果差,流量太大,易紊流,使空气卷入。

焊接速度的选择主要根据工件的厚度决定,并和焊接电流、预热温度等配合以保证获得所需的熔深和熔宽。焊接速度过大,保护气体严重偏后,可能使端部、弧柱、熔池暴露在空气中。

### 11.3.3　控制系统设计

控制系统的基本框图如图 11.9 所示。

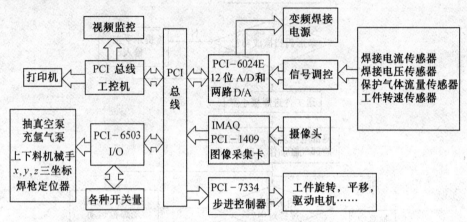

图 11.9　系统控制基本框图

采用美国 NI 公司的 E 系列 PCI-6024 E 低价位多功能数据采集设备,采用 PCI 总线,模拟输入 16SE/DI,其采样速率为 200 kS/s,输入分辨率为 12 位,最大输入范围±10 V,输入增益分为三挡 1、10 和 100,模拟输出为 2 路,输出分辨率 12 位,数字 I/O 为 8 位。采用 MID-7334 运动控制卡,4 轴步进控制器,积分编码或模拟反馈。图像采集卡采用 IMAQ PCI-1409,可与 DAQ 同步。

机械手的动作及上下、左右的移动采用 BOSCH 气缸驱动,其位置由传感器通过 6503 I/O板卡传给工控机,作为下一步程序执行的触发信号。图像采集卡确定出焊枪与焊缝的相对位置是否符合要求,如果不符合,通过 $x$、$y$、$z$ 三坐标 SMARTMOTION 进行调节。编好的程序存到 SMARTMOTION 的 $E^2$PROM 中,其提供的 A-G 端口分别接相对位置偏差信号 Home sensor,CW sensor,CCW sensor 等处,其中两个端口分别接 PCI-6503 的数字输出,分别代表有无误差(有误差为 TRUE),误差正负(正误差为 TRUE),在程序中采用数学算法,逐渐逼近给定位置。

通过 PCI-6024 E 对真空度、氩气含量实时监控,工件转速、焊接电压的参数也通过传感器接到 6024 E 的 A/D 口,在显示器前面板上动态显示。

整个系统的各种焊接参数都利用数据库存储,在程序中,LabVIEW 的 DB 模块可以利用 SQL 方便地排序、修改、调用。另外,外设电路可以分为三大模块:数字输入、数字输出、模拟输入输出。数字输入主要来自机械手各个位置传感器,以及 $x$,$y$,$z$ 三坐标(上面固定焊枪)的限位开关,数字输出主要连接各个气缸的三位五通阀,决定活塞的运动状态,而模拟输入输出一方面接各传感器,通过 A/D 转换后,显示在主面板上,另一方面,模拟信号又可以控制焊接电流的大小以及氩气流量。

# 11.4　细丝二氧化碳焊接焊炬高度自动控制

$CO_2$ 气体保护焊所需控制的参数很多,其中之一就是焊炬高度,电弧长度随焊炬高度的变化而发生变化,并将引起电源-电弧系统工作点的移动和焊接电压、焊接电流出现静态偏差。当焊炬与正常工作点的距离增大时,电弧长度变长,焊接电流减小;反之,则电弧长度变短,焊接电流增大。

## 11.4.1　焊炬高度检测模型

### 1. 电弧传感器原理与静态模型

电弧传感器利用电弧本身作为焊炬高度的传感信号,通过电弧电压或电流的变化来获取焊炬高度偏差信息。其基本原理是:对于熔化极气体保护焊,当焊炬与焊件的相对距离,即导电嘴端部与焊件表面间的距离(焊炬高度)发生变化时,焊丝伸长与弧柱长度将发生变化,而电弧电流与电压会相应地发生变化,以保持原来的熔化率。因此,电弧电流或电压的变化就反映了焊炬高度的变化。

在气体保护金属极电弧焊/钨极氩弧焊(GMAW/GTAW)系统中,焊炬高度的调节为恒值调节,在电弧工作基本固定(固定送丝速度和电源外特性)时,电弧传感器的静态模型为

$$H = -K_{st}I + C$$

式中,$K_{st}$ 为焊炬高度与焊接电流的关系因子;$I$ 为电流采样值;$C$ 为最大焊炬高度理论值。

如果 $K_{st}$,$C$ 已知,根据 $I$ 即可推算出当前焊炬高度的实际值 $H$,然后与给定值进行比较,其差值即为焊炬高度的调节量。

### 2. 静态模型曲线的建立

在试验的基础上,建立熔化极 $CO_2$ 气体保护焊焊炬高度与焊接电流的关系模型。

试验条件如下:

①焊机 NZC-500-1 型熔化极自动 $CO_2$ 气体保护焊机;

②电源 ZPG2-500 型硅焊接整流器;

③工件 10mm 低碳钢板;

④焊丝 H08Mn2SiA,直径为 1.2 mm;

⑤保护气体 流量为 1 kL/h 的 $CO_2$;

⑥送丝速度 52 mm/s,64 mm/s,84 mm/s;

⑦焊接速度 22 m/h。

在上述焊接试验条件下,当焊接过程进入稳定状态时可测得焊炬高度 $H$ 和焊接电流 $I$。对试验结果进行线性回归,最终得到电弧传感器的静态特性模型曲线,如图 11.10 所示。图中的 $V_f$ 为送丝速度。

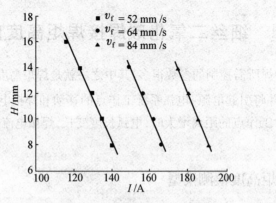

图 11.10　电弧传感器的静态特性

## 11.4.2　硬件设计

控制系统以 MCS-8051 单片机为核心,外扩程序存储器 EPROM、数据存储器 RAM、I/O 扩展电路和 A/D 转换电路、焊接电流信号同步的方波产生电路、步进电机控制电路、焊接电流采样电路和焊炬高度给定电路。在 MCS-8051 系统中,采用光电隔离使其信号与电源和外部电路隔离。图 11.11 是系统总体结构图。

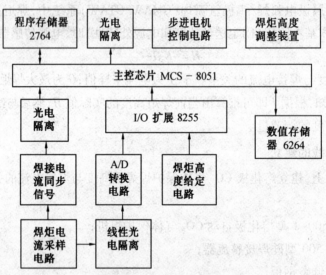

图 11.11　系统总体结构图

焊炬高度的设定是通过 BCD 拨码盘输入而实现的。焊炬高度一般为 8 ~ 20 mm,是一种两个十进制数字的输入,所以输入焊炬的给定值需经 2 片 BCD 拨码盘。

图 11.12 是伺服机构的结构示意图。伺服机构是实现焊炬高度自动调节的执行机构,其主体部分是一个滑块,由一副螺母丝杠调节滑块在高度方向上的上下运动将滑块与焊枪刚性连接,实现焊炬的高度调节。

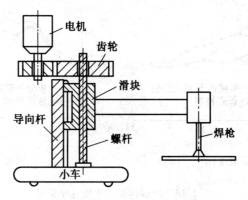

图 11.12　伺服机构示意图

### 11.4.3　控制软件设计

　　系统采用积分控制算法,只要焊炬高度存在偏差,其输出的调节作用便随时间不断加强,直至偏差为 0。系统控制算法还为焊炬高度偏差引入了一个阈值 $E_{max}$,当偏差 $E=H-H_c$ 大于 $E_{max}$ 时($H_c$ 为给定焊炬高度),采用积分控制,当 $E$ 小于 $E_{max}$ 时,系统在积分控制算法的基础上加入比例调节,即所谓的 PI 模式控制,一方面保证有较高的调节精度,另一方面可改善动态特性。

　　由于常规 PI 调整器不具有在线整定参数的功能,致使其不能满足变化中的过程控制要求,从而影响控制效果的进一步提高。考虑利用人工智能的方法将操作者的实际调整程序存入计算机中,计算机可根据现场的实际操作,自动调整 PI 控制参数。

　　根据模糊控制的基本原理,模糊整定 PI 控制的设计步骤如下:

　　①根据本次采样得到的系统输出值,计算所选择的系统输入变量;

　　②将输入变量的精确量变为模糊量;

　　③根据输入变量(模糊量)及模糊控制规则,按模糊推理合成规则计算控制量(模糊量);

　　④由上述得到的控制量(模糊量)计算出精确的控制量。

### 11.4.4　工艺试验

　　在如图 11.13 所示的工件结构上进行焊炬高度跟踪试验。焊接速度采用常规的焊接速度 22 m/h,工件坡度分别为 $10°,13°,15°$,即焊炬高度分别以 1.0 mm/s,1.3 mm/s,1.6 mm/s 的速度变化。系统分别采用常规 PI 模式控制和积分模糊 PI 双模式控制进行高度跟踪试验,试验方法如前所述。测试程序模块每隔 0.5 s 对焊

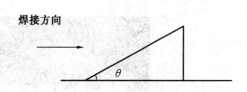

图 11.13　跟踪试验用工件结构示意图

炬高度进行采集,即可得出在焊炬调整过程中其高度变化的响应,如图 11.14 所示,它较好地反映了控制器的控制过程及效果。

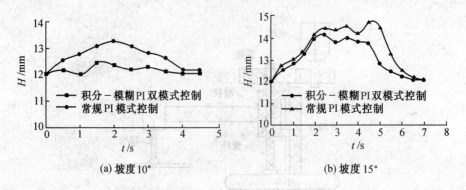

(a) 坡度 10°　　　　　　　　　　(b) 坡度 15°

图 11.14　坡焊焊炬高度变化响应图

应用下式计算焊炬高度平均跟踪误差

$$\bar{E} = \frac{\sum_{i=1}^{N} E_i}{N}$$

式中,$\bar{E}$ 为焊炬高度跟踪误差平均值;$E_i$ 为每个采样周期的焊炬高度跟踪误差;$N$ 为采样数。

表 11.1 为三种坡度的试验结果。从试验结果可以看出,与焊炬高度常规 PI 控制法相比,积分-模糊 PI 双模式控制技术可有效地提高系统的控制精度。

表 11.1　爬坡焊模拟试验结果

| 序　号 | 坡度/(°) | $\bar{E}$/mm | |
|---|---|---|---|
| | | 积分-模糊 PI 控制 | 常规 PI 控制 |
| 1 | 10 | 0.19 | 0.54 |
| 2 | 13 | 0.56 | 0.85 |
| 3 | 15 | 1.00 | 1.28 |

图 11.15 是坡度为 10° 时采用积分-模糊 PI 双模式控制后的焊缝形态。从图中可以看出,经过自动控制以后,不但保证了焊接过程的正常进行,而且焊缝成形良好,宽度和鱼鳞纹分布均匀。

图 11.15　$CO_2$ 电弧焊焊缝的外观形态

# 11.5　双室真空钎焊炉的自动控制

真空钎焊炉是在真空气氛中进行钎焊的机电一体化设备,由真空系统和加热系统组成,真空系统用来满足真空钎焊工艺要求的真空度;当真空度达到规定值时,可进行真空钎焊的升温过程。加热系统使零件加热并熔化钎料,完成零件钎焊,其过程由温控仪实施调控。加热过程完成后,进行冷却,当炉内温度降至出炉温度时出炉。双室真空钎焊炉将加热和冷却分室进行,当第 1 炉加热焊接完成后,通过传动机构,从加热室取出焊接后的零件进入冷却室进行冷却,这时加热室仍保持真空状态,且具有较高温度。零件在冷却室很快就能冷却下来,出炉后再从冷却室装入第 2 炉待焊接零件,进行抽真空,当真空度达到一定值后,把第 2 炉零件送入加热室,则该炉就不用从室温开始加热,而是从较高温度加热,缩短了加热时间,同时加热室也不像单室炉需要冷却到100 ℃以下(根据工艺要求设定出炉温度),如此既节约了能源又节省了时间。

## 11.5.1　真空钎焊机理

真空钎焊是在真空气氛中不用施加钎剂而连接零件的一种先进工艺方法。在钎焊过程中,钎料受热呈液体状态,通过液体对固体的湿润作用,以及钎焊间隙的毛细作用,使液态钎料能够充分地流入并致密地填满全部钎焊间隙,并与母材进行相互的物理化学作用,形成新合金,在冷凝结晶后,得到合格的钎焊接头。

## 11.5.2　控制系统

真空炉为双室炉,由加热室和冷却室组成,两室之间由真空闸门隔开,在冷却室中装有工件传送机构。从真空钎焊工艺角度考虑,该真空炉应具备以下控制条件。

①真空机组、充气系统、压力调节系统、冷却系统和放气系统的手动及自动控制;

②加热系统的自动控制;

③工件传送机构的手动及自动控制。

### 1.控制对象

真空炉结构如图 11.16 所示,图中 1,2,3,4,5 中有关器件均由 6(电气控制柜)进行控制。真空系统包括机械泵、扩散泵、主路阀、旁路阀、高真空阀、热室真空阀和冷室真空阀等。机械泵为粗真空装置,它是一种变容泵,借助于叶片在泵腔中连续运转将气体吸入并压缩,最后由排气口排出来实现抽气的目的,机械泵的动力源是 1 台三相交流电动机,控制系统通过交流接触器的吸合与断开实现泵的工作与停止。高真空油扩散泵为高真空装置,它是以扩散泵油为工作介质的高真空泵,其前级配有机械泵,在扩散泵的下部装有一定量的扩散泵油,经扩散泵电炉加热后,液体油变成油蒸气,油蒸气由喷嘴高速喷射,此时真空系统中的气体分子即向高速油蒸气射流中扩散,并被油蒸气分子碰撞而获得动能,于是气体分子就按照油蒸气射流的方向,从上部喷嘴逐级压缩至前级,最后到达出气口,再由前级的机械泵排至大气中,完成抽气动作。扩散泵电炉由 3 组电阻丝组成,分别通 220 V 交流电,其电源由交流接触器控制。

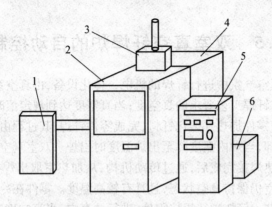

图 11.16　双室真空炉结构示意图

1—真空机组；2—冷却室；3—闸门；4—加热室；

5—磁性调压器；6—电控柜

加热系统由加热电源和加热元件组成，其中加热电源选用磁性调压器，磁性调压器是一种没有机械传动，无触点的调压器，可以带负载（加热元件）进行平滑无级调压，其电压调节由直流激磁按不同的控制信号实现闭环自控。直流激磁电源由功率调控器（双向晶闸管）进行控制；温控仪通过热电偶检测到的炉温当前值与设定值之差，经 PID 运算后，输出 1 个 4～20 mA 的直流信号，来控制双向晶闸管的导通角，进一步控制磁性调压器中的磁饱和电压，实现加热电流的自动调控，使得炉温与设定的加热曲线相吻合。当炉内状态发生变化时，可能会出现实际温度与设定值相偏离，这时可通过温度控制仪中的自整定功能来纠正其偏离量，使其升温严格按照设定曲线进行。加热元件是加热电源的负载，其材料选用高温钼带，可长期工作于高温状态下。

加热电源主电路为三相 380 V 交流电源，由交流接触器控制，控制电路由温控仪控制。

**2. 控制线路**

双室真空炉部分线路设计如图 11.17 所示，PLC 选用 OMRON 型 CQM1 控制器，其中 PA206（CPU 单元）、ID213 为输入单元，2 组 OC222 为输出单元。为满足控制柜面板操作、自动控制信号检测及报警，输入单元包括进出料起动、工件车运动、隔热门开关、真空机组操作、充气阀、风机起停、放气阀、加热、真空阀门和操作选择等旋钮开关，以及各限位开关和报警信号；输出单元包括加热交流接触器、真空机组、工件车、真空阀门、隔热门、充气阀、分压阀、放气阀、指示灯等执行元件和声光报警。

手动操作主要用于调试和维护真空炉，其控制为输入操作后，相应执行元件动作，个别元件设置为互锁，以防误动作；自动操作应用于真空炉正常运行操作，它是通过检测到的自动控制信号，经 CPU 判断，根据应用程序进行自动控制。加热曲线由欧陆型 818 智能温控仪进行控制。

**3. 自动控制程序框图**

真空炉应自动完成工件传送、抽真空、加热、充气、冷却等工作。自动控制程序框图如图 11.18 所示。

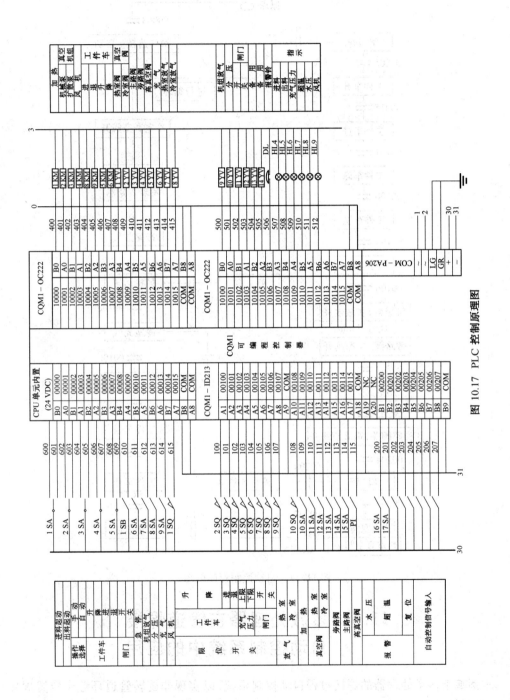

图 10.17 PLC 控制原理图

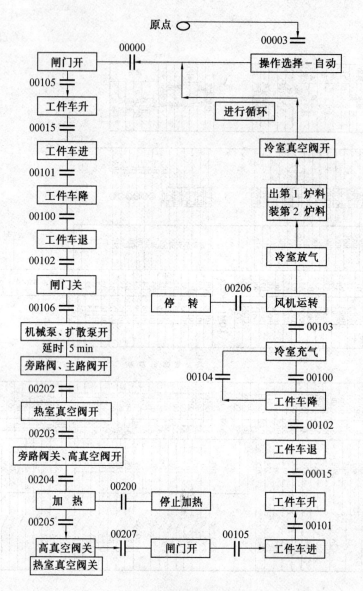

图 11.18　自动控制程序框图

# 11.6　多微处理器在管道焊接自动控制系统中的应用

　　本例基于多微处理器的焊接过程自动控制系统,以实现非旋转管道环缝全位置焊接过程自动控制。

### 11.6.1　控制系统结构及其工作原理

非旋转管道环缝全位置焊接包含管道顶部的平焊、侧面的立焊和底部的仰焊过程。为了保证焊接质量,防止熔池下淌和未焊透等缺陷,要求控制系统能够在不同的焊接位置自动匹配合适的焊接规范参数。为此,建立图 11.19 所示的多微处理器控制系统。

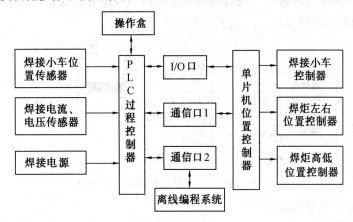

图 11.19　非旋转管道环缝焊接自动控制系统

该系统包括两个处理器:PLC 过程控制器和单片机位置控制器。PLC 选用 OMRON 小型机 CQM1 – CPU41,配有 RS – 232C 接口,可实现与单片机的串行通信。单片机选用 80C196KC,用于焊接速度和焊矩空间位置的控制。

在焊接过程中,系统沿管道环缝设置快速装卸轨道。单片机控制焊接小车从轨道的顶端沿焊缝坡口自上而下进行管道环缝半圈的焊接。PLC 的 DM 区中预先储存了与焊接位置对应的焊接参数表(焊接电流、焊接电压、焊接速度、焊矩摆速和摆幅)。在焊接过程中,PLC 实时检测焊接小车位置,并将 DM 区中对应的焊接电流和电压参数送往焊接电源,同时将焊接速度、焊矩摆速和摆幅通过串行通信送往单片机,控制焊接速度和焊矩的摆动,以实现不同焊接位置线能量的精确控制,保证焊接质量。焊接结束后,系统控制焊接小车返回管道顶部,再完成另外半圈的焊接。

操作盒的作用是实现焊前机头定位、试气、预选丝、抽丝、焊接操作及焊接电流和电压显示等功能。同时,在焊接过程中,利用操作盒可实现焊矩位置和焊接参数的人工干预,以保证焊接过程稳定。

本系统通过通信口与离线编程系统相连,离线编程系统用于实现离线编程和焊前向 PLC 下载预置焊接参数。当焊接参数预置好以后,本系统可以与离线编程系统脱机,独立地完成焊接过程控制。

### 11.6.2　硬件设计

多微处理器协同控制的关键在于合理的任务分配和可靠的信息传递,本系统采用串行通信方式实现信息共享。

**1. 数据通信接口**

**(1)离线编程接口**

焊接参数的离线编程是通过 PC 机完成的,上位 PC 机采用主从连接方式,通过 RS-422 串行通信将焊接参数传输至 PLC 系统,其硬件电路连接如图11.20所示。RS-422 连接适配器是 CQM1 的一个模组,它通过一根电缆插头连接到 PLC 的外围设备口,实现 RS-422 通信到 PLC 主机链路通信的转变。

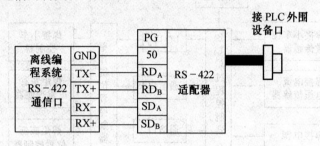

图 11.20　RS-422 连接适配器硬件电路图

**(2)PLC 与单片机通信电路**

由离线编程系统通过 RS-422 通信口传来的焊接参数储存在 PLC 的 DM0010～DM6010。在焊接过程中,PLC 与单片机之间的数据传输是通过 RS-232C 通信方式完成的。由于 PLC 的RS-232接口采用负逻辑,规定+3～+15 V代表逻辑0,-3～-15 V代表逻辑1,而单片机采用 TTL 逻辑,规定 0～+1.5 V 代表逻辑 0,+3.5～+5 V代表逻辑 1。设计了图 11.21所示的串行通信接口转换电路。

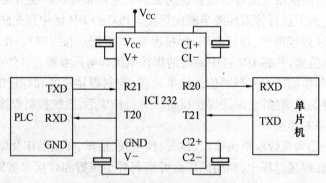

图 11.21　串行通信电平转换接口电路

**(3)PLC 系统设置**

PLC 的 CPU 模组带有 RS-232 端口,可以直接与其他带有 RS-232C 接口的设备连接,但其通信模式缺省值为主连接方式(Host Link)。为了正确实现 PLC 的串行通信,必须对 RS-232 端口的通信条件进行系统设置,具体如下:

① CQM1 的 DIP 开关的第 5 位设为 OFF;

② RS-232 端口通信模式设置:DM6645 设置为"1001",表示 RS-232C 通信模式;

③ RS-232C 通信方式设置:DM6646 设置为"0803"。

另外,为了实现焊接小车位置的检测功能,还需对 PLC 的内置高速计数器进行设置。

PLC CPU 模组内置 16 点输入中的 00004 可作为内部高速计数器接收来自旋转编码器的增模式脉冲输入,高速计数器的动作方式在 DM 系统设置区设定如下:

① 高速计数器输入刷新设置:DM6638 设置为"0100";

② 高速计数器工作方式设置:DM6642 设置为"0114",表示软件复位,增模式。

在系统设置区将高速计数器的工作方式设置好后,CPU 内置的高速计数器便可直接接收来自旋转编码器的脉冲信号并开始计数。计数值记录在 SR230 和 SR231 中,可以直接使用或读取。高速计数器的软件复位开关为 SR25200。

**2.单片机位置控制器**

焊矩左右高低步进电机的控制信号包括方向信号和控制脉冲信号。焊接小车直流伺服电机的控制信号有:PWM 脉宽调制信号、方向信号、检测焊接小车位置和速度的旋转编码器反馈信号及焊接小车过流信号。对焊接小车和焊矩左右高低步进电机的控制是由单片机 80C196KC 来完成的,其电路原理如图 11.22 所示。

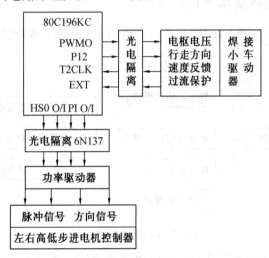

图 11.22　80C196KC 对焊矩左右高低步进电机和焊接小车的控制原理

高速输出 HS00 和 HS01 输出的脉冲信号用于控制步进电机的位置和速度,焊接小车的速度采用脉冲宽度调制控制,由 80C196KC 的 PWM0 口完成,P1 口用于控制各电机的转动方向。焊接小车为直流伺服电机,通过 T2CLK 检测焊接小车上旋转编码器的反馈信号实现速度反馈控制,焊接小车的过流保护是通过单片机的外部中断来实现的。

**3.PLC 的 D/A,A/D 通道**

焊接电流和电压的控制是通过向焊接电源输出与焊接位置对应的模拟电压信号实现的。选用两路 D/A 输出模块 CQM1-DA021,其输出电压范围为 0～10 V,精度为 1%,转换时间为 250 μs,完全满足实际焊接的需要。

为了实现焊接电流和电压的闭环控制,需要对其进行采样,本例采用 4 路 A/D 输入模块 CQM1-AD041,它具有 12 位分辨率,输入电压范围可设定为 0～10 V,精度为 1%。该模块具有锁存功能和数字滤波功能,可自动将 8 次检测的平均值作为 A/D 转换结果。

**4. 抗干扰措施**

焊接电弧为非线性时变负载,焊接过程中存在强烈的多频谱电磁干扰,很容易对过程控制器尤其是单片机系统产生干扰。为此,采取如下抗干扰措施。

不同的功能单元采用独立的电源供电,数字地、模拟地严格分开,以减小地回路的干扰,同时将控制电路与外部强磁场电路进行严格的电气隔离。为此,在控制系统中共定义了4个不同的地,分别是:单片机电源(+5 V/1 号地);操作盒及 PLC 外围模块电源(+24 V/2 号地);电机驱动器电源(+24 V/3 号地);电流及电压霍尔传感器电源(±15 V/4 号地)。

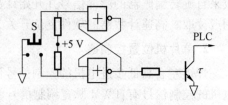

图 11.23　按键防抖动电路

为了防止按键操作过程中的抖动导致误动作,设计了图 11.23 所示的按键防抖动电路。

### 11.6.3　系统软件及功能设计

为实现全位置焊接过程自动控制,设计了图 11.24 所示的程序结构。

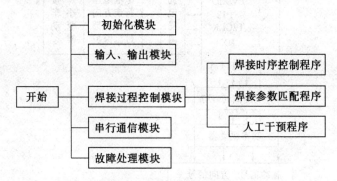

图 11.24　系统程序结构

输入、输出模块用于检测操作盒输入的命令,焊前用于控制试气、预送丝、抽丝、焊矩定位,焊接过程中用于调整电流、电压和焊矩位置。串行通信模块用于接收离线编程系统传来的焊接参数信息,并将焊接小车和焊矩的状态参数送单片机位置控制器。焊接过程控制模块用于控制整个焊接过程的时序,完成参数匹配和人工干预等功能。

# 11.7　焊接机器人的应用及发展趋势

焊接是应用机器人的主要领域之一,因为机器人能在高辐射、强烟雾的恶劣环境下连续工作。机器人具有工作灵活、焊接精度高等优点,所以它保护了工人的身体建康,提高了加工产品的质量、缩短了加工产品的时间,提高了生产效率。因此,焊接机器人必将代替工人应用于汽车等焊接生产线。使用焊接机器人具有以下优点:

①稳定和提高焊接质量。焊接过程中焊缝焊接参数都是恒定的,同时减少焊枪抖动等不利因素,保证焊缝的均匀稳定性,提高焊接质量。

②提高生产效率。焊接机器人可以 24 h 不间断地工作,同时随着机械制造技术及自动化技术的发展,机器人焊接效率的提高将更加明显。

③降低工人劳动强度。采用机器人焊接,工人只需要装卸工件,远离焊接弧光、烟雾和飞溅等。对于点焊来说,工人无需搬运笨重的手工焊钳,从高强度的体力劳动中解脱出来。

④降低工人操作技术要求。焊接机器人的应用降低了对工人焊接技术的要求,工人只需要对焊接参数进行调整,机器人便可按照指示要求进行工作。

⑤柔性化程度高。缩短了产品改型换代的准备周期,减少相应的设备投资;可实现小批量产品的焊接自动化;机器人与专机的最大区别就是可以通过修改程序以适应不同工件的生产。

## 11.7.1　焊接机器人的应用

机器人是一种具有自动控制的操作和移动功能,能完成各种作业的可编程智能化设备。机器人具有能自动控制、可重复离线编程,具有多功能、多自由度的结构特点。机器人通常由 4 大部分组成,即执行机构、驱动系统、控制系统和智能系统。

机器人的执行机构,主要由机械传动系统和末端执行器组成,包括手部、腕部、腰部和基座等。

机器人的控制系统包括:控制电脑和伺服控制器。

机器人的驱动系统主要有电动驱动、液压驱动、气动驱动等。机器人的驱动-传动系统是将能源传送到执行机构的装置。其中驱动器有电机(直流伺服电机、交流伺服电机和步进电机)、气动和液动装置;而传动机构,最常用的有谐波减速器、滚珠丝杠、链、带及齿轮等传动系统,用于把驱动器产生的动力传递到机器人的各个关节和动作部位,实现机器人平稳运动。

机器人的控制系统是,由控制计算机及相应的控制软件和伺服控制器组成,是机器人的指挥系统,对其执行机构发出如何动作的命令。

机器人智能系统由两部分组成,感知系统和分析-决策智能系统。感知系统主要靠具有感知不同信息的传感器构成,属于硬件部分,是机器人的感觉器官。机器人工作时电脑根据传感器获得的信息控制机器人的动作,它主要分为内部传感器和外部传感器两大类。机器人的分析-决策智能系统,主要是靠计算机专用或通用软件来完成。

机器人的所有这些结构协调完成工作指令。它主要分为几类:从结构功能上分为智能型工业机器人、直角坐标型机器人、圆柱坐标型机器人、球坐标型机器人。从用途上可分为焊接机器人、机器加工机器人、装配机器人、喷漆机器人、移动式搬运机器人等。焊接机器人又可包括弧焊机器人、点焊机器人和激光焊机器人。

### 1. 点焊机器人

在我国,点焊机器人约占焊接机器人总数的 46%,主要应用在汽车、农机、摩托车等行业。通常,装配一台轿车的白车身要焊接 4 000~6 000 个焊点,只有以机器人为核心组成柔性焊装生产线,才能完成大批量的生产纲领和适应未来新产品开发与多品种生产的发展要求,增强企业应变能力。

点焊机器人分为三部分,即机器人本体、控制系统及点焊焊接系统。点焊机器人本体主要由机体、臂、手(手指)组成。通用点焊机器人具有六个自由度,即机体腰的回转、肩(臂和机体连接处)的仰俯、肘(各段臂连接处)的屈伸和腕(臂与手连接处)三个方向的转动。前三个自由度使手(手指)抓持的工具如焊钳达到一定位置,后三个自由度再由手腕运动使焊接工具以一定角度(姿势)对准焊件。

点焊机器人的控制系统由本体控制部分及焊接控制部分组成。本体控制部分主要实现示教再现、焊点位置及精度控制。位置控制有两种方式:一种为 PTP 控制,又称为点位控制或点到点控制,只注意原始点和目标点的位置,经由何种途径到达目标点并无要求;另一种为 CP 控制,即连续路径控制或轮廓控制。这时不仅要求目标点的位置,而且所经由的轨迹也要符合要求。

焊接控制部分除了控制电极电压、通电焊接、维持等各程序段的时间及程序转换以外,还通过改变主电路晶闸管的导通角而实现焊接电流的控制。焊接系统主要由焊接控制器、焊钳及水、电、气等辅助部分组成。

**2. 弧焊机器人**

弧焊机器人的研究已经历了三个阶段:示教再现、离线编程和自主编程的智能机器人,当前的应用水平处于第二阶段。我国也从 20 世纪 70 年代初开始注重机器人技术的研究,但在机器人产业应用方面仍远远落后于工业发达国家。国内主要有两个机器人制造公司,即首钢莫托曼机器人有限公司和新松机器自动化股份有限公司。

弧焊机器人可以应用在所有电弧焊、切割技术范围及类似的工艺方法中。常用的有钢的熔化极火星气体保护焊($CO_2$ 气体保护焊、MAG 焊),铝及特殊合金熔化极惰性气体保护焊(MIG),钨极惰性气体保护焊(TIG)以及埋弧焊。

弧焊机器人的基本构成包括机械手、控制系统,焊接装置和焊件夹持装置。夹持装置上有两组可以轮番进入机器人工作范围的旋转台。机械手又称操作机,是弧焊机器人的操作部分,由它直接带动焊枪实现各种运动和操作。其机构形式主要有机床式、全关节式和平面关节等形式。

控制系统主要实现示教再现、位置及精度控制。位置控制主要是通过直线插补和圆弧插补实现连续轨迹控制,而且在运动轨迹的每一点都必须实现预定的姿态。另外,控制系统还必须能与焊接电源通信,设定焊接参数,对起弧、熄弧、通气、断气及焊丝用尽等状态进行检测,对焊缝进行跟踪,并不断填充金属形成焊缝。精度一般可控制在 $\pm(0.2 \sim 0.5)$ mm。复杂的机器人系统还有引弧失败可以重复引弧、断弧再引弧、解除粘丝、搭接缝搜索、多层焊接、摆动焊接以及焊缝的电弧跟踪活视觉跟踪功能。

目前,中国已有 500 台左右的焊接机器人分布于各大中城市的汽车、摩托车、工程机械等制造业,其中,在汽车行业内应用最为广泛(主要包括车后桥机器人焊接工作站、工程机械机器人焊接工作站、合金油箱机器人焊接工作站、拖车车架焊接机器人系统、柔性机器人焊接系统、火焰切割机器人工作站等)。

由于我国工业机器人的研究和开发较晚,使得我国整体落后于欧美和日本等国家。因此必须通过引进、消化和吸收一些现有的先进技术,尽快缩短与国外的差距。通过应用研究和二次开发,实现技术创新和关键设备的产业化,以满足我国制造业的飞速发展。

## 11.7.2　焊接机器人技术的发展趋势

### 1. 多传感器信息智能融合技术的采用

采用多传感器信息的第一个可移动机器人于 1981 年出现后,使机器人技术产生巨大的飞跃。此种技术可以在视觉、听觉、激光测距传感器的作用下获得相关信息,同时可以做到在未知环境中能够稳定地工作。多传感器智能信息融合技术的研制,改善了以前传感器不能解决的问题。以前传感器对输入信息的准确性和可靠性无法保障,并且对机器人系统获取环境信息和系统决策能力上无法满足其所需,属于一种单一传感信号。而多传感器的研制可以有效地保证信息的准确性和可靠性,同时还可以对环境进行详细理解。

### 2. 虚拟现实技术在焊接机器人技术中的运用

事件的现实性在通过时间和空间上同时进行分解并重新给予组合的技术就是虚拟现实技术。它共有三个技术共同组成,三维计算机图形学技术、功能传感器的交互接口技术、高清清晰度显示技术。对于遥控机器人和临场感通信等相关设备中主要采用的就是这种技术。机器人的虚拟遥控操作和人机交互的实现,主要通过多传感器、多媒体和虚拟现实及临场感技术共同作用来完成的。

### 3. 多智能焊接机器人系统

近年来,多智能机器人这一智能技术开始探索。它是以单体智能机器的基础发展下的产物。多智能焊接机器人系统具有多个自主能力的智能体,它是通过功能、物理或时间上进行划分出的多个智能体,同时这些智能体之间可以相互通信并进行协调,从而达到复杂系统的控制作业的实现。多智能体机器人的研究与发展将很快应用在焊接机器人领域,并将成为焊接机器人领域的主体。

### 4. 焊接机器人控制系统

焊接机器人控制系统的研究重点主要放在开放式、模块化控制系统上,并且对计算机语言、图形编程与人的交流上。机器人控制器的标准化和网络化,以及控制器在 PC 和网络基础上的研究将成为研究的重点。对于编程技术的研究,重点是对在线编程操作性的提升,而离线编程将成为下一个研究热点。另外,对焊接机器人的遥控及监控技术,机器人半自主和自主技术,多机器人及操作者间实施协调控制,同时从未来焊接机器人的发展方向看,大范围内的机器人遥控系统将成为焊接机器人的发展目标。

## 思考题与习题

11.1　焊接自动控制中有哪些参数,简述其调节和控制原理。

11.2　焊接过程控制的现状及发展趋势。

# 第12章 热处理过程自动控制

## 12.1 热处理工艺参数的自动控制

热处理生产中主要的工艺参数有,温度、时间、介质成分、压力和流量等,其中时间的控制属顺序控制范畴,温度和碳势(介质成分)需要进行自动控制。

### 12.1.1 温度控制

根据热处理工艺要求,温度一般均需要保持恒值或按一定规律变化,因此广泛采用反馈控制。

图12.1是一个炉子温度自动控制的例子。在大型加热炉中,炉内温度的分布随装炉量及被加热零件在炉内的分布而变化。为了保护炉墙及零件的加热质量,可在炉内设几个测温点同时测量温度,选择其中最高的温度信号进行温度定值调节,炉内温度分别用三支热电偶来测量,被测的三个温度信号同时送入高温选择器。高温选择器是将其中数值较高的信号变为输出信号的装置。这样,就将炉温最高的温度信号输送到温度调节器,信号在调节器中与给定值(人为规定的工艺温度)进行比较,若炉温低于给定值,调节器就发出令煤气调节阀门开度增大的信号,使煤气流量增大,温度上升;反之,若炉温高于给定值,调节器就发出令煤气阀门开度减小的信号,使煤气流量减少,温度下降,这样不断地自动进行调节,就能使炉温保持在给定范围,保证零件加热至某一恒定温度,且使炉内任何一点温度均不越过安全极限。

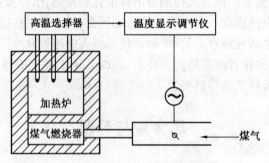

图12.1 炉子温度自动控制系统

炉子温度自动控制系统的方框图如图12.2所示,图中被调参数是温度,调节对象是炉子,测量元件是热电偶,调节器是温度显示调节仪,执行器是电动调节阀,干扰作用是装炉量变化、环境温度变化、煤气成分压力变化等,操作参数是煤气流量。当炉温高于给定值时,反馈信号 $z$ 将大于给定值,经过比较后得到的偏差信号将为负值,此时调节器发出作用方向为负的信号,使煤气阀开度减小,温度于是回到给定值。

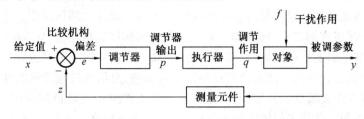

图 12.2　自动控制系统方框图

**1. 温度自动控制系统的组成**

温度自动控制系统可由基地式仪表组成,也可由单元组合仪表组成。基地式仪表是指同时具有几种功能的仪表,常以显示部分为主体,附带装上给定、比较、调节部分,通称显示调节仪。图 12.3 是由基地式仪表组成的温度控制系统。炉温由热电偶检测,温度信号在显示调节仪中与给定值进行比较,并显示温度,显示调节仪中的调节器输出信号与温度偏差呈选定的调节规律关系,执行器根据调节器的输出信号,按选定的调节规律改变输入到炉子的能量大小,使炉温保持在给定值。

单元组合仪表是将自动控制的整套仪表划分成若干能独立完成某项功能的典型单元,各单元之间的联系都采用统一的信号。图 12.4 是用单元组合仪表组成的温度控制系统。变送器将测量元件测得的温度信号转换成与之相对应的统一标准信号,传给显示单元和调节器,进行显示、记录或调节,其他各环节的功用与基地式仪表组成的温度控制系统相同。

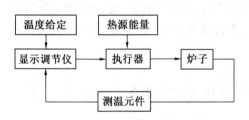

图 12.3　基地式仪表组成的温度控制系统

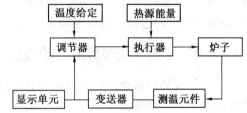

图 12.4　单元组合仪表组成的温度控制系统

**2. 温度控制参数**

(1)热处理炉有效加热区的确定

由于炉膛各处的温度不均匀,为了保证在处理过程中所有的工件和工件的所有部位均处于工艺要求的温度范围,热处理炉有效加热区内的所有区域的保温精度均应满足被处理工件的加热要求,热处理操作时还要保证热处理工件均应摆放在热处理炉内有效加热区内。

保温精度是实际加热温度相对于工艺规定温度的精确程度,它以各检测点的温度真实值减去设定温度,用所得到的最大温度偏差表示。有效加热区是经温度检测后所确定的满足热处理工艺温度及其保温精度的工作空间尺寸,是热处理炉膛内满足热处理工艺要求的允许装料区域。为判断热处理炉的有效加热区,在进行测之前,根据热处理炉的结构、控制方式及其他条件,先假定一个测温空间,称为假设有效加热区。亦可用热处理炉制造厂或有关标准规定的工作空间尺寸作为假设有效加热区。

（2）加热温度

一般工件热处理加热温度是根据化学成分确定的。如淬火加热温度主要根据钢的临界点确定，亚共析钢通常加热至 $Ac_3+30 \sim 50 ℃$，共析钢和过共析钢是 $Ac_1+30 \sim 50 ℃$。但快速加热的淬火加热温度比一般炉内加热淬火温度高。确定加热温度时也要考虑后序工艺的要求，如碳钢和低合金钢油淬比水淬的加热温度可高些，分组或等温淬火的加热温度比普通淬火高；为了减少淬火畸变和开裂倾向，形状复杂的工件可适当降低淬火加热温度；为了提高淬透性差的钢制工件的表面硬度和硬化层深度，可适当提高淬火加热温度；为了提高钢件的韧性，可适当降低加热温度。对于低合金钢，考虑合金元素的作用，为了加速奥氏体化，淬火温度可偏高些，一般为临界点以上 $50 \sim 100 ℃$。高合金工具钢含较多强碳化物形成元素，奥氏体晶粒粗化温度高，则可采取更高的淬火加热温度。

需要注意的是加热温度过高，会引起过烧。过烧后性能严重恶化，淬火时形成龟裂，过烧组织无法挽救，只能判废。

（3）加热速度

为提高生产效率，大多数工件常采用快的加热速度。但加热速度加快，加热时的应力会增大。为了防止形状复杂的高合金钢工件和大截面工件加热时的畸变开裂，通常采用低温入炉随炉升温的方式或进行预热。

（4）保温时间

保温时间取决于工件成分、原始组织、形状尺寸、加热方式、加热介质、炉子功率及装炉方式等。在加热和保温过程中，钢制零件与周围加热介质相互作用往往会产生氧化和脱碳等缺陷，另外，保温时间过长会引起过热现象，导致钢的强韧性降低，脆性转变温度升高，增大淬火时的畸变开裂倾向，所以通常在保证均匀奥氏体化的同时，要适当地缩短保温时间。

## 12.1.2　可控气氛碳势的自动控制

可控气氛碳势的自动控制主要是调节气氛的碳势，碳势是指在某一温度下气氛与钢处于平衡时钢中对应的含碳量。

### 1. 可控气氛碳势控制的基本原理

可控气氛碳势的控制，通常是先通过测定吸热式气氛中某些与碳势关系很敏感的组分含量，再根据这些组分含量的多少来间接地控制碳势，这些敏感的组分有 $CO_2$，$H_2O$ 和 $O_2$。

（1）利用 $CO_2$，$H_2O$ 的含量控制碳势的原理

气体渗碳气氛中炉气的主要成分有 $CO_2$，$H_2$，$CH_4$，$CO$，$H_2O$，$O_2$，$N_2$。若认为 $N_2$ 不参与化学反应，则可能产生的化学反应如下

$$2CO \Longleftrightarrow CO_2+C(\gamma\text{-}Fe)$$

$$CO+H_2 \Longleftrightarrow H_2O+C(\gamma\text{-}Fe)$$

$$CH_4 \Longleftrightarrow 2H_2+C(\gamma\text{-}Fe)$$

$$CH_4+CO_2 \Longleftrightarrow 2CO+2H_2$$

$$CO+H_2O \Longleftrightarrow CO_2+H_2$$

可见，钢在吸热式气氛中是进行脱碳还是渗碳，主要取决于 $\dfrac{(c_{CO})^2}{c_{CO_2}}$ 与 $\dfrac{c_{CO} \cdot c_{H_2}}{c_{H_2O}}$ 的比值，反

应平衡常数 $K$ 为

$$K = \frac{c_{CO} \cdot c_{H_2O}}{c_{CO_2} \cdot c_{H_2}} = \frac{p_{CO} \cdot p_{H_2O}}{p_{CO_2} \cdot p_{H_2}} \tag{12.1}$$

式中：$c_{CO}$，$c_{H_2O}$，$c_{CO_2}$，$c_{H_2}$ 为相应气体的浓度；$p_{CO}$，$p_{H_2O}$，$p_{CO_2}$，$p_{H_2}$ 为相应气体的分压。

吸热式气氛中 CO 和 $H_2$ 的含量很高,微量调整对二者的浓度影响很小,可认为它们的含量是固定的,因此 $CO_2$ 和 $H_2O$ 的含量有如下对应关系

$$c_{H_2O} = K \frac{c_{H_2}}{c_{CO}} c_{CO_2} = k c_{CO_2}$$

可见,只要控制 $CO_2$ 和 $H_2O$ 之一,就可以达到控制碳势的目的。

（2）利用氧势控制碳势的原理

吸热式气氛中还存在如下反应

$$2CO + O_2 \Longleftrightarrow 2CO_2$$

所以,只要控制了与 CO,$CO_2$ 处于平衡的微量 $O_2$ 的含量,就控制了气氛的碳势。氧势（$\mu_{O_2}$）与温度和氧分压（氧含量）有关,存在如下关系

$$\mu_{O_2} = 0.004\,57T\,\lg(p_{O_2} \times 10^{-5}) \tag{12.2}$$

式中,$T$ 为绝对温度,K；$p_{O_2}$ 为氧分压,N/$m^2$。

也可根据处于平衡时的 $CO_2$,CO 含量,进行计算

$$\mu_{O_2} = 0.041\,5T - 135.00 - 0.009\,15\lg \frac{c_{CO}}{c_{CO_2}} \tag{12.3}$$

式中,$T$ 为绝对温度,K；$c_{CO}$,$c_{CO_2}$ 为相应气体的浓度。

**2. 气体渗碳炉的自动控制**

图 12.5 是气体渗碳炉的自动控制系统示意图,控制对象主要有炉温、碳势、预热时间、渗碳时间和扩散时间等。下面主要介绍炉温控制和碳势控制。

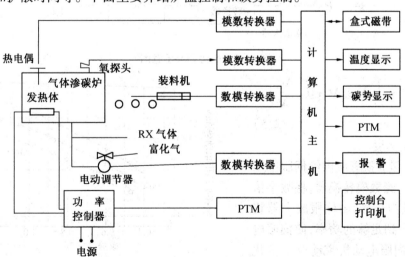

图 12.5　气体渗碳炉的自动控制系统示意图

（1）炉温控制

通过镍铬–镍硅热电偶测炉温,然后通过模数转换器将热电偶输出的模拟信号电压转换成数字信号。温度检测电路如图 12.6 所示,其具体控制过程为,热电偶的输出电压经放大器放大到适合模数转换器要求的电位,模数转换器通过输入输出接口（PIO）的电子元件连接到计算机。每接收启动脉冲,就把输入电压转换成数字信号,转换结束后,输出终了信号,接受了该信号的 PIO 将这时的值暂时记忆,炉温采用 PID 调节规律。设电子计算机读取温度的周期为 $\Delta t$,某一时刻 $n\Delta t$ 的调节量 $p_n$ 可由下式算出

$$p_n = K_P e_n + K_I \sum_0^n e_n \Delta t + K_D \frac{\Delta e_n}{\Delta t} \tag{12.4}$$

式中,$K_P$,$K_I$,$K_D$ 均为常数,由炉子结构决定;$e_n$ 为第 $n$ 次调节时的输入偏差信号。

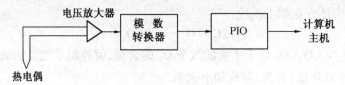

图 12.6　温度检测回路

（2）碳势控制

采用氧探头控制碳势,碳势调节示意图如图 12.7 所示。首先将氧探头的输出电动势放大到适合模数转换器的要求,由于电动势为 1 000 mV 以上,通常先减去 1 000 mV,再通过模数转换器,转换成数字信号,并将数据存贮在计算机内,把电动势换算成碳势,氧碳头输出电动势与碳势之间的关系曲线如图 12.8 所示。然后按下式进行 PID 运算

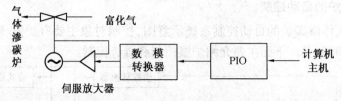

图 12.7　碳势调节示意图

$$p_n = \frac{1}{\delta}\left( e_n + \frac{1}{T_I} \sum_0^n e_n \Delta t + T_D \frac{\Delta e_n}{\Delta t} \right)$$

$$\tag{12.5}$$

式中,$\delta$ 为比例度。

将调节量 $p$ 换算成供给伺服电动机的电压 $U$,经数模转换器,将数字信号转换成模拟信号,由伺服放大器将电压 $U$ 放大到足够的功率,使伺服电动机动作,伺服电动机带动调节富化气流量的调节阀,改变其开度,使碳势维持在给定值。

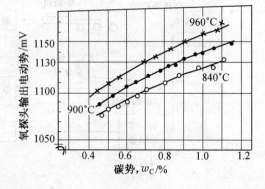

图 12.8　几种温度下氧探头的输出电动势与碳势的关系

图 12.9 为微机控制滴注式气体渗碳软件程序框图,它能够准确控制气体渗碳时的加热温度、加热时间、炉内压力及气氛碳势等。

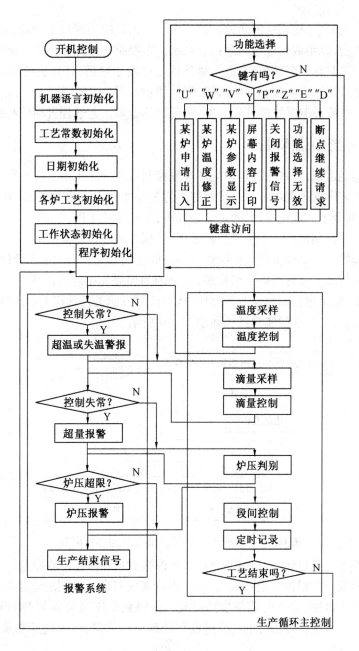

图 12.9　气体渗碳软件程序框图

# 12.2　热处理工艺过程的自动控制

按热处理工艺要求,把相应的热处理设备按照工艺路线排列起来,再配上相应的指令形成装置和执行机构,就组成热处理顺序控制系统。主要是利用计算机的存储功能,将各类工件的最佳热处理工艺存入存储器,当输入热处理工件的参数后,计算机便能自动控制过程。我国有许多企业应用计算机控制气体渗氮、气体渗碳和感应加热表面淬火等工艺过程。下面以热处理生产过程控制系统的开发为例,来说明热处理工艺过程自动控制的设计思想。

## 12.2.1　系统的总体设计

根据系统功能需求,可将热处理炉生产过程控制系统分成 4 个主要模块:

①热处理工艺库管理模块。根据待处理工件的基本情况和处理要求,查询数据库中相关知识,进行热处理工艺优化设计,确定工艺规程,生成工艺文件。

②热处理过程控制模块。记录热处理过程,生成工艺过程记录文件。

③设备管理模块。对设备的维护维修和备件的使用情况进行记录和管理。

④系统维护模块。实行密码分级管理,避免因为误操作引起生产事故。高级用户可对数据库中的知识、记录进行编辑修改等操作,从而使制订的工艺规程实用性越来越强。整个系统采用模块化设计,系统的实现结构如图 12.10 所示。

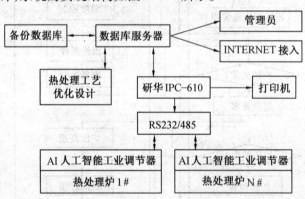

图 12.10　热处理生产过程控制系统总体结构图

系统的核心部分是热处理过程控制模块,上位机测量并保存各测控点的实时温度数据,显示工艺设定曲线和控温调节记录曲线,并可进行实时打印。公司管理层可通过数据库服务器了解实时生产进度,并及时调整生产计划。同时数据库服务器与 INTERNET 连接,使客户在线了解自己的热处理工件的工作进度和处理质量状况,便于沟通和及时处理出现的问题。

## 12.2.2　系统的软件设计

控制系统在 Windows2000 Advanced Server 操作平台上实现,利用 Visual C++6.0 编制前台处理程序,选用技术成熟的 SQL Server 2000 数据库网络版作为后台数据库支持。另选用

AutoCAD 2000 作为辅助工具进行工件的图形记录制作,Ofice 2000 提供输出打印的模板,MSC. Marc 2000 进行关键件或大型件的数值模拟分析。根据系统的总体设计,下面对四个主要模块进行具体介绍。

**1. 热处理工艺库管理模块**

将数据库技术和专家系统的思想引入工艺规程的制订中,系统的知识库包括如下几个数据库:

(1)常规工艺库

对于经常加工的较固定的某些种类的零件,先将现有工艺规程名称按照一定的命名规则规范化,便于通过几个关键字进行查找,比如能体现炉号、材料牌号、工艺名称等信息要素的命名方法,如:"1 号炉 CrWMn 加热–待淬火",并对历史记录进行整理,剔除陈旧、重复的之后录入该数据库,将它作为在制订工艺规程时首要查询的数据库。使用时可以直接调出曾经使用过,并且质量信息反馈良好的工艺规程。

(2)热处理工艺数据库

如果处理的多是外协件,种类比较繁杂,则可通过查询本库来制订工艺规程。根据来料单上的材料牌号和热处理要求,计算出保温温度,确定冷却方式和冷却介质;根据炉子种类、工件重量、最大截面积、有效厚度、装炉条件等可计算出升温速率、保温时间、最佳冷却速率等。

(3)金属材料数据库

在制订工艺过程中,若遇到国内外牌号的材料,或是想查询某种材料的化学成分、相变临界点、物理性能、力学性能、常规用途、热处理工艺方法等,则可查询本库,它可以快捷准确地提供相关信息。

对于特殊的情况,如大型工件或形状复杂件,仅仅通过查找各数据库并不能得到合理的工艺规程,或试验性热处理后检验发现存在一些现有工艺规程解决不了的质量问题,则可以启用外挂的大型数值模拟商用软件 MSC. Marc 2000,进行模拟与优化,确定新的工艺规程,以保证热处理质量。在实际操作过程中,生成工艺规程的推理过程如图 12.11 所示。

计算机根据技术人员输入优先从常规工艺库中查询,如果没有找到匹配项,则查找热处理工艺数据库相关知识,或利用 MSC. Marc 2000 模拟优化工艺规程,并根据金属材料数据库进行对比适当修改参数,确定工艺规程,生成打印工艺卡片,绘制工艺曲线,从而实现工艺曲线图形化管理。

**2. 热处理过程控制模块**

较先进的温度检测与控制系统是以单片机为核心的智能温度控制装置。该模块把高精度人工智能调节仪表和集散控制的思想应用于热处理炉的温度检测和控制中,从硬件特性和软件设计两个方面来确保热处理过程的准确无误,实现了自动化、实时化和智能化的微机检测与控制。同时将记录文件保存在数据库中,以加强质量跟踪及责任管理。

该模块硬件部分由一台服务器、一台上位机、一台打印机、一个 RS232/485 转换器、多台下位机组成。上位机与下位机以串行通信方式相互传送信息。下位机根据设定的工艺参数及热电偶测量的温度值反馈形成闭环控制,调节热处理炉的输出功率,同时将温度数据传送到上位机,并由上位机批量传送到数据库服务器。

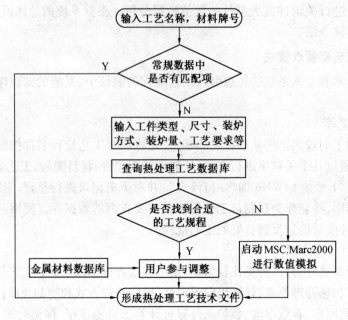

图 12.11　工艺规程设计推理过程示意图

(1)硬件选用

上位机采用研华 IPC-610 型工控机,组成配置为:PⅢ 933CPU,256 M 内存,40 G 硬盘,15in 彩显。下位机采用宇电 808P 型 A1 人工智能工业调节器,其最快响应速度小于 0.1 s,650 ℃以上时控温精度可达±0.2 ~ ±0.5 ℃。

(2)上下位机之间的通信原理

采用异步串行通信接口,它具有 16 位的求和校正码,支持多种波特率。上位机发送的读命令包含起始位、表地址、参数代号、参数值、校验位,通过 RS232/485 转换器根据地址选通对应的下位机,下位机根据发送的指令进行校验,然后再与命令中的数据校验位进行比较,当校验位相同时,表示握手成功,下位机再根据传送来的指令向上位机发送温度数据,否则发送通信出错信息。这样就保证上下位机通信的严格正确。

(3)生产控制的具体实现

温度数据采集过程的流程图如图 12.12 所示。

上位机对下位机采用分时循环监控的工作方式,利用消息响应机制,尽量缩短采集每台下位机温度数据耗时,以保证数据采集和显示的及时性,避免生产事故,也可根据需要自行设定采集频率。采集来的温度数据以设定时间间隔定时存入各自的温度记录文件,文件名可自己填写,也可采用软件自动命名的方式,其中包含工艺开始时间、炉号、炉名、工件名、工艺名、批次号等重要信息,便于用户在数据库中查找,如:"2004 年 12 月 13 日 14 时 1 号炉 CrWMn 加热-待淬火 02. dat",并以图形方式实时地显示在屏幕上。有多种显示效果供选择,比如图线颜色、宽度、网格,与相应的工艺曲线对比等,并可根据需要实时打印。为加强对事故责任管理,报警记录随温度数据一起存储到文件中,以便日后查阅。

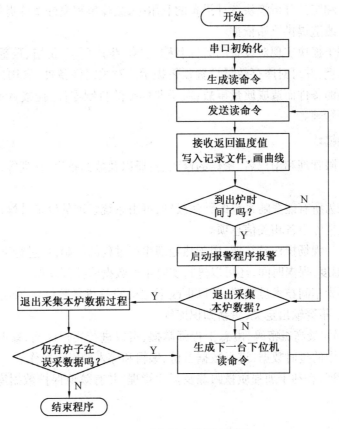

图 12.12　采集温度数据流程图

该模块根据每台热处理炉控温区的多少配置 A I 仪表,各区实行单独控制。所有控制都具有手动/自动转换方式,互为备用,互为闭锁。并能在闭环控制中,实现无扰动切换。生产时,根据之前确定的时间、温度等各个工艺参数,从上位机通过串口一次性写入下位机。生产过程中自动计时,连续控制。为便于管理,上位机采用分页方式管理,每页管理 8 台下位机,单击进入相应的下位机页面。

**3. 设备管理模块**

加工设备的质量控制和计量器具的测量精度控制,是贯彻工艺规程,确保产品质量,稳定生产,提高经济效益不可缺少的重要保证。因此除在投入使用前进行严格的调试外,还应该根据情况做定期的校核和维修。

该模块由三个子模块构成:

①设备档案管理子模块主要实现对设备资产编号、设备名称、生产厂家、出厂编号、设备技术参数及日期、价值、安装日期、设备的折旧方法等基本信息的管理。

②设备维护维修管理子模块根据热处理设备特点,实现对热电偶、A I 表等仪器仪表、计量器具以及热处理介质等有计划地进行定检,对检验时间、误差值、校验人等进行记录和管理,提高设备保障能力,加强对热处理生产过程的精确控制,从而确定提高热处理生产质量。对发生故障的设备编号,故障发生日期、故障原因、维修人员、验收结果等进行记录和管

理。为成本核算和统计分析模块统计设备的利用率,故障率和完好率等提供原始资料,也为设备更新、大修、改造提供原始依据。

③备件管理子模块实现对设备的备件名称、型号、生产厂家、价格、数量、库存量、领用人员等信息进行管理,并可对库存数量设置预警提示。对关键性备件,领用出库时提示复检,以免错用不合格的备件而造成质量事故;对于非标准的自制零件,挂接 AutoCAD 2000 进行工件造型和图纸管理。

**4. 系统维护模块**

实现用户权限管理和用户名、密码的修改、注册以及数据备份、管理等,将系统分为四级权限进行管理。

①一级权限为所有能登陆系统的默认级别,可由系统管理员设定其操作权限,默认能以只读方式查询数据库中各相关信息项。

②二级权限为现场操作员掌握,用于热处理生产过程的控制,可进行下位机部分参数的设定,比如保温温度,保温时间,还可以进行实时生产数据监控等操作。

③三级密码为车间技术员掌握,可以更改下位机的一般参数设定,如运行状态定义、参数修改级别定义、报警输出定义,更新知识库等。

④ 四级密码为最高级密码,由总工程师掌握,可以进行用户注册,修改系统所有参数,有权删除数据库中的过时数据,进行数据备份、编辑和导入导出等操作。

采用权限管理,有利于加强质量跟踪及责任管理,并有效地保护数据库的完整性、准确性和安全性。

# 12.3　真空热处理控制系统

## 12.3.1　真空热处理技术及其工艺参数

真空热处理的工作环境其实是指低于一个标准大气压,包括低真空($10^5 \sim 10^2$ Pa)、中真空($10^2 \sim 10^{-1}$ Pa)、高真空($10^{-1} \sim 10^{-5}$ Pa)、超高真空($< 10^{-5}$ Pa)。真空热处理工件在真空状态加热可以避免常规普通热处理的氧化、脱碳,避免氢脆,变形量相对较小,提高材料零部件的综合力学性能。经真空热处理后的部件寿命通常是普通热处理寿命的几十倍,甚至几百倍。

目前,我国国产的真空热处理设备已具有一定水平和规模,国产真空气淬炉、真空油淬炉、真空退火炉、真空时效炉、真空钎焊炉等已大量使用在航空热处理车间,为提高航空产品质量做出了很大贡献。国产真空水淬炉、真空渗碳炉在航空企业也得到一定的使用,但国产真空设备与进口设备相比还存在一定差距。在真空高压气淬炉、低压真空渗碳炉方面,近年引进了 IPSEN 公司、ECM 公司等多台设备。如进口低压真空渗碳炉设备,渗碳后气淬压力可达 2 MPa(20 bar),国产可做到 1.5 MPa。进口设备附带的专家系统数据完整,输入材料牌号或主要化学成分、表面渗碳面积、深层工艺要求等主要工艺参数可以自动给出热处理工艺曲线,供操作者参考。而国内专家系统数据库资料较少,说明国外的制造厂家在研发阶段,对设备功能、结构、工艺流程、系统协调、模拟仿真生产研究、试验等都已包括在内。国外航空热处理车间可将真空渗碳、淬火、清洗、回火组装成一条生产线,并采用计算机全过程自动化控制生产。

**1. 真空加热的特点**

材料在传热过程中主要是有三种方式:传导、对流、辐射。而真空状态下的传热方式只有单一的辐射,故真空加热速度慢。但因几乎没有什么热损失,发热体升温很快,工件表面与心部温差不是很大,相对来说,工件变形量也较小。为保证热处理工艺的需要,保证热处理产品品质及提高生产率,要求炉内必须存在恒温区,必要时在空载状态下对恒温区均匀性进行测量。在真空阶段内,靠辐射一种传热方式加热,低温辐射效果较差,在高温阶段辐射效果较好。

**2. 真空度的选择**

材料在真空热处理时要考虑到真空度的合理性,为防止一些合金元素在真空状态加热时挥发及工件粘结,以及污染真空系统,在启动加热时要注意各种金属的蒸汽压。在许可的情况下最好通入 $1 \sim 2$ kPa 高纯氮气,这样既可减小合金元素的挥发,又可提高真空加热速度,减小真空加热滞后时间。

在真空加热的环境下,选择工作真空度的原则是:低温用高真空,高温用低真空,在真空度选择上不仅取决于工件还要取决于设备使用寿命。因为真空设备加热系统目前大多是石墨的,真空度不够将降低石墨的寿命,成本会增加很多。高温时要加一点高纯氮,提高炉压。其实在起始加热时,真空度最低也要达到 $6.67 \times 10^{-1}$ Pa 时方可升温。

**3. 真空加热温度选用**

加热温度要根据工件的性能要求、技术要求及其工作的服役条件,确定最佳的加热温度范围。在不影响力学性能且变形量最小的情况下,建议最好选择常规下限温度值。对于真空加热一般情况下要分几段,对一些尺寸大、装炉量多、形状复杂、变形量要求高的工件要采用两次预热,或者是多次预热,这样才能保证工件在真空状态下加热均衡。

**4. 真空加热保温均热时间选择**

热处理保温时间的核算,主要取决于工件的有效尺寸、形状及装炉量的大小。真空处理保温时间有时采用以下经验公式计算,即

$$T_1 = 30 + (2.0 \sim 1.5) \times D$$
$$T_2 = 30 + (1.5 \sim 1.0) \times D \qquad (12.6)$$
$$T_3 = 15 + (0.5 \sim 0.8) \times D$$

式中,$D$ 为被加热工件有效厚度,mm;$T_1$ 为第一次预热时间;$T_2$ 为第二次预热时间;$T_3$ 为最终奥氏体化时间,min。

公式中括号里的数据为预热系数,应根据具体工件加以合理选择。按有关系数规定:圆柱形工件按直径计算,管形工件当高度/壁厚≤1.5 时,以高度计算;当高度/壁厚≥1.5 时,以 1.5 mm 壁厚计算;当外径/内径>7 时,按实心圆柱体计算,空心内圆柱体以外径乘 0.8 计算。预热常数(30,30,15)是根据内热式真空炉加热特点预设滞后时间(min),实际操作中

应根据具体情况加以调整。

**5. 真空淬火冷却**

真空淬火冷却有真空油淬和真空气淬,这要根据热处理工件的材质、形状、技术要求以及该材质"C"曲线来选择合理的淬火冷速。淬火前的预冷与变形量有一定的关系,不预冷直接淬火工件的尺寸有可能会减小;而经过预冷后再淬火工件的尺寸则有可能会胀大。只有合理地预冷才会使工件内部的热应力和组织应力相对平衡,从而减小工件的变形量。因此应根据装炉量及工件的大小选择预冷时间,常规情况下有效尺寸在 20~60 mm 的工件,时间差不多控制在 0.5~3 min。此外,淬火预冷可以减少真空油淬时工件表面的增碳层。

**6. 真空油淬油面压强的选择**

真空淬火油具有饱和蒸气压低、临界压强低、化学稳定性好、淬火后表面光亮度高、酸值低等特性。但是,在真空低压的情况下,淬火油的冷却能力相对会下降一些,真空油淬的淬透性只相当于常规常压下普通油冷淬火的 75% 左右,所以对某些淬硬性差的材质来说,可能达不到淬火目的。为此,在此类材质淬火前,向冷却室要充入高纯氮气,在油面形成一定的气压使冷却过程中的蒸气膜阶段的蒸气膜变薄,时间缩短,实现充分淬火。在油面压强的调节上要防止和减少淬火时产生的油蒸气进入加热室而造成污染,所以最好采用较高的压强,就是对淬硬性很好的材料也要充点惰性气体。

### 12.3.2　真空热处理炉控制系统

真空热处理炉控制系统主要包括,抽真空控制系统、温度控制系统、炉门开关控制系统、台车进出控制系统、循环水控制系统。图 12.13 为基于 PLC 控制的真空热处理炉控制系统总体布局。

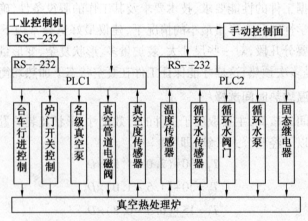

图 12.13　控制系统总体布局

**1. 抽真空系统**

抽真空系统由机械泵、罗茨泵和扩散泵三个真空泵及真空传感器、电磁阀组成。

机械泵用来抽低真空,罗茨泵用来抽中真空,扩散泵用来抽高真空。真空自动控制流程:打开旁路阀、启动机械泵对炉膛进行抽真空(抽低真空),当真空度达到 100 Pa 时,启动罗茨泵对炉膛抽中真空,当真空度达到 10 Pa 时,打开主路阀,同时启动扩散泵,同时对炉膛进行预热 30 min,关闭旁路阀,打开真空阀继续对炉膛进行抽真空(抽高真空),当炉膛内真空度达到 $10^{-2}$ Pa 时,加热启动,对零件加热直到工艺要求的温度,加热结束后,关闭高真空阀和扩散泵,打开充气阀,同时启动气冷风机对炉膛进行冷却,当冷却时间到后,关闭气冷风机和主路阀,对系统进行复位。图 12.14 为基于 PLC 控制的抽真空控制系统工作原理图。

**2. 温度的控制原理**

加热系统采用电阻炉加热,在 PLC 控制系统中采用 PID 的负反馈控制系统。加热开始后,通过热电偶测量的数据传送到 PLC 中,通过与设定值的比较并通过 PID 运算对电源进行调节,从而对电炉的加热效率进行调节,使电炉的加热速度,炉内温度得到有效调节,达到需要的加热曲线。具体的工作原理如图 12.15 所示。

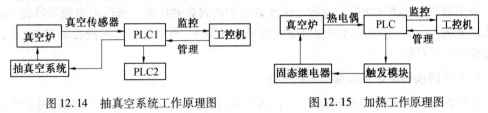

图 12.14　抽真空系统工作原理图　　　　　　图 12.15　加热工作原理图

# 12.4　渗碳炉温度和碳势在线测控系统

影响热处理产品质量的主要因素是气相碳势、炉内温度和渗碳时间,下面介绍某井式炉的过程检测和控制系统。

## 12.4.1　过程控制系统设计

### 1. 温度检测及控制

炉温测量采用 DDZ-Ⅲ型热电偶温度变送器,它包括输入电路、放大电路和反馈电路。输入电路主要是完成热电偶的"冷端补偿"和零点迁移。放大电路和非线性负反馈电路完成温度信号与变送器输出的电流信号的线性化问题,热电偶非线性采用分段线性逼近的方法。一般都采用 4 段到 6 段线性逼近方法实现非线性补偿,这必然存在非线性残余误差。所以为解决这一问题,通常采用传统的模拟电路方法解决非线性问题,可通过软件来实现,其基本思想是用半导体集成温度传感器测量环境温度 $t_0$,根据热电偶的温度-电势特性便可算出炉内温度 $t$。

### 2. 温度控制

温度控制采用光电隔离过零型触发的可控硅调功式控制方案,可控硅的开关状态串接在电源与加热负载之间,改变给定周期的通电与断电时间之比,就能起到调节输出功率大小的作用,进而达到调节炉温的目的。

取控制周期 $T$ 为 60 s,在这个周期内交流电源共有 6 000 个半波,所以控制输出分辨率为 $\dfrac{1}{6\,000}$。为了使电压平滑稳定,采用电源半波分时离散的输出控制方法。控制器输出的操作量 MV 为 0.75,即在 60 s 内应有 4 500 个半波导通,关断 1 500 个半波,其通断比为 3∶1。如果 MV=0.763 2,则导通半波数为 4 579 个,其通断比为 4 579∶1 421,导通 4 579 个半波,关断 1 421 个半波。

### 3. 碳势的测量与控制

选择氧化锆($ZrO_2$)作为氧量传感器,其电势与氧浓度的关系为

$$E=4.961\ 5\times10^{-2}T\cdot\lg\frac{20.8}{\varphi_1} \tag{12.7}$$

式中,$T=850\ ℃$,它由氧探头的温度调功器自动控制恒定在这一值左右;$E$ 为氧电势;$\varphi_1$ 为氧浓度。

再根据碳势与氧电势之间的关系,可以计算出碳势 $\mu_C$。

采用调节渗剂滴注阀的导通频率来实现对炉内碳势的控制。滴注电磁阀每导通 10ms,其渗剂就滴入一滴,这样通过控制电磁阀的导通的频率,来实现对渗剂滴数的控制,达到高精度碳势控制目的。

### 4. A/D 转换器设计及数据信号的处理

在硬件电路上采用 VFC 构成的 A/D 转换器,在软件上采用数据融合方法,对采样值进行校正,使测量结果接近真值。电压频率变换器(VFC)是将输入的模拟电压信号转换成与频率成正比的脉冲信号,然后在固定的时间间隔内,通过对此信号进行计数可以实现把模拟电压信号转换成数字量。

### 5. 过程控制的硬件电路设计

过程控制系统的硬件电路原理框图如图 12.16 所示。

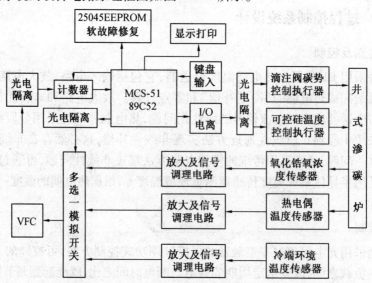

图 12.16　过程控制硬件电路原理框图

采用 AT89C52 单片机,结合 X25045E2PROM 以实现系统软故障自修复技术,实现 WDT 功能。为提高系统的抗干扰能力,在硬件电路上还采用了光电隔离技术。选用 8253 计数器

与 V/F 转换器构成 A/D 转换器,完成对测量信号进行数据采集;用 CPU 内部时间定时器对滴注阀控制,实现滴数的控制;对可控硅导通时间比进行定时开关量调节,实现温度控制。控制信号的给定及系统初始化参数设定,均可由键盘输入或修改,系统具有在线显示碳势、炉温、氧浓度(氧势)、渗碳时间等工艺参数及测量给定参数值的功能。

### 12.4.2　炉内温度、气相碳势过程控制

由于温度过程对象具有滞后和大时间常数的特征,而气相碳势和渗剂之间数学模型又不能准确地建立,因此采用如图 12.17 所示的智能控制器。下面介绍其各节点的功能。

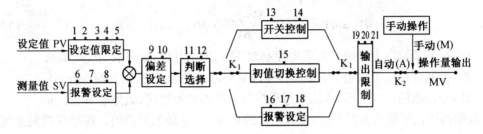

图 12.17　控制器结构功能框图

(1)设定值上限 PH,温度上限为 960 ℃,气相碳势上限为 1.30%C;

(2)设定值下限 PL,温度下限为 720 ℃,气相碳势下限为 0.5%C;

(3)设定值的比率 RT,设定为 1;

(4)设定值的变化率 PVL,任意值;

(5)设定值变化率时间 PVT,任意值;

(6)测量值上限报警 SVH,过程控制系统取给定值的高段值加 5% 为上限报警值;

(7)测量值下限报警 SVL,过程控制系统取设定值的低段值减 8% 为下限报警值;

(8)测量值变化率报警 SVL,温度设置为 5 ℃ ,碳势设 0.1%C;

(9)偏差死区 GAP,温度为 0.1 ℃ ,碳势为 O.005%C;

(10)偏差超限报警 DEV,温度在升温段不设定,在稳定段设定 15 ℃ ,碳势在升碳或降碳阶段不设定,在强渗及扩散阶段设定为 0.1%C;

(11)偏差幅度 BD,温度设定给定值的 3%,碳势为给定值的 2.5%。当设定值 PV 与测值 SV 之差大于 BD 时,选择开关控制;小于 BD、当前状态为开关控制时,则过渡到赋初值切换控制;当前状态为赋初值切换状态时,则过渡到预测控制;当前状态为预测控制时,则继续预测控制;

(12)锁定宽度设定值 BL,温度设定为 2 ℃ ,碳势设定为 0.05%C,在测量值反弹幅度不超过锁定宽度 BL,则保持当前的控制状态,这样可避免因干扰可能在控制的切换点附近引起的波动而导致频繁切换;

(13)开关控制操作量最大输出 MH=1;

(14)开关控制操作量最小输出 ML=0;

(15)由开关控制向预测控制切换时赋初值 BB,一般可根据 0.5 法或 0.618 法确定;温度设置:$BB = 0.402 \times 10^{-3} \times PV$,当 PV=920 ℃时,BB=0.37;碳势设置在升势时 BB 取 0.618,

在降势时取 0;

（16）测量值一阶导数项系数 $K_1 = 1$;

（17）测量值二阶导数项系数 $K_2 = 0.5$;

（18）控制器操作量增量输出项修正系统 $K_3$,当温度控制取 0.15,碳势控制取 0.08;$K_1$, $K_2$,$K_3$ 是预测控制算法中的三个修正系数,其预测控制的基本思想是基于上凸、上凹理念,预测第 $n+1$ 次被控量的值 $\hat{p}_{n+1}$ 为

$$\hat{p}_{n+1} = pV_n + K_1 \cdot pV'_n + K_2 \cdot pV''_n \tag{12.8}$$

根据预测值决定本次控制器操作量输出值 $MV_n$

$$MV_n = MV_{n-1} + \Delta MV_n \frac{SV - \hat{p}_{n+1}}{SV} \cdot MV_{n-1} = MV_{n-1} + K_3 \tag{12.9}$$

（19）控制器输出上限幅 CH,温度控制取 30 s,即全导通,碳势取 80 滴/min;

（20）控制器输出下限幅 CL,温度控制取 0 s,即不导通,碳势取 0 滴/min;

（21）控制器输出变化率 CVL,该过程控制系统温度不限定,碳势取 10 滴/min。

控制器可以平衡地实现手动、自动之间的切换,并且是无扰动的。在过程控制系统中,由于温度控制是控制导通时间比,所以控制输出为导通时间比的开关量;碳势控制是控制电磁阀的开启频率,所以控制输出为脉冲量。这样就远比一般控制器模拟量输出抗干扰能力要强,进而达到精确控制的效果。

# 12.5　感应加热装置及其控制

## 12.5.1　加热装置

感应加热具有速度快、加热质量高、操作简便、节约能源以及易于实现机械化大生产的特点,同时还可通过计算机控制,实现无人操作等优点。感应加热装置已在我国热处理生产中得到广泛的应用。

根据感应加热设备的工作频率的不同,分为工频感应加热装置、中频感应加热装置、高频感应加热装置、超音频感应加热装置等。

### 1. 工频感应加热装置

工频感应加热装置主要由电源变压器、工频感应器以及相应的供电线路组成。电源变压器供给工频感应器用电。工频感应器直接与供电网路连接,频率为 50 Hz。

与中、高频相比,工频感应加热具有以下特点:

①电流穿透层较深,适于 150 mm 以上大截面工件的穿透加热。用于大截面工件表面淬火时,可获得 15 mm 以上的淬硬层。

②可直接采用工业电源,不需要变频装置,装置简单,造价低廉,电热转换效率高。

③感应器的功率因数低,加热速度较慢（每秒几度）,不易过热,但整个加热过程容易控制。

④改变工频感应加热功率的大小困难,加热强度较低。

### 2. 中频感应加热装置

中频感应加热装置的电流频率通常为 1 000 ~ 8 000 Hz。中频感应加热装置感应器不能直接利用电网电源,必须采用一套将 50 Hz 电能变为中频电能的装置,它的淬硬深度为 5 mm 左右。

目前采用的中频电源有中频发电机或晶闸管中频电源两种。中频发电机具有工作可靠、性能稳定、不易出故障、过载能力强等优点。但存在着功率因数较低的缺点。晶闸管中频电源具有效率高、体积小、质量轻、启动迅速、噪声小、响应快、成本较低等优点,已部分取代中频发电机而广泛用于生产中。

### 3. 高频感应加热装置

高频感应加热装置是利用电子管振荡的原理,将 50 Hz 电能变为 100 ~ 500 kHz 或更高频率的一种变频装置。它一般是由升压、整流、振荡、降压、感应器及控制、调节等部分组成。

电流频率越高处理工件时电流透入层越薄,涡流密度越大,发热量越集中,因而加热速度越快,淬硬层深度越薄,所以高频感应加热装置多用于要求淬硬层小于 1 mm 的工件。热处理生产中这种感应装置多用来处理小件,如小模数齿轮、小轮、阀、阀盖等淬硬层较薄的零件。

### 4. 超音频感应加热装置

目前生产的感应加热装置,在中频和高频之间有很大一段空白。对一些形状较复杂的零件,如齿轮、凸轮、花键等,为获得满意的感应加热淬火质量,最佳电流频率应为 30 kHz 左右。因此研制了频率为 30 ~ 80 kHz 的超音频感应加热装置。

### 5. 超高脉冲发生装置

超高频率电脉冲加热淬火是一种微层淬火的新工艺,它利用电脉冲在若干毫秒的时间内将零件加热奥氏体化,然后以自激冷方式冷却。

超高频脉冲加热淬火具有以下优点:比功率大,加热速度快,淬硬层薄;淬硬层能达超细晶粒,硬度达到 70HRC,耐磨性好,零件寿命长;淬火温度范围能准确控制,淬火变形极小,装置投资少,适合于全自动流水作业。

## 12.5.2　中频感应加热的热处理系统设计

### 1. 热处理生产线的组成及工艺过程

中频感应加热的热处理线主要由中频感应加热装置、输送辊道、淬火加热线圈、淬火水箱、回火加热线圈、高压水除磷箱、链式冷床等设备组成。

工艺过程为:首先启动中频感应加热装置使其为加热线圈供电,未处理的钢管经过辊道输送进入淬火加热线圈加热到工艺要求的温度,然后进入淬火水箱进行水淬火处理,使温度达到常温,经过台架空水后进入回火加热线圈,加热到要求温度,再进入高压水除磷箱进行除磷处理,最后通过平移机构放置在步进冷床上进行自冷却。

### 2. 电控系统的构成

中频感应加热的热处理线电气控制系统,主要由 PLC、远程 I/O、交流传动装置、晶闸管整流装置、工控机等组成。

（1）PLC 是整个生产过程的控制核心。通过该控制中心实现与各部分设备的控制和参数的管理，以及各部分之间数据的传递与交换。

（2）交流传动系统。采用多台西门子 MM440 变频装置进行控制。

（3）远程 I/O。主要控制各操作台及液压站。

（4）晶闸管整流装置。通过整流和逆变为整条生产线提供加热电源。

（5）工控机。其主要功能是进行数据的设定、如温度等各种需要显示数据的实时显示、故障报警的显示、程序的修改监控等。

### 3. MM440 变频器的控制

西门子 MM440 变频器具有高度的灵活性，调试简单，采用模块化设计，较高的性价比等特点。通过 Profi-bus DP 选件模块连接到 DP 网上，实现与 PLC 的数据交换和通信。

（1）主要设定参数

额定电动机电压　　P0304 = 380 V

电动机额定电流　　P0305 = 45 A

电动机额定功率　　P0307 = 22 kW

电动机功率因数　　P0308 = 0.8

电动机效率　P0309 = 0.87

电动机额定频率　　P0310 = 50 Hz

电动机额定速度　　P0311 = 1 420 r/min

电动机过载倍数　　P0640 = 150%（要依据变频器最大电流和电机最大电流决议）网络操作　P0700 = 6 D

站地址　　PP918 = 5DP

设定值　P1000 = 6 DP

工作/停止时间比率50%　P1237 = 4

接制动电阻必须设为0　P1240 = 0

线形 V/F 节制　P1300 = 0

（2）程序编写

在 STEP 7 中调用 SFC14 SFC15 来实现 MM440 的读写功能，并输入硬件起始地址。

控制的实现，如图 12.18 所示。其中①控制命令 W#16#047F，启动变频器运行；②给定速度 5 000，含义为 500 RPM。

### 4. 步进冷床的自动控制

该冷床分为正向链和反向链。正向链为步进式，采用 YZR 电机配合一定速比的减速机作为动力，链床每次启动行走工艺要求的一个尺距，行走间距采用西门子 FM350-1 计数模块和宜科电气的增量编码器来实现，可以达到准确的定位效果。反向链为常转链，使管子在冷床上自转，达到冷却均匀的效果，也采用 YZR 电机传动。

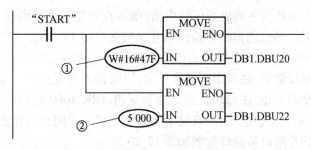

图 12.18　控制实现

## 12.6　热处理集中控制系统的开发

热处理车间内不同热处理炉都有各自的控制系统,为了提高热加工工艺的质量及可靠性,并考虑提高工作效率,减少人为干预,实现控制自动化,可以在热处理车间建立热处理集中控制中心。控制中心采用计算机控制技术,通过网线实现热处理炉集中控制,设备升温曲线可实时监测,在必要时可查询历史值,使加热工艺更易于控制,为产品的热加工工艺提供有力保障。

### 1. 热处理控制中心主要组成

热处理控制中心主要由监测室、电炉现场 01、真空炉现场 02 及压铸熔炉现场 03 组成,如图 12.19 所示。

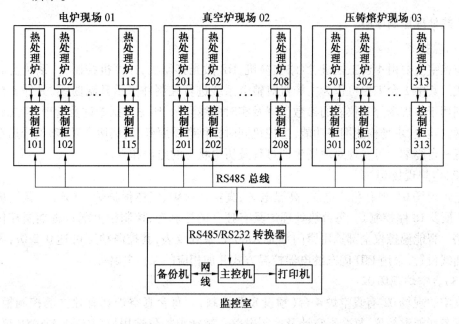

图 12.19　热处理控制中心总体框图

### 2. 热处理中心控制原理

监控室可对每台热处理炉进行升温曲线及时间的设定(定型工艺可直接调用),然后通过 485 总线传至各台加热设备的温控仪并启动(既可在监控室进行启动、停止,也可在现场控制);热处理炉的炉温通过测温传感器测量并通过接口由 485 总线回传至监测室;由现场传回的各路信号经 RS485/RS232 转换后传至主控机;主控机经过信号的转换及数据处理分析绘制出升温曲线或以数字、柱状图等形式显示,同时自动生成报表并保存;为了在监控室直接控制设备的启动和停止,在每块仪表上加装亚当 ARK14060 通信模块;出于安全考虑,每台设备加装超温、漏电保护电路,一旦发生故障可在第一时间自动保护,断开热处理炉的电源。单台热处理炉控制电路原理框图如图 12.20 所示。

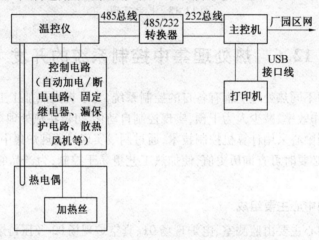

图 12.20　单台热处理炉控制电路原理框图

### 3.热处理控制中心

(1)监控室

监控室主要由 4 台工控机、网络交换机、HP 激光打印机、计算机控制台、系统监测软件等组成。其中 1 台工控机作为主控机对整个系统进行控制并显示升温曲线,另外 3 台工控机分别用于各现场控制仪表的参数设置及实时曲线显示、历史数据查询及管理;考虑到厂区局域网的建设,现场构建网络功能,主控机同时提供数据服务、网络服务功能,使今后在网络上任意一台终端上可实现对现场生产过程及历史状态的监控和查询。

(2)电炉现场 01

电炉现场 01 现有箱式电炉、高温电炉、真空回火炉、气体保护炉、井式炉、氨气炉等共11 台(预设 18 路控制)。每台热处理炉具有独立的控制柜,控制柜上配备智能温控仪及控制电路。智能温控仪全部选用厦门宇光 AI808P 系列仪表,其控温精度可达 0.2 级,可进行升温曲线设置,采用 PID 固态继电器控温方式并加相应的保护电路等。

(3)真空炉现场 02

真空炉现场 02 有真空炉 4 台(预设 8 路控制)。每台真空炉具有独立的控制柜,控制柜上配备智能温控仪、复合真空计及控制电路。智能温控仪选用厦门宇光 AI808P 仪表,控制电路由固态继电器及相应的保护电路等组成。

(4)压铸熔炉现场 03

压铸熔炉现场 03 有加温炉 9 台(预设 13 路控制)。控制柜集中摆放,温控仪选用厦门宇光 AI708 系列仪表,控制方式及通信与电炉现场 01 基本一致。

（5）系统软件

热处理控制中心软件主要包括测试文件管理、参数设置、测试控制、数据采集与处理、报表打印等功能。测试数据和处理结果存储在计算机中,可输出打印或拷贝。该系统在中文 Windows 操作系统环境下,根据测试的实际需要,可通过下拉式菜单设置各项参数,监测状态下可显示各台热处理炉的运行状态及升温曲线,界面友好,操作简便,便于具有一般电脑知识的人员操作。

（6）软件功能描述

①现场设备实时数据的采集和保存。同时采集现场所有温控仪表的实时数据,在同一画面显示所有仪表数据的数值及状态,并同时把数据保存成文件进行历史数据储存。

②工艺流程的动态显示。可按照客户的具体要求,工艺流程可在画面上显示虚拟的现场设备的布置情况,动态的显示设备在线状态,在传感器及其他相关设备实际安装的位置标上相应的标号和数据,更直观的让用户了解画面上的数据的实际来源,在事故发生时更能提高解决事故的效率。

③设备报警的产生、处理、保存及查询。系统按照客户的要求设置好报警产生时间、形式,实时快速准确地进行报警并保存每一次报警类型、报警时间等信息,对报警数据进行查询更可方便客户进行事故分析。

④历史数据的显示及查询。实时数据保存成文件后,可在历史数据查询画面进行数据查询,客户可以很方便地调出数据,以便吸取经验更好地控制整个系统,提高生产效率。

⑤实时曲线和历史曲线的显示。曲线功能使数据的显示更为易懂,显示数据趋势,使产品质量更容易控制。实时曲线、历史曲线的切换和强大曲线查询功能使曲线的使用更简便灵活。

⑥对现场智能仪表内部参数进行设置。可控制所有仪表的启动、停止、报警限值、仪表设定值进行设定,可设置、存储、调用零件加工工艺曲线。

⑦对操作人员的权限管理。系统登录方式分为系统启动登录、系统运行期间登录、退出系统时登录。权限按照客户要求进行多重分级,防止不相关人员的误操作造成事故。设置管理员权限使用户能够在系统运行时增加删除用户、分配权限、修改密码等。

## 思考题与习题

12.1　说明热处理温度控制原理及控制参数。

12.2　热处理工艺过程自动控制包括哪几部分,简要说明其控制过程。

# 附　　录

## 附录1　铂铑₁₀-铂热电偶分度表(自由端温度为0℃)(S)

| 工作端温度/℃ | 0 | 10 | 20 | 30 | 40 | 50 | 60 | 70 | 80 | 90 |
|---|---|---|---|---|---|---|---|---|---|---|
| | 热　电　动　势　/mV | | | | | | | | | |
| 0 | 0.000 | 0.056 | 0.113 | 0.173 | 0.235 | 0.299 | 0.364 | 0.431 | 0.500 | 0.571 |
| 100 | 0.643 | 0.717 | 0.792 | 0.869 | 0.946 | 1.025 | 1.106 | 1.187 | 1.269 | 1.352 |
| 200 | 1.436 | 1.521 | 1.607 | 1.693 | 1.780 | 1.867 | 1.955 | 2.044 | 2.134 | 2.224 |
| 300 | 2.315 | 2.407 | 2.498 | 2.591 | 2.684 | 2.777 | 2.871 | 2.965 | 3.060 | 3.155 |
| 400 | 3.250 | 3.346 | 3.441 | 3.538 | 3.634 | 3.731 | 3.828 | 3.925 | 4.023 | 4.121 |
| 500 | 4.220 | 4.318 | 4.418 | 4.517 | 4.617 | 4.717 | 4.817 | 4.918 | 5.019 | 5.121 |
| 600 | 5.222 | 5.324 | 5.427 | 5.530 | 5.633 | 5.735 | 5.839 | 5.943 | 6.046 | 6.121 |
| 700 | 6.256 | 6.361 | 6.466 | 6.572 | 6.677 | 6.784 | 6.891 | 6.999 | 7.105 | 7.213 |
| 800 | 7.322 | 7.430 | 7.539 | 7.648 | 7.757 | 7.867 | 7.978 | 8.088 | 8.199 | 8.310 |
| 900 | 8.421 | 8.534 | 8.646 | 8.758 | 8.871 | 8.985 | 9.098 | 9.212 | 9.326 | 9.441 |
| 1 000 | 9.556 | 9.671 | 9.787 | 9.902 | 10.019 | 10.136 | 10.252 | 10.370 | 10.488 | 10.605 |
| 1 100 | 10.723 | 10.842 | 10.961 | 11.080 | 11.198 | 11.317 | 11.437 | 11.556 | 11.676 | 11.795 |
| 1 200 | 11.915 | 12.035 | 12.155 | 12.275 | 12.395 | 12.515 | 12.636 | 12.756 | 12.875 | 12.996 |
| 1 300 | 13.116 | 13.236 | 13.356 | 13.475 | 13.595 | 13.715 | 13.835 | 13.955 | 14.074 | 14.193 |
| 1 400 | 14.313 | 14.433 | 14.552 | 14.671 | 14.790 | 14.910 | 15.029 | 15.148 | 15.266 | 15.385 |
| 1 500 | 15.504 | 15.623 | 15.742 | 15.860 | 15.979 | 16.097 | 16.216 | 16.334 | 16.451 | 16.596 |
| 1 600 | 16.688 | | | | | | | | | |

## 附录2　镍铬-考铜热电偶分度表(自由端温度为0℃)(E)

| 工作端温度/℃ | 0 | 10 | 20 | 30 | 40 | 50 | 60 | 70 | 80 | 90 |
|---|---|---|---|---|---|---|---|---|---|---|
| | 热　电　动　势　/mV | | | | | | | | | |
| −0 | −0.00 | −0.64 | −1.27 | −1.89 | −2.50 | −3.11 | | | | |
| +0 | 0.00 | 0.65 | 1.31 | 1.98 | 2.66 | 3.35 | 4.05 | 4.76 | 5.48 | 6.21 |
| 100 | 6.95 | 7.69 | 8.43 | 9.18 | 9.93 | 10.69 | 11.46 | 12.24 | 13.03 | 13.84 |
| 200 | 14.66 | 15.48 | 16.30 | 17.12 | 17.95 | 18.76 | 19.59 | 20.42 | 21.24 | 22.07 |
| 300 | 22.90 | 23.74 | 24.59 | 25.44 | 26.30 | 27.15 | 28.01 | 28.88 | 29.75 | 30.61 |
| 400 | 31.48 | 32.34 | 33.21 | 34.07 | 34.94 | 36.81 | 36.67 | 37.54 | 38.41 | 39.28 |
| 500 | 40.15 | 41.02 | 41.90 | 42.78 | 43.67 | 44.55 | 45.44 | 46.33 | 47.22 | 48.11 |
| 600 | 49.01 | 49.89 | 50.76 | 51.64 | 52.51 | 53.39 | 54.26 | 55.12 | 56.00 | 56.87 |
| 700 | 57.74 | 58.57 | 59.47 | 60.33 | 61.20 | 62.06 | 62.92 | 63.78 | 64.64 | 65.50 |
| 800 | 66.36 | | | | | | | | | |

### 附录 3　铂铑₃₀-铂铑₆热电偶分度表(自由端温度为 0 ℃)(B)

| 工作端温度/℃ | 0 | 10 | 20 | 30 | 40 | 50 | 60 | 70 | 80 | 90 |
|---|---|---|---|---|---|---|---|---|---|---|
| | 热 电 动 势 /mV | | | | | | | | | |
| 0 | 0.000 | −0.001 | −0.002 | −0.002 | 0.000 | 0.003 | 0.007 | 0.012 | 0.018 | 0.025 |
| 100 | 0.034 | 0.043 | 0.054 | 0.065 | 0.078 | 0.092 | 0.107 | 0.123 | 0.141 | 0.159 |
| 200 | 0.178 | 0.191 | 0.220 | 0.243 | 0.267 | 0.291 | 0.317 | 0.344 | 0.372 | 0.401 |
| 300 | 0.431 | 0.462 | 0.494 | 0.527 | 0.561 | 0.596 | 0.632 | 0.670 | 0.708 | 0.747 |
| 400 | 0.787 | 0.828 | 0.870 | 0.913 | 0.957 | 1.002 | 1.048 | 1.096 | 1.143 | 1.192 |
| 500 | 1.242 | 1.293 | 1.345 | 1.397 | 1.451 | 1.505 | 1.560 | 1.617 | 1.674 | 1.732 |
| 600 | 1.791 | 1.851 | 1.912 | 1.973 | 2.036 | 2.099 | 2.164 | 2.229 | 2.295 | 2.362 |
| 700 | 2.429 | 2.498 | 2.567 | 2.638 | 2.709 | 2.781 | 2.853 | 2.927 | 3.001 | 3.076 |
| 800 | 3.152 | 3.229 | 3.307 | 3.385 | 3.464 | 3.544 | 3.624 | 3.706 | 3.788 | 3.871 |
| 900 | 3.955 | 4.039 | 4.124 | 4.211 | 4.297 | 4.385 | 4.473 | 4.562 | 4.651 | 4.741 |
| 1 000 | 4.832 | 4.924 | 5.016 | 5.109 | 5.203 | 5.297 | 5.393 | 5.488 | 5.585 | 5.683 |
| 1 100 | 5.780 | 5.879 | 5.978 | 6.078 | 6.178 | 6.279 | 6.380 | 6.482 | 6.585 | 6.683 |
| 1 200 | 6.792 | 6.896 | 7.001 | 7.106 | 7.212 | 7.319 | 7.426 | 7.533 | 7.641 | 7.749 |
| 1 300 | 7.858 | 7.967 | 8.076 | 8.186 | 8.297 | 8.408 | 8.519 | 8.630 | 8.742 | 8.851 |
| 1 400 | 8.967 | 9.080 | 9.193 | 9.307 | 9.420 | 9.534 | 9.649 | 9.763 | 9.878 | 9.993 |
| 1 500 | 10.108 | 10.224 | 10.339 | 10.455 | 10.571 | 10.687 | 10.803 | 10.919 | 11.035 | 11.151 |
| 1 600 | 11.268 | 11.384 | 11.501 | 11.617 | 11.734 | 11.850 | 11.966 | 12.083 | 12.199 | 12.315 |
| 1 700 | 12.431 | 12.547 | 12.663 | 12.778 | 12.894 | 13.009 | 13.124 | 13.239 | 13.354 | 13.468 |
| 1 800 | 13.582 | | | | | | | | | |

### 附录 4　镍铬-镍硅(镍铝)热电偶分度表(自由端温度为 0 ℃)(K)

| 工作端温度/℃ | 0 | 10 | 20 | 30 | 40 | 50 | 60 | 70 | 80 | 90 |
|---|---|---|---|---|---|---|---|---|---|---|
| | 热 电 动 势 /mV | | | | | | | | | |
| −0 | −0.00 | −0.39 | −0.77 | −1.14 | −1.50 | −1.86 | | | | |
| +0 | 0.00 | 0.40 | 0.80 | 1.20 | 1.61 | 2.02 | 2.43 | 2.85 | 3.26 | 3.68 |
| 100 | 4.10 | 4.51 | 4.92 | 5.33 | 5.73 | 6.13 | 6.53 | 6.93 | 7.33 | 7.73 |
| 200 | 8.13 | 8.53 | 8.93 | 9.34 | 9.74 | 10.15 | 10.56 | 10.97 | 11.38 | 11.80 |
| 300 | 12.21 | 12.62 | 13.04 | 13.45 | 13.87 | 14.30 | 14.72 | 15.14 | 15.56 | 15.99 |
| 400 | 16.40 | 16.83 | 17.25 | 17.67 | 18.09 | 18.51 | 18.94 | 19.37 | 19.79 | 20.22 |
| 500 | 20.65 | 21.08 | 21.50 | 21.93 | 22.35 | 22.78 | 23.21 | 23.63 | 24.05 | 24.48 |
| 600 | 24.90 | 25.32 | 25.75 | 26.18 | 26.60 | 27.03 | 27.45 | 27.87 | 28.29 | 28.71 |
| 700 | 29.13 | 29.55 | 29.97 | 30.39 | 30.81 | 31.22 | 31.64 | 32.06 | 32.46 | 32.87 |
| 800 | 33.29 | 33.69 | 34.10 | 34.51 | 34.91 | 35.32 | 35.72 | 36.13 | 36.53 | 36.93 |
| 900 | 37.33 | 37.73 | 38.13 | 38.53 | 38.93 | 39.32 | 39.72 | 40.10 | 40.49 | 40.88 |
| 1 000 | 41.27 | 41.66 | 42.04 | 42.43 | 42.83 | 43.21 | 43.59 | 43.97 | 44.34 | 44.72 |
| 1 100 | 45.10 | 45.48 | 45.85 | 46.23 | 46.60 | 46.97 | 47.34 | 47.71 | 48.08 | 48.44 |
| 1 200 | 48.81 | 49.17 | 49.53 | 49.89 | 50.25 | 50.61 | 50.96 | 51.32 | 51.67 | 52.02 |
| 1 300 | 52.37 | | | | | | | | | |

### 附录 5　工业铂热电阻分度表

分度号：Pt100　　　　　　$R_0 = 100.00\ \Omega$　　$\alpha = 0.003\,850$

| $T/℃$ | 0 | 10 | 20 | 30 | 40 | 50 | 60 | 70 | 80 | 90 |
|---|---|---|---|---|---|---|---|---|---|---|
| IPTS-68 | 电　阻　值/Ω | | | | | | | | | |
| −200 | 18.49 | — | — | — | — | — | — | — | — | — |
| −100 | 60.25 | 56.19 | 52.11 | 48.00 | 43.87 | 39.71 | 35.53 | 31.32 | 27.08 | 22.80 |
| −0 | 100.00 | 96.09 | 92.16 | 88.22 | 84.27 | 80.31 | 76.33 | 72.33 | 68.33 | 64.30 |
| 0 | 100.00 | 103.90 | 107.79 | 111.67 | 115.54 | 119.40 | 123.24 | 127.07 | 130.89 | 134.70 |
| 100 | 138.50 | 142.29 | 146.06 | 149.82 | 151.58 | 157.31 | 161.04 | 164.75 | 168.46 | 172.15 |
| 200 | 175.84 | 179.51 | 183.17 | 186.32 | 190.45 | 194.07 | 197.69 | 201.29 | 204.88 | 208.45 |
| 300 | 212.02 | 215.57 | 219.12 | 222.65 | 226.17 | 229.67 | 233.17 | 236.65 | 240.13 | 243.59 |
| 400 | 247.04 | 250.48 | 253.90 | 257.32 | 260.72 | 264.11 | 267.49 | 270.86 | 272.22 | 277.56 |
| 500 | 280.90 | 284.22 | 287.53 | 290.83 | 294.11 | 297.39 | 300.65 | 303.91 | 307.15 | 310.38 |
| 600 | 313.59 | 316.80 | 319.99 | 323.18 | 326.35 | 329.51 | 332.66 | 335.79 | 338.92 | 342.03 |
| 700 | 345.13 | 348.22 | 351.30 | 354.37 | 357.42 | 360.47 | 363.50 | 366.52 | 369.53 | 372.52 |
| 800 | 375.51 | 378.48 | 381.45 | 384.40 | 387.34 | 390.26 | | | | |

### 附录 6　工业铜热电阻分度表

分度号：Cu50　　　　　　$R_0 = 50\ \Omega$　　$\alpha = 0.004\,280$

| $T/℃$ | 0 | 10 | 20 | 30 | 40 | 50 | 60 | 70 | 80 | 90 |
|---|---|---|---|---|---|---|---|---|---|---|
| IPTS-68 | 电　阻　值/Ω | | | | | | | | | |
| −50 | 39.24 | — | — | — | — | | | | | |
| −0 | 50.00 | 47.85 | 45.70 | 43.55 | 41.40 | 39.24 | — | — | | |
| 0 | 50.00 | 52.14 | 54.28 | 56.42 | 58.56 | 60.84 | 62.84 | 64.98 | 67.12 | 69.26 |
| 100 | 71.40 | 73.54 | 75.68 | 77.88 | 79.98 | 82.13 | | | | |

分度号：Cu100　　　　　　$R_0 = 100\ \Omega$　　$\alpha = 0.004\,280$

| $T/℃$ | 0 | 10 | 20 | 30 | 40 | 50 | 60 | 70 | 80 | 90 |
|---|---|---|---|---|---|---|---|---|---|---|
| IPTS-68 | 电　阻　值/Ω | | | | | | | | | |
| −50 | 78.49 | | | | | — | — | — | — | — |
| −0 | 100.00 | 95.70 | 91.40 | 87.10 | 82.80 | 78.49 | — | — | — | — |
| 0 | 100.00 | 104.28 | 108.56 | 112.84 | 117.12 | 121.40 | 125.68 | 129.96 | 134.24 | 138.52 |
| 100 | 142.80 | 147.08 | 151.36 | 155.66 | 159.96 | 164.27 | — | — | — | |

# 参 考 文 献

[1] 蒋大明,戴胜华.自动控制原理[M].北京:清华大学出版社,2003.

[2] 夏德钤.自动控制理论[M].北京:机械工业出版社,1999.

[3] 贺智修.自动控制实用教程[M].北京:电子工业出版社,1996.

[4] 鄢景华.自动控制原理[M].哈尔滨:哈尔滨工业大学出版社,2000.

[5] 孙炳达,梁志坤.自动控制原理[M].北京:机械工业出版社,2000.

[6] 孙亮,杨鹏.自动控制原理[M].北京:北京工业大学出版社,1999.

[7] 刘明俊,于明祁.自动控制原理[M].长沙:国防科技大学出版社,2000.

[8] 刘舒.自动控制原理[M].北京:中国人民公安大学出版社,2002.

[9] 王万良.自动控制原理[M].北京:科学出版社,2001.

[10] 于希宁,刘红军.自动控制原理[M].北京:中国电力出版社,2001.

[11] 徐国凯.自动控制原理[M].北京:清华大学出版社,2007.

[12] 谢克明.自动控制原理[M].北京:电子工业出版社,2004.

[13] 于希宁.自动控制原理[M].北京:中国电力出版社,2008.

[14] 任彦硕.自动控制原理[M].北京:机械工业出版社,2007.

[15] 王树青.工业过程控制工程[M].北京:化学工业出版社,2002.

[16] 蒋慰孙,俞金寿.过程控制工程[M].北京:中国石化出版社,1999.

[17] 邵裕森,戴先中.过程控制工程[M].北京:机械工业出版社,2000.

[18] 候志林.过程控制与自动化仪表[M].北京:机械工业出版社,1999.

[19] 邵裕森,巴筱云.过程控制系统及仪表[M].北京:机械工业出版社,1999.

[20] 刘玉文.热加工自动化[M].北京:机械工业出版社,1986.

[21] 杨献勇.热工过程自动控制[M].北京:清华大学出版社,2000.

[22] 何离庆.过程控制系统与装置[M].重庆:重庆大学出版社,2004.

[23] 林锦国.过程控制系统·仪表·装置[M].南京:东南大学出版社,2001.

[24] 王再英,刘淮霞,陈毅静.过程控制系统与仪表[M].北京:机械工业出版社 2006.

[25] 张宏建.自动检测技术与装置[M].北京:化学工业出版社,2004.

[26] 常太华,苏杰.过程参数检测及仪表[M].北京:中国电力出版社,2009.

[27] 张志君,于海晨,宋彤.现代检测与控制技术[M].北京:化学工业出版社,2007.

[28] 张宝芬,张毅,曹丽.自动检测技术及仪表控制系统[M].北京:化学工业出版社,2003.

[29] 施仁,刘文江,郑辑光.自动化仪表与过程控制[M].北京:电子工业出版社,2009.

[30] 李亚芬.过程控制系统及仪表[M].大连:大连理工大学出版社,2006.

[31] 刘元扬,刘德溥.自动检测和过程控制[M].北京:冶金工业出版社,1987.

[32] 方康玲.过程控制系统[M].武汉:武汉理工大学出版社,2007.

[33] 张志君,于海晨,宋彤.现代检测与控制技术[M].北京:化学工业出版社,2007.

[34] 黄永杰,卢勇威,高宇. 检测与过程控制技术[M]. 北京:北京理工大学出版社,2010.

[35] 曾孟雄,李力,肖露,等. 智能检测控制技术及应用[M]. 北京:电子工业出版社,2008.

[36] 吴国熙. 调节阀使用与维修[M]. 北京:化学工业出版社,1999.

[37] 李翠英,刘廷朝,王忠民. 冲天炉加料自动控制系统的研制及应用[J]. 江苏电器,2004(1):20-24.

[38] 李双寿,靖林,陆劲昆. 低压铸造压力和模温自动控制系统[J]. 中国铸造装备与技术,2004(2):45-48.

[39] 顾宏,侯利群. 板坯连铸机自动控制系统[J]. 控制与检测,2003(2):19-22.

[40] 董福山,莫宁. 电工铝杆连铸连轧的自动控制[J]. 轻金属,2001(5):51-53.

[41] 张涛,新临. 钢2#小方坯连铸机自动控制系统[J]. 冶金设备,2004(4):42-43,54.

[42] 章浙根. 一种铅锭浇注自动控制系统的设计与实现[J]. 浙江科技学院学报,2002(4):5-9.

[43] 钟映春,李芳. 铝合金轮毂低压铸造控制研究[J]. 微计算机信息,2001(1):42-44.

[44] 金锋,张玉平. 真空差压铸造控制系统[J]. 中国铸造装备与技术,2002(5):47-48.

[45] 熊应猛. 称重传感器在冲天炉微机加配料系统中的应用[J]. 铸造设备与工艺,2012(1):26-27.

[46] 李吉刚. 冲天炉加、配料系统自动化[J]. 工业加热,2000(1):41-43.

[47] 许豪劲,万里,吴克亦,等. 连续式低压铸造技术的研究和开发[J]. 特种铸造及有色合金,2001(1):29-32.

[48] 董静薇,石德全,张宇彤,等. 湿型粘土砂质量自动检测与控制技术述评[J]. 铸造,2003(5):312-318.

[49] 杨文杰,宋春梅. 金属材料热加工设备[M]. 哈尔滨:哈尔滨工业大学出版社,2007.

[50] 姜培刚,李睿敏,陈建军,等. 全自动发动机缸体抛丸清理系统的研究[J]. 铸造技术,2007(2):164-166.

[51] 吴军,吕亮,丁杰松,等. 工业机器人在铸件清理中的应用研究初探[J]. 机械工业标准化与质量,2012(472):34-35.

[52] TERASHIMA K. Recent Automatic Pouring and Transfer System in Foundries[J]. Sokeizai,1998(39):1-8.

[53] LAVANCHY G A,ROSSIER M H. Automatically controlled pouring method and apparatus for metal casting[P]:U.S. Patent 4,210,192[P]. 1980-7-1.

[54] 任天庆. 铸造生产自动化装置与系统[M]. 北京:机械工业出版社,1986.

[55] 崔瑞奇,肖阿红. 几种常见浇注机的结构特点及应用现状[J]. 中国铸造装备与技术,2005(6):5-6.

[56] TERASHIMA K,YANO K. Sloshing analysis and suppression control of tilting-type automatic pouring machine[J]. Control Engineering Practice,2001,9(6):607-620.

[57] SUGIMOTO Y,YANO K,TERASHIMA K. Liquid level control of automatic pouring robot by two-degrees-of-freedom control[C]//Proceedings of IFAC World Congress,2002:21-26.

[58] 杨晶,李传大,刘云,等. 铝合金挤压铸造用电磁泵定量浇注技术[J]. 特种铸造及有色

合金,2005,25(4):226-227.

[59] 刘永胜,杨尚平,汪泽波,等.定点倾转式定量浇注装置研发[J].特种铸造及有色合金,2012,31(11):1043-1045.

[60] 马汉融.塞杆式自动浇注机[J].铸造机械,1980(4):13.

[61] 陈建文,庞常健.气压式定量浇注系统的模拟试验研究[J].冶金设备,2002(2):51-52.

[62] SIGRIDLISE NONAS, KAI A. OLSEN. Optimal andheuristic solutions for a scheduling problem arising in a foundry[J]. Computers & Operations Research,2005(32):2351-2382.

[63] 侯击波,霍立兴.电磁泵低压铸造技术[J].铸造,2002,51(11):723-725.

[64] 王勇,王杰.电磁泵定量浇铸系统定量控制及电磁泵的结构设计[J].机电信息,2011(6):25-26.

[65] 董选普,黄乃瑜.一种铝合金精确成型工艺-Cosworth Process[J].特种铸造及有色合金,1999(5):45-47.

[66] NODA Y,MATSUO Y,TERASHIMA K,et al. A Novel Flow Rate Estimation Method Using Extended Kalman Filter and Sensor Dynamics Compensation with Automatic Casting Pouring Process[C]//Preprints of 17th IFAC World Congress,2008,710.

[67] 蒙新明,党惊知,杨晶.电磁泵定量浇注控制技术的研究[J].铸造技术,2004,25(10):763-765.

[68] 陈士梁.铸造机械化[M].北京:机械工业出版社,2004.

[69] 丁相福,张健成.定量浇注系统的设计和过程控制方法研究[J].中国机械工程,2000,11(12):1341-1344.

[70] YANO K,TERASHIMA K. Supervisory control of automatic pouring machine[J]. Control Engineering Practice,2010,18(3):230-241.

[71] KANEKO M,SUGIMOTO Y,YANO K,et al. Supervisory control of pouring process by tilting-type automatic pouring robot[C]// Intelligent Robots and Systems,2003.(IROS 2003). Proceedings. 2003 IEEE/RSJ International Conference on. IEEE,2003,3:3004-3009.

[72] 陈显宁.非接触式金属液面检测技术研究[J].昆明理工大学学报,1998,23(5):81-85.

[73] TAVAKOLI R,DAVAMI P. Optimal riser design in sand casting process with evolutionary topology optimization[J]. Structural and Multidisciplinary Optimization,2009,38(2):205-214.

[74] 李恩琪,殷经星,张武城.铸造用感应电炉[M].北京:机械工业出版社,1997.

[75] 胡东岗,孙志毅,刘素清.神经网络自适应控制技术在冲天炉熔炼中的应用[J].冶金自动化,2008(S2):242-243.

[76] 荣辉.铸造生产中感应熔炼技术的发展与优势[J].现代铸铁,2013(2):16-18.

[77] 张晓萍.锻压生产过程自动控制[M].北京:机械工业出版社,1998.

[78] 赵黎丽,麻红昭.基于可编程控制器的热室压机自动控制系统[J].轻工机械,

2003(3):56-58.

[79] 万胜狄,王运赣.锻造机械化与自动化[M].北京:机械工业出版社,1983.

[80] 宁淑荣.快速锻造液压机自动控制实现方法[J].一重技术,2002(1):3-4.

[81] 郭晓锋,成先飚,张建华,等.自由锻造液压机的发展与展望[J].重型机械,2012(3):29-32.

[82] 成先飚,张建华,郭晓锋.国内大型自由锻造液压机的技术特点[J].重型机械,2012(3):121-124.

[83] 钟启俊.探讨锻造技术与应用进展[J].科技创新导报,2012(26):38,40.

[84] 胡亚民.锻造工艺过程及模具设计[M].北京:中国林业出版社,2006.

[85] 李剑飞.某36MN铝型材挤压机的电气控制系统[J].金属加工,2011(9):52-53.

[86] 庞东平,沈宏,曲杰,等.D53K系列径轴向数控辗环机生产线及其控制系统研究[J].锻压装备与制造技术,2014(5):17-19.

[87] 陈善本.焊接过程现代控制技术[M].哈尔滨:哈尔滨工业大学出版社,2001.

[88] 赵亚光.微型计算机在焊接中的应用[M].西安:西北工业大学出版社,1991.

[89] 马东辉,方宇栋,郭清华.TIG焊机的自动控制[J].中国测试技术,2004(3):42-44.

[90] 蔡洪能,王家林,王雅生.细丝二氧化碳焊接焊炬高度自动控制系统的研究[J].西安交通大学学报,2001(1):87-90.

[91] 王鹏,任耀文.双室真空钎焊炉的自动控制[J].电焊机,2003(5):40-43.

[92] 韩赞东,都东,陈强.多微处理器在管道焊接自动控制系统中的应用研究[J].测控技术,2001(4):45-47.

[93] 李国军.汽车车身焊接的智能化与自动化[J].山西电子技术,2014(3):48-49.

[94] 王启玉,陈志强.我国焊接机器人的发展现状[J].现代零部件,2013(3):77-78.

[95] 朱波,蔡珣.现代材料处理工艺过程计算机控制[M].哈尔滨:哈尔滨工业大学出版社,2004.

[96] 陈本孝.高精度热处理控制系统[J].华中理工大学学报.1997(11):67-69.

[97] 张立文,赵亮,张全忠.热处理生产过程控制系统的开发与应用[J].金属热处理,2006(2):75-78.

[98] 齐志才,盖爽,李西林.渗碳炉温度和碳势在线测控系统[J].仪表技术与传感器,2003(12):40-41,47.

[99] 谢泽林.真空热处理技术及其工艺参数探述[J].金属加工,2010(5):43-45.

[100] 郄小龙.对我国真空热处理路线图的一些看法和建议[J].金属加工,2013(23):19-20.

[101] 卫江红.PLC在真空热处理炉控制系统中的应用[J].山西电子技术,2009(5):15-16.

[102] 张远歧,刘宏.真空热处理炉控制系统设计[J].沈阳航空工业学院学报,2009(4):34-37,41.

[103] 王晓燕,周志文.模糊控制在真空热处理炉温度控制中的应用[J].自动化与仪器仪表,2013(1):84-85.

[104] 李安华,王永卿,苗俊芳.真空热处理炉恒温区均匀性的测定[J].装备制造技术,

2012(7):136-138.

[105] 朱光明,孙超.齿轮低压真空热处理技术[J].金属加工,2014(11):18-25.

[106] 于良炜.中频感应加热的热处理线系统设计[J].机械管理开发,2011(1):100,102.

[107] 雪诚,牟宏勤.热处理集中控制中心[J].测控技术,2008(增刊):112-114.